智能配电网及关键技术

上册

主编　程利军

中国水利水电出版社
www.waterpub.com.cn
·北京·

内 容 提 要

本书主要介绍了智能配电网一二次系统及智能配电网的关键技术等相关内容，描述了智能配电网领域的技术挑战的关键技术及应对挑战的最有效的解决方案；针对智能配电网系统一二次系统的组成、技术、功能、拓扑、商业可行性、验证手段等进行了深入地探究，并介绍了当今智能配电网、微电网、新能源领域的热点及关键技术。

本书共分十六章，主要内容包括智能配电网概论，配电网一二次融合，智能配电装置，故障指示器，智能配变终端，馈线自动化系统方案，配电网通信技术，配、调一体化主站系统，智能微电网，直流配电网，储能，配电网系统电能质量，交直流配电系统试验平台，微电网工程案例，智能配电网运行维护，智能配电网其他相关技术。

本书可供从事智能电网和智能配电网的研究、建设以及运行维护人员阅读，也可供电网企业、装备制造企业各级技术管理人员参考，还可供电气工程、自动控制等专业的师生学习参考。

图书在版编目（CIP）数据

智能配电网及关键技术 : 上册、下册 / 程利军主编
. -- 北京 : 中国水利水电出版社, 2020.12
ISBN 978-7-5170-9009-0

Ⅰ. ①智… Ⅱ. ①程… Ⅲ. ①智能控制－配电系统－研究 Ⅳ. ①TM727

中国版本图书馆CIP数据核字(2020)第224190号

书名	智能配电网及关键技术（上册） ZHINENG PEIDIANWANG JI GUANJIAN JISHU（SHANGCE）
作者	主编 程利军
出版发行	中国水利水电出版社 （北京市海淀区玉渊潭南路1号D座 100038） 网址：www.waterpub.com.cn E-mail：sales@waterpub.com.cn 电话：（010）68367658（营销中心）
经售	北京科水图书销售中心（零售） 电话：（010）88383994、63202643、68545874 全国各地新华书店和相关出版物销售网点
排版	中国水利水电出版社微机排版中心
印刷	清淞永业（天津）印刷有限公司
规格	184mm×260mm 16开本 45印张（总） 1095千字（总）
版次	2020年12月第1版 2020年12月第1次印刷
印数	0001—2000册
总定价	**198.00**元（上、下册）

《智能配电网及关键技术》编委会

主　　编　程利军

副 主 编　杨德先　宁　涛　林志光　李振兴　唐金锐　吴大力
冯　光　陈艳霞　许少伦　张剑洲　祝　昆　姚承勇
黄家希　刘俊见　付志超　王耿炯　李智敏　张茂林
程　然

主　　审　陈德树（华中科技大学）

参编单位　江苏和网源电气有限公司
纳思达股份有限公司
北京龙腾蓝天科技公司
上海自新机电工程技术有限公司
康翊智能装备科技（江苏）有限公司
麦格磁电科技（珠海）有限公司
北京群菱能源科技有限公司
无锡德盛互感器有限公司
河南领智电力科技有限公司

参编人员　张凤鸽　刘世林　吴　桐　刘建峰　汪　科　付小培
王　鹏　姜　鸿　王　平　江忠耀　黄光林　秦荆伟
宋小伟　牛旭东　林永清　张进滨　华雄飞　刘梦媛
夏长军　王桂成　李　广　蒋中华　毛维宙　刘　琦
朱可桢　肖勤元　虞迅遂　陆　健　马　鹤　余良国
庞　帅

前言

随着全球智能配电网的建设进程，智能配电网已经从传统的供方主导、单向供电、基本依赖人工管理的运营模式向用户参与、潮流双向流动、高度自动化的方向转变。

未来，智能配电网市场仍将迅速增长。其中，发达国家以原有的配电网设备更新换代需求为主，发展中国家以新建智能配电网系统需求为主。全球智能电网市场规模将由2018年的238亿美元发展到2023年的613亿美元，年均复合增长率为20.9%。“十二五”期间，按配电网智能化率达到40%测算，配电智能化终端和主站的总市场容量分别达到230亿元和36亿元左右，总市场容量接近280亿元。“十三五”期间，国家发展和改革委员会、国家能源局相继出台多项文件促进配电网建设，提高配电自动化覆盖率，推动我国配电发展取得显著成果。“十四五”期间，配电网电力需求将继续保持中高速增长态势，未来几年配电自动化增长潜力巨大。

智能电网中配电环节的重点工程包括：配电网网架建设和改造、配电自动化试点和实用化、关联和整合相关的信息孤岛、分布电源的接入与控制和配用电系统的互动应用等。为了满足用户对供电可靠性、电能质量及优质服务的要求，满足分布式电源、集中与分布式储能的无扰接入，未来电网中传统的配电系统运行模式和管理方法亟待改善。智能配电网络是坚强智能电网的基石，坚强在特高压，智能在配电网。

下表给出了智能配电网的特征、目标及关键技术。

特征	目　　标	关键技术
可靠	最大可能地减少瞬时供电中断；具备自愈功能实时检测故障设备并进行纠正性操作，最大限度地减少电网故障对用户的影响	环网供电、电缆化、不停电作业；采用小电流接地，自动补偿接地电流，提高熄弧率；配电自动化、快速自愈、无缝自愈；应用分布式电源微电网，在大电网停电时维持重要用户供电

续表

特征	目　　标	关键技术
优质	供电电压合格率超过99%；最大限度地减少电压骤降	电压、无功优化控制；配电自动化；柔性配电设备/DFACTS/定制电力
高效	提高供电设备平均载荷率，不低于50%；减低线损率，不超过4%	配电自动化：减少变电站备用容量；动态增容；实时电价、需求侧管理、需求侧响应
兼容	支持分布式电源的大量接入，即插即用	配电自动化：有源网络技术；分布式电源保护控制技术；虚拟发电厂技术；分布式电源集中调度
互动	用电信息互动：实现用电信息在供电企业与用户间的即时交换，创新用户服务。 能量互动：支持实时（动态）电价；支持用户自备DER并网	主要技术措施：高级量测体系，需求侧响应（DR）

我国智能配电网系统研究、实践正如火如荼探索前行。“安全可靠、经济高效、灵活互动、绿色环保”是智能配电网的发展目标。支撑和实现智能配电网发展目标有十大关键技术：主动配电网规划技术、智能配电装备技术、通信与信息支撑技术、智能配电网自愈控制技术、智能配电网能量调度技术、智能配电网能效管理技术、智能配电网互动化服务技术、配电网数模仿真技术、分布式电源并网与微电网技术以及电动汽车充放电技术等。

为促进我国智能配电网系统的建设发展，我们在总结当今国内外智能配电网技术的基础上，编写了《智能配电网及关键技术》一书。本书共分十六章，主要内容包括：智能配电网概论，配电网一二次融合，智能配电装置，故障指示器，智能配变终端，馈线自动化系统方案，配电网通信技术，调、配一体化主站系统，智能微电网，直流配电网，储能，配电网系统电能质量，交直流配电系统试验平台，微电网工程案例，智能配电网运行维护，智能配电网其他相关技术等。本书旨在协助从事智能电网和智能配电网的研究、建设以及运行维护工程技术人员对智能配电网一二次系统进行选择、规定、设计、部署和应用的工作。也可供电网企业、制造企业各级技术管理人员参考，还可供高校电气工程、自动控制等专业的师生学习参考。

本书主编程利军，副主编杨德先（华中科技大学）、宁涛（西安电子科技大学）、林志光（全球能源互联网研究院有限公司）、李振兴（三峡大学）、唐金锐（武汉理工大学）、吴大力（中国船舶总公司709所）、冯光（河南省电力公司电力科学研究院）、陈艳霞（北京电力公司电力科学研究院）、许少伦（上海交通大学）、张剑洲（纳思达股份有限公司）、祝昆（六盘水师范大学）、姚承勇（北京群菱能源科技有限公司）、黄家希（北京龙腾蓝天科技公司）、刘俊见［康翊智能装备科技（江苏）有限公司］、付志超（中国船舶总公司712所）、王耿炯（浙江华云信息科技有限公司）、李智敏（西安电子科技大学）、张茂林（西安电子科技大学）、程然（Swiss Re）。参加本书编著的还有张凤鸽、刘世林、吴桐、刘建峰、汪科、付小培、王鹏、姜鸿、王平、江忠耀、黄光林、秦荆伟、宋小伟、牛旭东、林永清、张进滨、华雄飞、刘梦媛、夏长军、王桂成、李广、蒋中华、毛维宙、刘琦、朱可桢、肖勤元、虞迅遂、陆健、马鹤、余良国、庞帅等。参编单位有江苏和网源电气有限公司、纳思达股份有限公司、北京龙腾蓝天科技公司、上海自新机电工程技术有限公司、康翊智能装备科技（江苏）有限公司、麦格磁电科技（珠海）有限公司、北京群菱能源科技有限公司、无锡德盛互感器有限公司及河南领智电力科技有限公司。

本书在编写过程中参阅了大量技术文献和技术成果，特向其作者表示感谢。在编写过程中得到江苏和网源电气有限公司、上海自新机电工程技术有限公司、北京龙腾蓝天科技有限公司的大力协助，在此表示感谢。

由于作者的水平有限，书中错误和缺点在所难免，望广大读者批评指正。

作者

目录

第一章　智能配电网概论

第一节　配电网自动化现状

电力系统是由发电、变电、输电、配电和用电等环节组成的电能生产与消费系统，配电网在电力网中起着分配电能的作用，进而满足社会经济及人民群众生活的需要。

配电网自动化也称配电自动化，是以一次网架和设备为基础，以配电自动化系统为核心，综合利用多种通信方式，实现对配电系统的监测与控制，并通过与相关应用系统的信息集成，实现配电系统的科学管理。其主要目标是提高供电可靠性、改善电能质量和提高运行管理水平及经济效益。

通常意义上，配电网自动化系统是指对10(20)kV及以下配电网进行监视、控制和管理的自动化系统，一般由主站、子站、远方终端设备、通道构成。配电网自动化系统的终端装置，一般称为配电自动化终端或配网自动化终端，用于中压配电网中的开闭所、重合器、柱上分段开关、环网柜、配电变压器、线路调压器、无功补偿电容器的监视与控制，与配网自动化主站通信，提供配电网运行控制及管理所需的数据，执行主站给出的对配网设备进行调节控制的指令。智能配电终端是配电网自动化系统的基本组成单元，其性能及可靠性直接影响到整个系统能否有效地发挥作用。

配电自动化是指利用现代电子技术、通信技术、计算机及网络技术与电力设备相结合，将配电网在正常及事故情况下的监测、保护、控制、计量和供电部门的工作管理有机地融合在一起，改进供电质量，与用户建立更密切更负责的关系，以合理的价格满足用户要求的多样性，追求更好的经济性和更高的企业管理效率。从保证用户供电质量、提高服务水平、减少运行费用方面来看，配电自动化系统是一个统一的整体，包括馈线自动化、配变自动化、配电管理、需求侧管理等。配电系统故障检测和处理是配电自动化系统的核心内容。配电故障检测和处理在配电自动化中有两类表现方式：一类是以馈线自动化为基础的方法；另一类是以故障指示器为基础的方法。

一、国外配电自动化现状

国外配电自动化技术起源于20世纪70年代，欧美发达国家最先开始的配电自动化是为了缩短馈线停电时间。如美国，在开展配电自动化工作的初期，采用配电线路上装设多组重合器、分段器方式，使线路故障不影响变电站馈线供电。在纽约曼哈顿地区，27kV线路上任一路故障时真空重合器和变电站内的断路器配合，经过小于3次的开合操作，自动隔离故障，使非故障段恢复供电。1997年全纽约的用户平均停电时间（含检修、故障等各种因素停电时间）为104min，而曼哈顿地区仅为9min。1994年，美国长岛电力公司配电自动化系统采用850台FTU和无线数字电台组成了故障快速隔离和负荷转移的馈线自动化，在4年内避免了59万个用户的停电故障（根据美国事故统计标准，对用户停电达到或超过5min就是停电事故），并因此获得IEEED/DSM大奖。配电自动化整个系统的形成大致经历了三个阶段：第一阶段使线路运行达到能自动分段；第二阶段建立通信通道实现SCADA（监控和数据采集）功能；第三阶段实施非故障段的自动恢复供电。日本配电网自动化的发展途径和美国、英国等国家不同，它首先是在配电线路上安装具有判别故障及按时限顺序合闸的柱上开关，并与安装在线路上的重合器、分段器及变电站馈线开关的保护相配合，当线路发生故障经过二次合闸，重合器、分段器能自动判别故障，自动隔离线路故障段，使线路非故障段恢复供电；在上述基础上又进一步增设通信功能，将柱上自动配电开关的信息送至中央控制室，由配电自动化系统对配电网进行监控，其功能包括SCADA、AM/FM/GIS、负荷控制（LC）等。日本在20世纪50年代送配电损耗约为25%，到80年代已降到5%。日本九州电力每户平均停电时间从6min下降到1min，均是依赖配电自动化实现的。

综上所述，国外的配电自动化的实现，大致是先实施馈线自动化（Feeder Automation，FA），然后建立通信通道和配电自动化主站系统，再完善各项功能。然而，在这过程中留有大量的有待开发的自动化功能和一些已开发的功能之间的重叠。配电自动化的发展经历了各种单功能的自动化罗列，号称“多岛自动化”的配电系统，向开放式、一体化和集成化的综合自动化方向发展的过程，目前已具有相当的规模，并从提高配电网运行可靠性和效率、提高供电质量、降低劳动强度、充分利用现有设备的能力、缩短停电时间和减少停电面积等方面，带来了可观的经济效益和社会效益。

二、国内配电自动化现状

国内配电终端的研究开发始于20世纪80年代中期，从90年代初开始研制配电终端。到1998年我国投资数千亿元巨资对城市配电网进行大规模改造时，已有数个厂家的配电终端产品投放市场。经过10年不断的改进、完善，目前我国配电终端技术已趋于成熟，产品制造成本不断降低，其性能与可靠性完全能够满足工程应用要求。这期间，国内供电企业与配电自动化设备制造商积累了大量的产品选型设计、安装调试与管理维护经验，为合理地应用配电终端，提高整个配网自动化系统工程实用化水平创造了条件。未来，配电终端技术将进一步向高可靠性、多功能、组合式、小型化、低功耗、低成本、免维护或少维护发展。

国内配电自动化技术起源于20世纪90年代初，比国外发达国家晚了接近20年。尽管如此，由于近年来，全国规模的城乡电网改造以及智能配电网思想的产生，配电自动化的工作取得了长足的进步，众多科研机构与技术开发企业、制造商纷纷开发研制配电系统自动化技术，也有许多供电企业进行了不同层次、不同规模的试点，这些都为供电企业的供电可靠性、电能质量、设备安全、劳动生产率、现代管理水平的提高发挥了较大的作用，为我国配电系统自动化的发展积累了经验。

我国配电自动化的发展大致可以分为三个阶段。第一阶段，引进国外自动化开关设备，通过智能配电终端、开关设备之间的配合，实现故障定位、隔离和自动恢复供电的就地控制的馈线自动化模式。这种模式仅在故障处理时才起作用，且不能检测出中性点不接

地或经消弧线圈接地系统的单相接地故障。然而，在我国绝大多数城市中，故障停电占用户的停电时间比例很小，而引入的自动重合器、分段器和负荷开关价格昂贵，投入很大，收效甚微。第二阶段，实现配电层次的SCADA功能，在配电网调度中心建立主站系统，在各变电站、开闭所设置配电RTU、FTU等远方终端，通过通信通道联系，从而实现对配电网监控的功能。这种模式的故障处理时间大大缩短，而且在配电网正常运行时可以对配电网进行监控和运行管理，实现系统的优化运行。这也是近年来国内所采用的主要配电自动化的模式，但是这种模式需要借助通信系统，而且故障的处理依赖主站进行。第三阶段，通过多年的配电网的改造和各单项自动化（如负荷控制、远程抄表系统、配网系统管理系统等）的发展，借助现代计算机技术、网络技术和通信技术实现各子系统之间资源共享，达到配电系统分层分布式控制、保护。

三、馈线自动化技术

馈线自动化技术经历了从无通信通道到有通信通道，从适应于简单辐射型网架结构到复杂多电源的网架结构，从慢速的故障处理到快速故障处理的演变过程。馈线自动化技术先后出现了电压型、电流型和集中型三种形式。

1. 电压型

电压型即完全依靠控制器检测正常运行时电压的存在和故障时电压的消失为依据的故障检测技术，通过对电压的检测和延时重合的方法来进行故障的判断和处理，最早出现在20世纪50年代的日本。由电压型故障检测技术发展起来的馈线自动化是比较传统的馈线自动化模式，在我国和发达国家的早期得到了应用。

电压模式不需通信信道，但要更换变电站出线开关为重合器，并且要多次重合才能隔离故障。电压模式虽然实现了故障隔离、非故障区段供电恢复，整体减少了停电范围，缩短了停电时间，但故障判断、隔离、非故障供电恢复时间较长，而且电网受到多次冲击，并且不能远方遥控。尤其是环网网架结构，由于从另一个电源恢复供电时，停电面积大，对电网和用户的冲击大，影响了许多非故障区域。

2. 电流型

电流型以通过控制器检测正常运行时电流的存在和故障时电流超过一定限值为主判据，辅助检测电压。当线路发生故障时，从电源点到故障点会流过故障电流，通过检测馈线各开关是否流过故障电流就可以判断出故障。电流型模式最早出现在20世纪70年代的美国，是一种集中控制模式。

电流型馈线自动化适合复杂结构的配网，可以对网络重构进行优化。该模式对于实现故障的处理，实现配网自动化是比较合适的。但该模式需要架设通信网络，馈线自动化要配电子站或主站参与，系统比较庞大，投资也比较大。

3. 集中型

集中控制方式的馈线自动化主要利用主站的智能算法，依赖SCADA系统提供的实时数据对已发生的故障进行处理。即现场的FTU将故障信息通过一定的通道送到控制中心，控制中心根据开关状态、故障检测信息、网络拓扑分析，判断故障区段，下发遥控命令，跳开故障区段两侧的开关，重合变电站开关和闭合联络开关，恢复非故障线路的供电。该种方式控制准确，适合各种复杂系统，但需要有可靠的通信通道和控制中心的计算机软、硬件系统，停电时间通常为分钟级。

四、故障指示器技术

故障指示器是一种安装在电力线（架空线、电缆及母排）上指示故障电流的装置。大多数故障指示器仅可以通过检测短路电流的特征来判别、指示短路故障。在分支点和用户进线等处安装短路故障指示器，可以在故障发生后借助于指示器的指示，迅速确定故障分支和区段，大大减少寻找故障点的时间，有利于快速排除故障，恢复正常供电，提高供电可靠性。

基于故障指示器技术的故障自动定位系统的工作原理是：先对现场安装的故障指示器分别进行地址编码，故障发生时这些动作了的故障指示器借助通信通道，将地址信息发送到装有基于地理信息系统的故障定位软件的监控中心。当发生故障后，现场发回来的动作了的故障指示器的地址码在网络接线图上会反映出来，经计算机系统自动进行网络拓扑分析、故障定位分析，就可自动给出故障位置信息。

五、配网自动化系统方式

配网自动化系统方式可以分为简易型、实用型、标准型、集成型、智能型五种方式。

1. 简易型

简易型配电自动化系统是基于就地检测和控制技术的一种准实时系统。它采用故障指示器来获取配电线路上的故障信息，将故障指示信号上传到相关的主站，由主站来判断故障区段。配电开关采用重合器或配电自动开关，可以通过开关之间的时序配合就地实现故障的隔离和恢复供电。

2. 实用型

实用型配电自动化系统是利用多种通信手段（如光纤、载波、无线公网/专网等），以二遥（遥信、遥测）为主，并对具备条件的一次设备实行单点遥控的实时监控系统。其主站具备基本的SCADA功能，对配电线路、设备实现数据采集和监测，根据配电终端数量或通信方式的需要，该系统可以增设配电子站。

3. 标准型

标准型配电自动化系统是在实用型的基础上实现完整的SCADA功能和FA（馈线自动化）功能，能够通过主站和终端的配合，实现故障区段的快速切除与自动恢复供电，能与上级调度自动化系统和配电生产管理系统/配电地理信息系统实现互联，建立完整的配网模型，应能支持基于全网拓扑的配电应用功能。该系统主要为配网调度服务，同时兼顾配电生产和运行管理部门的应用。对于基于主站控制的馈线自动化，一般需要采用可靠、高效的通信手段（如光纤）。标准型配电自动化系统如图1-1-1所示。

4. 集成型

集成型配电自动化系统是在标准型的基础上，通过信息交换总线或综合数据平台技术，与企业内各个与配电相关的系统实现互联，整合配电信息，外延业务流程，扩展和丰富配电自动化系统的应用功能，支持配电调度、生产、运行以及用电营销等业务的闭环管

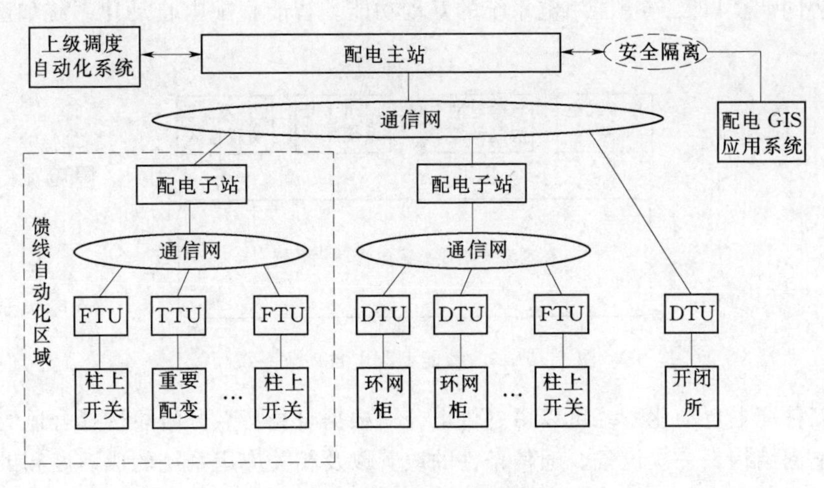

图 1-1-1　标准型配电自动化系统

理，为供电企业的安全和经济指标的综合分析以及辅助决策服务。集成型配电自动化系统如图 1-1-2 所示。

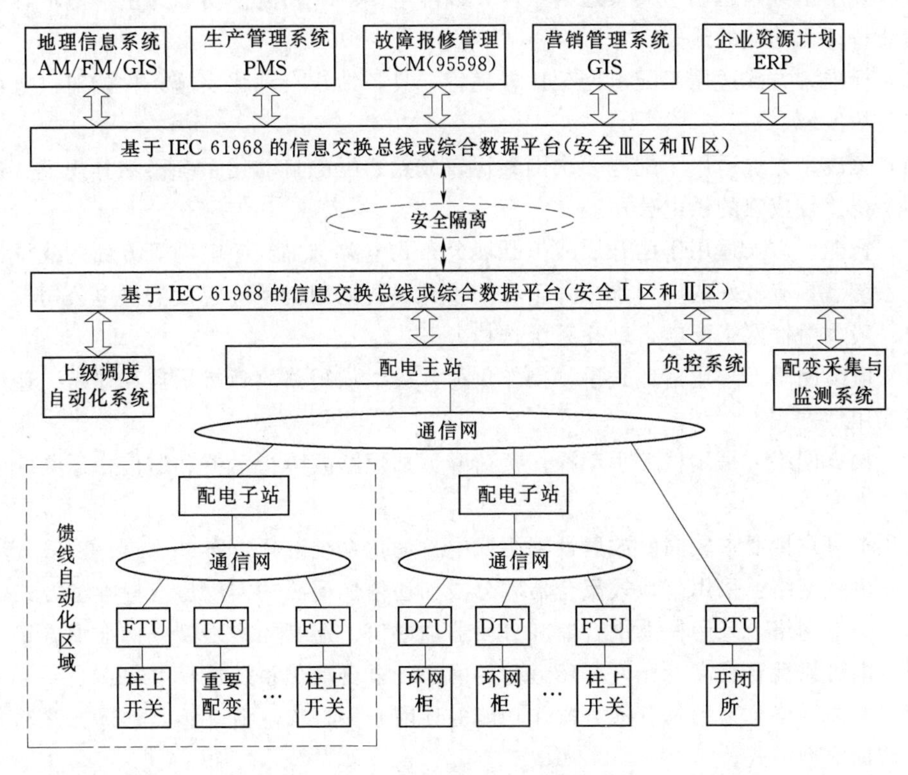

图 1-1-2　集成型配电自动化系统

5. 智能型

智能型配电自动化系统是在标准型或集成型配电自动化系统的基础上，扩展对于分布式电源/储能/微电网等接入功能，实现配电网的自愈控制和经济运行分析功能，实现与上级电网的协同调度以及与智能用电系统的互动功能。智能型配电自动化系统如图 1-1-3 所示。

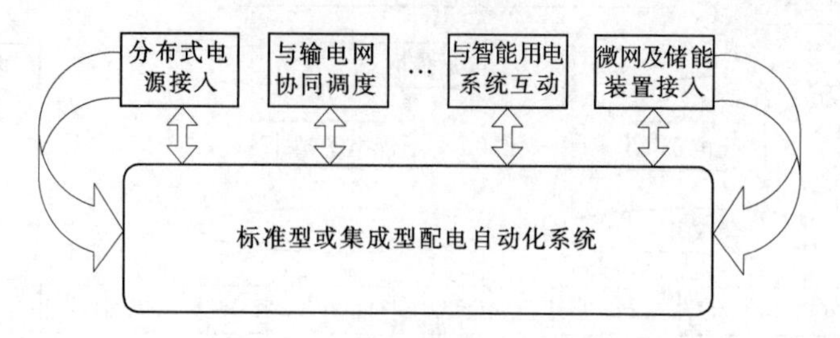

图 1-1-3　智能型配电自动化系统

上述五种配电自动化系统可以由各供电公司根据自身特点分阶段选择合适的方式，依据当地配电网结构、一次设备、通信条件的改善以及相关应用系统的成熟度和供电区域的用户重要性进行配置，也可以在一个阶段的配电网的不同区域上并存。其中：

（1）简易型方式适用于单辐射或单联络的一次网架仅需简单故障指示功能的配电线路。

（2）实用型方式适用于具备通信条件，以配电 SCADA 监控功能为主，但不具备条件实现馈线自动化功能的线路。

（3）标准型方式适用于配电网架比较完善，具备馈线自动化实施条件的对供电可靠性要求较高的区域。

（4）集成型方式适用于配电一次网架比较成熟、配电自动化系统已初具规模、各种管理应用系统比较成熟的供电公司。

（5）智能型方式适用于已开展或拟开展分布式电源/储能/微电网等方面的建设，配电自动化系统已具有较好的应用水平并正在同步开展智能用电系统建设的供电公司。

对一般放射性网络配电自动化系统选择方案：

（1）电缆网络：采用落地式手动操作负荷开关，加短路故障指示器和遥信、遥测的简易型或实用型方式。

（2）架空网络：采用柱上手动操作负荷开关加短路故障指示器和遥信、遥测的简易型或实用型方式。

对供电可靠性要求较高的放射性网络配电自动化系统选择方案：

（1）电缆网络：采用落地式重合器和分段加遥信、遥测的实用型或标准型方式。

（2）架空网络：采用柱上重合器和分段器加遥信、遥测的实用型或标准型方式。

对供电可靠性要求高、允许开环运行的网络配电自动化系统选择方案：

（1）电缆网络：采用具有远方操作功能的环网开关，加电流互感器、远方终端方案的实用型或标准型方式。

（2）架空网络：

1）采用具有远方操作功能的柱上开关，加电源互感器、远方终端方案的实用型或标准型方式。

2）采用柱上重合器和分段器组合方式，加电流互感器、远方终端方案的实用型或标

准型方式。

对供电可靠性要求很高，必须闭环运行的网络配电自动化系统选择方案：采用免维护真空或 SF_6 开关，实现远方故障自动诊断、遥控、遥测、遥信的标准型或集成型方式，并最终向智能型方式发展。配网自动化应与地理信息系统相结合，实现实时信息远传监控功能。

六、配电自动化系统

配电自动化系统是实现配电网运行监测和控制的自动化系统。具备 SCADA、馈线自动化、电网分析应用及与相关应用系统互联等功能，主要由配电主站、配电终端、配电子站（可选）和通信通道等部分组成。配电自动化系统总体架构如图 1-1-4 所示。由于配网自身的诸多特点，配电网自动化技术发展呈现多样化、集成化、智能化的趋势，配电网自动化项目具备综合程度高、覆盖范围广的特征，因此将配电网自动化系统划分为 4 个部分进行规划和设计，同时各部分间关系紧密，相互依托，形成一个有机整体。

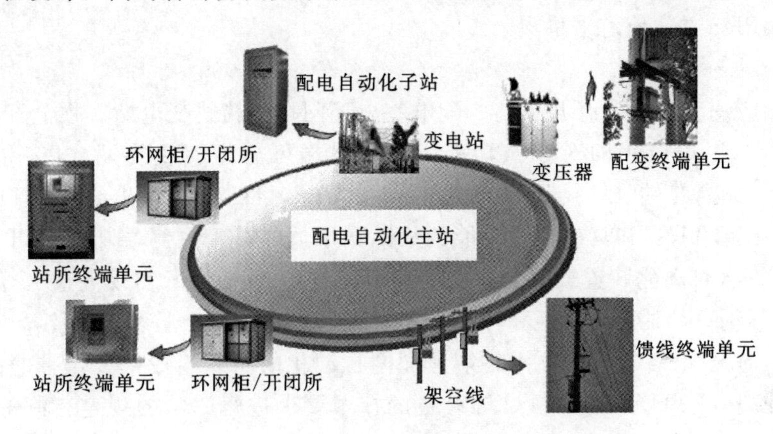

图 1-1-4　配电自动化系统总体架构

1. 主站系统

配电主站应构建在标准、通用的软硬件基础平台上，具备可靠性、可用性、扩展性和安全性，并根据各地区的配电网规模、实际需求和配电自动化的应用基础等情况选择和配置软硬件。根据不同安全区域不同业务，主站分别部署在安全Ⅱ区和Ⅲ区。安全Ⅲ区部分负责配电网统一模型的建立，并以配电 GIS 为平台实现配网运行分析、故障报修管理、配电工作调度、站所环境监测等各项面向生产管理的业务功能，同时也可采集各类以 GPRS 等为传输信道的装置地信息；安全Ⅱ区部分以安全Ⅲ区 AM/FM/GIS 建立的统一模型为基础，通过光纤/载波网络对 DTU、FTU、TTU 进行采集和控制，实现 DSCADA、D-PAS、安全预警等和配电网运行状况相关的在线实时应用。

2. 综合数据平台

配电自动化涉及面很广，不仅有自身实时信息采集部分，需要从其他应用系统中获取相当多的实时、非实时和准实时信息。因此，国际电工委员会制订了 IEC 61968《配电管理的系统接口》系列标准，提出运用企业集成总线将若干个相对独立的、相互平行的应用系统整合起来，实现各系统信息交换，形成一个有效的应用整体。综合数据平台以 IEC 61968 为基础，既实现和外部各系统的信息交互，也完成了位于Ⅱ区/Ⅲ区不同安全区域的主站的模型和数据的交互，使各业务应用构建在一体化电网模型和完整数据的基础上，是主站系统的重要支撑。

3. 通信网络

配电通信系统可利用专网或公网，配电主站与配电子站之间的通信通道为骨干层通信网络，配电主站、子站至配电终端的通信通道为接入层通信网络。在配网自动化系统实施过程中，通信问题是一个难点问题，配电自动化建设的成功与否，一定程度上取决于通信系统的建设。在配电自动化通信方式的选择中，应注意先进性、实用性、可行性、可扩展性。应充分利用现有电网的通信条件，满足可靠性、目前传输速率的要求，设计上留有足够的带宽，以满足今后发展的需要。以光纤网络为主体，开闭所和环网柜统一接入骨干光纤环网，有条件的配电房也可通过星型光纤网络接入，为后期的客户互动业务扩展打好基础。在光纤不可达或建设成本巨大的区域，可采用载波通信方式，特别对于只需二遥的配变，可使用 GPRS 方式信道来采集。

4. 智能配电终端

配电终端应用对象主要有开关站、配电室、环网柜、箱式变电站、柱上开关、配电变压器、线路等。根据应用的对象及功能，配电终端可分为馈线终端（Feeder Terminal Unit，FTU）、站所终端（Distribution Terminal Unit，DTU）、配电终端（Transformers Terminal Unit，TTU）和具备通信功能的故障指示器等。配电终端功能还可采用远动装置（RTU）、综合自动化装置或重合闸控制器等装置。对开闭所实现五遥（遥信、遥测、遥控、遥调、遥视），对于环网柜和柱上开关实现三遥（遥信、遥测、遥控），对配变实现二遥（遥信、遥测）。各类智能配电终端是配网自动化的重要组成部分，智能配电终端要求运行稳定性高，FTU/TTU/DTU 等设备的技术要求进行明确的规定，制造标准统一，接口标准，自动化施工难度降低。

自动化和数字化是智能化的基础。我国目前配电网的调度自动化、变电站自动化等“孤岛”自动化系统经过多年的发展已基本实用化，而配电自动化和用户用电信息采集等系统绝大部分都没有实用化或者没有充分发挥系统本身的作用，信息化水平明显不足，数字化还处于起始阶段，致使早期建设的配电管理建设作用不明显，主要原因是以下方面：

（1）系统应用主体不明确。对配电自动化的定位不清楚，应用主体（应用对象）不明确，造成建设的系统没有一个部门可以真正使用起来，满足不了配网调度、生产、运行和管理的实际需要。

目前的配网自动化，定位低，管理和应用投入不够。一是培训投入不够；二是后期运行维护不够；三是扩展性不强，造成目前的局面——起初建设的模式一直延续，没有后期的持续跟进管理、升级、动态维护。

（2）配电管理的信息化程度不高。配电管理基础薄弱，管理手段落后，配网信息化程度不高，没有形成配电网的信息化、数字化模型描述规范，不能有效支撑配电自动化的功能应用；配电自动化的图形、数据维护与配电网基、改、建脱节，造成数据的准确性、及时性和完整性差，导致系统信任度下降。

各个子系统都具备，但是拓扑关系不强，互相脱离，不具备系统管理的条件，因此建立完整的拓扑关系也是加强管理所必需的。

（3）配电 GIS 不满足动态应用。GIS 是配电自动化的重要基础平台之一，是配网建模和图形的来源，但二次开发厂商对供电企业配网管理流程不熟悉，对需求了解不深，因此在 GIS 对配网的建模上缺乏深入的研究，导致只满足了静态应用（即图资管理）而不能满足动态应用（如实时应用和分析计算）。

对应配网建模、电子地图和图形输入必须满足动态应用，这是系统发挥作用的条件之一。

（4）忽略对相关“信息孤岛”的利用和整合。配电管理的点多量大、涉及面很广，单单依靠实时数据采集建设周期很长且投资很大。而当时的系统只关注在少数馈线搞自动化而没有立足于对整个配网实现科学管理，过分强调实时应用，忽略了管理应用，忽视了对其他相关系统（信息孤岛）的整合和对现有基础数据的整理和利用，对相关系统和信息的整合和关联缺乏整体的考虑。

（5）配电网数据采集不够准确和完整。配电网的基础数据采集面不宽、技术规范不统一、各类设备监测系统没有综合平台接入；生产管理中存在薄弱点，通风、排污、空调、消防、保卫、水喷雾系统等生产辅助类设备缺乏实时管控。

系统将实现对配电站各类生产辅助设备（如空调、采暖、通风、给排水、门禁、技防等）的实时监控，通过与手持终端、工业电视、PMS/OMS（移动操作系统）的联动，实现对辅助设备的统一管理，弥补目前设备管理的薄弱点。可在背景地图上提供配电网各类监测装置的地理分布图，并可按各种方式以组态图形式进行分层展示和控制。按照规范化、标准化、模块化的原则制定相关标准，并结合配网自动化试点的建设进行应用。

（6）配电网优化不足。由于模型的建立不全面，线损的计算不完全，不能真正反映配电网的情况，配电网优化的依据不充分。

（7）配电网设备状态传感、测量及故障状态检修技术研究及应用缺失，导致配电网维修还处于计划检修和故障抢修的传统维修模式。

（8）灵活接入、即插即用、友好开放的互动用电模式尚未展开任何实质性的研究，难以实现先进的需求侧管理。

（9）配电网控制的智能化水平低，难以开展基于电网实时数据的各种高级分析和智能监控，导致无法实现配电网“自愈”。

（10）电网规划所需要的信息不全，造成电网规划存在不合理。

（11）企业资源优化调配和业务协同性差，难以实现企业整体运营的最优化。

上述主要技术问题的存在，导致供电企业目前无法实现电力流、数据流和业务流的有机融合以及配电网“自愈”功能，因而无法支撑未来智能配电业务的发展。只有通过解决智能配电网建设中的关键技术问题，进而提出具有区域特色的智能配电网建设模式和方案，并通过示范应用，才能提高智能配电网技术经济水平和安全可靠性水平，促进智能配电网企业、社会目标的实现。

第二节　智能电网及智能配电网

一、智能电网的概念

目前就全世界来说，由于经济发展状况、电网建设水平、内外部发展环境不同，各国对于智能电网建设的愿景和侧重点有所差异，对智能电网概念的描述也不尽相同。直到现在，世界范围内尚没有一个统一的定义，智能电网概念仍处在不断探索中。

1. 美国智能电网基本概念

智能电网通过利用数字技术提高电力系统的可靠性、安全性和效率，利用信息技术实现对电力系统运行、维护和规划方案的动态优化，对各类资源和服务进行整合重组。智能电网涵盖了配电、用电、输电、运行、调度等方面。具有以下特征：

(1) 自愈。快速隔离故障、自我恢复，从而避免大面积停电的发生，减少停电时间和经济损失。

(2) 互动。商业、工业和居民等能源消费者可以看到电费价格、有能力选择最合适自己的供电方案和电价。

(3) 安全。提高电网应对物理攻击和网络攻击的能力，可靠处理系统故障。

(4) 优质。提供高性能的电能质量，没有电压跌落、电压尖刺、扰动和中断等电能质量问题，适应数据中心、计算机、电子和自动化生产线的需求。

(5) 兼容。适应所有的电源种类和电能储存方式。允许即插即用地连接任何电源，包括可再生能源和电能储存设备。

(6) 可市场化交易。现代化的电网支持持续的全国性的交易，允许地方性与局部的革新。

(7) 高效。优化电网资产，提高运营效率。

2. 欧盟智能电网基本概念

智能电网通过采用创新性的产品和服务，使用智能检测、控制、通信和自愈技术，有效整合发电方、用户或者同时具有发电和用电特性成员的行为和行动，以期保证电力供应持续、经济和安全。它能够交互运行，可容纳广大范围的小型分布式发电系统并网。研究重点在于研发可再生能源和分布式电源并网技术、储能技术、电动汽车与电网协调运行技术以及电网与用户的双向互动技术，以便带动欧洲整个电力行业发展模式的转变。其主要特征为：

(1) 灵活：满足社会用户的多样性增值服务。

(2) 易接入：保证所有用户的连接通畅，尤其对于可再生能源和高效、无二氧化碳排放或二氧化碳排放很少的发电资源要能方便接入。

(3) 可靠：保证供电可靠性，减少停电故障；保证供电质量，满足用户供电要求。

(4) 经济：实现有效的资产管理，提高设备利用率。

3. 中国坚强智能电网基本概念

坚强智能电网是以特高压电网为骨干网架、各级电网协调发展的坚强网架为基础，以通信信息平台为支撑，具有信息化、自动化、互动化特征，包含电力系统的发电、输电、变电、配电、用电和调度各个环节，覆盖所有电压等级，实现“电力流、信息流、业务流”的

高度一体化融合的现代电网。其主要特征在技术上要实现信息化、自动化、互动化。

(1) 信息化：能采用数字化的方式清晰表述电网对象、结构、特性及状态，实现各类信息的精确高效采集与传输，从而实现电网信息的高度集成、分析和利用。

(2) 自动化：提高电网自动运行控制与管理水平。

(3) 互动化：通过信息的实时沟通及分析，使整个系统可以良性互动与高效协调。

其主要内涵是：

(1) 坚强可靠：是指拥有坚强的网架、强大的电力输送能力和安全可靠的电力供应，从而实现资源的优化调配、减小大范围停电事故的发生概率。

(2) 经济高效：是指提高电网运行和输送效率，降低运营成本，促进能源资源的高效利用。

(3) 清洁环保：在于促进可再生能源发展与利用，提高清洁电能在终端能源消费中的比重，降低能源消耗和污染物排放。

(4) 透明开放：意指为电力市场化建设提供透明、开放的实施平台，提供高品质的附加增值服务。

(5) 友好互动：即灵活调整电网运行方式，友好兼容各类电源和用户的接入与退出，激励电源和用户主动参与电网调节。

从技术层面上讲，智能电网是集计算机、通信、信号传感、自动控制、电力电子、超导材料等领域新技术在输配电系统中应用的总和。这些新技术的应用不是孤立的、单方面的，不是对传统输配电系统进行简单地改进、提高，而是从提高电网整体性能、节省总体成本出发，将各种新技术与传统的输配电技术进行有机地融合，使电网的结构以及保护与运行控制方式发生革命性的变革。

从功能特征层面上讲，智能电网在系统安全性、供电可靠性、电能质量、运行效率、资产管理等方面较传统电网有着实质性的提高；支持各种分布式发电与储能设备的即插即用；支持与用户之间的互动。

智能电网建设在欧美国家已逐步上升到国家战略层面，成为国家经济发展和能源政策的重要组成部分。目前，美国、欧洲等国家和地区电网架构趋于稳定、成熟，具备较为充裕的输配电供应能力，对电力供应的安全性、灵活性以及电能质量等问题愈加关注，围绕与用户之间的双向互动、可再生能源和分布式电源发展与管理、电力供应商业模式和技术手段创新等方面，重点着眼于配电和用户环节，陆续启动了一系列相关研究和实践，有关智能电网的建设和应用理念由此逐步形成。

二、智能电网的发展

尽管智能电网的概念是在2003年提出的，但智能电网技术的发展最早可追溯到20世纪60年代计算机在电力系统的应用。20世纪80年代发展起来的柔性交流输电（FACTS）与20世纪90年代产生的广域相量测量（WAMS）技术，也都属于智能电网技术的范畴。进入21世纪，分布式电源（Distributed Electric Resource，DER），包括分布式发电与储能迅猛发展。人们对DER并网带来的技术与经济问题的关注，在一定程度上催生了智能电网。

近年来，国际上对智能电网的研究可谓方兴未艾。2002年，美国电科院创立了“Intelli Grid”联盟（原名称为GEIDS），开展现代智能电网的研究，已提出了用于电网数据与设备集成的Intelli Grid通信体系；2003年7月，美国能源部发表“Grid 2030”报告，提出了美国电网发展的远景设想，之后美国能源部先后资助了Grid Wise、Grid Works、MGI（现代电网）等智能电网研究计划。在实际应用方面，得克萨斯州的Center Point能源公司、圣地亚哥水电公司（SDG&E）等都在着手智能电网项目的实施或制定发展规划；作为美国盖尔文电力行动计划（GEI）的一部分，伊利诺伊工学院（IIT）正在实施“理想电力（Perfect Power）”项目。

欧洲国家也在积极推动智能电网技术研发与应用工作。欧盟于2005年成立了“智能电网技术论坛”；以欧洲国家为基础的国际供电会议组织（CIGRE）于2008年6月召开了“智能电网”专题研讨会。在智能电网建设方面，意大利电力公司（ENEL）在2002—2005年投资了21亿欧元实施智能抄表项目，使高峰负荷降低约5%，据报道每年可节省投资近5亿欧元；法国电力公司（EDF）以改造其配电自动化系统为重点发展智能电网。

我国对智能电网的研究与讨论起步相对较晚，但在具体的智能电网技术研发与应用方面基本与世界先进水平同步。我国地区级以上电网都实现了调度自动化，35kV以上变电站基本都实现了变电站综合自动化，有200多个地级城市建设了配电自动化。广域相量测量系统（WMAS）、FACTS等技术的研发与应用都有突破性进展。国家电网公司在分析经济社会和能源电力发展趋势，借鉴国外智能电网有关研究的基础上，结合基本国情和电力工业实际，提出了立足自主创新，加快建设以特高压电网为骨干网架，各级电网协调发展，具有信息化、自动化、互动化特征的坚强智能电网发展目标，力争使电网具备坚强的网架结构，能支持各类电源的友好接入及使用，能提供大范围资源优化配置能力，给用户提供全面的服务，以实现安全、可靠、优质、清洁、高效、互动的电力供应，推动电力行业及相关产业的技术升级，满足经济社会全面、协调、可持续发展要求。智能电网的构成如图1-2-1所示。

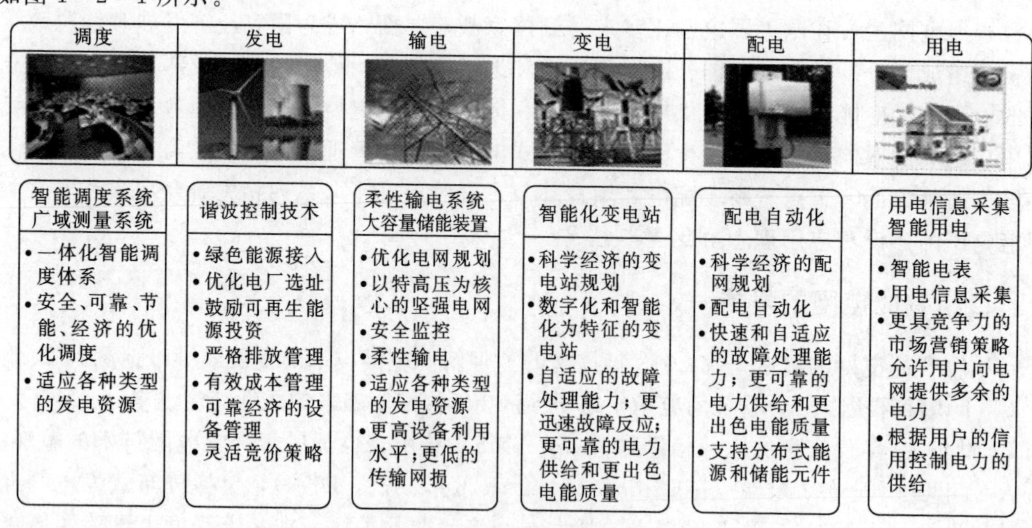

图1-2-1　智能电网的构成

中国坚强智能电网建设的重点发展方向分以下方面：

（1）提高电网输送能力，确保电力的安全可靠供应，具有坚强的网架结构，打造坚强可靠的电网。通过灵活交直流输电技术的研究和应用，提高电网输送能力和控制灵活性；进一步开展大电网安全稳定、智能调度、状态检修、全寿命周期管理和智能防灾等技术的研究，以提高大电网的安全稳定运行水平。

（2）提高能源资源的利用效率，提高电网运行和输送效率，打造经济高效的电网。研究先进储能技术、电力电子等技术，提高发电资源利用效率；进一步深入研究各类电网优化分析技术，安排合理运行方式，降低源网全局损耗；研究需求侧智能化管理技术，提高用户侧能源资源利用效率。

（3）促进可再生能源发展与利用，降低能源消耗和污染物排放，合理配置我国电源结构，打造清洁环保的绿色电网。研究可再生能源并网、监视、预测、分析、控制相关技术，服务于节能减排和清洁能源振兴规划；研究分布式电源接入和微电网等技术，促进用户侧可再生能源的利用，提升用电可靠性。

（4）促进电源、电网、用户协调互动运行，打造灵活互动的电网。研究机网协调运行控制技术，推进机网信息双向实时交互；研究推广发电厂辅助服务考核技术，提高发电企业主动参与电网调节的积极性；研究互动营销、智能电表等技术，提高电网、用户间的互动水平和用户服务质量。

（5）实现电网、电源和用户的信息透明共享，打造友好开放的电网。研究用电信息采集技术和营销信息化技术，确保电网与用户间信息透明开放；研究多周期、多目标调度计划技术、电力市场交易相关技术，构建公正透明的调度计划运作平台、电力市场交易平台，确保电网与电源信息的透明共享。

国家电网公司在认真分析国内经济发展形势和技术水平的基础上，根据国情现状，按照统筹规划、统一标准、试点先行、整体推进的原则，分阶段推进坚强智能电网的建设。

（1）2009—2010年为规划试点阶段，重点开展电网智能化发展规划工作，制定技术标准和管理标准，开展关键技术研发和设备研制，开展各环节的试点工作。

（2）2011—2015年为全面建设阶段，加快特高压电网和城乡配电网建设，初步形成智能电网运行控制和互动服务体系，关键技术和装备实现重大突破和广泛应用。

（3）2016—2020年为引领提升阶段，基本建成坚强智能电网，使电网的资源配置能力、安全水平、运行效率，以及电网与电源、用户之间的互动性显著提高。

三、智能配电网及其发展

智能电网的内容很宽，涵盖发电、输电、变电、配电、用电各个环节，要求实现安全、自愈、高效、清洁、优质、互动。智能配电网（Smart Distribution Grid，SDG）是智能电网的重要组成部分。

1. 智能配电网概念

智能配电网是集成了配电工程技术、高级传感和测控技术、现代计算机与通信技术的配电系统，更加安全、可靠、优质、高效，支持分布式电源大量接入，并为用户提供“择时用电”等与配电网的互动服务。

智能配电网是智能电网中配电网部分的内容，与传统的配电网相比，有以下主要功能特征：

(1) 自愈。SDG能够及时检测出已发生或正在发生的故障并进行相应的纠正性操作，使其不影响对用户的正常供电或将其影响降至最小。自愈主要是解决“供电不间断”的问题，是对供电可靠性概念的发展，其内涵要大于供电可靠性。例如，目前的供电可靠性管理不计及一些持续时间较短的断电，但这些供电短时中断往往都会使一些敏感的高科技设备损坏或长时间停运。

(2) 安全性。SDG能够很好地抵御战争攻击、恐怖袭击与自然灾害的破坏，避免出现大面积停电；能够将外部破坏限制在一定范围内，保障重要用户的正常供电。

(3) 更高的电能质量。SDG实时监测并控制电能质量，使电压有效值和波形符合用户的要求，即能够保证用户设备的正常运行并且不影响其使用寿命。

(4) 支持DER的大量接入。这是SDG区别于传统配电网的重要特征。在SDG里，不再像传统电网那样，被动地硬性限制DER接入点与容量，而是从有利于可再生能源足额上网、节省整体投资出发，积极地接入DER并发挥其作用。通过保护控制的自适应以及系统接口的标准化，支持DER的“即插即用”。通过DER的优化调度，实现对各种能源的优化利用。

(5) 支持与用户互动。与用户互动也是SDG区别于传统配电网的重要特征之一。采用智能电表实行分时电价、动态实时电价，让用户自行选择用电时段，在节省电费的同时，为降低电网高峰负荷作贡献。允许并积极创造条件让拥有DER（包括电动车等）的用户在用电高峰时向电网送电。

(6) 对配电网及其设备进行可视化管理。SDG全面采集配电网及其设备的实时运行数据以及电能质量扰动、故障停电等数据，为运行人员提供高级的图形界面，使其能够全面掌握电网及其设备的运行状态，克服目前配电网因“盲管”造成的反应速度慢、效率低下问题。对电网运行状态进行在线诊断与风险分析，为运行人员进行调度决策提供技术支持。

(7) 更高的电网资产利用率。SDG实时监测电网设备温度、绝缘水平、安全裕度等，在保证安全的前提下增加传输功率，提高系统容量利用率；通过对潮流分布的优化，减少线损，进一步提高运行效率；在线监测并诊断设计的运行状态，实施状态检修，以延长设备使用寿命。

(8) 配电管理与用电管理的信息化。SDG将配电网实时运行与离线管理数据高度融合、深度集成，实现设备管理、检修管理、停电管理以及用电管理的信息化。

现代配电网具有以下特点：

(1) 集中式发电和分布式发电并行。

(2) 大量采用储能装置。

(3) 电网环网运行，交直流混合电网。

(4) 高峰时峰谷差加大。

(5) 电动汽车正在快速出现。

(6) 消费者正在变成发供者。

为了应对配电网物理结构的变化，充分利用配电网的特点，必须建设现代配电网。现代配电网就是所谓的智能电网，尽管定义千差万别，但目标是相同的：①增强电网运行可靠性；②提高能源利用效率；③消纳可再生能源发电；④加强与用户的互动。

为了实现上述目标，必须加强以下技术的研究：①借助于现代计算机技术和分析手段，实时分析电网运行状态，实时做出最优决策；②借助现代通信技术将系统中的各个元件联系起来；③利用现代传感和计算技术实现对各个装置的全面感知。

2. 主动式配电网概念

(1) 主动式配电网的 CIGRE 定义：主动配电网（Active Distribution Network, AND)，即内部具有分布式或分散式能源且具有控制和运行能力的配电网。主动式配电网体系如图 1-2-2 所示。

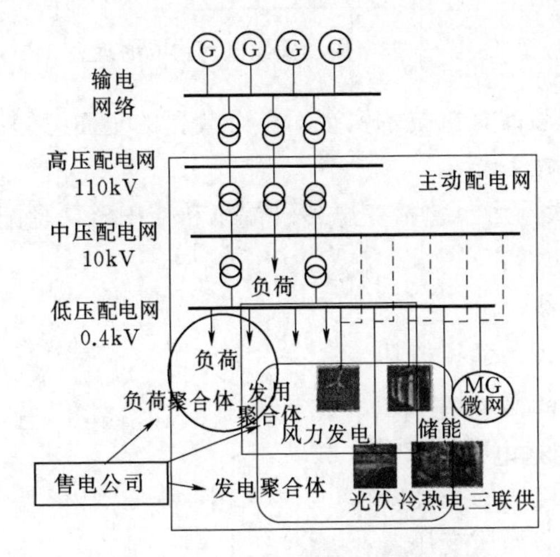

图 1-2-2　主动式配电网体系

(2) 主动式配电网的愿景。

1) 在主动式配电网中，随着分布式发电的发展和电力市场的建立，将出现一批售电公司，分为：负荷、发电和发用聚合体，组织起来参与电力市场，提供电能和辅助服务。

2) 作为连接用户与输电网的重要配电基础设施，不仅承担确保配电网安全运行的配电调度员的职责；还将肩负使用户可以方便参与电力市场买卖电能、协调控制分布式发电的重任，即使市场的经营者。

3) 主动式配电网的目标是在确保电网运行可靠性和电能质量的前提下，增加对现有配电网对可再生能源发电的容纳能力。

(3) 主动式配电网的核心理念。充分利用主动式配电网的可控资源，研究可以实现电网侧的主动规划、管理、控制与服务、负荷侧的主动响应和发电侧的主动参与的核心技术（装置与系统），变被动接受为主动利用，实现主动式配电网的运行目标。主动式配电网构成的理念如图 1-2-3 所示。

(4) 主动式配电网建设的具体措施。

1) 借助于现代计算机技术和分析手段，实时分析电网运行状态，实时做出最优决策。

2) 借助现代通信技术，将系统中的各个元件联系起来。

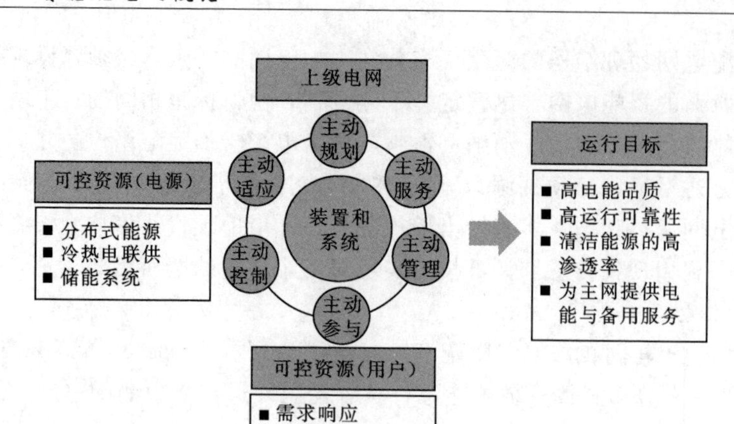

图 1-2-3　主动式配电网构成的理念

3）利用现代传感器和计算机技术实现对各个装置的全面感知。

3. 智能配电网的基础设施

（1）坚强可靠的一次网络。包括变电站、馈线和变压器，是配电网的基础装备，提高一次设备可靠性的手段包括：

1）以电缆代替架空线。

2）配电线路建在路边，远离树林。

3）以补偿接地代替隔离接地。

4）把 10kV 电压等级提高到 20kV。

5）简化主变和高压电网的拓扑结构。

6）增加调压器和有载调压变压器。

7）低压直流配网、电力电子设备。

（2）灵活高效的二次系统。包括重合闸和断路器，快速切换开关及通信系统。其中中压馈线、二次变电站和低压电网的监测包括：

1）除了传统的电压、电流监测，还要增加温度传感器、门位置传感器和各种类型的可视化传感器以增强资产管理能力。

2）电能质量监测仪、故障记录仪、配网 PMU 和局部放电监测设备。

通信系统包括各种通信技术：

1）光纤、无线网络、电力线载波和卫星等。

2）以太网等。

（3）智能配电网中可控资源，具体包括以下方面：

1）光伏发电、风电等：有功功率一般不能调节，特殊情况下，可向下调节；无功功率可调，可参与电压控制。

2）生物质发电、地热、三联供机组等：有功功率、无功功率均可控。

3）储能及充电桩：有功功率可控。

4）电容、电抗、调压变压器、静止无功补偿器：无功功率可控制。

5）需求侧响应：包括大用户、小用户集群控制。

6）负荷控制：直接负荷控制、电压敏感负荷。

（4）智能配电网各要素及相互关系如图1-2-4所示。

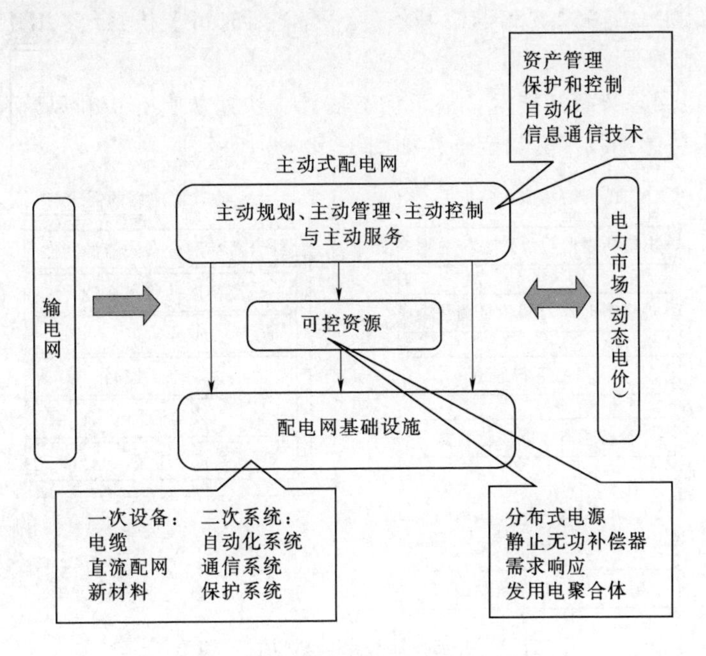

图1-2-4　智能配电网各要素及相互关系

1）分布式电源、电动汽车和高品质供电需求的出现改变了传统配电网的形态，产生了一系列新的问题需要解决。

2）信息通信技术的快速发展与现代配电网的密切结合，产生了主动配电网。

3）主动式配电网的核心理念是配电网侧的主动规划、主动管理、主动控制与主动服务，用户侧的主动响应和发电侧的主动参与。

4）以信息集成为基础，结合主动配电网理念和大数据技术的配电网规划运行控制技术是智能电网的重要研究方向。

（5）基于全面量测技术的智能配电网。

1）目前配电网量测现状。

a. 电网监控自己的设备。

b. 用户管理自己的设备。

2）目前配电网量测的缺点。

a. 信息不完整。

b. 系统决策依据不足。

3）主动式配电网基础是全面量测，依据完整的信息，作为系统决策的依据。

a. 主动拓宽量测范围，兼容用户侧信息。

b. 配电终端监测设备（IDU）。

c. 完善的用户信息，包括分界室的用户端信息、同步信息、智能电表信息、分布式发电信息、用户配电设备信息。

4）适用于智能配电网的综合配电单元（IDU）。IDU 装置包括数据存储单元，在当地保留电能质量监测、故障录波和谐波等信息，当需要时可上传系统。IDU 装置的功能及特点如图 1－2－5 所示。

5）智能配电网态势感知技术。基于状态估计、快速仿真分析和风险预警的多信息源主动式配电网态势感知技术的功能框架如图 1－2－6 所示。

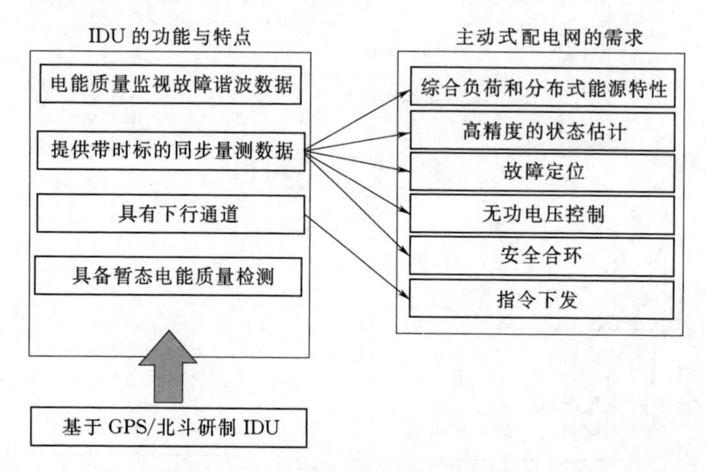

图 1－2－5　IDU 装置的功能及特点

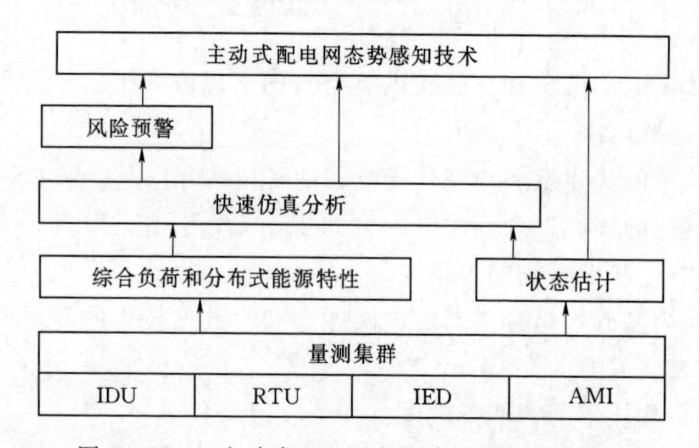

图 1－2－6　主动式配电网态势感知技术功能框架

四、柔性配电网（FDN）

柔性配电网是指可实现柔性闭环运行的配电网。

利用柔性电力电子技术改造的配电网是一个重要趋势，能有效解决传统配电网发展中的一些瓶颈问题。先进的电力电子技术可以构建灵活、可靠、高效的配电网，既可提升城市配电系统的电能质量、可靠性与运行效率，还可应对传统负荷以及平抑可再生能源的波动性。

与主动式配电网概念的不同在于，主动式配电网是针对分布式电源（DG）进行主动调度，让其与电网协同工作；而 FDN 则是针对电网一次系统，让其具备柔性能力。两者也存在联系：柔性化提高了电网潮流转移调节的能力，有助于间歇性DG的消纳，对提高整个配电网的主动调节性也是有益的。

与传统配电网相比，FDN的优势在于：

(1) 正常运行方面，FDN能较好地均衡馈线以及变电站主变的负载，安全裕度更高。

(2) 安全性方面，由于柔性开关在多回馈线间具有连续负荷分配能力，能充分利用网络相互支持，安全性更高。

(3) 供电能力方面，FDN不仅会提升电网最大供电能力（TSC），并且TSC能在各种负荷分布下达到，在实际中容易实现。

柔性化是配电网发展的一个重要趋势，FDN概念会带来很多令人感兴趣的课题，如柔性化程度如何衡量、如何确定合理的柔性度等。后续研究还将提高计算精度，计及损耗和柔性开闭站（FSS）无功输出的独立性，并考虑DG、储能、用户响应等因素，研究FDN对消纳间歇性DG的作用。

随着电力事业的不断向前发展，电力体制改革的不断深化，同样也衍生出了各种如增量配电、售电侧改革和电力辅助服务市场等新兴市场。

五、增量配电网

1. 增量配电网概念

自2002年电力体制改革实施以来，在党中央、国务院领导下，电力行业破除了独家办电的体制束缚，从根本上改变了指令性计划体制和政企不分、厂网不分等问题，初步形成了电力市场主体多元化竞争格局；电力行业发展还面临一些亟须通过改革解决的问题，于是新一轮电力体制改革应运而生。

增量配电这一概念便是由《关于进一步深化电力体制改革的若干意见》（中发〔2015〕9号）提出，按照有利于促进配电网建设发展和提高配电运营效率的要求，探索社会资本投资配电业务的有效途径，逐步向符合条件的市场主体放开增量配电投资业务，鼓励以混合所有制方式发展配电业务。

增量配电网原则上指110kV及以下电压等级电网和220(330)kV及以下电压等级工业园区（经济开发区）等局域电网。“增量”顾名思义，就是原来没有，现在有了，也就是新增加的配电网称为增量配电网。

增量配电网资产可以划分为以下部分：

(1) 满足电力配送需要和规划要求的新建配电网及混合所有制方式投资的配电网增容扩建。

(2) 除电网企业存量资产外，其他企业投资、建设和运营的存量配电网。

2. 增量配电网运营

2016年国家发展和改革委员会（以下简称“国家发展改革委”）和国家能源局曾以特急的等级下发了一份关于增量配电网业务试点申报的文件，拟以增量配电设施为基本单元，确定105个吸引社会资本投资增量配电业务的试点项目。

六、智能电网用户端系统

1. 智能电网用户端系统概念

智能电网用户端系统包括了从电力变压器到用电设备之间，对电能进行传输、分配、控制、保护、电能管理以及双向互动服务的所有设备及系统，包括智能电器及系统、电能管理系统、智能楼宇控制系统及双向互动服务系统。智能电网用户端系统框图如图1-2-7所示。

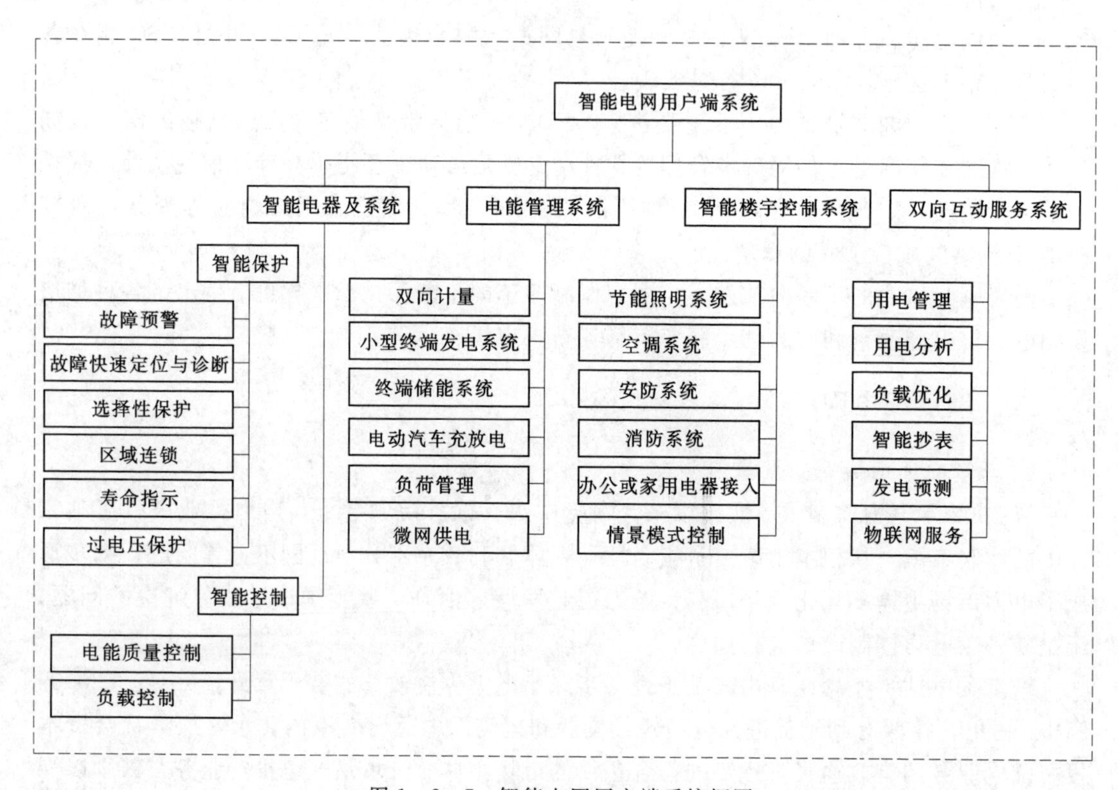

图1-2-7 智能电网用户端系统框图

图1-2-8给出了一个在智能电网下智能用户端系统特例，包括可接入分布式可再生能源发电系统、可接入分布式储能系统、高效的电能管理系统、智能的控制与保护系统、人性化的双向互动服务体系，具有全面的系统解决方案。用户端系统位于智能电网末端，是智能电网“高速公路”的最后“一公里”，重要度极高，是智能电网能否取得广泛成效的关键。用户端系统能够推动分布式可再生能源的发展，实现绿色环保；实现智能化电能管理，减少电能损耗，促进节能减排；打破传统生产—消费模式，形成双向互动服务体系；推动多种系统的兼容和集成，实现系统互联和信息共享，形成系统全面的解决方案；让广大用户真正感知智能电网所带来的成效和收益。

2. 智能用户端在智能电网系统中的作用

(1) 用电更安全、更可靠。

1) 引进先进传感技术、通信技术、计算机技术和网络技术。

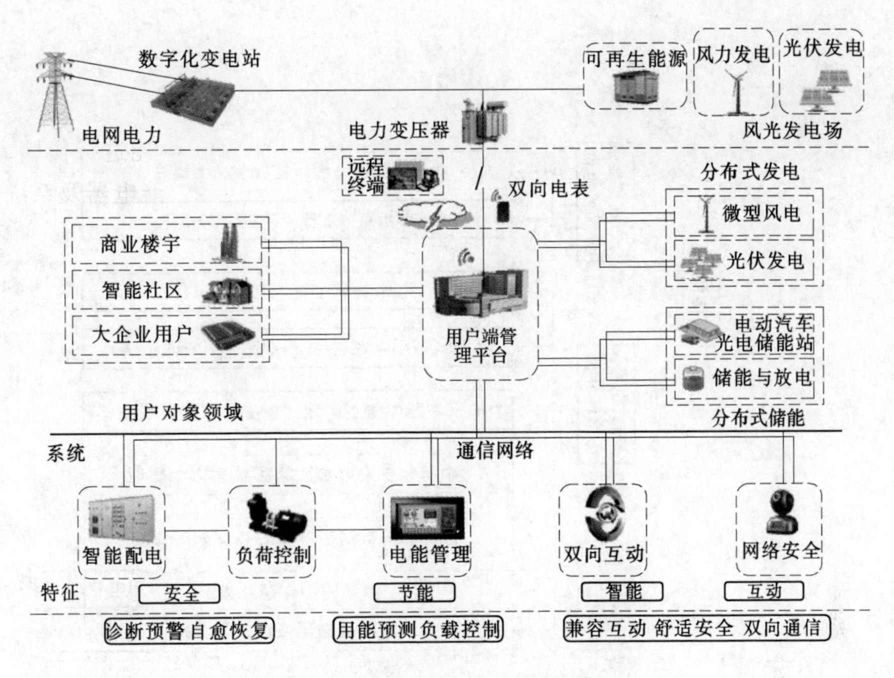

图 1-2-8　智能用户端系统特例

2）主要设备具有高性能及高可靠性（提高终端电网坚强度）。

（2）系统更节能、更环保。

1）分布式可再生能源发电与预测。

2）负载管理。

3）系统与设备节能。

4）选用绿色可回收材料。

（3）控制与保护更智能化。

1）多系统兼容。

2）统一控制与保护平台。

（4）生活更舒适、更人性化。

1）智能家电、办公设备和智能控制系统使生活更舒适。

2）低碳节能、双向互动使生活更美好。

3）信息化的电能管理使生活更便捷。

3. 智能电网用户端系统关键技术

（1）智能电网用户端技术标准体系如图 1-2-9 所示，包括智能用电及智能配电系统。

（2）智能电网用户端系统关键技术。

1）智能电器及智能配电系统关键技术如图 1-2-10 所示。

2）电能管理系统关键技术如图 1-2-11 所示。

3）智能楼宇控制系统关键技术如图 1-2-12 所示。

4）双向互动服务系统关键技术如图 1-2-13 所示。

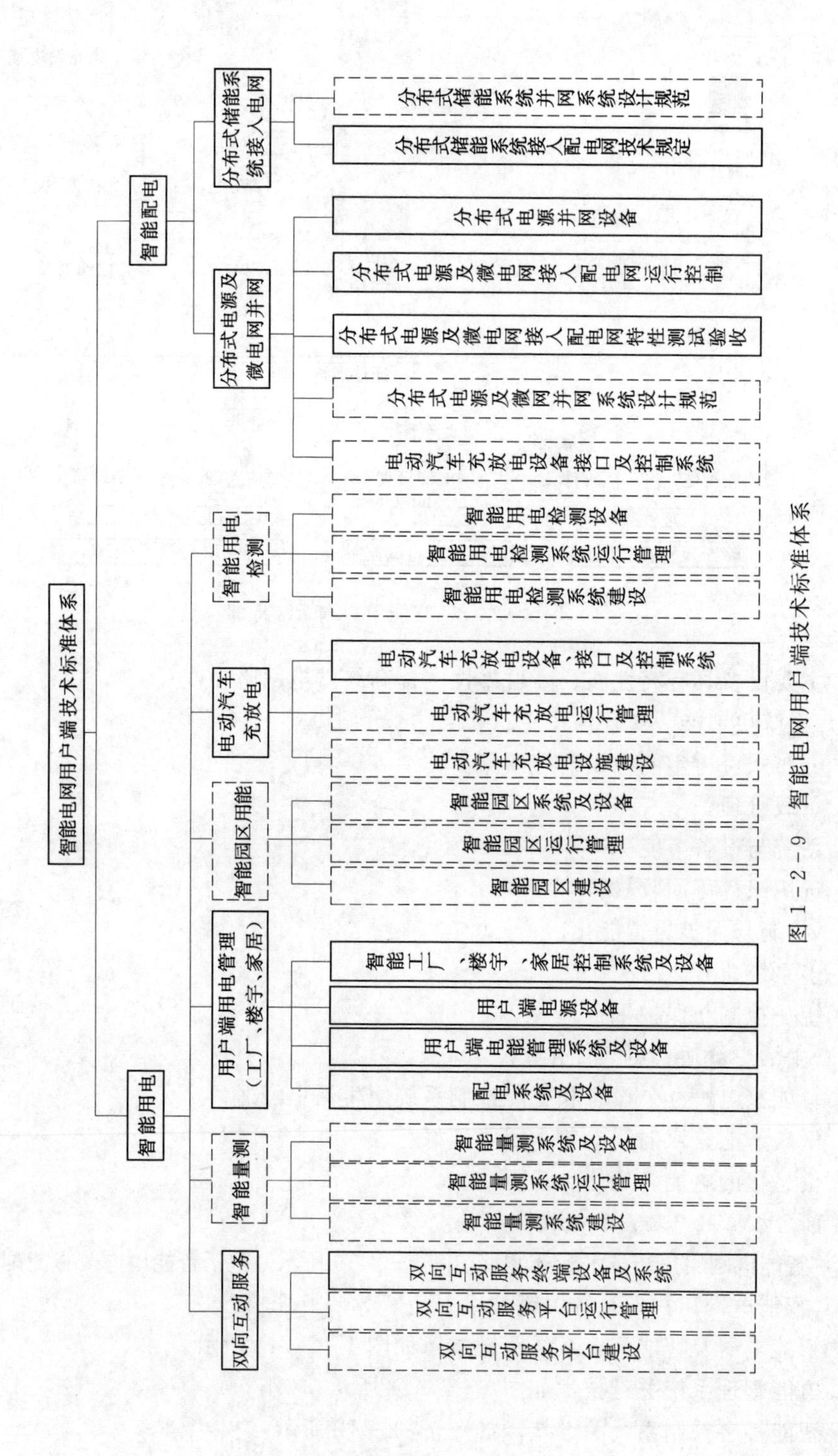

图1-2-9　智能电网用户端技术标准体系

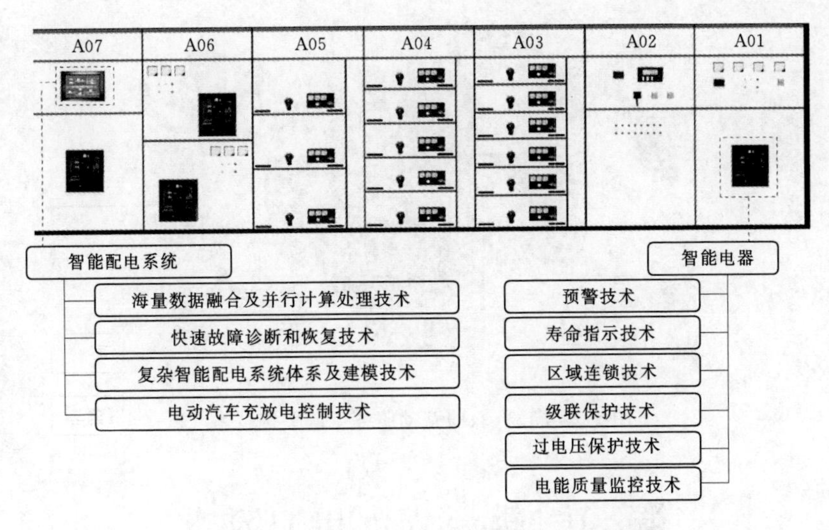

图 1-2-10　智能电器及智能配电系统关键技术

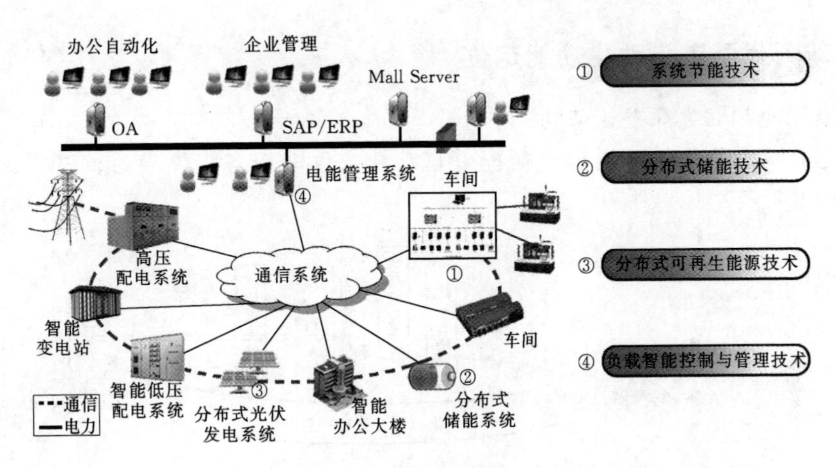

图 1-2-11　电能管理系统关键技术

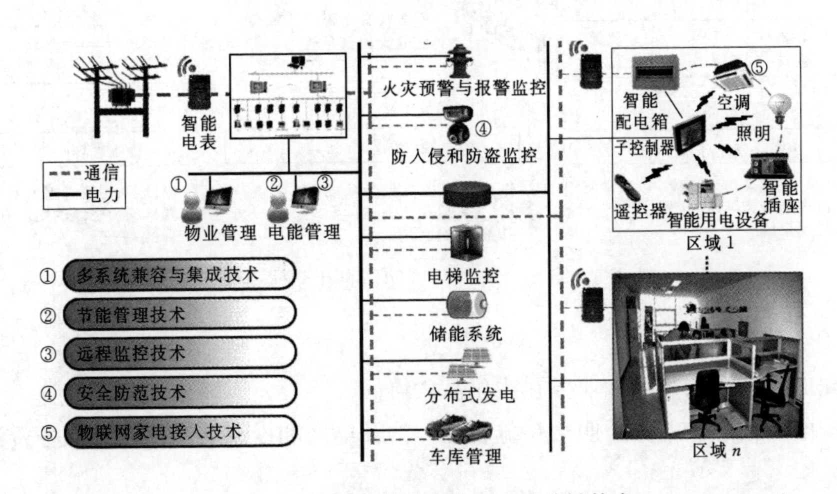

图 1-2-12　智能楼宇控制系统关键技术

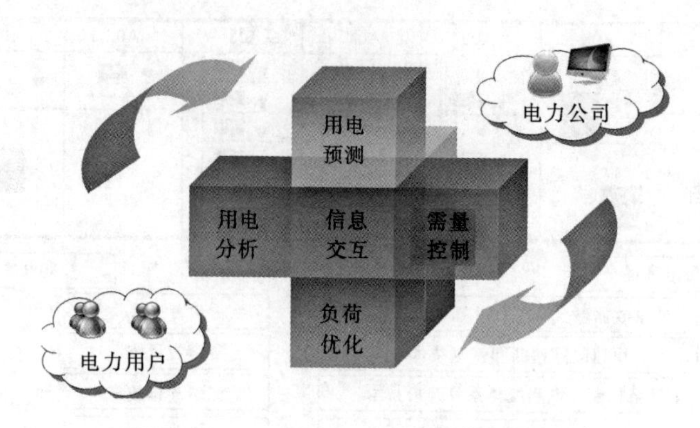

图 1－2－13　双向互动服务系统关键技术

第三节　新一代配电自动化

一、新一代配电自动化功能定位

1. 智能配电网信息化整体架构

智能配电网信息化整体架构包括配电自动化、供电服务指挥平台、PMS 2.0 系统，如图 1－3－1 所示。

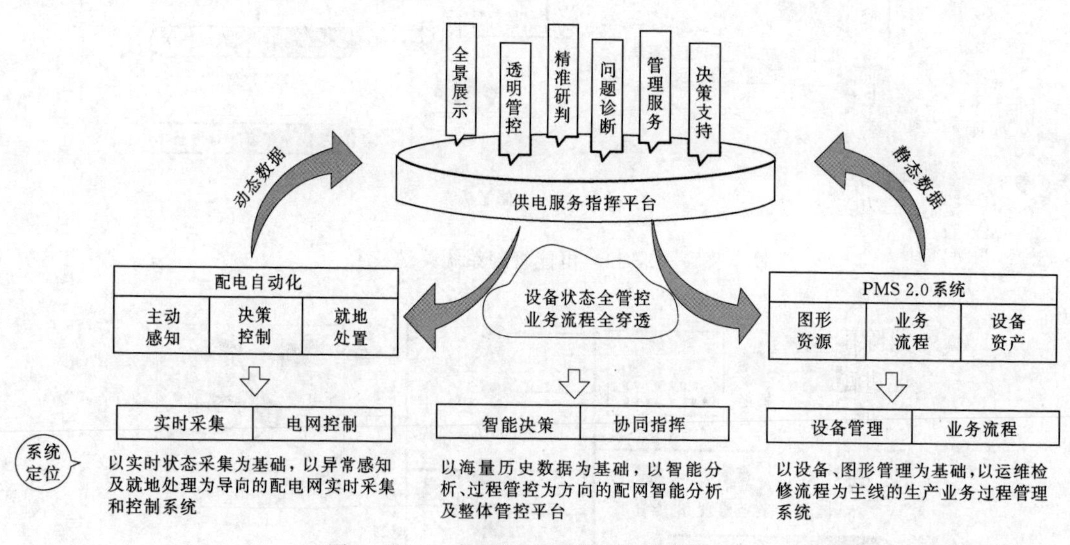

图 1－3－1　智能配电网信息化整体架构

2. 建设目标

（1）配电网营配调信息和业务在线化高效协同。

（2）配电网信息和业务透明化精益管理，涉及电网和设备状态、优质服务资源和业务开展过程。

（3）配电网信息和业务移动化即时作业，涉及检修、抢修、巡视、建设、服务等环节。

(4) 配电网信息和业务智能化分析决策，通过云计算、大数据、人工智能等手段，从动态远景规划、设备动态评估、经济运行、供电能力评估，安全风险评估及投资效益评估，实现科学规划、精准建设、灵活运行、高效运检、优质服务。

二、新一代配电网建设要求

国家电网公司共有138个地市公司，有9.1万余条线路，线路覆盖率达35%。其中故障指示器32万套、FTU 15.2万台、DTU 9.8万台。

1. 传统主网调度自动化系统

传统主网调度自动化系统技术架构无法满足一流现代配电网对于自动化技术的要求。

(1) 规模庞大。

1) 点多。配电变压器440万台（三相变为主），电力用户4.47亿户，供电服务人口超过11亿人。

2) 线长。6～20kV配电线路长度369万km，0.4kV配电线路长度554万km。

3) 面广。经营区域覆盖26个省（自治区、直辖市），覆盖国土面积的88%以上，市公司336个，县公司1683个。

(2) 结构复杂。

1) 网架结构多样且多变。A+、A、B、C、D、E六类供电区域；架空、电缆、架混多样。

2) 分布式能源渗透率高。分布式光伏发电累计并网容量2810万kW，累计并网户数74.28万户。

3) 电动汽车发展迅速。智慧车联网，平台累计接入充电桩17万个，接入电动汽车1.7万辆。

2. 配电自动化支撑作用

强化以客户为中心的理念，建设开放式新一代配电自动化系统，全面支撑配电网全业务管理。

(1) 传统配电自动化改进。

1) 有效消除配电网“盲调”工作状态。

2) 有效促进配电网调控一体集中管理。

3) 有效提升配电网故障快速处理能力。

(2) 有效支撑配电网调控运行管理。

1) 支撑配电网运维检修专业管理。

2) 支撑客户优质服务专业管理。

3) 支撑配电网网架规划专业管理。

4) 支撑配电网工程建设专业管理。

三、新一代配电自动化系统架构

在传统SCADA的基础上，创新管理信息大区功能应用，实现从运行监测到状态管控、从被动故障处理到主动异常预警、从单一调控支撑到全业务功能提升，打造面向能源互联网的数据采集、融合、决策的智能化中枢，大幅提升“站-线-变-户”中低压配电网全链条智能化监测与管理水平。新一代配电自动化系统架构如图1-3-2所示。

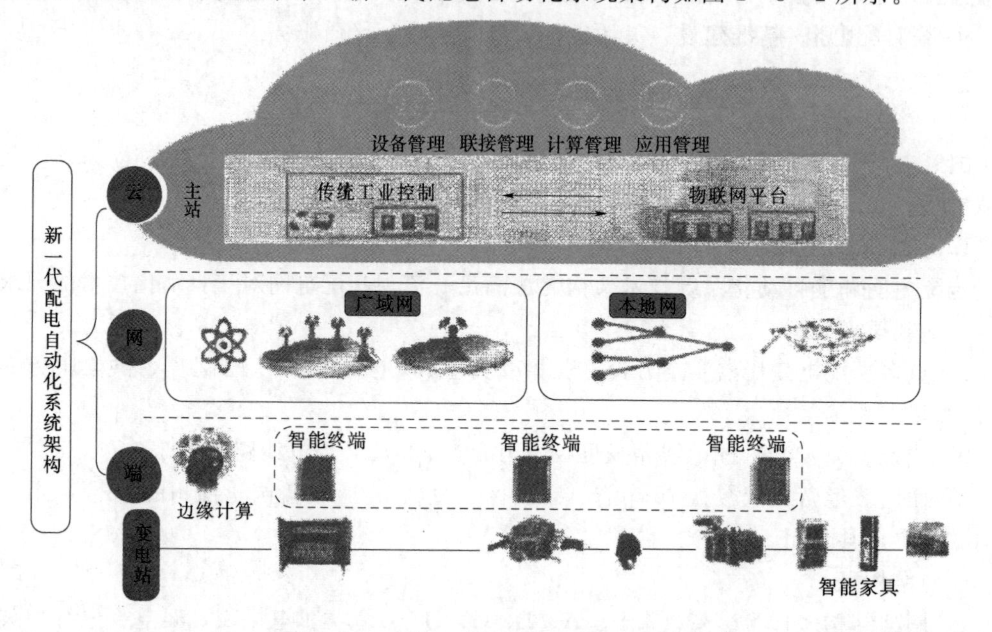

图1-3-2　新一代配电自动化系统架构

四、建设配用电统一信息模型中心

遵循国际标准IEC 61970《能量管理系统应用程序接口》和IEC 61968《电气设施的应用集成　配电管理系统接口》，从业务需求层、功能实现层、信息模型支撑层三个层构建配电网统一信息模型中心，实现跨系统、跨专业的数据贯通、信息共享、专业协同和业务融合的目标。配电自动化信息交互技术如图1-3-3所示。

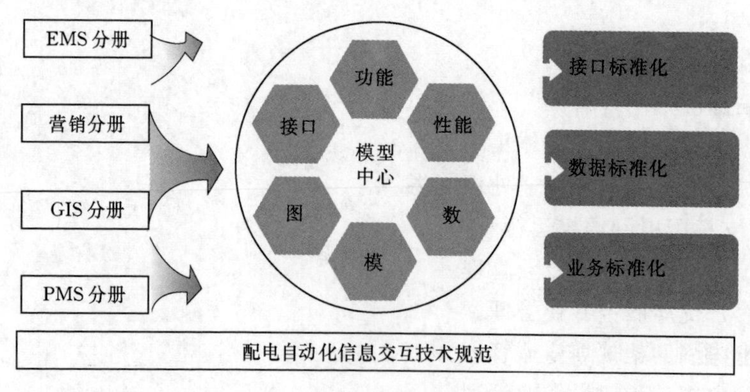

图1-3-3　配电自动化信息交互技术

五、强化网络与信息安全防护

为了加强配电自动化系统安全防护，保障系统安全，《中华人民共和国网络安全法》、

《电力监控系统安全防护规定》（国家发展和改革委员会令 2014 年第 14 号）和《关于印发电力监控系统安全防护总体方案等安全防护方案和评估规范的通知》（国能安全〔2015〕36 号）等对配电监控系统的安全防护做出了原则性规定。

1. 传统配电自动化系统

（1）主站层面。通过配电自动化系统攻击 EMS；通过终端、通信设备攻击主站。

（2）终端层面。通过终端远程遥控其他终端；配电终端采用软加密模块，效率低，密钥安全性无法保证。

2. 新一代配电自动化系统

（1）在配电自动化系统跨区边界，调度自动化系统边界、安全接入区边界加装正反向物理装置。

（2）在安全接入区与通信网络边界安装安全接入网关，实现对通信链路的双向身份认证和数据加密。

（3）配电终端采用了内置专用安全芯片方式，实现通信链路保护、身份认证、业务数据加密。

六、推进一二次融合

1. 传统设备一二次融合

（1）一次设备。

1）型式结构标准化。

2）机构设计简单化。

3）可靠稳定高质化。

（2）二次设备。

1）硬件“四统一”，包括面板外观、安装尺寸、运行指示、接口插件等方面统一。

2）软件“三标准”，包括功能实现、通信规约、运维工具三方面。

2. 一二次融合

（1）一次设备。包括总体设计标准化、功能模块独立化、设备互换灵活化和电气测量数字化。

（2）二次设备。包括：

1）扩展就地型馈线自动化功能。

2）增加单相接地故障检测功能。

3）深化电能量采集功能。

七、智能配电终端

1. 深化就地型馈线自动化应用

综合考虑配电网网架、通信通道、供电可靠性等因素，以提高供电可靠性、提升配电网运行管理水平为目标，因地制宜、注重实效地推进就地型馈线自动化建设。内容如图 1-3-4所示。

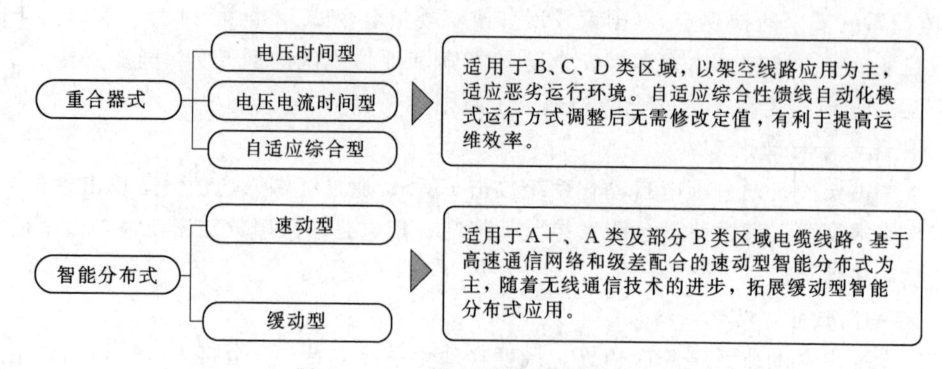

图 1-3-4　就地型馈线自动化应用

2. 分布式 DTU

集测量、保护、控制、通信等多种功能一体化集成，实现标准化设计、工厂化生产、模块化安装、更换式检修等功能。

3. 分布式边缘计算技术

（1）硬件：标准化、模块化、平台化。

（2）软件：高灵活、App 化、低成本。

（3）智能配电终端如图 1-3-5 所示。

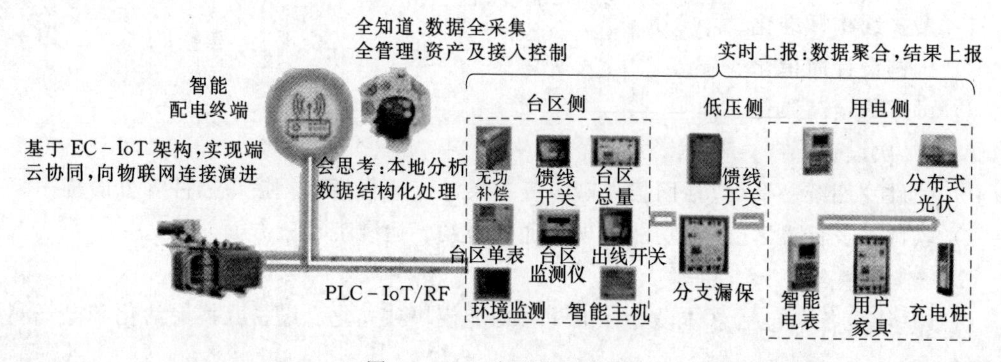

图 1-3-5　智能配电终端

八、加强设备质量管控

依托两级电力科学研究院（以下简称“电科院”）配电终端设备质量管控平台，建立配电自动化设备质量全生命周期管控体系，强化配电终端和故障指示器入网检测、到货全检、运行评估三级质量管控，实现检测报告、运行数据与缺陷记录在线贯通，开展分批次、分厂家、分型号、分区域、分周期对比分析，通过质量评价实现产品质量全过程跟踪、同步追责和及时处置。

（1）配电设备评价体系如图 1-3-6 所示。

（2）配电设备管控平台如图 1-3-7 所示。

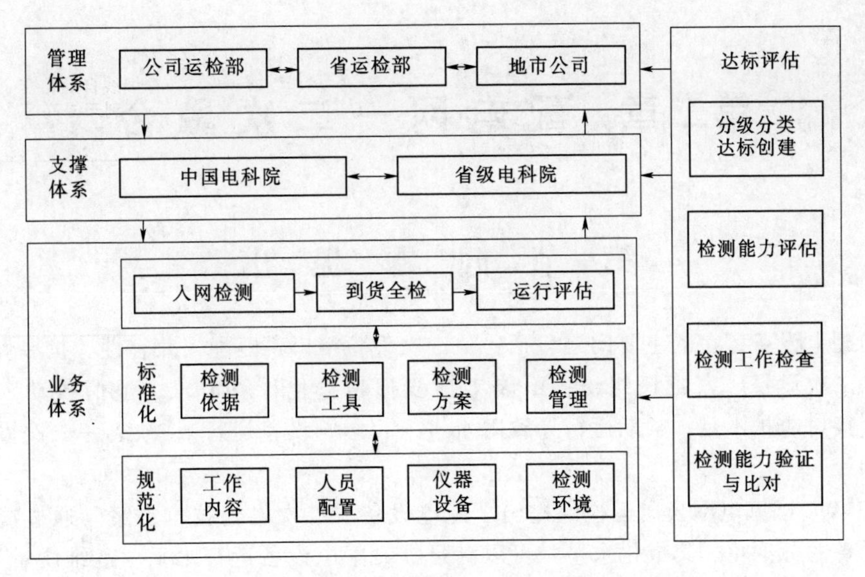

图1-3-6　配电设备评价体系

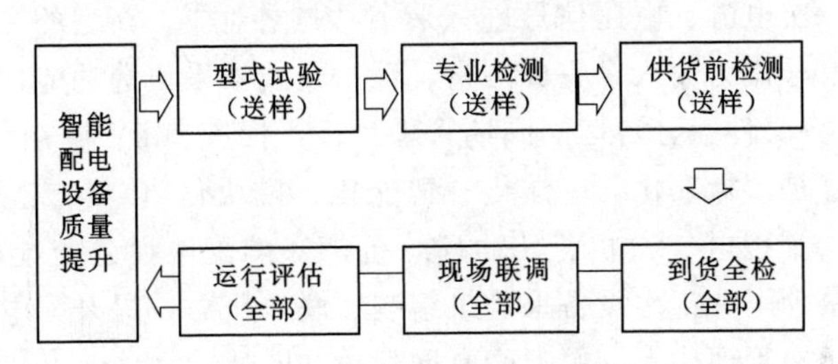

图1-3-7　配电设备管控平台

第二章 配电网一二次融合

第一节 问题提出

目前配电设备存在的主要问题包括：一二次设备接口不匹配，兼容性、扩展性、互换性差；一二次设备厂家责任纠纷；不能支撑线损精益化计算需求；遥信抖动、设备凝露（电气接口防护不足；长期运行导致雨水进入，影响设备运行）；缺乏一二次设备联动测试机制。

2016年，国家电网公司运检部提出了配电设备一二次融合技术方案。通过提高配电一二次设备的标准化、集成化水平，可以满足提升配电设备运行水平、运维质量与效率，满足线损管理的技术要求。根据相关要求，一次分段/联络开关使用高精度的电子式电流，电压传感器完成对一次电流、电压信号进行采集，与之对应，新型的二次设备也需要使用电子式传感器的小信号作为输入，完成测量、保护及线损采集等功能，同时实现线损“四分”（分区、分压、分文件、分台区）同期管理目标，推进10kV同期分线线损管理。

一二次融合核心是“标准化、一体化、智能化、模块化”，使二次设备的部分功能逐渐融合到一次设备，实现电气、状态、动环综合感知的配电设备智能化。提高设备智能化、标准化水平，减少了一二次设备采购、组装、联调压力，提升配电设备运行和维护的质量与效率，满足线损管理技术，服务配电网建设和改造计划。

一二次融合着眼于配电设备整体性能提升，服务于配电自动化。图2-1-1是配电自动化系统整体架构。

一二次融合的整体解决方案包括满足一二次融合技术要求的电子式互感器、线损采集模块和支持一二次融合新型配电终端，特别是配电终端可以通过硬件回路优化设计，彻底解决了电子式互感器小信号输入的难题，可以完美地利用电子式互感器小信号完成测量、保护和线损采集功能。一体化配电网智能开关（包含智能配电终端）可以解决一二次设备接口不匹配、兼容性、扩展性、互换性问题，具有分布式、小型化、即插即用的功能，结构精巧紧凑、可靠高并且方便更换。

一二次融合柱上开关设备如图2-1-2所示，接口及通信规范如图2-1-3所示。

接口规范化，即采用并定义了26芯航空插头作为一二次设备的接口，实现了一二次设备间连接组件规范化，满足不同厂家、不同品牌、不同形式的一二次设备快速插拔，现场更换。通信标准化，即实现了一二次设备之间，二次设备与主站之间通信标准化，统一数据编码定义、通信方式、传输规约及数据同步方式，实现不同装置间的快速互联，即时响应。

柱上开关本体设计满足下水运行，采用全绝缘式结构，无带电裸露点，主引出线采用电缆室引线，解决柱上开关凝露现象；环网柜各进出线单元采用全封闭式结构，进出线、

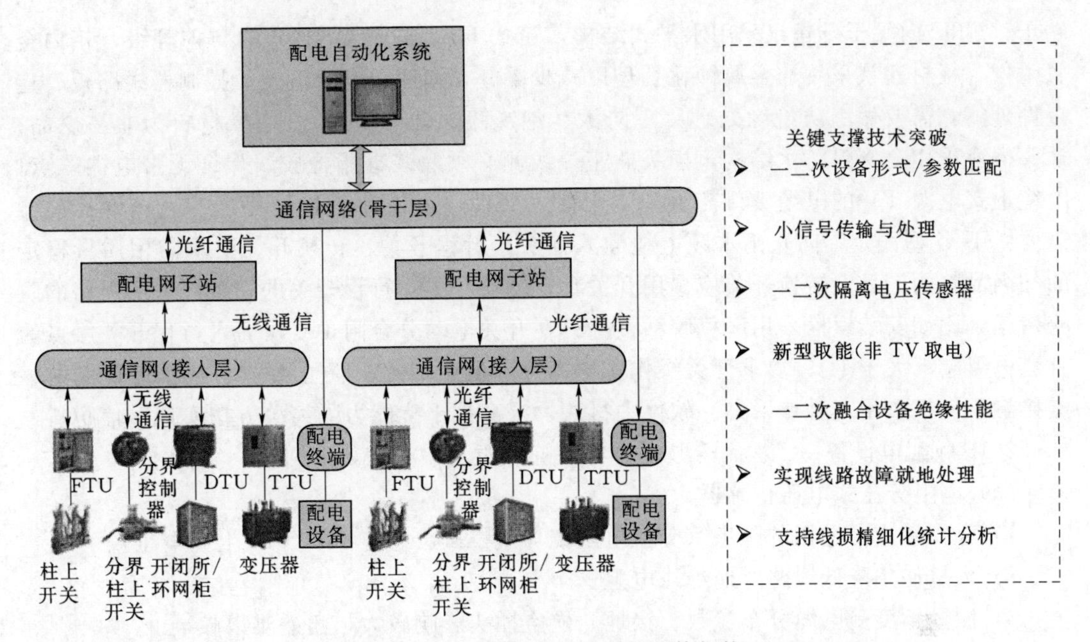

图 2-1-1　配电自动化系统整体架构

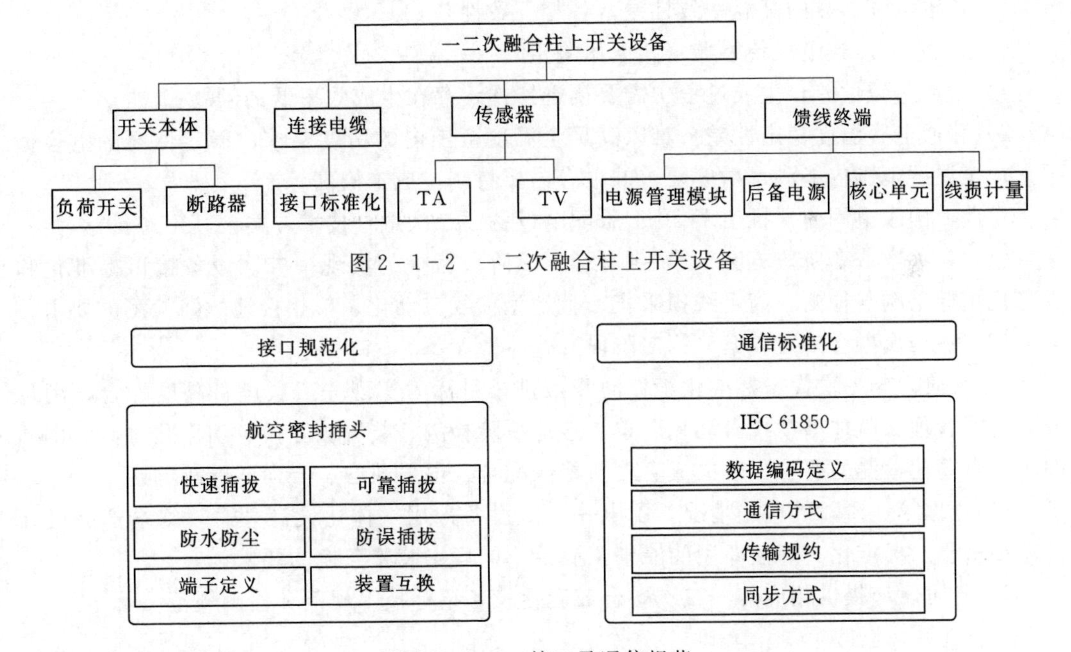

图 2-1-2　一二次融合柱上开关设备

图 2-1-3　接口及通信规范

母线电缆附件满足全绝缘、全封闭的结构。单元进线采用电缆引线的方式；电缆进线沟必须做密封处理（采用快凝材料），每一个间隔二次室需安装控制加热装置；环网柜顶部加湿度控制通风装置，母线电源 TV 需预留加热、通风负载功率；智能配电终端采用罩式装置，满足 IP67 防护等级以及实验要求；DTU/FTU 应采用塑件包裹型的端子排，安装后无带电裸露点，接入端子后，无金属裸露点，不同属性的信号线间、强弱电间应该留有空端子；FTU 内端子排建议采用水平式结构，箱式 FTU 应满足 IP54 的防护等级，箱内金属附件、板材建议采用非金属钝化处理以减少凝露，箱底留有导流孔。控制器线路板、连接件外露，需要做三防绝缘处理（三防漆、绝缘漆、硅胶灌封），绝缘材料为非易燃品；插头插座采用全密封防水结构，插头插座焊线侧必须灌装硅脂橡胶、保证无带电裸露点；电缆上接电源 TV 的电缆破口需做防雨水侵入处理，安装时做上 U 型固定；电缆控制器需要做下 U 型固定，防止雨水顺电缆灌入插头；行程开关、转换开关要求需用质量稳定的知名品牌的产品，转换开关应选用开关真空转换开关；行程开关的安装应采用严格的防松措施，比如安装螺栓采用厌氧胶粘接等；在开关电动分合闸 100 次后，行程开关触点的直流电阻应不大于 1Ω；要求开关操作防护等级不低于 IP67，防止凝露、灰尘等造成的触点接触不良；采用双触点采集、软件去抖法、提高抗干扰能力隔离等方法实现遥信防抖。

2016 版配电设备一二次融合技术方案在应用过程中存在如下问题：

（1）电阻分压式电压传感器。

1）存在感应高电压的隐患（分压电阻烧坏后二次会感应 1100V 以上高电压）。

2）大量使用降低线路对地绝缘电阻。

3）测量精度受电缆分布参数、接地、航空插头影响较大，角差难以校准。

4）带负载能力弱，抗干扰性差，二次侧需要负载阻抗匹配。

5）传输电缆参数的高温一致性差，各相一致性差。

（2）电容分压式电压传感器（相电压测量）。

1）参数一致性差，生成过程中需要挑选器件，存在生成效率低的问题。

2）普通电容温度稳定性差，难以满足全温度范围内的精度要求；稳定性高的电容体积大；全温度范围内能满足精度要求的电容需要特制，成本极高等。

对此，国家电网公司推出了 2017 版配电设备一二次融合技术方案，其工作目标为：

（1）一二次成套阶段方案（第一阶段）。该阶段目标为实现一二次设备接口标准化和成套化招标采购与检测，满足线损采集、就地型馈线自动化、单相接地故障检测的要求。

（2）一二次融合阶段方案（第二阶段）。

1）该阶段与一次设备标准化工作同步推进，目标为实现一二次设备高度融合，满足分段线损管理、就地型馈线自动化、单相接地故障检测、装置级互换、工厂化维修、即插即用及自动化检测的要求，解决成套设备绝缘配合、电磁兼容、寿命匹配等问题。

2）根据第一阶段的应用情况，配电一二次设备采用一体化设计理念，终端产品设计遵循小型化、标准化、即插即用的原则，满足不同厂家装置互换的要求。

3）各阶段应提供相应的一二次融合成套化设备招标技术规范和检测规范。

第二节 一次设备的设计

一、电子式互感器的原理

1. 罗氏（Rogowski）线圈

罗氏线圈结构如图 2-2-1 所示。

图 2-2-1 中，假设每匝线圈中心线与导线中心线的距离为 r，穿过线圈每匝的磁场均为 B_r，且线圈共 n 匝，每匝面积均为 S，μ_0 为真空磁导率，则导线电流 $I(t)$ 与 B_r 的关系为

$$B_r=\frac{\mu_0 I(t)}{2\pi r} \tag{2-2-1}$$

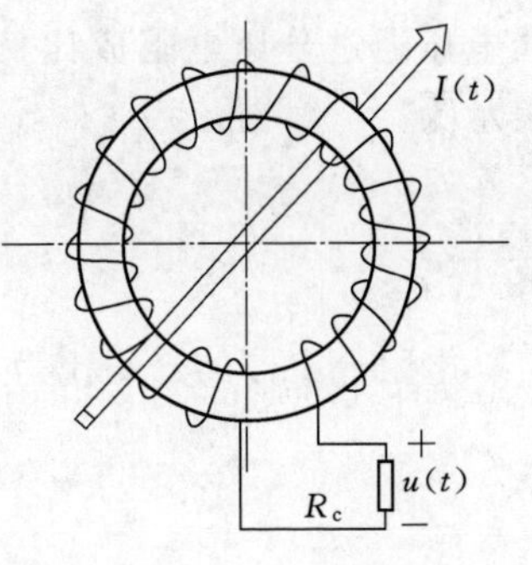

图 2-2-1　罗氏线圈结构

感应电压为

$$u_2=-nS\frac{\mathrm{d}B_r}{\mathrm{d}t}=-\frac{\mu_0 nS}{2\pi r}\frac{\mathrm{d}I(t)}{\mathrm{d}t}$$

2. 低功耗电流互感器

基于罗氏线圈的有源电子式电流互感器是目前应用较多的电子式电流互感器。罗氏线圈是将线圈均匀地绕制在一个非磁性环形骨架上，被测电流从线圈中心穿过。低功率电流互感器是一种具有低功率输出特性的电磁式电流互感器。低功耗电流互感器可以带高阻抗，输出值为与一次电流成比例的电压信号，由于采用微晶合金等高导磁性材料，使其准确度能够满足测量准确度的要求，用来提供测量用电流信号有很高的优越性。采用罗氏线圈需要模拟积分，会牵涉运放能耗，考虑到电流互感器对测量电流准确度要求较高、对暂态特性要求不高等因素，电子式互感器通常采用罗氏线圈作为保护电流传感器，低功耗电流互感器作为测量电流传感器用。

低功耗电流互感器的工作原理如图 2-2-2 所示。低功耗电流互感器由一次绕组、铁芯和二次绕组（取样电阻 R_{sh} 将电流输出转换为电压输出）组成。图 2-2-1 中，P_1、P_2 和 S_1、S_2 分别为一二次接线端子；N_p、N_s 为一二次绕组匝数；I_p、I_s 为一二次电流，R_{sh} 为取样电阻，R_b 为负载阻抗。其输出电压为

$$U_s=I_p\frac{N_p}{N_s}R_{sh} \tag{2-2-2}$$

3. 电阻分压型电子式电压互感器

电阻分压型电子式电压互感器工作原理如图 2-2-3 所示。

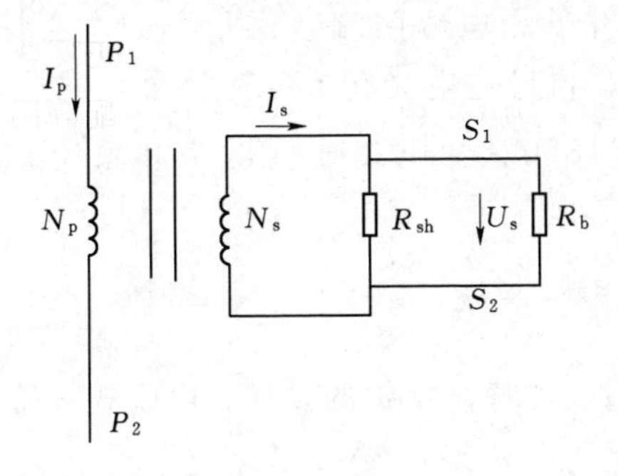

图 2-2-2　低功耗电流互感器工作原理

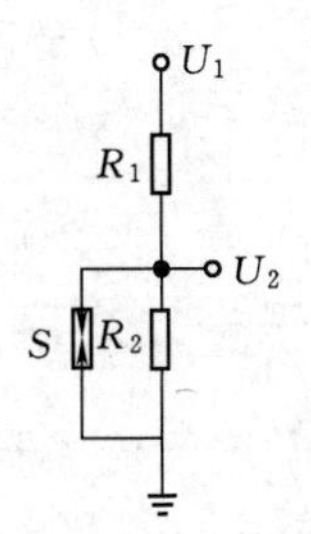

图 2-2-3　电阻分压型电子式电压互感器工作原理

图 2-2-3 中，R_1 为高压臂电阻，R_2 为低压臂电阻，S 为气体放电管，U_1 为一次测量电压，U_2 为二次输出电压，电阻式电压互感器中，分压器作为传感器头将一次母

线电压通过分压电阻成比例地转换为小电压信号输出。电阻分压器的二次输出电压可表示为

$$U_2=\frac{R_2}{R_1+R_2}U_1 \tag{2-2-3}$$

电阻分压器的分压比为

$$k=1+\frac{R_1}{R_2}\approx\frac{R_1}{R_2} \tag{2-2-4}$$

分压器测量的准确性要求被测电压 U_1 与低压臂电阻 R_2 上的电压在幅值上相差 k 倍，相角完全相同或相差极小。电阻分压器作为测量手段，可用于交流电压、直流电压和冲击电压的测量。基于电阻分压原理的电压互感器在测量电压时，被测电压 U_1 绝大部分降落在高压臂电阻 R_1 上，从低压臂电阻 R_2 上获得约 U_1/k 的小电压信号。因此，通过设置分压比，可以获得符合后续测量或保护设备输入要求的电压。将二次信号处理单元对分压器的输出进行幅值调整及相位补偿等，以满足 IEC 60044－7《电子式电压互感器》规定的二次输出的要求。

4. 电容分压型电子式电压互感器

电容分压型电子式电压互感器工作原理如图 2－2－4 所示。

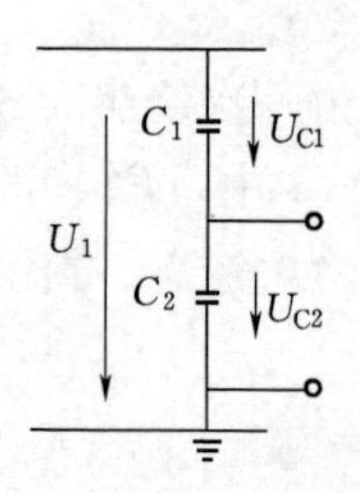

图 2－2－4　电容分压型电子式电压互感器工作原理

图 2－2－4 中，C_1、C_2 为高、低压电容，监测高压加在高压电容 C_1 上，从与一次高压成正比的低压电容上取得 U_{C2}，即

$$U_{C2}=\frac{C_1}{C_1+C_2}U_1 \tag{2-2-5}$$

从式（2－2－5）可以看出，为使 U_{C2} 相对于 U_1 足够准确，电容器的稳定显得尤为重要，因而可将高、低压电容采用相同介质材料制成。

电容分压型电子式电压互感器利用电容分压器把一次高电压信号按一定比例降压，在低压电容两端获得很小的电压信号，经 A/D 转换为数字信号后，再经过电光转换为光信号，通过光纤传到低压侧的合并单元，最后输出符合 IEC 61850《变电站通信网络和系统》标准的数字信号。

二、基于一二次融合的电子互感器

采用电压/电流传感器，精度满足计量、测量、保护的要求。电子式互感器的特点如图 2－2－5 所示。

1. 电子式电压互感器

电子式电压互感器的原理：利用分压器（电阻分压型、电容分压型、电阻电容分压型）将一次电压转化成与一次电压成比例的小电压信号，二次输出小电压信号可实现计量、控制、测量、保护等功能。其参数见表 2－2－1。

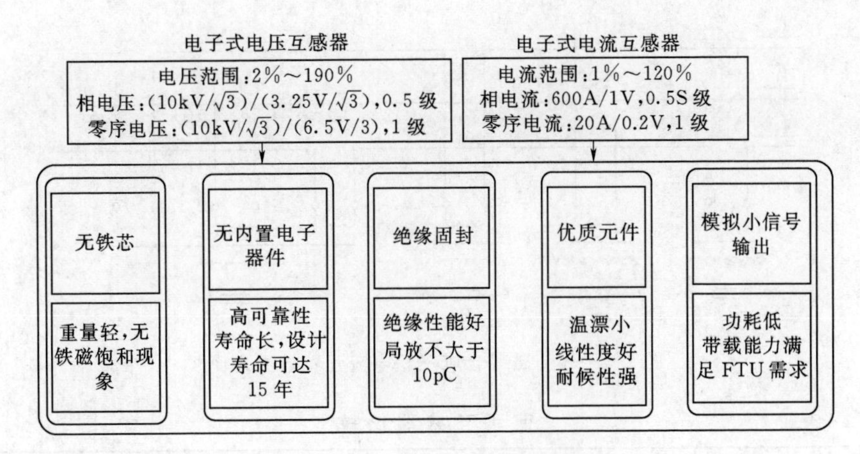

图 2-2-5 电子式互感器的特点

表 2-2-1 电子式电压互感器参数

A、B、C相		零序		额定负荷/MΩ	温度范围/℃	绝缘电压/MΩ
额定电压比/V	准确级	额定电压比/V	准确级			
$(10000/\sqrt{3})/(3.25/\sqrt{3})$	0.5	$(10000/\sqrt{3})/(6.5/3)$	1(3P)	5	−40～70	71000

电容分压型电子式电压互感器是目前的主流产品。由于安装地方很小，致使高压电容的内爬距难以设计，留有裕量较小。因此，对于高压电容的工艺要求较高，同时组装密封程度要求也较高。

2. 电子式电流互感器

一次电流通过线圈，经二次转换和处理，得到与一次电流成比例的小电流信号。其参数见表 2-2-2。

表 2-2-2 电子式电流互感器参数

A、B、C相		零序		额定负荷/kΩ	温度范围/℃	局部放电
额定变比	准确级	额定变比	准确级			
600A/1V	0.5S(5P10)	20A/0.2V	10P10，(1%～120%) I_n<1%	20	−40～70	10pC，14.4kV

磁势合成三相电流互感器原理如图 2-2-6 所示。

3. 电子式互感器与传统电磁式互感器比较

电子式电压互感器与传统电磁式电压互感器相比有很大优势，见表 2-2-3。

4. 电子式互感器的接口

电流、电压连接器分别采用 6 芯、7 芯航空插头连接。

对于电压互感器要特别注意电缆屏蔽层接地与 10kV 的地的可靠连接。电子式互感器接口的特点如图 2-2-7 所示。

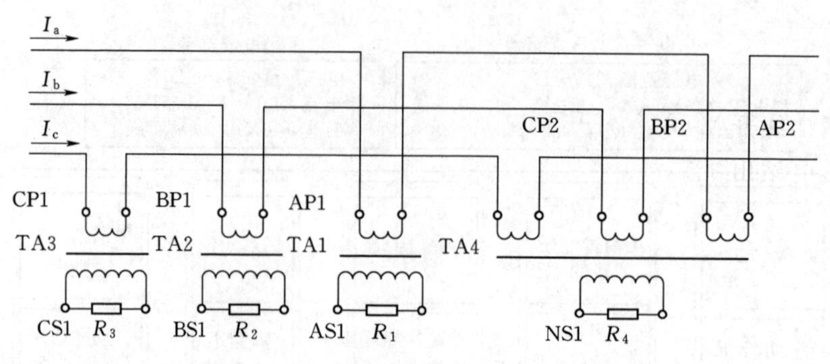

图 2-2-6　磁势合成三相电流互感器原理图

表 2-2-3　两种互感器比较

类型	传统电磁式电压互感器	电子式电压互感器
特点	有铁芯、体积大、重量大、能耗高	无铁芯、体积小、重量轻、能耗低
	成本高	成本低、使用寿命长
	输出信号 5A/100V	输出信号 4A/2V
	有磁饱和	无饱和
	存在铁磁畸变	无畸变
	次级电路易产生大电流、高电压	对次级电路无影响
	与数字化仪表连接需二次转换	无需二次转化，直接连接仪表

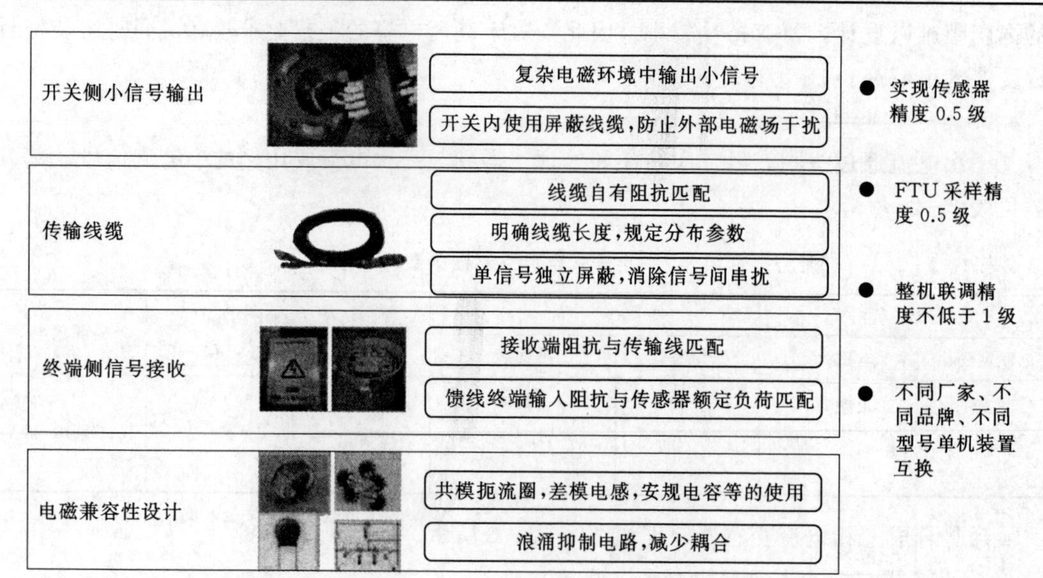

图 2-2-7　电子式互感器接口的特点

三、柱上开关一次成套设备

1. 总体要求

(1) 柱上开关成套设备具备自适应综合型就地馈线自动化功能，不依赖主站和通

信，通过短路/接地故障检测技术、无压分闸、故障路径自适应延时来电合闸等控制逻辑，自适应多分支多联络配电网架，实现单相接地故障的就地选线、区段定位与隔离；配合变电站出线开关一次合闸，实现永久性短路故障的区段定位和瞬时性故障供电恢复；配合变电站出线开关二次合闸，实现永久性故障的就地自动隔离和故障上游区域供电恢复。

（2）成套设备满足国家电网公司《就地型馈线自动化实施应用技术方案》相关要求，支持自适应综合型、电压时间型、电压电流时间型馈线自动化逻辑。

（3）二遥动作型 FTU 在满足信息安全条件时，不改变硬件设备，可扩展远方控制功能。

2. 柱上开关分类

（1）柱上开关按应用可分为分段/联络负荷开关、分段/联络断路器、分界断路器、分界负荷开关等四种类型，见表 2-2-4。

表 2-2-4　柱上开关应用及组成

类　型	应　用　场　景	支撑线损计算	成套设备组成
分段/联络负荷开关	主干线分段/联络位置；可就地自动隔离故障	是	开关本体（内置零序电压传感器）、控制单元、TV、连接电缆
分段/联络断路器	主干线、大分支环节；满足级差保护要求，直接切除故障；具备自动重合闸功能	是	
分界断路器	用户末端支线故障就地切除；具备 3 次重合闸功能	否	开关本体、控制单元、TV、连接电缆
分界负荷开关	用户末端支线故障就地隔离	否	开关本体、控制单元、TV

（2）柱上开关典型分类包括负荷开关和断路器两种，见表 2-2-5。

表 2-2-5　柱上开关典型分类

典型分类	操作机构	适用自动化模式	支柱式/共箱式	三遥/二遥	是否能集成零序电压传感器
负荷开关	弹簧	分段/分支/联络	共箱式	可三遥	是
	电磁	分段/分支/联络	共箱式	可三遥	是
	永磁	分段/分支/联络	共箱式	可三遥	是
	弹簧	用户末端分界	共箱式	可三遥	是
	永磁	用户末端分界	共箱式	可三遥	是
断路器	弹簧	用户末端分界	共箱式	可三遥	是
	永磁	用户末端分界	共箱式	可三遥	是
	弹簧	分段/分支/联络	共箱式	可三遥	是
	弹簧	分段/分支/联络	支柱式	可三遥	是
	永磁	分段/分支/联络	共箱式	可三遥	是
	永磁	分段/分支/联络	支柱式	可三遥	是

3. 柱上开关的互感器配置

柱上开关的互感器配置见表2-2-6。

表2-2-6　柱上开关的互感器配置

类　型	互感器配置
分段/联络断路器	内置3个相TA和1个零序TA（提供I_a、I_b、I_c、I_0信号）；内置1个零序电压传感器
分段/联络负荷开关	外置2台电磁式单相TV（双绕组，提供电源、线电压信号）安装在开关两侧
分界断路器	2个相TA、1个零序TA、外置1台电磁式TV
分界负荷开关	2个相TA、1个零序TA、外置（或内置）1台电磁式TV

四、环网柜一次成套设备

1. 总体要求

（1）组成：环进环出单元、馈线单元、母线设备（TV）单元、集中式DTU。

（2）所有环进环出单元、馈线单元的电源、电流、遥信、遥控等回路采用标准化接口设计，通过二次航空插头汇总于DTU单元的航插室；母线设备单元的电源、电压等回路通过二次航空插头汇总于DTU单元的航插室。

（3）DTU单元整体实现三遥、线损采集、相间及接地故障处理、通信、二次供电等功能；线损采集采用独立模块，DTU核心单元与其通信采集电能量数据。

（4）DTU单元柜与开关的连接电缆双端预制，设备支持热插拔，不同厂家航空插头可互换；DTU单元柜与开关柜成套供货，单元柜可整体更换。

（5）统一环网箱预留DTU安装空间尺寸。

（6）统一DTU的面板和指示。

2. 环网柜典型分类

环网柜典型分类见表2-2-7。

表2-2-7　环网柜典型分类

柜型	单元典型分类	操作机构	用途	适用自动化模式	三遥/二遥	TA	TV
全绝缘充气柜	断路器单元	弹簧	馈线	故障跳闸	可三遥	可单元内置	独立TV单元
	负荷开关单元	弹簧	环进环出，馈线	遮断电流闭锁 单相接地跳闸	可三遥	可单元内置	独立TV单元
	负荷开关-熔断器单元	弹簧	变压器馈线	无法与保护或FA配合	可三遥	可单元内置	独立TV单元
半绝缘充气柜	断路器单元	弹簧	馈线	故障跳闸	可三遥	可单元内置	独立TV单元
	负荷开关单元	弹簧	环进环出，馈线	遮断电流闭锁 单相接地跳闸	可三遥	可单元内置	独立TV单元
	负荷开关-熔断器单元	弹簧	变压器馈线	无法与保护或FA配合	可三遥	可单元内置	独立TV单元
固体绝缘柜	断路器单元	弹簧	馈线	故障跳闸	可三遥	可单元内置	独立TV单元
	负荷开关单元	弹簧	环进环出，馈线	遮断电流闭锁 单相接地跳闸	可三遥	可单元内置	独立TV单元
	负荷开关-熔断器单元	弹簧	变压器馈线	无法与保护或FA配合	可三遥	可单元内置	独立TV单元

3. 成套设备的技术要求

(1) 开关柜选用的负荷开关、断路器等设备功能和性能应满足相关标准的规定。

(2) 操作电源采用 DC48V，储能电机功耗不大于 80W，合闸线圈瞬时功耗不大于 300W，分闸线圈瞬时功耗不大于 500W。

(3) 断路器柜相间故障整组动作时间不大于 100ms。

(4) DTU 屏柜技术要求如下：

1) DTU 屏柜采用遮蔽立式结构。

2) DTU 屏柜外形尺寸不大于 600mm×400mm×1700mm（宽×深×高，含预留的 400mm 通信箱高度）。

3) 环网箱预留 DTU 安装空间统一尺寸，800mm×600mm×1800mm（宽×深×高）。

4) 环网箱正面开门的高度不低于 1750mm。

4. 互感器配置方案

环网柜开关 TV、TA 全部采用电磁式互感器配置方案见表 2-2-8。

表 2-2-8　　环网柜开关电磁式互感器配置方案

设备名称	数量	描　述
进出线开关间隔		
电磁式 TA	3 支	提供三相序电流信号
	1 支	提供零序电流信号
母线 TV 间隔		
电磁式三相（五柱）TV	1 套	提供供电电源、三相序（测量、计量合一）电压信号和零序电压信号

(1) 电磁式 TV 参数见表 2-2-9。

表 2-2-9　　电 磁 式 TV 参 数

项　目	参　　数
额定电压比	相电压：$(10kV/\sqrt{3})/(0.1kV/\sqrt{3})$ 零序电压：$(10kV/\sqrt{3})/(0.1kV/3)$ 供电：10kV/0.22kV
准确级	相电压：0.5 级 零序电压：3P 供电：3 级
实现方式	三相五柱式，提供电压采集与供电线圈
单相输出容量	≥30VA
零序输出容量	≥30VA
供电容量	≥300VA，短时容量不小于 3000VA/s
局部放电	$1.2U_m \leqslant 50pC$，$1.2U_m/\sqrt{3} \leqslant 20pC$
温度范围	−40～70℃

（2）电磁式 TA 参数见表 2-2-10。

表 2-2-10　　电磁式 TA 参数

项　目	参　数
额定电流比	相电流：300/1A 或 600/1A 零序电流：20/1A
准确级	相电流：0.5 级、5P10 零序电流：5P10
实现方式	保护绕组
保护输出容量	≥2.5VA
零序输出容量	≥1VA
温度范围	－40～70℃
防开路要求	开关内部加装防开路装置
负荷电流重叠特性	零序：一次侧施加 600A 三相平衡负荷电流时，输出不大于 5mA

注　从环网柜的母线指向线路为正方向。

第三节　基于一二次融合的新型配电终端

一、配电终端的基本要求

与传统的二次配电终端相比较，新型配电终端的主要技术变化在模拟量采集部分，如何有效利用电子式互感器的小信号输入，满足国家电网公司运检部的抗电磁干扰要求，支持完成测量、保护和线损采集的功能，成为新型配电终端的设计核心。以 FTU 为例，其要求如下：

（1）低功耗。控制单元采用高品质元器件低功耗设计，整机的待机功耗在 1W 以下，工作时功耗 2～3W（无线通信）。

（2）小体积。控制单元体积约为 25cm×10cm×40cm（宽×长×高），并且有进一步缩小的趋势（与一次设备整体化）。

（3）免维护。采用高可靠元器件（工业级或军用级）和长效储能单元，确保长时间可靠运行，并做到即插即用和方便运维。

二、线损采集单元

1. FTU 线损采集单元

线损采集模块置于 FTU 中，支持热插拔，可进行单独的计量、校验，满足计量取证型式试验的要求。

（1）采用 RS232/RS485 与 FTU 通信，电源采集 DC24V 或 DC5V 供电。

（2）采用电子式互感器进行计量采样，采用航空插头的方式将计量的电压、电流信号接入到配电线损模块。

（3）遵循DL/T 634.5101—2002《远动设备及系统　第5101部分：传输规约　基本远动任务配套标准》及其备案文件。

（4）尺寸小，支持卡轨安装。尺寸不大于130mm×100mm×65mm。

（5）电流、电压连接器分别采用6芯、7芯航空插头连接。通信、电源和脉冲接口分别采用：5芯和4芯5.08mm间距的拔插式端子。

（6）采用配电线损采集模块实现正反向有功电量（0.5S级）计算和四象限无功电量（2级）计算；功率因数计算（分辨率0.01）；具备电能量冻结功能。

2. DTU线损采集单元

（1）配电线损采集模块内置于DTU箱体中，采用DC48V电源供电。

（2）采用RS232/RS485与DTU进行通信。

（3）遵循DL/T 634.5101—2002《远动设备及系统　第5101部分：传输规约　基本远动任务配套标准》及其备案文件；有功电能计量准确度0.5S等级，无功电能计量准确度2级。

（4）满足独立的计量、校验功能。

（5）配套电磁式互感器时，电流接口采用JP12型端子，电压接口采用5.08间距插拔式接线端子（4芯端子），通信及电源接口采用5.08间距插拔式接线端子（5芯端子），脉冲接口采用DB25公头接口。

（6）配套电磁式互感器时，模块尺寸为标准19英寸2U机柜，可灵活配置4路、6路、8路电流，2路电压，工作电源DC48V，RS232/RS485通信口。

三、智能配电终端

新型智能配电终端作为一二次融合的中枢，在一二次融合的设备中实现测量、保护、线损采集、就地/远方控制、通信多种功能。如何有效利用电子式互感器的小信号输入，满足国家电网公司运检部的抗电磁干扰要求，支持完成测量、保护和线损采集的功能，成为新型配电终端的设计核心。

新型配电终端的功能指标如下：

（1）模拟量测量功能。

1）最多可接入4路电流传感器信号，可产生计算零序电流。

2）最多可接入4路电压传感器信号，可产生计算零序电压及线电压。

3）最多可接入2路电压互感器信号，用于线路有压判别及就地型馈线自动化功能。

（2）保护功能。

1）分段/联络断路器具备相间故障检测及跳闸功能、相间故障信息上传功能，故障切除时间不大于100ms。

2）分段/联络断路器具备进出线接地故障的检测及跳闸功能。

3）具备故障录波与上传功能，接地故障录波每周波80点以上。

四、FTU 单元

1. 接口要求

（1）柱上开关侧。

1）采用 1 个 26 芯航空插头从开关本体引出零序电压、电流及控制信号，接入到 FTU 的航空插头。

2）采用 2 根电缆提供供电电源、线电压信号（采用电磁式 TV 取电）。

（2）FTU。

1）FTU 的航空插头接口包括：供电电源及线电压输入接口（6 芯，1 个）、电流输入接口（6 芯防开路，1 个）、控制信号与零序电压接口（14 芯，1 个）、以太网接口（1 个，备用）。

2）与开关本体相连的电缆在 FTU 侧分别连接到电流输入、控制信号航空插头；与 TV 电源相连的电缆在 FTU 侧连接到供电电源和电压信号航空插头。

2. 线损采集功能（配套用户分界开关除外）

采用配电线损采集模块实现正反向有功电量（0.5S 级）计算、四象限无功电量（2 级）计算和功率因数计算（分辨率 0.01），具备电能量冻结功能。

3. 测量功能要求

采集电压、三相电流、频率、零序电流和零序电压。

4. 保护功能

（1）应满足 Q/GDW 514—2010《配电自动化终端/子站功能规范》及《配电自动化终端技术规范》相关要求。

（2）分段/联络断路器、分界断路器具备相间故障检测及跳闸功能、相间故障信息上传功能。

（3）分段/联络断路器、分界断路器、分界负荷开关具备进出线接地故障的检测及跳闸功能。

（4）具备故障录波与上传功能，接地故障录波每周波 80 点以上。

五、DTU 单元

1. 开关柜二次电气设计要求

（1）分布式安装的间隔 DTU 嵌入安装在开关柜的二次室面板。

（2）远方/就地、操作把手、压板等安装在开关柜的二次室面板。

（3）间隔 DTU 矩形连接器输出后，线束流向三个方向：一部分与电流传感器连接；另一部分与开关本体连接；还有一部分与总线连接。

（4）开关储能通过开关本体经过空气开关与电源/电压总线连接方式实现。

（5）终端控制输出采用空节点输出，终端遥信输入采用空节点输入。

（6）操作电源采用 DC48V，储能电机功耗不大于 80W，合闸线圈瞬时功耗不大于 300W，分闸线圈瞬时功耗不大于 500W。

（7）环网柜采用电磁式互感器应配置电流、电压表，采用传感器应配置数码显示表。

（8）一次设备根据项目需求配置电缆测温、环境温湿度传感器。

2. DTU 控制单元技术要求

(1) 线损采集功能。采用配电线损采集模块实现间隔电能量采集功能，包括正反向有功电量（0.5S级）计算、四象限无功电量（2级）计算和功率因数计算（分辨率0.01），具备电能量数据冻结功能。

(2) 测量功能要求。采集各线路的三相电压、三相电流、有功功率、无功功率、功率因数、频率、零序电流和零序电压。

(3) 保护功能。具备馈线间隔的相间故障检测及跳闸功能、相间故障信息上传功能。具备环进环出单元接地故障的检测与接地故障信息上传功能；接地故障录波与通信上传，接地故障录波每周波80点以上。

(4) 测量、保护精度要求。

1）测量、保护电压。采集1组母线电压，三相额定$100V/\sqrt{3}$，测量精度0.5级。

2）零序电压。采集1路零序电压，额定100V/3，测量精度0.5级。

3）保护测量电流。测量误差不大于0.5%（$\leqslant 1.2I_n$），保护测量误差不大于3%。

4）零序电流（非有效接地系统）。测量误差不大于0.5%。

5）零序电流（有效接地系统）。测量误差不大于3%。

3. 开关柜二次电气设计要求

开关柜二次电气设计如图2-3-1所示。

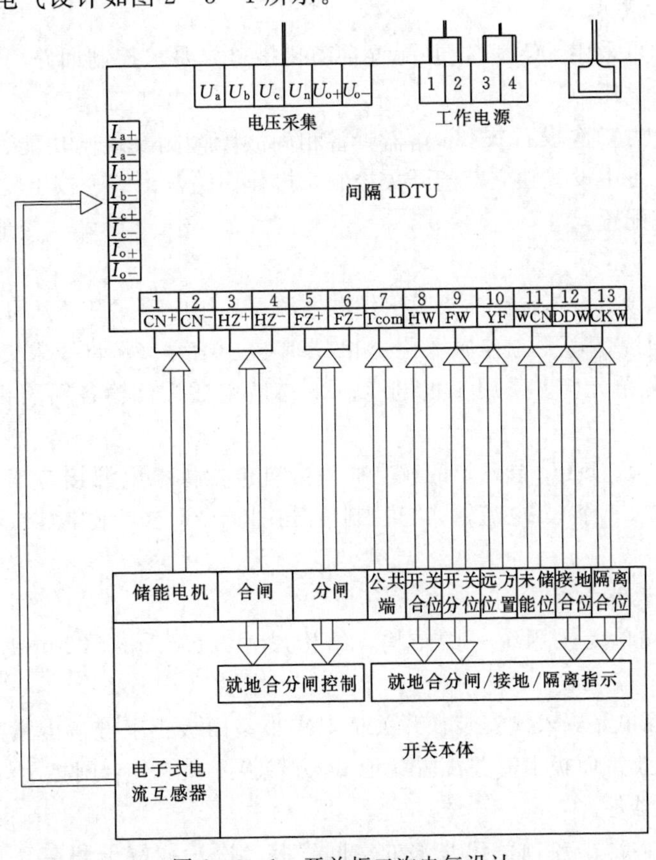

图2-3-1　开关柜二次电气设计

4. DTU 面板布局

DTU 面板布局如图 2-3-2 所示。

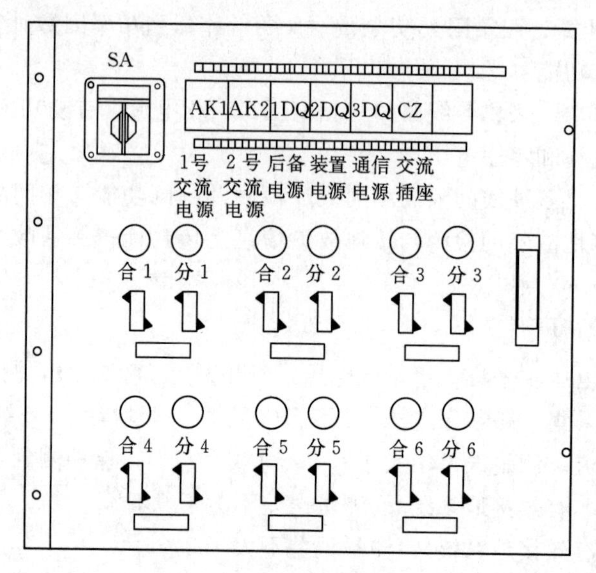

图 2-3-2　DTU 面板布局

5. 一二次接口要求

(1) 操作电源可采用 DC48V，并配置自动化接口。要求控制回路、辅助回路、储能回路采用同一工作电压。

(2) 供电 TV 为二次设备提供 AC220V 电源，操作回路统一由二次设备提供电源，操作回路在二次设备中设置独立空气开关控制，操作回路输出统一按组输出。

(3) 航插电缆配置。

1) TV 柜。

a. 采用 1 根电缆、4 芯航空插头引出供电电源（采用电磁式 TV 从母线取电）。

b. 采用 1 根电缆、10 芯航空插头引出相/零序电压信号（从母线采集）。

2) 各开关间隔单元柜。采用 1 根电缆、26 芯航空插头传输各间隔相/零序电流、控制信号。

3) DTU 单元柜。DTU 单元柜的航空插头接口包括供电电源接口（4 芯，1 个）、电压输入接口（10 芯，1 个）、电流输入与控制信号接口（26 芯，航空插头数量与开关间隔单元柜数量一致）。

6. DTU 安装设计要求

(1) DTU 间隔单元采用统一的结构，结构尺寸：170mm×220mm×90mm（高×宽×深）。

(2) DTU 间隔单元嵌入式安装在开关柜二次小室面板正上方，由紧固螺钉与门板进行固定。同时二次小室面板上需要配置就地/远方转换开关、分合闸指示灯、分合闸按钮、分合闸压板电气元器件。

(3) 二次小室内部需要预留出足够的空间安装二次接线端子和空气开关等电气元器

件，并且保证这些二次元器件与DTU间隔单元不会发生干涉现象。打开仪表门后方便检查二次线的正确性。

(4) DTU间隔单元后部预留二次线矩形连接器的插座，二次小室内预留好二次线矩形连接器插头。打开二次小室门需要保证DTU单元及矩形连接器与二次小室不发生干涉，打开门后方便连接器的插拔。DTU间隔单元矩形连接器插头由一次厂家供应并负责接线电缆预制。

第四节　一二次融合成套柱上断路器/负荷开关入网专业检测项目及要求

一、结构与配置

1. 柱上断路器

(1) 柱上断路器包括断路器、馈线终端、互感器、航空插头和电缆。

(2) 分段/联络断路器配置2台双绕组电压互感器，每台提供1路供电电源和1路线电压信号。分界断路器配置1台电磁式电压互感器安装在电源侧，提供工作电源和1路线电压信号。

(3) 支柱式柱上断路器配置1套零序电压传感器；共箱式柱上断路器内置1套零序电压传感器。

(4) 支柱式柱上断路器配置1组电流互感器，提供I_a、I_b、I_c、I_0电流信号；共箱式柱上断路器内置1组电流互感器，提供I_a、I_b、I_c、I_0电流信号。

(5) 内置三相隔离开关。三相隔离开关可与三相灭弧室串联联动。

2. 柱上负荷开关

(1) 柱上负荷开关包括负荷开关、馈线终端、互感器、航空插头和电缆。

(2) 分段/联络负荷开关配置2台双绕组电压互感器，每台提供1路供电电源和1路线电压信号。分界负荷开关配置1台电磁式电压互感器安装在电源侧，提供工作电源和1路线电压信号。

(3) 共箱式柱上负荷开关内置1套零序电压传感器。

(4) 共箱式柱上负荷开关内置1组电流互感器，提供I_a、I_b、I_c、I_0电流信号。

(5) 内置三相隔离开关。三相隔离开关与三相灭弧室串联联动。

3. 配电终端接口检查

(1) 分段/联络开关。

1) 采集2个线电压量、1个零序电压。

2) 采集3个或2个相电流量、1个零序电流。

3) 采集开关合位、分位（若有）、未储能（若有）、SF_6浓度（若有）遥信量，遥信量接口不少于3个。

4) 采集1路开关的分（电磁式操作机构配套的不考核）、合闸控制。

5) 2个串行口和2个以太网通信接口。

（2）分界开关。

1）采集1个线电压量、1个零序电压。

2）采集3个或2个相电流量、1个零序电流。

3）采集开关合位、未储能（若有）、分位（若有）、SF_6浓度（若有）遥信量，遥信量接口不少于3个。

4）采集1路开关的分（电磁式操作机构配套的不考核）、合闸控制。

5）1个串行口和1个以太网通信接口。

4. 航空插头、电缆密封要求

（1）开关本体与馈线终端之间和TV、TA与馈线终端之间的一二次连接电缆需配置航空插头。

（2）航空插头及电缆应采用全密封防水结构，焊线侧需用绝缘材料进行密封处理。

二、外观检查

（1）壳体上应有位于在地面易观察的、明显的分合闸位置指示器，指示器与操作机构可靠连接，指示动作应可靠。

（2）应采用直径不小于12mm的防锈接地螺钉，接地点应标有接地符号。

（3）壳体表面不应有可存水的凹坑。

（4）壳体应设置必要的搬运把手，避免拽拉出线套管。

（5）供起吊用的吊环位置，应使悬吊中的开关设备保持水平，吊链与任何部件之间不得有摩擦接触，避免在吊装过程中划伤箱体表面喷涂层。

（6）铭牌能耐风雨、耐腐蚀、保证使用过程中清晰可见，铭牌内容符合国家相关标准要求。

三、绝缘电阻试验

相对地和相间绝缘电阻值应大于1000MΩ。

四、工频电压试验

整机的相对地、相间和断口间应分别经受42kV、48kV的工频耐压电压试验，试验过程中不应发生破坏性放电。

五、雷电冲击试验

整机的相对地、相间和断口间应分别承受75kV、85kV的雷电冲击电压试验，试验过程中不应发生破坏性放电。

六、准确度试验

1. 一次侧

（1）一次线电压。准确度等级为0.5级。

（2）一次相电流。准确度等级为0.5级。

(3) 一次零序电压。准确度等级为 3P。

(4) 一次零序电流。一次侧输入电流为 1A 至额定电流时，误差不大于 3%；一次侧电流输入 100A 时，保护误差不大于 10%。

2. 二次侧

(1) 二次线电压。准确度等级为 0.5 级。

(2) 二次相电流。测量准确度等级为 0.5 级，保护准确度等级为 3 级 ($10I_n$)。

(3) 二次零序电压。准确度等级为 0.5 级。

(4) 二次零序电流。准确度等级为 0.5 级。

(5) 有功功率、无功功率准确度等级为 1 级。

3. 成套化

(1) 成套化线电压。准确度等级为 1 级。

(2) 成套化相电流。准确度等级为 1 级。

(3) 成套化零序电压。准确度等级为 6P。

(4) 成套化零序电流。一次侧输入电流为 1A 至额定电流时，误差不大于 6%，一次侧电流输入为 100A 时，保护误差不大于 10%。

(5) 测量成套化有功功率、无功功率准确度。

七、配套电源带载能力试验

不投入后备电源，配套电源应能独立满足配电终端、配电终端线损模块、配套通信模块、开关操作机构同时运行的要求。

八、传动动能试验

1. 基本功能试验

(1) 具备采集三相电流、线电压、频率、有功功率、无功功率、零序电流和零序电压测量数据的功能。

(2) 具备线路有压鉴别功能。

(3) 具备电压越限、负荷越限等告警上送功能。

(4) 具备短路故障检测与判别功能、接地故障检测功能；柱上断路器可直接跳闸切除故障，具备自动重合闸功能；柱上负荷开关可支持短路/接地故障事件上送。

(5) 成套柱上断路器应能快速切除故障，故障切除时间不大于 100ms。

(6) 可配置运行参数及控制逻辑，具备自动重合闸功能，重合次数及时间可调。

2. 瞬时电压反向闭锁试验

(1) 终端失电后且无后备电源时，线路上有电压不小于 $50\%U_n$，持续时间不小于 80ms 时，柱上负荷开关应能完成反向闭锁。

(2) 终端失电后且后备电源有效时，线路上有电压不小于 $30\%U_n$，持续时间不小于 80ms 时，柱上负荷开关应能完成反向闭锁。

3. 遥控功能试验

(1) 遥控合（分）闸试验。

(2) 遥控操作记录检查。

4. 遥信功能试验

(1) 分合闸位置状态遥信试验。

(2) 电源状态遥信试验。

(3) 储能状态遥信试验。

5. 遥测功能试验

可采集三相电流、零序电流、线电压、零序电压、有功功率、无功功率。

九、故障检测与处理

1. 参数配置功能试验

应可配置运行参数、故障处理参数、重合闸次数及时间。

2. 接地故障检测

应能检测到不同接地故障类型、不同接地方式的单相接地故障，可实现单相接地故障处理。

3. 短路故障检测

应能检测到相间短路故障，可实现相间短路故障处理。

4. 重合闸功能试验

应具备自动重合闸功能，重合闸次数及时间可调。

5. 非遮断保护功能试验

具备非遮断保护功能，负荷开关不分断大电流。

十、防抖动功能试验

1. 开关遥信位置动作正确性试验

开关分合闸操作 10 次，开关位置信号应能正确上传无误报。

2. 误遥信过滤功能试验

应采取防抖动措施，可过滤误遥信。

十一、馈线自动化功能试验

(1) 柱上负荷开关应具备电压时间型就地馈线自动化逻辑功能。

(2) 柱上负荷开关应具备自适应型就地馈线自动化逻辑功能。

第五节　一二次融合成套环网箱入网专业检测项目及要求

一、结构及配置

1. 环网柜

(1) 负荷开关单元。由负荷/接地开关、避雷器、TA、带电显示器组成。

(2) 断路器单元。由断路器、隔离/接地开关、避雷器、TA、带电显示器组成。

(3) 电压互感器单元。由电压互感器、母线、带电显示器组成。

2. TV、TA

采用独立的 TV 间隔，TV、TA 采用电磁式互感器。

(1) 配置 1 组电磁式 TA，提供三相电流信号，提供保护/测量信号。

(2) 配置 1 台电磁式零序 TA，提供零序电流信号。

(3) 配置 1 台三相五柱式电磁式 TV，提供三相电压信号、零序电压信号、供电电源。

3. 配电终端

(1) 采集不少于 3 个相电压量、1 个零序电压。

(2) 采集不少于 6 个相电流量、2 个零序电流。

(3) 采集不少于 10 个遥信量。

(4) 采集不少于 2 路开关的分合闸控制。

(5) 采集不少于 1 个串行口和 1 个以太网通信接口。

4. 航空插头、电缆及控制线路板

环网柜与站所终端之间、TV、TA 与站所终端之间的一二次连接电缆需配置航空插头。

5. 密封要求

航空插头及电缆应采用全密封防水结构，焊线侧需用绝缘材料进行密封处理。

二、外观检查

(1) 环网柜应配置带电显示器。

(2) 环网柜设备的泄压通道应设置明显的警示标志。环网单元前门应有清晰明显的主接线示意图，并注明操作程序和注意事项。

(3) 采用 SF_6 气体绝缘的环网单元，每个独立的 SF_6 气室应配置气体压力指示装置。采用 SF_6 气体作为灭弧介质的环网单元应装设 SF_6 气体监测设备（包括密度继电器、压力表），且该设备应设有阀门，以便在不拆卸的情况下进行校验。SF_6 气体压力监测装置应配置状态信号输出接点。

(4) 环网柜应装设负荷开关、断路器远方和就地操作切换把手，应具备就地分合闸操作功能，并提供断路器、负荷开关、接地开关分合闸状态的就地指示及遥信接点。

(5) 环网柜相序按面对环网柜从左至右排列为 A、B、C，从上到下排列为 A、B、C，从后到前排列为 A、B、C。

(6) 柜内进出线处应设置电缆固定辅件。

三、绝缘电阻试验

相对地和相间绝缘电阻值应大于 1000MΩ。

四、工频电压试验

整机的相对地、相间和断口间应分别经受 42kV、48kV 的工频耐压电压试验，试验过程中不应发生破坏性放电。

五、雷电冲击试验

整机的相对地、相间和断口间应分别承受75kV、85kV的雷电冲击电压试验，试验过程中不应发生破坏性放电。

六、准确度试验

1. 一次侧

（1）一次线电压。准确度等级为0.5级。

（2）一次相电流。准确度等级为0.5级。

（3）一次零序电压。准确度等级为3P。

（4）一次零序电流。一次侧输入电流为1A至额定电流时，误差不大于3%；一次侧电流输入100A时，保护误差不大于10%。

2. 二次侧

（1）二次线电压。准确度等级为0.5级。

（2）二次相电流。测量准确度等级为0.5级，保护准确度等级为3级（$10I_n$）。

（3）二次零序电压。准确度等级为0.5级。

（4）二次零序电流。准确度等级为0.5级。

（5）有功功率、无功功率准确度等级为1级。

3. 成套化

（1）成套化线电压。准确度等级为1级。

（2）成套化相电流。准确度等级为1级。

（3）成套化零序电压。准确度等级为6P。

（4）成套化零序电流。一次侧输入电流为1A至额定电流时，误差不大于3%；一次侧电流输入100A时，保护误差不大于10%。

（5）测量成套化有功功率、无功功率准确度。

七、配套电源带载能力试验

不投入后备电源，配套电源应能独立满足配电终端、配电终端线损模块、配套通信模块、开关操作机构同时运行的要求。

八、传动动能试验

1. 基本功能试验

（1）具备采集各线路的三相电压、三相电流、有功功率、无功功率、功率因数、频率、零序流和零序电压测量数据的功能。

（2）具备线路有压鉴别功能。

（3）具备电压越限、负荷越限等告警上送功能。

（4）具备短路故障检测与判别功能、接地故障检测功能；当配合断路器使用时，具备短路故直接切除功能；当配合负荷开关使用时，可支持短路/接地故障事件上送。

（5）可配置运行参数。

2. 遥控功能试验

（1）遥控分合闸试验。

（2）遥控操作记录检查。

3. 遥信功能试验

（1）分合闸位置状态遥信试验。

（2）电源状态遥信试验。

（3）储能状态遥信试验。

4. 遥测功能试验

可遥测三相电流、零序电流、线电压、零序电压、有功功率、无功功率。

九、故障检测与处理

1. 参数配置功能试验

应可配置故障处理参数。

2. 接地故障检测

应能检测到不同接地故障类型、不同接地方式的单相接地故障，可实现单相接地故障处理。

3. 短路故障检测

应能检测到相间短路故障，可实现相间短路故障处理。

4. 非遮断保护功能试验

具备非遮断保护功能，负荷开关不分断大电流。

十、防抖动功能试验

1. 误遥信过滤功能试验

应采取防抖动措施，可过滤误遥信。

2. 开关遥信位置动作正确性试验

开关分合间操作 10 次，开关位置信号应能正确上传无误报。

第六节　南方电网配电设备一二次融合实践

一、V1.0 阶段——可带电更换、易操作的控制器端子箱研究

1. 研究背景

（1）自动化终端的型号、接口不一，给运维工作带来巨大的困难。

(2) 自动化终端的生命周期远小于自动化开关的生命周期。

(3) 南方电网新安规规定，在电流回路上操作，一定要有“看得到”的短接点。

2. 研究内容

(1) 以在南沙供电局使用较多的柱上开关为研究对象，测试这些厂家不同类型的开关（电磁型、弹操型）所匹配的控制器二次端子航空插头各端子的功能，综合各种不同类型的开关及终端二次端子的功能，设计出能匹配不同类型开关、不同厂家终端的二次端子箱。

(2) 二次端子箱包括电流回路、电压回路、控制回路、电源回路四个端子排，每个端子排端子总数能容纳各回路的最大回路数，确保各种开关，终端能够与二次端子箱匹配。

(3) 电流回路共6个端子，电压回路共6个端子，控制回路共10个端子，电源回路共6个端子，二次端子箱使用不锈钢箱体。

3. 取得的成效

(1) 施工方面。

1) 二次端子箱安装方面，与各种终端都可以匹配。二次端子箱适宜安装在FTU的同一水平面或其上面。对于杆装，适合同杆安装，端子箱在FTU的上面，端子箱到FTU的二次电缆接线长度为2m即可，一般离地面4～6m，对于塔装，端子箱可以在FTU的上面或同一水平面安装，端子箱到FTU的二次电缆接线长度2m即可，一般离地面4～6m，具体安装位置视现场情况而定。

2) 二次端子箱施工时间短，减少停电时间。施工前需准备二次线缆号码管、剥线钳、电工刀、斜口钳。停电前先把二次端子箱固定在杆塔上，停电后，拆下FTU的二次控制电缆，整个剪缆到接完时间不超过30min。

(2) 效率方面。

1) 节省自动化开关改造费用。

2) 降低供电局资产报废净值率。

3) 与改造自动化开关相比，改造自动化终端减少停电时间。

4) 增加二次端子箱后更换开关无需停电，提高供电可靠性。

5) 自动化实用化效果得到体现。

6) 入选广州供电局2016年科技成果推广目录。

二、V2.0阶段——通用化终端研究

1. 研究背景

(1) 配电网自动终端智能化水平日益提高。

(2) 柱上开关及FTU通用性差，管理复杂。

(3) 控制器通用化的硬件软件平台和接口，满足自动化智能化要求。

2. 研究内容

(1) 通用化硬件平台设计。

1) 嵌入式系统核心单元。

2) 通用的接口设计。

3) 通用的人机界面设计。

4）通用外围模块。

（2）集成化软件系统。

1）基础数据库模式。

2）通用的软件平台。

3）工程化配置工具。

4）模块化逻辑模式。

（3）用嵌入式硬件系统和嵌入式操作系统上搭载控制功能软件的方式实现断路器和负荷开关不同的控制功能的通用性，并满足 FTU 的普适性功能需求，如通信、事件记录等功能。

（4）用通用的接口匹配不同的外部配置。

（5）用通用的人机界面设计匹配断路器和负荷开关的需求。

3. 主要创新点

（1）硬件平台通用化设计。

1）通用化的接口设计和内部硬件，能够与柱上断路器和负荷开关匹配，能够适应不同的 TV 和 TA 配置。

2）通用的人机界面设计，指示灯复用，满足断路器和负荷开关的不同指示要求，采用工业级触摸屏，方便操作。

（2）软件通用化设计。

1）利用嵌入式操作系统管理硬件资源。

2）采用实时数据库方式管理数据，上层功能软件和实时数据库及基本算法分开。

3）基本逻辑软件模块化，逻辑修改简单方便，程序稳定。

4）用软件实现端子自定义，不必改硬件。

三、V3.0 阶段——智能化配电房

1. 研究背景

配电房管理工作一直是薄弱环节。

（1）配电房工况恶劣存在着漏水、浸水、有害气体泄漏、设备被盗、温度高、散热差等问题。

（2）管理手段缺乏。

1）配电房数量多，巡检和试验工作量大。人员需求多，管理成本高。

2）自动化监控手段缺乏，所有维护工作须就地完成，缺乏远程监控、处理的监控系统。

2. 智能配电房系统

智能配电房系统如图 2－6－1 所示。

3. 取得成效

（1）替代人工巡检，降低维护成本。通过后台统一监控配电房的运维情况，有效地减少了人工巡检的次数和故障维护时间。在提高人力资源利用率和工作效率的同时，也降低了整体人工巡检的人力成本和时间成本，有利于将有限的人力资源进行再配置。

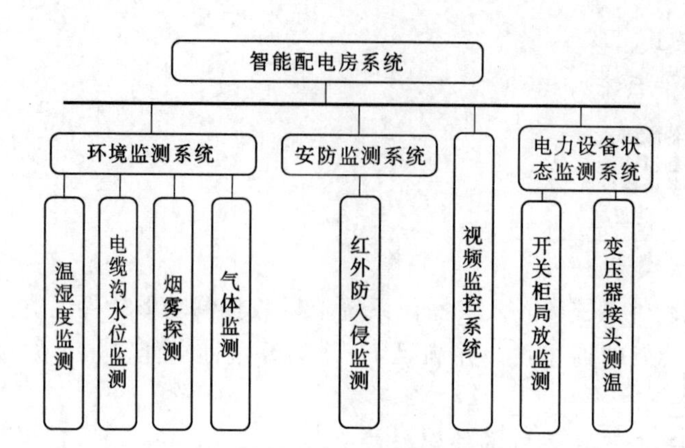

图 2-6-1 智能配电房系统

(2) 延长设备寿命，节约建设成本。

1) 通过实时监测设备的运行状态，可在设备故障前提前预警，降低设备故障率，延长了设备寿命，减少了故障抢修或更换的成本。

2) 通过监测并控制配电房内的温湿度等各项指标在合理范围内，保证了设备在良好的工作环境下正常运行，可延长设备使用寿命，实现设备全寿命使用周期。

(3) 在提高人力资源利用、提高工作效率、制订针对性运检计划等方面取得巨大的管理效益。

四、V4.0 阶段——一二次融合技术

1. 研究背景

通过多年的探索研究，提出了以下研究方向：

(1) 结构集成。包括配电设备结构集成、一体化台区结构集成以及一二次接口标准化。

(2) 功能融合。包括单机接地故障检测技术、线损采集技术、电能质量监测以及基于一二次融合的配电终端产品。

(3) 状态监测。包括配电设备绝缘监测技术、环网热电缆温度监测技术、环境温/湿度监测技术等。

2. 研究内容

(1) 终端防护等级不低于 IP67，防凝露、防灰尘。

(2) 改进信号回路，解决遥信抖动、误发问题，确保信号可靠。

(3) 小信号处理技术。

1) 电子式 TV、TA 小信号处理。

2) 配电小信号隔离及电磁兼容问题。

(4) 一体化设计，测量、传感器件与开关融合，抗干扰问题。

(5) 一体化配电台区结构化设计，变压器与低压配电箱连接及接口设计。

3. 新型配电网管理系统

建立一套基于大数据、云计算的，基于物联网及全生命周期的新型配电网管理系统，如图 2-6-2 所示。

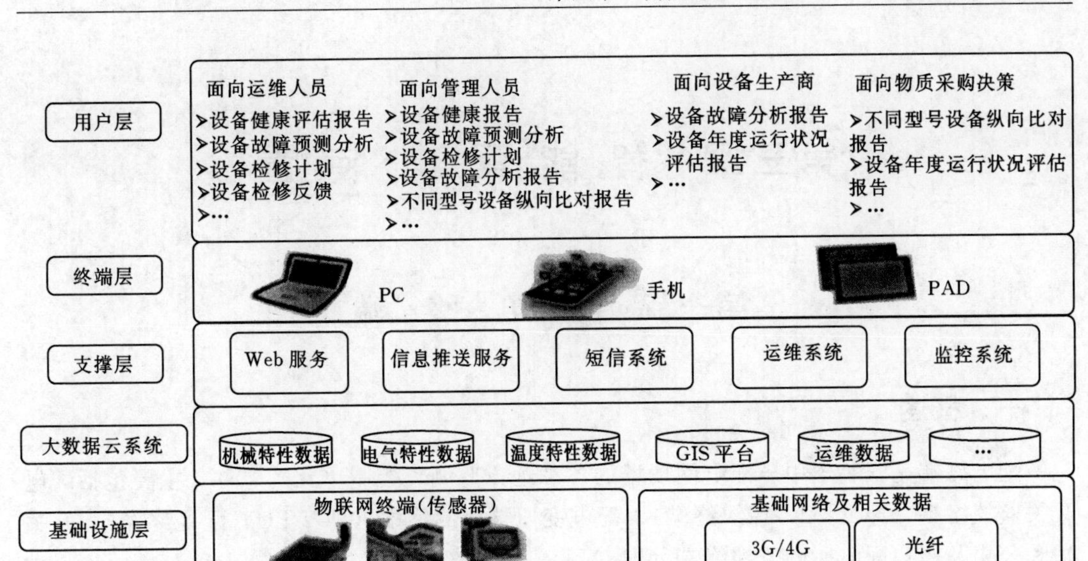

图2-6-2　新型配电网管理系统

第三章　智能配电装置

第一节　配电终端

一、概述

配电终端是安装于中压配电网现场的各种远方监测、控制单元的总称，主要包括配电开关监控终端（即FTU，馈线终端）、配电变压器监测终端（即TTU，配变终端）、开关站和公用及用户配电所的监控终端（即DTU，站所终端）等。

配电终端应用对象主要有开关站、配电室、环网柜、箱式变电站、柱上开关、配电变压器、配电线路等。

根据应用的对象及功能，配电终端可分为馈线终端（FTU）、站所终端（DTU）、配变终端（TTU）和具备通信功能的故障指示器等。配电终端功能还可通过远动装置（Remote Terminal Unit，RTU）、综合自动化装置或重合闸控制器等装置实现。

二、配电终端的基本要求和基本功能

1. 配电终端的基本要求

（1）配电终端应根据不同的应用对象选择相应的类型。

（2）配电终端应采用模块化设计，具备扩展性。

（3）配电终端应具备运行信息采集、事件记录、对时、远程维护和自诊断、数据存储、通信等功能。

（4）除配变终端外，其他终端应能判断线路相间故障的能力。

（5）支持以太网或标准串行接口，与配电主站/子站之间的通信宜采用符合DL/T 634《远动设备及系统》标准的101、104通信规约和CDT通信协议。

2. 配电终端的基本功能

按照DL/T 814—2013《配电自动化系统功能规范》的要求，配电终端的基本功能和选配功能见表3-1-1。

三、配电终端模块化设计的总体技术要求

配网自动化终端设备采用模块化设计，可以根据监测需求灵活配置和扩充电流、电压、遥信和遥控量。根据开关房/综合房的空间环境条件及运行维护需求，优先采用壁挂安装方式。总体技术要求如下：

（1）开关状态、接地开关状态采集。

（2）故障指示器信号采集。

表 3-1-1　　配电终端的基本功能和选配功能

终端类别			配电柱上开关监控终端		配电柱上变压器监控终端		开闭所监控终端		配电所监控终端		用户配电所监控终端	
功能			基本功能	选配功能	基本功能	选配功能	基本功能	选配功能	基本功能	选配功能	基本功能	选配功能
数据采集	状态量	1. 开关位置	√			√	√		√		√	
		2. 终端状态	√		√		√		√		√	
		3. 开关储能、操作电源	√				√		√		√	
		4. SF_6 开关压力信号		√				√		√		√
		5. 通信状态		√		√		√		√		√
		6. 保护动作和异常信号	√				√		√			√
	模拟量	1. 中压电流、电压	√				√		√		√	
		2. 中压有功、无功功率		√				√		√	√	
		3. 功率因数		√	√			√	√		√	
		4. 低压电流、电压			√				√			√
		5. 低压有功、无功功率			√				√			√
		6. 低压零序电流及三相不平衡电流			√				√			
		7. 温度、湿度				√				√		
		8. 电能量			√				√		√	
控制功能		1. 开关分合闸	√			√	√		√			√
		2. 保护投停		√		√	√		√			
		3. 重合闸投停		√				√		√		
		4. 备用电源自动装置投停						√		√		
数据传输		1. 上级通信	√		√		√		√		√	
		2. 下级通信		√		√		√		√		√
		3. 校时	√		√		√		√		√	
		4. 其他终端信息转发	√		√		√		√			
		5. 电能量转发	√		√		√		√		√	
维护功能		1. 当地参数设置	√		√		√		√		√	
		2. 远程参数设置	√		√		√		√		√	
		3. 远程诊断		√		√		√		√		√
其他功能		1. 馈线故障检测及故障事件记录	√				√		√			
		2. 设备自诊断	√		√		√		√		√	
		3. 终端用后备电源及电源投入	√		√		√		√		√	
		4. 事件顺序记录						√		√		
		5. 当地显示		√		√		√		√		√
		6. 保护及单/多次重合闸		√				√		√		
		7. 备用电源自动投入						√		√		√
		8. 最大需量及出现时间			√				√		√	
		9. 失电数据保护			√				√		√	
		10. 断电时间			√				√		√	
		11. 电压合格率统计			√				√		√	
		12. 谐波分析		√		√		√		√		√
		13. 频率计算		√		√		√		√		√
		14. 模拟量定时存储			√				√		√	
当地功能		1. 配电变压器有载调压				√				√		√
		2. 配电电容器自动投停				√				√		√
		3. 终端、开关蓄电池自动维护		√		√		√		√		√
		4. 其他当地功能		√		√		√		√		√

（3）电流、电压量采集；检测、判别相电流、零序电流越限，并将越限告警信息主动上报主站。

（4）支持“识别多重故障”功能。

（5）事件顺序记录功能。

（6）接收并执行遥控及复归指令，保存最近至少10次动作指令。

（7）远程和就地参数设置及对时功能。

（8）自诊断、自恢复功能。

（9）具有远方和本地闭锁及控制切换功能，支持开关的就地操作功能。

（10）支持数据转发功能，支持IEC 101、IEC 104通信协议。

（11）提供RS232、RS485及以太网通信接口；对于采用公网通信的终端设备，需要根据用户要求配置GPRS或CDMA通信模块；对于采用光纤、载波等通信方式的终端设备，要求可以根据需要加装光纤、载波等通信设备。

（12）过载越限识别、报警及上传功能。

（13）能够根据需要设置限值、数据上传周期等参数。

（14）失电或通信中断后数据长期保存，支持历史数据补充上传。

（15）具有后备电源，提供智能电源管理功能，电池可自动、手动充放电。

（16）在交流失电的情况下，三遥配置的配电终端能够对开关进行3次以上分合操作。

（17）输入、输出回路具有安全防护措施。

（18）实现二遥功能的主控单元能够通过扩展插件或模块实现遥控功能。遥控功能扩展不需要更改终端结构。

（19）实现二遥功能的主控单元能够方便扩展电池，以实现遥控功能所需要的后备电池容量。扩展电池不需要更改终端结构。

四、配电自动化测控终端的主要特色

1. 软件方面

（1）采用最流行的VxWorks嵌入式实时操作系统，充分保证了系统的实时性、稳定性和可移植性。

（2）系统软件采用模块式设计，开放式体系结构，可以根据不同的设备和应用任意加载相应模块，具有很好的灵活性和可裁减性。

（3）预留功能接口，易与第三方功能模块（如规约模块）相驳接。

（4）提供功能丰富的组态软件接口，使得用户可以利用组态软件完成复杂的参数定制、工况显示和事件模拟（如模拟故障发生）。

（5）完善的自诊断功能，远方及当地维护功能，能接收主站端或子站端的召唤、修改定值及参数命令，拥有参数设定、工况显示、系统诊断等维护功能；具有当地液晶显示，可以在装置面板上直接进行参数设置及定值修改；各功能模块及主要芯片的自诊断及告警功能。

（6）具有信息转发及同类装置的扩展功能，以其中一台为主单元，可以通过通信方式采集其他装置的信息，集中处理并向主站或子站进行转发。

2. 硬件方面

（1）基于双高速DSP＋MCU作为核心，支持双以太网技术，功耗低，可靠性高，具有完善周密的电路设计和强大的技术支持。主CPU采用32位MCU，信息处理容量大，升级方便，其容量的扩充几乎不受限制。采用了微处理器的DSP高速采样技术，实现了对线路故障识别、三遥监控功能。故障信息拥有独立的上传通道，保证故障信息的快速准确上报。

（2）16位AD采样。模拟量采集精度：电压电流为0.2%、功率0.5%、直流0.5%。遥信采集分辨率不超过1ms。

（3）具有电源失电保护功能，可以记录失电时线路负荷情况，电源失电时装置信息可在内部掉电保护的存储器中保存，可达10年。可以保存线路负荷曲线数据，保存周期5min、15min、30min或1h等可设；具有电压、电流、功率的极值统计功能，极值统计记录保存30d。

（4）装置采用工业级的芯片设计，具备较宽的工作温度范围。

（5）装置采用积木式设计、背板总线式结构，遥测、遥信、遥控功能分别集成在不同的插件上，扩展方便。

（6）支持双路交流电源备份供电。采用软切换技术，确保交流电、蓄电池的快速投入与切除，保证装置供电电源的可靠。支持多种电压等级的供电电源。为适应配网多样化的供电模式，兼容AC220V/AC110V/DC48V/DC24V等电压输入。

（7）与一次设备开关接口多元化。配电终端数据采集与控制是通过一次设备开关来完成的，配电终端与一次设备之间接口是配电自动化工程中现场问题最多的一个环节。配电终端必须满足不同类型开关设备不同接口要求，即配电终端与一次设备接口多元化。如ZCT/ZPT、常规TV、电容分压式TV、永磁开关接口、VSP5开关等。

（8）具备完整的蓄电池运行监测及控制。CPU可根据蓄电池本身的充放电曲线对蓄电池的运行进行控制，可进行蓄电池的保护切除、均充/浮充控制等，最大限度地使蓄电池工作在最佳状态，合理地控制蓄电池充放电深度。蓄电池保护切除时可以实现蓄电池两端的零负载。可以定期自动对蓄电池进行活化，活化状态主动上传，并且具有自动停止活化、外部干预停止活化以及硬件强制停止活化3种恢复手段，防止出现具有工作电源而装置处于活化状态无法工作的现象（蓄电池放电欠压）。

（9）可接入多路外接电源并具有备自投功能。

3. 维护方面

（1）预留Web接口，运行人员可随时使用Web浏览器进行工况显示和简单数据定制。

（2）采用大液晶汉字显示，菜单式界面，键盘操作，提供良好的人机交互环境。

（3）提供各种指示灯指示运行状态。

（4）提供远程和本地维护接口，使得运行人员可在本地或主站等远方对其进行维护。

（5）支持手持无线维护，可以方便地进行调试。

（6）强大后台维护软件，具有信息描述，维护通道监视工作通道通信情况，终端运行信息设置，针对各个测点所有信息的文件存储，读取装置所用历史数据并分析等功能。数据任意排序及转发功能；双点遥信的处理功能。

4. 通信方面

装置集成2个串行口、2个以太网通信接口，适用于光纤、载波、无线公网、专线等各种通信方式，可接入其他站端设备（如TTU等）。具备丰富的规约库，可与多家的主站连接。通信规约有：IEC 870-5-101、IEC 870-5-104、CDT、SC 1801、DNP3.0、MODBUS等。还包括一些与微机保护、智能电能表通信的规约。

5. 环境方面

（1）适应严酷环境，工作温度－40～＋85℃，防磁、防震、防潮。

（2）电磁兼容符合IEC 61000-4、GB/T 13729—2019《远动终端设备》、DL/T 630—1997《交流采样远动终端技术条件》、DL/T 721—2013《配电自动化远方终端》标准，可适应强电磁环境。

6. 故障处理方面

（1）支持常规DTU/FTU，能灵活配置适应电流型DA和电压型DA。

（2）支持网络保护（面保护、对等通信），在没有主站的情况下迅速查找和隔离故障。

（3）支持看门狗控制器功能，迅速切除用户分支线故障。

（4）带重合功能FTU安装在变电站出口第一个开关替代出口开关，避免出口开关频繁跳闸。

（5）具有大容量高速的故障检测功能，单装置最大能检测8条线路，能辨别零序过流过压、线路过负荷、线路三相过电流、单相接地故障、相间短路故障等。装置根据采集的电流大小及设置的定值，能够判别故障电流、快速计算故障电流大小，进行比较，并将故障信息及性质主动上报给主站，以便进行故障隔离。

每个地区都要对配电终端（DTU、FTU）主要元器件明细表进行确定，某省电力公司配电终端主要元器件明细表见表3-1-2。

表3-1-2　　某省电力公司配电终端主要元器件明细表

序号	元器件名称	推荐元器件
1	32位微处理器	ATMEL、SAMSUNG、TI、FREESCALE
2	16位及以上DSP	TI、ANALOG、MICROCHIP
3	阻容元件	华达、红宝石、意杰、风华、中国台湾国矩、TDK、MURATA
4	集成电路	NATIONAL、TI、MAXIM-DALLAS、MICROCHIP、ATMEL、PHLIPS、SPEIX、MICRON
5	连接件	中国台湾南士等
6	航空接线端子	LG、中航光电、凤凰、魏德米勒、中国台湾DECA
7	继电器	松下、TYCO、OMRON、HONGFA、魏德米勒
8	蓄电池	CTD、华达、海志、汤浅、阳光

五、配电终端安装方式

配电终端的安装方式通常分为集中组屏和分散安装两种，其优缺点比较见表3-1-3。

表 3-1-3　　配电终端安装方式的优缺点比较

安装方式	优　点	缺　点
集中组屏	(1) 对开关柜无空间要求。 (2) 二次设备与一次设备距离远，不易受一次设备干扰。 (3) 电源易管理	(1) 各种二次电缆需要集中，施工量大。 (2) 一个间隔终端设备故障或维护可能影响其他间隔正常运行。 (3) 必须考虑开闭站空间问题
分散安装	(1) 对各开关柜的监控相互不受影响，1个间隔故障不影响其他间隔。 (2) 无需开闭站提供额外空间	(1) 开关柜必须具备配电终端安装空间。 (2) 每一个开关柜内终端需提供电源和通信接口，成本比集中式高。 (3) 电磁兼容问题突出

一般而言，集中组屏适用于开闭站有空间而开关柜内无合适安装空间的场合；而分散安装适用于开闭站内无安装空间，开关柜具备安装空间的场合。

1. 模块型配电终端的安装

如果配电终端具备模块化特点，就可以同时支持集中安装和分散安装两种方式。模块化的配电终端，是指配电终端由一个或多个独立模块单元组成，每一个模块具备独立的采样单元、电源和通信接口，每个模块可分散安装单独工作，也可集中安装，协调处理。分散安装时将各模块单元安装于开关柜内，用通信电缆连接；集中安装时只需将各模块单元集中组屏，且对一个单元的维护不会影响其他单元。

2. 配电终端的工作电源

如果开闭所内具备直流屏，则可使用直流屏作为电源；如果没有直流屏，则需加装后备电源。采用 UPS 是成本较低的方式，但 UPS 应满足户外安装的环境特性。电池应使用铅酸免维护电池，后备工作时间一般大于 2h。

如果开关本身不具备操作电源，需加装直流屏或 UPS。

六、配电终端的通信接入方式

开闭所、环网柜、柱上 FTU 承担配网实时监控的任务，负责故障检测、隔离、远方控制等主要功能，必须保证通信可靠和实时性。因此 FTU 的接入应采用光纤方式。

TTU 一般作为台变或箱变的监测，获取电压合格率、过负荷等信息，数据的实时性要求不强，一般无控制功能，可以考虑采用无线传输方式如 GSM。如果箱变位置距离光缆很近，也可以采用光纤接入。

电子式多功能表采集电量信息，大部分具备通信接口和采样计算功能，可取代 TTU，一般数据实时性要求不强，也可以考虑采用无线传输方式如 GSM。但应保证数据的传输可靠性，要采取数据校验、重传等机制。

第二节　智能终端单元模块及基本功能要求

一、智能终端单元模块

配网自动化终端单元采用模块/插件式设计，如系统电源模块、主控模块、各种功能模块、各种接口模块等。可以根据用户的实际需要配置各种通信设备。要求配网自动化终端配置方式灵活，在基本配置的基础上，能够根据实际需要扩展监测功能及监测容量。

智能配电终端由主控模块、遥控模块、遥信模块、系统电源模块等构成，它们之间通过通信相连。各个模块功能要求如下。

1. 主控模块

(1) 主控模块作为配网自动化终端装置的核心部分，要求采用先进的工业级芯片，满足电气隔离、电磁屏蔽、抗干扰要求。

(2) 采用软、硬件看门狗。

(3) 要求至少具有两个串行通信接口，一个维护接口和一个标准 10BASE－T RJ45 以太网接口。

(4) 交流采样模块。

(5) 要求交流采样模块可以根据需要组合交流采集容量。扩展灵活，安装方便。

(6) 单模块的故障不影响其他模块的正常运行，支持热插拔，支持在线扩充。

2. 遥控模块

(1) 要求遥控模块采用严密的防干扰、防误动措施，保证在任何情况下模块都不出现误动。

(2) 要求采用三级遥控模式，即遥控对象预置、遥控对象返校、遥控执行。

(3) 要求可以根据需要扩展遥控容量，扩展灵活，安装方便。

(4) 单模块、单插件的故障不影响其他模块的正常运行，支持热插拔，支持在线扩充。

3. 遥信模块

(1) 要求遥信模块能够根据状态量灵活配置，所有输入部分具有光电隔离措施。

(2) 要求可以根据需要扩展遥信容量，扩展灵活，安装方便。

(3) 单模块的故障不影响其他模块的正常运行，支持热插拔，支持在线扩充。

4. 系统电源模块

(1) 要求系统电源能够根据需要配置输出电压。对于配置了三遥功能的配网终端，至少提供两个电源输出回路，能够为配网自动化终端、通信设备（24V）及开关操作提供电源。

(2) 交流电源输入部分要求支持接入两路 220V±20%（50Hz）交流电源，具有双路电源切换功能，具有防雷、滤波功能，过流、过压保护功能及防雷器失效指示等功能。

(3) 能够根据需要配置固体锂电池，并具有对电池进行智能管理的功能。具有电源的状态显示，当电池充电完成后自动停止充电，防止电池过充电。

(4) 备用电源采用可靠性高、大容量、长寿命（8～10 年）免维护固体锂电池，锂电池应通过国家级权威部门的充放电特性及安全性检测。电动操作机构和终端采用相互独立的电源回路。

(5) 在交流断电时电池可切换为向自动化终端、通信设备、电动操作机构不间断供电，不影响系统正常工作，同时具有防止电池过放电的保护功能。

(6) 具有电池活化功能，手动或通过外部信号自动对电池进行活化维护。

(7) 对于配置了遥控功能的终端，要求能够提供DC48V开关操作电源；具有输出短路、过热、过压等保护功能。

(8) 当电池放电至欠压告警点时，要求能够输出电池欠压告警信号，当地具有欠压指示灯，以状态量变位的方式上报并有时间记录功能。

(9) 要求电池安装、维护方便，便于拆卸。

二、智能终端基本功能要求

1. 遥控、遥测、遥信功能

(1) 遥控功能。

1) 可以正常地遥控跳闸、合闸。

a. 终端接收并执行来自主站或子站的遥控命令，完成开关的分、合闸操作。

b. 采取“选择控制对象—返送校核—操作执行命令”的方式。

c. 在同一时刻只允许选择一个控制对象。

d. 具有远方/本地转换开关：同时转换2组开关控制权限，可就地实现开关的分、合闸操作。

e. 分别记录并保存主站及当地遥控记录。

f. 软硬件防误动措施，保证控制操作的可靠性。

g. 每个遥控接点可以单独设置动作保持时间。

2) 遥控控制流程。

a. 终端接收到主站下发的遥控预置命令后，终端检验遥控命令的正确性。

b. 遥控命令正确时，终端合上控制对象继电器，检测对象继电器动作是否正确。

c. 对象继电器正确动作后，终端向主站发送遥控正确返校应答。

d. 主站接收到遥控正确返校应答后，下发遥控执行或遥控撤销命令。

e. 终端接收到遥控执行命令后，合上执行继电器，经设置的遥控持续时间后，断开执行继电器及对象继电器，同时断开输出继电器电源。

3) 遥控保护措施。

a. 软件保护：只有接收到正确的遥控预置命令及遥控执行命令才动作。

b. 出口继电器平时没有工作电源，只有接收到遥控预置命令后才上电。

c. 软硬件结合的控制闭锁，保证终端运行不正常时控制不出口。

d. 对象继电器的硬件返校，确保对象继电器误动时控制不动作。

e. 电源控制继电器、对象继电器、执行继电器顺序动作时，才有控制出口，加大了控制的可靠性。

(2) 遥测功能。遥测量（YC）采集：包括U_a、U_b、U_c、I_a、I_b、I_c、F、P、Q、S、$\cos\varphi$、$3I_0$、$3U_0$等模拟量。通过积分计算得出有功电度、无功电度，所有这些量都在当地实时计算，实时累加。

采集蓄电池电压等直流量、电流电压的谐波分量等。

将现场标准二次电压（100V）和电流（5A或1A）经高精度小PT、CT隔离变换成弱信号后，经数据采集系统处理，送入 DSP 处理模块进行计算处理。计算得到下列遥测量：

1）三相电压、三相电流。

2）三相有功功率。

3）三相无功功率。

4）三相功率因数。

5）频率。

6）电流电压相位。

7）电流、电压的 2～19 次谐波。

8）零序电压 U_0 和零序电流 I_0 等。

（3）遥信功能。遥信量采集：采集遥信变位，事故遥信并可向主站或子站发送状态量。有事件顺序记录 SOE，遥信分辨率小于 2ms。遥信输入信号以空接点的方式经光电隔离器后送入遥信采集模块进行处理。经硬件滤波、软件滤波，得到遥信输入信号的分合状态。

软件滤波时间可设，从而确保稳定的遥信动作时才产生遥信变位，减少遥信的误报。

1）采集开关和接地开关的合、分状态量信息。

2）采集终端电源状态信息。

3）采集终端故障、异常信息等虚拟遥信。

4）遥测越限、过流、接地等虚拟遥信。

5）采集各种故障指示器接入状态量。

6）采集柜门开闭状态信息。

7）采集开关储能状态。

（4）信息采集和处理。

1）采集状态量信息，每路开关不少于 4 个遥信量采集。

2）具有重要状态量变位信息快速主动上报及时间记录功能。

3）采集电流量，每路开关采集 3 个电流量（A、C 和零序）。

4）采集交流输入电压，能够采集两个电压量。

5）识别馈线发生的短路故障，以状态量变位的方式上报并有时间记录功能。

6）开关两侧电压相位角计算。

7）具有采集数据当地存储功能；能够保存极值记录及事件记录 SOE 等数据，存储容量不小于 2M。

8）能够每 0.5h 保存一次电流值，保存不少于 30 天的数据。

9）具有遥测量越限上传功能，遥测量限值可以设置，并可设置多个越限级别。

10）遥测越限告警信号上传。

2. 参数设置功能

终端具有参数远方设置功能和当地设置功能，具备以下指示及设定内容：

（1）时钟设置，接收上级的校时命令。

（2）参数设置，可设置电流、电压整定值等各种组态参数。能远方修改和设置保护功能的投退、定值、限值。

（3）可随时查看定值、限值情况。

（4）配置电源、自检、闭锁等指示控制器运行状态的指示灯；配置控制器运行状态、通信状态指示灯；配置故障告警指示灯，并可通过复位按钮消除告警指示。

（5）当地及远方操作闭锁设置。

3. 电源失电保护功能

（1）具有失电数据保护功能，记录的数据能长期保持，不丢失。

（2）对于配置了三遥功能的配网终端，主电源失电后至少能维持设备（包括通信设备）正常运行8h以上。

（3）对于配置了二遥功能的配网终端，主电源失电后至少能维持设备（包括通信设备）正常运行0.5h以上。

（4）具有电源监视功能，在主电源失电以及备用电源输出电压过低时产生故障信号，以状态量变位的方式上报并有时间记录功能。

（5）对于三遥功能终端，低电压报警后，要求后备电源至少维持正常工作60min以上。对于二遥功能终端，低电压报警后，要求后备电源至少维持正常工作10min以上。

4. 对时功能

终端具备主站及终端自身对时功能。可以通过维护软件或者主站对时命令对终端进行对时。

5. 自诊断、自恢复功能

装置在正常运行时定时自检，自检的对象包括CPU、定值、系统参数、开出回路、采样通道等各部分。自检异常时，发出告警报告，点亮告警指示灯，并且闭锁分、合闸回路。

（1）具有自诊断功能。支持板级的自检、互检及自恢复功能。

（2）具有上电及软件自恢复功能。

（3）具有软、硬件看门狗。

6. 历史记录及上报功能

装置应具有线路故障记录SOE，可反映故障发生时的故障性质（如单相接地、过负荷、短路）、故障发生时间、故障时的电流值以及当时控制器的整定值；SOE数量应不小于100条。

记录系统真实遥信信息及故障发生、系统运行状态信息。

（1）告警记录，主要对三相过电流、$3U_0$、$3I_0$、三相过负荷进行检测，并上报。

（2）遥控信息，记录遥控发生的时刻、状态及类型，并上报。

（3）遥信变位记录，记录遥信变位的时间及状态，并上报。

7. 故障及越限检测

（1）故障检测功能：零序过流过压检测；线路过负荷检测；线路三相过电流检测。

（2）故障判别功能：终端根据采集的电流大小及设置的定值，能够判别故障电流、快速计算故障电流大小，进行比较，并将故障信息及性质主动上报给主站或子站（状态变位优先传送），以便进行故障隔离。

（3）遥测越限检测功能：电流越限检测；电压越限检测；零序电压越限检测。

（4）遥测越限判别功能：终端根据采集的电流大小及设置的定值，能够判别线路零序电压及电流、快速计算零序电压及电流大小，进行比较，越限信息将以遥信形式产生SOE记录，主动上报给主站或子站。

（5）故障识别策略。

1）故障类型、故障信号的识别由FTU完成；FTU采取高速采样的原理，采样电流瞬时值，作为故障判别的依据。故障采样频率为32点/周、64点/周。

2）当线路中发生相间短路的情况时，FTU会采样到电流的瞬变，并超过电流限值，以判断出故障的发生。在故障发生的30ms内（一个半周波），即可判断出故障。

3）单相接地故障判断，必须依据零序分量才能有效。单相接地点的零序功率分量，与正常运行时的零序功率分量在相位上是相反的，且非故障相电压比故障相电压升高1.5倍及以上，根据这一特征，能判断出单相接地故障的发生。

4）由于我国配电网多是中性点不接地或经消弧线圈接地，零序分量幅值相当小，单相接地故障判断的准确性比较低。因此，可以采用拉合开关的排除法找出单相接地故障。这一功能可以在主站程序设计上完成，使之具有开关操作序列提示的功能，以保证操作的正确性。

8. 通信功能

（1）将采集和处理的信息向上发送并接收上级站或站控终端的命令。

（2）支持串行及以太网络通信方式。

（3）支持IEC 60870－5－101（2002版）、IEC 60870－5－104、DNP3.0等多种通信规约与主站和子站进行通信。要求IEC 60870－5－101（2002版）、DNP3.0支持平衡式、非平衡式通信模式。

9. 当地调试功能

（1）终端有专用调试接口RS232，供便携机当地调试使用。

（2）具备蓝牙无线手持维护调试功能。

（3）终端面板上配有各种运行指示灯，如电源运行指示灯、线路故障指示灯、遥信运行指示灯等。

10. 输入、输出回路安全防护功能

（1）电压输入回路具有熔断器保护。

（2）控制输出回路可提供明显断开点。

（3）遥信输入回路采用光电隔离，并具有软、硬件滤波措施，可防止输入接点抖动或强电磁场干扰误动。

11. 高级故障处理功能

（1）高级故障处理功能的三个层次。馈线自动化系统的故障检测、定位、隔离与恢复控制分为三个层次：一是以配电终端为基础的故障检测；二是以配电子站为辐射中心的低层区域控制；三是以主站为管理中心的高层全局控制。站端、子站、主站分别承担不同的任务。在配网发生故障时，配电终端监测到故障电流或线路失压过压信息，形成故障信息报告，配电子站或主站，根据一定时间段内多个故障信息报告与网络拓扑分析结合，对故

障发生的位置进行定位；配电主站或子站根据故障定位结果，对故障两侧的开关进行分闸操作把故障区域与非故障区域隔离开来；配电主站根据故障隔离的情况和各种恢复方式下潮流计算的结果，给出各种恢复方案供调度员参考或自动根据一定约束目标下的最优方式进行自动遥控操作完成对非故障区域的供电恢复。

(2) 智能终端可以提供如下的故障处理能力：

1）过流跳闸功能（三段式保护）：支持三段式电流过流跳闸功能，支持零序过流上报及过流跳闸功能。

2）重合闸功能：重合闸次数可以设置。

3）双电源备自投功能。

4）FA故障处理功能：具有专门的FA配置界面，可以根据不同的要求实现不同的FA保护策略的设置。

5）DA故障处理功能：具有专门的DA配置界面，可以根据不同的要求实现不同的DA保护策略的设置；可以快速实现多电源点之间的故障识别、故障上传（定位）、故障隔离以及非故障区域的恢复。

6）支持常规DTU/FTU，能灵活配置适应电流型DA和电压型DA。

7）支持网络保护（面保护、对等通信），在没有主站情况下迅速查找和隔离故障。

8）支持看门狗控制器功能，迅速切除用户分支线故障。

9）带重合功能的设备安装在变电站出口第一个开关替代出口开关，避免出口开关频繁跳闸。

三、智能终端基本性能指标

配网自动化终端基本性能指标要满足Q/GDW 567—2010《配电自动化系统验收技术规范》的要求。

1. 采样

(1) 交流采样。

1）交流采样容量可根据需要单独选择配置。

2）电压输入标称值：220V/100V，50Hz。

3）电流输入标称值：1A/5A。

4）电压电流采样精度：0.5级。

5）有功采样精度：1.0级。

6）无功采样精度：1.0级。

7）在标称输入值时，每一回路的功率消耗小于0.25VA。

8）短期过量交流输入电流施加标称值的2000%（标称值为5A），持续时间小于1s，系统工作正常。

(2) 遥信采集。

1）遥信采集容量可根据需要单独选择配置。

2）SOE分辨率小于2ms。

3）软件防抖动时间可设10～60000ms。

2. 遥控

（1）遥控容量可根据需要单独选择配置。

（2）输出方式：继电器常开接点。

（3）接点容量：AC277V，10A；DC30V，10A。

3. 电源

（1）配电终端主电源：交流220V，允许偏差－20%～20%，支持TV取电。

（2）三遥终端备用电源优先采用锂电池（DC48V，电池容量不小于7Ah）；交流失电后维持正常工作8h以上。

（3）二遥终端备用电源优先采用锂电池（DC24V，电池容量不小于2Ah）；交流失电后维持正常工作0.5h以上。

（4）通信电源输出标称电压：DC24V，电压范围DC24V±1V。

（5）开关操作电源输出电压/功率：＋48V，短时300W（负载接开关3～5s内）。

（6）整机功耗小于10W（不含通信模块）。

4. 机械特性

（1）机箱防护性能：防护等级不低于GB/T 4208规定的IP43级要求。

（2）工业级产品，宽温度范围（－40～70℃），防磁、防震、防潮、防雷、防尘、防腐蚀。

（3）壁挂式或柜式安装，扩展方便。

5. 可靠性指标

装置的快速瞬变干扰试验、高频干扰试验、浪涌试验、静电放电干扰试验、辐射电磁场干扰试验等应满足DL/T 721—2013《配电自动化远方终端》规定中的4级要求；平均无故障时间不小于50000h。

6. 工作条件

（1）环境温度范围：－20～70℃。

（2）环境温度最大变化率：1℃/min。

（3）湿度：5%～100%。

（4）最大绝对湿度：35g/m^3。

（5）大气压力：70～106kPa。

7. 电磁兼容及安全性要求

配电自动化终端的设计应符合如下电磁兼容及安全试验要求：

（1）静电放电。按照IEC 1000－4－2中规定，并在下述条件下进行：

1）接触放电。

2）严酷等级：4。

3）试验电压：8kV。

（2）高频电磁场。按照IEC 1000－4－3中规定，并在下述条件下进行：

1）终端在正常工作状态。

2）频率范围：80～1000MHz。

3）严酷等级：4。

4）试验场强：10V/m。

（3）快速瞬变脉冲群。按照 IEC 1000－4－4 中规定，并在下述条件下进行：

1）终端在正常工作状态下，试验电压施加于终端的电源电压端口与地之间；严酷等级：4。

2）终端在非工作状态下，试验电压施加于终端的电源电压端口与地之间；严酷等级：4。

3）终端在正常工作状态下，试验电压施加于终端的电流、电压输入端；严酷等级：4。

4）终端在正常工作状态下，用电容耦合夹将试验电压耦合至输入/输出信号、数据、控制及通信线路上；严酷等级：4。

（4）浪涌。按照 IEC 1000－4－5 中规定，并在下述条件下进行：

1）严酷等级：4。

2）试验电压：2kV（电源电压两端口之间）；4kV（电源电压各端口与地之间）。

3）波形：1.2/50μs。

（5）阻尼振荡波。按照 IEC 1000－4－12 中规定，并在下述条件下进行：

1）电压上升时间（第一峰）：75ns±20%。

2）振荡频率：100kHz 和 1MHz±10%。

3）电压峰值：共模方式 2.5kV，差模方式 1.25kV。

（6）交流电磁场。在正常工作状态下，将终端置于与系统电源电压相同频率的随时间正弦变化的、强度为 0.5mT（400A/m）的均匀磁场的线圈中心，工作正常。

（7）绝缘电阻。输入、输出回路对地和各回路之间的绝缘电阻不低于 10MΩ（正常条件下测试）和 1MΩ（湿热条件下测试）。

（8）耐电强度。电源、交流输入、输出回路及输出继电器常开触点之间能承受额定频率为 50Hz、有效值为 2.0kV，时间为 1min 的交流耐压试验，无击穿与闪络现象。

（9）冲击电压。电源、输入、输出回路对地和各回路之间能承受 5kV 标准雷电波的短时冲击电压检验。

四、配网无线采集设备类型及性能要求

1. 基本功能要求

（1）内嵌 PPP、TGP/IP 协议栈。

（2）支持各种无线通信方式：GPRS 通信、CDMA 通信。

（3）通信部分采用模块化设计，若更换通信网络类型，只需更换通信模块，不需更换自动化终端。

（4）可显示通信信号强度（无线通信）、通信状态（在线、不在线）等信息。

（5）在 GPRS/CDMA 网络通信方式下，可设置“连续在线方式”“非连续在线方式”和“短信唤醒方式”等工作方式。

（6）数据传送模式支持故障主动上报、定时招测（具体招测时间或招测频率可调）和后台轮询等。

(7) 可设置主站 IP 地址、用户专网、通信端口号等。

(8) 当作为独立通信设备时采用直流 (DC24V 或 DC48V) 供电方式，与 FTU 其他单元的接口是 RS485/RS232 接口。

(9) 当作为自动化终端设备的嵌入模块时，由自动化终端设备供电。

(10) 与 FTU 等配网自动化终端设备的通信规约参照 101、104 规约。

2. 设备性能要求和技术指标

(1) 无线信号指示要求。

1) 无线模块和天线安装在终端机壳内，且有外引天线的位置。

2) 表示正比于无线信号场强的指示，保证在其规定的范围内，能够进行正常通信。

3) 应有防止无线通信模块死机的断电自复位功能。

(2) 数据传输要求。

1) 数据接口波特率可设。

2) 支持 UDP、TCP。

3) TCP 断链数据不丢失。

4) 支持发送数据帧控制。

5) 发送缓冲区大小可设。

6) 心跳间隔及心跳超时可设。

7) 节省带宽。

8) 智能尝试间隔。

9) 支持用户嵌入程序。

(3) 多种工作模式。

1) 支持永远在线：设备加电自动上线、掉电自动重拨、线路保持。

2) 支持休眠中数据触发上线、数据端口触发上线。

3) 支持定时上线。

4) 支持短信及振铃唤醒。

(4) 网管要求。

1) 支持短信配置。

2) 支持远程 TELNET 配置。

3) 支持权限管理。

第三节　各种智能终端举例

配电一次设备种类繁多，接口复杂，需根据不同的设备类型和管理要求，配置对应的自动化装置，其主要划分如图 3-3-1 所示。

一、开闭所/环网柜/电缆分支箱

配电站、所包括开闭站、环网柜、电缆分支箱等站所类设备，是城市配电网系统的重要组成部分，由于数量众多，地理位置分散，加上城市环境的改造，较难架设通信光缆，

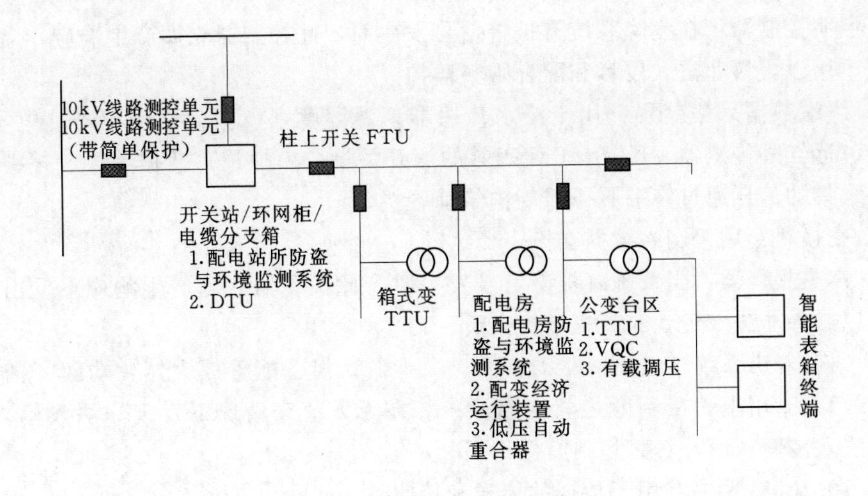

图 3-3-1　智能终端配置划分

造成了对配电监控和运行管理的困难。配电站、所的防盗、消防、环境和设备运行等安全隐患，由于不能及时发现处理而造成更大损失；缩短巡视周期，又造成了较大的工作负担。对配电站、所的运行和安全监视工作处于被动的状态。

实施配电站、所运行智能监控系统，对配电站、所安全防范、环境状况和对付自然灾害等有着重大意义，能切实起到提高配电站、所的安全水平，进一步推动配电网管理逐步向智能化、自动化、综合化、集中化方向发展。

1. 主要设备组成

（1）温、湿度（模拟型、数字型、网络型）传感器：采集温度和湿度数据。

（2）离子烟雾（开关型）传感器：用于火灾烟雾的监测，当有火警时产生报警信号。

（3）浸水（开关型）传感器：用于配电站、所房内外电缆沟内雨水水位或机房内空调冷凝水泄漏以及其他需要防水部位的监测。

（4）智能门禁系统（包括门禁开关系统控制器、电磁门锁或红外线门禁开关、读卡器、门磁、识别卡、网络接口、安装支架等）：用于防止配电站所的院落和机房的非法入侵。

（5）高压脉冲电子围栏（包括高压脉冲发生器、信号监测发送器、声光报警器、UPS电源、高低压不锈钢合金绞线围栏、不锈钢安装支架、绝缘子、避雷器等）：用于防范偷盗人员翻爬变电站围墙。当有人接触电子围栏的电网时，或电子围栏发生断路、短路时，信号监测发送器将自动产生报警信号，并保持30s。

（6）远红外摄像机（包括摄像机、云台、解码器、电源、红外灯、安装支架）：用于对配电站所内设备和人员活动实施全天候不间断的监控。

（7）高速球形摄像机（包括摄像机、云台、解码器、电源、安装支架）：用于对配电站所内外设备和人员活动实施全天候（夜晚需灯光配合）不间断的视频监控。

（8）视频服务：用于摄像机云台的控制；视频信号的采集、处理、传输。

(9) 照明控制器：在夜晚系统有报警信号发生时，此控制器立即产生响应，立即接通受控光源，用以震慑非法入侵者和配合视频监控。

(10) 终端数据采集装置：用于浸水传感器；温湿度（模拟量）传感器、电子围栏、门禁开关、远红外传感器、UPS、PM表等的（开关量、模拟量）数据采集、报警信息采集，并将采集的信息通过终端服务器传输给前置机。

(11) 交换机：用于网络数据交换。

(12) 声光报警器：当系统有报警信号发生时，此报警器立即产生响应，发出声响和闪光，用以震慑非法入侵者和提醒维护人员。

(13) 语音对讲系统（包括：驱动软件、声卡、话筒、前置放大器、功放、扬声器和输入输出线）：①用于人工调度之间的通话；②在无人值守情况下发现非法入侵事件时，用于向非法入侵者喊话，对其起到震慑作用。

(14) 10/100M网络：用于数据的传送和接收。

2. 视频监控

(1) 在配电站、所内对各个室内和各级屋外配电装置、变压器等重要设备，通常可采用变方向及距离的图像监控设备，对重要仪器仪表采用特写放大镜头。

(2) 在配电站、所前区和大门可配置固定方向及距离的图像监控设备。

(3) 在专用通信值班室、独立所用电室、独立装有感烟探头的蓄电池室、大型枢纽站专用通信蓄电池室、层高1.8m及以上并装有感烟探头的电缆夹层，可以根据需要选配图像监控设备。

(4) 对于室内配电站、所需要考虑摄像设备的防尘、防湿、散热通风条件良好，并有远动功能。

(5) 对于室外配电站、所需要考虑摄像设备对各种环境和气候变化的适应（升温降温、防雨除霜、通风防尘以及雨刷等功能），并有远动功能。

(6) 对特别重要的配电站、所可采用红外热成像摄像机进行高压设备的运行温度监控。

3. 环境及设备监控

(1) 门禁系统。可以采用智能门禁系统采集门磁传感器或远红外门禁传感器的信号。各门禁传感器应在配电站、所的各直接入口处和各级屋内重要入口处安装。

(2) 红外对射（或电子围栏）设备。无人值守配电站所围墙通常需设置红外对射（或电子围栏）报警系统，当发生非法入侵时，应能立刻发出报警信息，同时联动切换至系统的相应画面并启动录像功能，呼叫110报警。

(3) 火灾探测设备。

1) 烟雾探测器不论烟雾从任何方向（即360°）进入都能响应，并且具有分辨空气流入与烟雾流入的能力。

2) 烟雾探测器探头的位置和间距需考虑所保护的具体设备。

3) 烟雾监测准确率大于99.9%。

(4) 空调或抽湿机等设备。能在监控中心观察到具有智能接口的空调的当前运行状态，并能够根据室内温度或湿度手动或自动进行远程遥控进行加减温或除湿；启动或

停止。

能在监控中心直接控制换气扇的运行状态，并能够根据室内温度启动或停止换气扇。

（5）UPS监视。监视UPS的运行工况，运行报警信息等。

（6）电气屏的运行电气参数。

1）通过传感器监视电气屏的运行状态，采集电气屏内电器运行参数，给出超标报警信息。

2）通过具有智能接口的配变监测设备采集传输被监测的电压、电流、功率参数。给出超标报警信息。

3）通过具有智能接口的开关监测设备采集开关的适时运行状态，在发生异常时，及时发出报警信息。

（7）温度、湿度。监控系统能准确地监测出机房内和机柜内的温度、湿度。

温度测量范围：0～50℃；精度：±2％。

湿度测量范围：5％～95％；精度：±10％。

（8）语音通话系统。通过语音软件的支持，进行主站与配电站、所之间的语音通话。

二、开闭所/环网柜馈线监控单元DTU

1．集中式开闭所终端装置

集中式开闭所终端装置用于开闭所的集中测控，由测控单元、开关操作控制回路、操作面板、智能充电电源、后备电源（免维护铅酸蓄电池或超级电容器或锂电池）、通信终端及标准屏柜集中组成。其功能特点如下：

（1）插箱式测控单元，可根据需求灵活配置，便于实现二遥或三遥功能。

（2）测控单元之间通过CAN总线组网，满足不同规模开闭所的测控需求。

（3）当地可编程逻辑控制（PLC）功能可以不依赖于主站实现开闭所备用电源自投，故障线路保护、重合、隔离及非故障线路的自动恢复供电。

（4）开闭所DTU具有PLC可编程逻辑控制功能，对开闭所所有的进出线路实施测控。当线路发生故障时，利用PLC功能，不依赖于控制主站/子站自动完成当地故障隔离、恢复非故障线路的供电。PLC功能包括过流保护、失压保护、过流后失压保护、后加速保护、重合闸、备用电源自投、系统重构等逻辑功能，实现对于本开闭所的进线故障、出线故障、母线故障以及级联线路（本开闭所的出线作为下一开闭所的进线）故障的当地自动处理，并将故障处理结果上报控制主站/子站。

2．分布式开闭所终端装置

分布式开闭所终端装置用于开闭所的分布测控，由多台在开闭所各开关间隔内分散安装的测控单元通过CAN/RS485总线联网组成，其中一台作为主单元，与上级主站通信。在开关间隔内分散安装的单元由核心测控单元、电源、操作控制回路、机箱等组成。其功能特点如下：

（1）在各开关间隔内就近分散安装，与其他单元通过一对通信线连接，无需铺设大量的二次电缆，从而缩短施工时间。

（2）可以逐台调试和维护，简单、方便。

（3）可靠性高。多台测控单元之间通过 CAN 现场总线组网，任何一台单元故障均不会影响其他单元的运行。

（4）当地 PLC 功能可以不依赖于主站实现开闭所备用电源自投，故障线路保护、重合、隔离及非故障线路的自动恢复供电。

三、实现三遥功能的开关房/综合房标准配置

实现三遥功能的开关房/综合房终端设备配置分为两类。终端配置一按照不少于 6 路三遥功能配置；每路开关配置 3 个电流量、6 个遥信量和 1 路遥控；包括电源模块、电池和用于安装载波、光纤等通信设备的通信机箱。终端配置二按照 6 路三遥、6 路二遥或 12 路二遥配置，其中 6 路二遥单元能够扩展成为 12 路二遥单元。两种终端设备根据电房实际使用需求进行灵活组合配置。终端配置二通过网络线或航空插头和终端配置一进行互联，数据统一由“终端配置一”中的通信设备上传至主站。三遥功能终端配置要求见表 3-3-1～表 3-3-4。

表 3-3-1　三遥功能终端配置一（6 路三遥）要求

序号	项　目	配　置　参　数
1	电源系统	支持接入 2 路 220V 交流
2	电池	48V、不低于 7Ah 锂电池
3	遥测量	18 个电流量（6 回路）
4	遥信量	36 个遥信（6 回路）
5	遥控量	6 路遥控（6 回路）
6	电压量	支持 2 个电压量采集
7	通信	提供 RS232、以太网通信接口和通信机箱
8	安装附件	角铁挂件、膨胀螺丝等

表 3-3-2　三遥功能终端配置二（6 路三遥）配置要求

序号	项　目	配　置　参　数
1	电源系统	提供装置的工作电源
2	遥测量	18 个电流量（6 回路）
3	遥信量	36 个遥信（6 回路）
4	遥控量	6 路遥控（6 回路）
5	安装附件	角铁挂件、膨胀螺丝等

表 3-3-3　三遥功能终端配置二（6 路二遥）配置要求

序号	项　目	配　置　参　数
1	电源系统	提供装置的工作电源
2	遥测量	18 个电流量（6 回路）
3	遥信量	24 个遥信（6 回路）
4	安装附件	角铁挂件、膨胀螺丝等

表 3-3-4　三遥功能终端配置二（12 路二遥）配置要求

序号	项　目	配　置　参　数
1	电源系统	提供装置的工作电源
2	遥测	36 个电流量（12 回路）
3	遥信	48 个遥信（12 回路）
4	安装附件	角铁挂件、膨胀螺丝等

四、实现二遥功能的开关房/综合房标准配置

实现二遥功能的开关房/综合房终端设备配置分为两类。终端配置一按照 6 路二遥功能配置；每路开关配置 3 个电流量和 6 个遥信量，预留遥控扩展功能。对于采用载波通信的电房，终端配置一包括用于安装载波设备的通信机箱；对于采用公网通信的电房，终端配置一内要嵌入无线公网通信模块。终端配置二按照 6 路二遥或 12 路二遥配置。其中 6 路二遥单元能够扩展成为 12 路二遥扩展单元。两种终端设备根据实际使用

需求进行灵活组合配置，终端配置二通过网络线或航空插头和终端配置一进行互联，数据统一由终端配置一中的通信设备上传至主站。二遥功能终端配置要求见表3-3-5～表3-3-7。

表3-3-5　二遥功能终端配置一(6路二遥)配置要求

序号	项　目	配　置　参　数
1	电源系统	支持接入2路220V交流
2	电池	24V、不低于2Ah锂电池
3	遥测量	18个电流量(6回路)
4	遥信量	24个遥信(6回路)
5	遥控量	预留6路遥控
6	电压量	支持2个电压量采集
7	通信(方式一)	嵌入无线公网通信模块
8	通信(方式二)	提供RS232、以太网通信接口和通信机箱
9	安装附件	角铁挂件、膨胀螺丝等

表3-3-6　二遥功能终端配置二(6路二遥)配置要求

序号	项　目	配　置　参　数
1	电源系统	提供装置的工作电源
2	遥测	18个电流量(6回路)
3	遥信	24个遥信(6回路)
4	安装附件	角铁挂件、膨胀螺丝等

表3-3-7　二遥功能终端配置二(12路二遥)配置要求

序号	项　目	配　置　参　数
1	电源系统	提供装置的工作电源
2	遥测	36个电流量(12回路)
3	遥信	48个遥信(12回路)
4	安装附件	角铁挂件、膨胀螺丝等

五、机柜式终端配置要求

机柜式配网自动化终端要求采用标准化配置，其端子排按照16路三遥+8路二遥满配置。8路三遥、8路三遥+8路二遥、8路三遥+16路二遥、16路三遥、8路二遥、16路二遥、24路二遥、16路三遥+8路二遥等8种标准配置方案分别报价，其中前7种配置可以根据实际需要灵活扩展。要求投标方根据以下基本要求给出详细配置清单，包括设备安装，调试所需要的所有附件、备品备件及专用工具，其中，安装附件包括在每个需要单独安装的单元中。机柜式终端配置要求见表3-3-8～表3-3-15。

表3-3-8　8路三遥功能配置要求

序号	项　目	配　置　参　数
1	电源系统	支持接入2路220V交流
2	电池	48V、不低于7Ah锂电池
3	遥测量	24个电流量(8回路)
4	遥信量	48个遥信(8回路)
5	遥控量	8路遥控(8回路)
6	电压量	支持2个电压量采集
7	通信	提供RS232网络通信接口和通信机箱
8	安装附件	

表3-3-9　8路三遥+8路二遥功能配置要求

序号	项　目	配　置　参　数
1	电源系统	支持接入2路220V交流
2	电池	48V、不低于7Ah锂电池
3	遥测量	48个电流量(16回路)
4	遥信量	80个遥信(16回路)
5	遥控量	8路遥控(8回路)
6	电压量	支持2个电压量采集
7	通信	提供RS232网络通信接口和通信机箱
8	安装附件	

表 3-3-10　8 路三遥+16 路二遥功能配置要求

序号	项　目	配　置　参　数
1	电源系统	支持接入 2 路 220V 交流
2	电池	48V、不低于 7Ah 锂电池
3	遥测量	72 个电流量（24 回路）
4	遥信量	112 个遥信（24 回路）
5	遥控量	8 路遥控（8 回路）
6	电压量	支持 2 个电压量采集
7	通信	提供 RS232 网络通信接口和通信机箱
8	安装附件	

表 3-3-11　16 路三遥功能配置要求

序号	项　目	配　置　参　数
1	电源系统	支持接入 2 路 220V 交流
2	电池	48V、不低于 7Ah 锂电池
3	遥测量	48 个电流量（16 回路）
4	遥信量	96 个遥信（16 回路）
5	遥控量	16 路遥控（16 回路）
6	电压量	支持 2 个电压量采集
7	通信	提供 RS232 网络通信接口和通信机箱
8	安装附件	

表 3-3-12　8 路二遥功能配置要求

序号	项　目	配　置　参　数
1	电源系统	支持接入 2 路 220V 交流
2	电池	24V、不低于 7Ah 锂电池
3	遥测量	24 个电流量（8 回路）
4	遥信量	32 个遥信（8 回路）
5	电压量	支持 2 个电压量采集
6	通信	提供 RS232 网络通信接口和通信机箱
7	安装附件	

表 3-3-13　16 路二遥功能配置要求

序号	项　目	配　置　参　数
1	电源系统	支持接入 2 路 220V 交流
2	电池	24V、不低于 7Ah 锂电池
3	遥测量	48 个电流量（16 回路）
4	遥信量	64 个遥信（16 回路）
5	电压量	支持 2 个电压量采集
6	通信	提供 RS232 网络通信接口和通信机箱
7	安装附件	

表 3-3-14　24 路二遥功能配置要求

序号	项　目	配　置　参　数
1	电源系统	支持接入 2 路 220V 交流
2	电池	24V、不低于 7Ah 锂电池
3	遥测量	72 个电流量（24 回路）
4	遥信量	96 遥信（24 回路）
5	电压量	支持 2 个电压量采集
6	通信	提供 RS232 网络通信接口和通信机箱
7	安装附件	

表 3-3-15　16 路三遥+8 路二遥功能配置要求

序号	项　目	配　置　参　数
1	电源系统	支持接入 2 路 220V 交流
2	电池	48V、不低于 7Ah 锂电池
3	遥测量	72 个电流量（24 回路）
4	遥信量	128 个遥信（24 回路）
5	遥控量	16 路遥控（16 回路）
6	电压量	支持 2 个电压量采集
7	通信	提供 RS232 网络通信接口和通信机箱
8	安装附件	

六、柱上开关 FTU

柱上开关FTU适用于10kV架空配电线路分段点或联络点回线路测控，与柱上负荷开关或断路器配套，采集并上传线路电压、电流、设备状态等运行及故障信息，具备多种方式的通信接口和多种标准通信规约，与后台软件构成配电网自动化系统，实现对配电网及其设备的运行监视、故障检测、当地及远程控制。馈线测控保护装置FTU与配电网自动化主站（SCADA）或子站系统配合，可实现多回线路的采集与控制。通过对线路数据的分析判断达到故障检测、故障的迅速定位从而实现故障区域的快速隔离及非故障区域恢复供电，有效提高供电可靠性。

柱上开关FTU一般采用耐腐蚀材料（如不锈钢）制成的防雨、防潮、防尘的机箱，直接挂装在架空线杆上。监控单元及其外围的操作控制回路、蓄电池、通信终端等，都安装在机箱内部。柱上开关FTU配置表见表3－3－16。

表3－3－16　　柱上开关FTU配置表

规格型号	配置说明	适用场合
馈线测控保护装置FTU	（1）3路电压输入，3路电流输入。 （2）2路直流输入。 （3）16路遥信输入（无源，24V）。 （4）4路遥控输出（合、分闸，常开触点）。 （5）2×RS232＋2×RS485/2×RS422＋1×RS232本地维护。 （6）2个10M/100M自适应以太网口	柱上开关
主要技术参数		
电流测量	1A(10A)/5A(50A)	
电压测量	110V/220V	
直流输入	DC30V	
遥信输入	DC24V	
遥控输出	DC10A24V/AC10A250V	
通信规约	IEC 60870－5－101、IEC 60870－5－104、CDT92、DNP3.0、MODBUS，可按需求修改特殊通信规约	

柱上开关FTU的要求（以南京磐能科技公司生产的DMP2200系列智能终端为例）如下：

（1）独特的软硬件设计。

1）双CPU结构，采用32位RISC微处理器（MCU），具有强大的实时信号处理能力，满足通信、系统管理、人机交互等比较复杂的功能。

2）软件设计具有良好的开放性，能够方便植入新应用功能和各种通信规约。

3）采用软硬件冗余设计，具有强大的容错和自诊断、自恢复功能。装置具有较高的可靠性，功耗和体积都很小。

4）具有智能电源（蓄电池）管理功能。

5）配备CAN总线接口，可实现多个装置的局域互联。

6）配备就地远方维护接口，可方便地实现系统的维护和升级。

7）工业级芯片，适应环境温度范围广（－40～85℃）。

8）独特的结构设计，具有良好的防雨、防潮、防污、防振和通风散热能力。

9）严密的防雷及抗电磁干扰设计，抗干扰能力到达 IEC 标准Ⅳ级要求。

（2）完善的配网自动化功能。

1）测量功能。

a）交流采样和电力系统故障检测，保证系统的准确度及稳定性。可以接入 I_a、I_b、I_c、$3I_0$ 保护电流，I_{am}、I_{bm}、I_{cm} 测量电极及 U_a、U_b、U_c 电压。

b）除电压、电流、有功、无功、视在功率、功率因数、有功电量、无功电量、频率测量外，还能够测量零序电流、负序电流等反应系统不平衡程度的电气参数。

c）优化的自动校准，频率跟踪交流采样技术，实现交流测量的免调节、免维护、免校准，保证长期稳定性。

2）短路故障检测。

a）测量并记录故障发生的时间、故障电流幅值及方向及故障类型。

b）具有冷启动检测功能，能够躲过线路上变压器、大型电动机投入引起的电流冲击，避免误报故障。

c）能够适应含分布式电源（如风能、太阳能）的接入。

d）接入保护型电流互感器时，利用过电流检测原理检出电网故障；接入测量性电流互感器/传感器时，根据波形是否出现饱和间断现象，检出电网故障。

e）可实现 3 次重合闸。

3）小电流接地故障检测。

a）基于高速数据采集及处理技术，各终端装置检测并记录小电流接地系统单相接地故障电流及电压信号（包含 $3U_0$）。

b）可直接接入零序电流互感器的二次输出，也可通过采集三相电流合成零序电流信号。

c）适用于不接地和经消弧线圈接地系统。

d）不需要附加其他设备，也不需要其他设备动作配合，实施简便、安全性高。

（3）通信功能。

1）配有 RS485、GPRS、以太网、光纤以太网、RS232、无线网等多种通信接口。

2）具有 CAN 现场总线接口，多台核心测控单元可通过该接口用双绞线、光纤或其他类型的通信介质联网，构成分布式开闭所、环网柜终端装置。

3）支持规约：新部颁 CDT、扩展 CDT、polling 规约、DNP3.0、IEC 60870－5－101/103/104、N4F 规约以及用户要求增加的规约。

4）设置就地及远方维护口，用于上载、下载配置方式字、运行程序、程序升级、更新、历史数据查询。

5）灵活的通信组网方案，适应多种通信方式（光纤、音频电缆、配电载波、无线、移动公网等）。

（4）在线配置功能。

1）支持远方、当地配置方式，配置、维护方便。

2）通信参数设置：IP 地址、站址、波特率、校验位及停止位等。

3）测控、保护功能系统参数及定值设置、SCADA 数据表配置。

（5）其他可选择及扩展功能。DMP2200 系列终端装置功能完善、通用性强，可方便地通过改变配置方式字适应不同的应用要求，也可以根据用户要求进行专门设计。

1）电能质量监视：测量电压谐波、电压剧降等参数。

2）PLC 功能：集 RTU 与 PLC 的功能于一身，实现装置开关量输出（DO）的编程逻辑控制。

3）通用数据转发功能：用以转发附近其他智能装置的数据。

4）断路器在线监视：记录断路器累计切断故障电流的水平、动作时间、断路器动作次数、为实现断路器状态检修提供依据。

5）故障或扰动录波功能。

（6）智能配电网高级应用功能。

1）支持 IP 网络通信、即插即用。

2）支持相关节点上终端装置之间的实时数据交换、进行线路故障快速自愈操作（分布智能式 FA）。

3）支持配电网广域同步相量测量。

4）具有广域测控功能，如实时测量、比较线路上分布式电源并网点与母线电压相量，实现孤岛运行监测。

（7）防火墙功能。采用具有永磁操作机构的快速开断特性和独特保护动作原理的智能防火墙解决方案，减少了保护配合的时限阶梯，可以在变电站保护 0.5s 动作前，实现开闭所内部故障和高速信道连接的开闭所之间线路故障的选择性速断跳闸，从而达到快速隔离配电网故障（包括单相接地故障）的目的，有效地避免用户侧故障和下游配电网故障对配电主干网的影响。通过采用具有智能开关和开闭所运行独特分布式智能算法的配电网解决方案，实现三级故障自愈措施（即就地保护；通信连接的开关之间的故障隔离和网络重构；通信连接的开关与配电主站之间的配电网故障隔离和网络重构），将有问题的元件从系统中隔离出来，尽可能多地回复非故障线路供电。提高供电可靠性，减少故障影响范围（不依赖主网 DA 功能）。

（8）广域保护功能。广域网络保护技术是解决配电网保护快速性及选择性矛盾的最优方案。城市配电网中线路距离较短，短路电流都特别大，级联开关比较多，不能简单靠延时实现选择性。将线路上相连的开关当成一个对象实施广域保护，将所有相关联的开关的模拟等级及状态量在一个子站上获得，通过人工智能及广域保护、线路纵差保护及方向保护等原理，将线路各开关的模拟量、开关状态等信息进行综合判断，给出保护判别的结果，达到不同地点保护之间的协调和配合，让离故障点最近的开关速断跳闸，使全线正常供电。

（9）电池管理功能。FTU 内蓄电池作为智能终端的后备电源，当失去电源时，保证断路器完成 3 次重合闸功能，并能满足 FTU 装置及通信装置工作 8h，满足 FTU 不间断供电要求。正常工况下，电源充电模块为 FTU 及断路器操作、通信系统等供电的同时，也为蓄电池浮充。后备电源可以选择铅酸电池、锂电池及超级电容等。选择时需考虑电池的性能、成本、可靠性、寿命、维护量等因素。FTU都要具备完善的电池管理功能。

1）输出短路保护功能。在输出发生短路故障，输出电流过大时，必须立即关断电源输出，以防止电源模块及电池烧毁。

2）充电功能。在具备外部电源的情况下，电源本身除对负载输出电流外，还必须同时对电池进行恒流恒压充电。当充电完成后，自动转为浮充电状态。

3）电池无缝隙切换功能。当外部电源消失时，电池需进行0s切换，给FTU继续供电。

4）电池过放电保护功能。在电池出现过放电时，需及时关断电流输出。

5）电池短时大电流放电功能。在操作开关时，经常需要提供短时大电流的操作电源，这个电流往往超出电源提供的最大电流，此时需要电源自身保护关断，负载电流完全由电池提供。

6）电池活化维护功能。当电池长时间处于浮充电状态，应对电池进行活化，以免电池极板钝化。活化方式可以是定期活化、当地手动控制活化、远方遥控活化。

7）告警信号。为了便于当地或者远方监视电源及电池的工作状态，一般应有外部电源丢失告警、电池欠压告警、电池活化告警、过压告警、过热告警等告警信号。

（10）提高系统可靠性的方案。

1）在线可编程维护技术。自主版权的大规模专用集成电路（ASIC），多层板和表面贴装工艺，使系统集成度大为提高，更加安全可靠。

2）装置采用低功耗设计，装置功耗小于5W。

3）FTU的电源为特殊设计的双交流输入，即可将控制回路两侧同时接入，当一侧失电后，另一侧自动接入，这样可更加有效的保护测控单元的供电。

4）双重掉电保护功能，可实现蓄电池自动无扰切换和无电条件下数据保护。

5）采用多种保护及屏蔽措施，大大提高了装置的抗干扰能力。

6）全密封防护外壳，抗干扰能力强，能经受高压、雷电及高频信号干扰，电磁兼容性负荷严酷级行业标准。

7）工作温度范围高，可工作于－40～70℃。

8）多种多样的后备电源供电方式，如铅酸电池、锂电池及超级电容等。

七、数字化配电房

1. 数字化配电房方案构成

数字化配电房方案由配电房智能监控装置、配变经济运行控制装置、低压自动重合装置、有载调压装置和电压无功控制装置（VQC）等多种智能监控装置构成，监控配电房防盗和环境运行数据、电气运行数据、二次设备状态数据等信息，实现对配电房运行环境、资产设备状态、供电可靠性和运行经济性的全面和实时的管理。数字化配电房方案构成框图如图3－3－2所示。

2. 配电房智能监控装置

（1）装置主要功能。

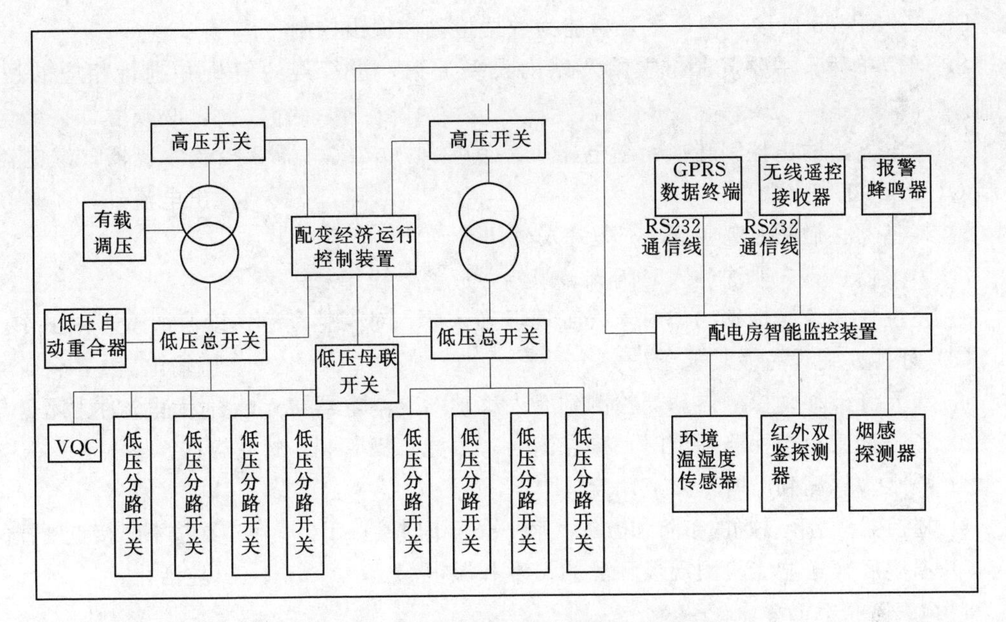

图 3-3-2　数字化配电房方案构成框图

1）通过无线遥控器布防和撤防。遥控器第一次按下时，进入撤防状态，此时，蜂鸣器叫，若警报器在叫，则关闭警报器。撤防状态下，红外变位不处理，蜂鸣器叫 30s 后停。遥控器第二次按下时，进入布防状态，此时，若蜂鸣器叫，则停，系统进入正常运行状态。

2）遥信变位 SOE 发送。在布防状态时，如有遥信（遥控器信号、红外、烟感、浸水等）发生变位（合到分或分到合），则主动发送 SOE 到主站，并保存到 Flash 中，等待系统查询。通信单元中保存的 SOE 记录数为 20 个。

3）非法进入时告警。在布防状态时，若有人非法进入，则启动警报器，并保持鸣叫 2.5min，同时发送变位 SOE 到主站，提醒值班人员注意。

4）遥测越限告警。当温度和湿度等遥测量大于上限或小于下限时，发送遥测越限 SOE；当数据回归后，发送遥测越限回归 SOE。遥测的上、下限值可通过主站设置，并保存在 Flash 中。

5）湿度大于设定值时启动抽风机和除湿器。当湿度越过上限值 2min 后启动抽风机和除湿器，当湿度低于上限的 90%超过 10s 后，若抽风机和除湿器还在运行，则关闭。

6）GPRS 通信中断后自动复位。当检测到 10min 还没有接收到主站数据时，则关闭 GPRS 电源 30s，让其重新上电注册。

（2）箱内主要设备及功能。

1）空气开关。为箱内设备电源的总开关，电源为交流 220V，开关容量为 3A。

2）开关电源。将交流 220V 电源转换为 DC24V 和 DC5V，为箱内/外设备提供工作电源。输入电压为 220V±20%，电源容量为：DC24V/2A，DC5V/1A。

3）测控单元。可测量 16 路遥信，4～8 路直流遥测，8 路遥控输出；两个通信接口，一个为 RS232，另一个可为 RS232/RS485，通信协议为简化的 101。一般 RS232 口接主机，RS232/RS485 口接设备，主要功能为数据检测和输出控制。

4）通信单元。主要负责与主站及站内设备通信，进行规约解析并进行相应的逻辑控制。

5）继电器。输出控制转换，继电器 1 控制抽风机，继电器 2 控制除湿器，继电器 3 控制 GPRS 的工作电源。

6）蜂鸣器。撤防时鸣叫 30s，提请人员注意。

7）警报器。有人非法进入时闪光、鸣叫，起警示作用。

8）复位按钮。当烟感动作时，人工现场确认后，对烟感复位，以便烟感正常工作。

(3) 外接主要设备及功能。

1）双元红外移动探测器。当检测到有人移动时，继电器接点断开（正常时为闭合）。

2）离子烟感。当探测到烟时，接点闭合，发光二极管亮，蜂鸣器叫。

3）浸水。探测到水时，接点闭合。

4）遥控器。用于现场的布防和撤防，第一次按下时接点闭合，第二次按下时接点断开。

5）温湿度变送器。检测现场环境的温度和湿度。

3. 配变经济运行装置

(1) 装置说明。配电变压器的数量和容量都很庞大，在运行过程中变压器自身产生的有功功率损耗和无功功率消耗非常可观。该产品是在配电房等双主变环境下，当负荷变化较大时，择优选取变压器经济运行方式，自动控制变压器的投入和切除，从而降低损耗、节约电能并延长变压器使用寿命的装置。

(2) 技术参数。

1）电源：输入 AC85～265V，交直流两用，最大功率 20W。

2）开关量输入：32 路，无源接点，装置提供电源。

3）控制输出：16 路，继电器输出，节点容量 AC220V/5A。

4）模拟量输入：8 路，DC0～5V 或 4～20mA。

5）串行通信：6 路，其中，1 路与上位机通信，其他 5 路与智能设备通信。

(3) 主要功能。

1）经济运行投退。只有经济运行“投入”，装置才根据各参数投退变压器。若要手工控制变压器的运行，必须将经济运行设置为“退出”。缺省为“退出”。

2）单变运行阈值。现在的控制参数是变压器三相电流的平均值，即当变压器平均电流小于单变运行阈值，且持续时间达到后，就将切换到一台变压器运行。缺省是 300A。

3）双变运行阈值。即当变压器平均电流大于双变运行阈值，且持续时间达到后，就将切换到两台变压器运行。缺省是 450A。

4）灵敏度系数。用于适当调整阈值的大小。缺省为 3.00%。

5）持续时间。当变压器平均电流大于双变运行阈值或小于单变运行阈值，且持续时间达到该参数后，就将对变压器进行控制。缺省为 30min。

4. 低压自动重合器

(1) 装置说明。低压配电中广泛运用的低压失压自动脱口开关需要大量的运行或抢修人员去手动恢复供电，带来了极大的工作量，延长了停电时间，降低了供电可靠性。本产品采用智能重合的方式，保证线路重新带电时，有序地自动重合低压自动开关，并在重新合闸时判别合闸两侧的相序和电压幅值，对出现异常情况时实施合闸闭锁，避免电网的运行方式变更引起的人工误操作。

(2) 技术参数。

1) 输入电压范围：AC220V±20%。

2) 功耗：小于3W。

3) 控制接点输出容量：AC220V/5A。

4) 重合闸时间延时范围：5～180s，随机产生。合闸脉冲持续时间：4s。

5) 储能脉冲时间：大于8s。

6) 辅助接点输入方式：无源干接点方式。

7) 工作环境温度：−25～65℃；工作环境湿度：小于85%不凝露。

(3) 主要功能。

1) 进线有压重合功能。当线路失压引起低压自动开关失压脱扣后，线路再次来电时负荷侧又无电压的情况下，通过一个随机的延时后自动给出一个合闸信号，来控制低压自动开关的合闸，达到自动恢复供电的目的。

如果脱扣是由于开关的人工分断或保护动作分断，则装置不会输出合闸信号。

2) 负荷侧有压闭锁重合功能。当控制器负荷侧由于各种原因而带电时，闭锁进线重合闸，并发出告警，防止在用户有自备电源时，发生向系统倒送电事件。

3) 自动开关二次重合功能。当第一次合闸由于各种不明原因失败后，本装置将再进行一次重合闸试验，两者之间的合闸间隔时间大于45s，以确保开关的合闸成功率。二次合闸失败后，不再重合，并给出“合闸失败”报警信号。

4) 开关弹簧储能保护功能。对带有弹簧储能的自动开关，为了保证开关能可靠合闸，必须在合闸前检查弹簧储能与否。通过检查自动开关的储能辅助接点来判别开关是否已储能。对没有储能功能的自动低压开关，在实际使用时，短接该装置的储能输入接点即可。

5) 两侧有压、手动合闸智能闭锁功能。本功能主要是针对系统低压失电时或低压合环运行时的情况而设计的，其主要功能有两个：其一，当合环两侧变压器分接开关的位置不在同一档位，两者压差大于设定值时，为了保护设备的安全，闭锁手动合闸；其二，在新设备投运时，有的设备是没有经过相位确认的，该装置可以自动识别设备两侧电压是否同相位，非同相位的话，即闭锁手动合闸。

6) 远程通信功能。具有远程三遥功能，可测量进线电压的幅值和相角、开关和储能接点的实际位置，可遥控开关的合闸及分闸。通信接口为RS485，装置内可设置地址，可以通过GPRS或其他通信方式与主站相连接，为低压配电自动化的实现打好基础。

5. 配电综合测控仪TTU

(1) 作用。配电系统测控终端以数字信号处理器DSP为核心，采用交流取样，是集数据采集、通信、无功补偿、电网参数分析等功能于一体的新型配电测控设备，适用于交流0.4kV、50Hz低压配电系统的监测及无功补偿控制。

配电系统测控终端可根据系统中开关状态自动判别运行方式并根据电压、无功功率（或功率因数）以及运行方式智能地控制变压器的有载调压装置及电容器的投切，使得系统电压和无功功率满足要求，有效减少网损和提高电压合格率，确保一次系统运行在最佳状态。

（2）技术参数。

1）遥信回路输入信号电平：DC12～48V。

2）遥控接点负载：AC250V/5A，DC30V/5A。

3）模拟量测量回路精度：输入直流：0～5V、0～20mA、4～20mA；温度、直流：0.5 级。

4）事件顺序记录（SOE）分辨率：1ms。

5）遥测路数：直流 4 路（可扩为 8 路，订货时说明），输入 0～5V、0～20mA、4～20mA。

6）遥信路数：16 路（常开或常闭无源接点），光电隔离。

7）遥控路数：8 路（分为两组输出，每组 4 路，以便现场两种电源控制，如一组可为 DC24V，一组可为 AC220V）。

8）通信接口：两路 RS232，其中一路可跳线为 RS485，两路均有隔离保护；集成 IEC 870－5－101：1995 通信规约。

9）绝缘性能：正常实验大气条件下，各等级的各回路绝缘电阻不小于 50MΩ。

10）工作环境温度：－20～70℃；储存温度：－25～85℃。

11）工作相对湿度：5%～95%（产品内部既不应凝露，也不应结冰）。

（3）主要功能。

1）数据采集。

a）三相电压/电流/功率因数、有功功率/无功功率、有功电量/无功电量、频率/谐波电压/谐波电流、日电压/电流极值、停电时刻/来电时刻、累计停电时间、电压超限/缺相时间。

b）谐波分析至 13 次，数据存储为 2 个月。

2）数据通信。

a）具有 RS232/RS485 通信接口；可采用现场通信或远程通信。

b）可实现定时、实时召唤，响应预置参数的修改及远程控制。

3）显示。

a）采用 128×64 背光液晶显示器。

b）实时显示电网有关参数、直观显示预置参数。

4）无功补偿与有载调压。

a）取样物理量为无功功率，无投切振荡、无补偿区。

b）Y＋△的组合方式。

5）运行保护。

a）当电网某相电压过压、欠压及谐波超限时逐一切除补偿电容器。

b）当电网缺相时快速切除补偿电容器，同时报警信号输出。

c）每次通电，测控终端进行自检并复归输出回路，使输出回路处于断开状态。

第四节　智能配电终端的选型

一、智能配电终端选型的原则

配电终端选型时，应遵循稳定可靠、抗干扰、经济性等基本原则。由于配电终端数量大，安装点分散，必须选择质量可靠、运行成熟的产品，以减少日后的维护工作量。此外可考虑以下原则：

（1）系列化原则：配网一次设备种类繁多，环网柜、箱式变、柱上开关、配电变压器、开闭所开关柜等。如果各种一次设备选用不同的测控装置，势必造成接口复杂、维护费用高、备品备件多、协调不顺、用户掌握困难等一系列问题，应选择满足各种配网一次设备测控需求的系列化电力监控模块。

（2）标准化原则：配电终端应提供标准化和系列化的接口，包括数据接口、通信接口等。

（3）模块化原则：配电终端由一个或多个独立模块单元组成，每一个模块具备独立的采样单元、电源和通信接口，每个模块可分散安装单独工作，也可集中安装，协调处理。

（4）可扩展性原则：配电终端结构设计应易于实现功能和容量扩展。

二、根据配电自动化基本模式及网络结构合理选取智能配电终端

1. 对一般放射性网络

（1）电缆网络：采用落地式手动操作负荷开关，加短路故障指示器和遥信、遥测的简易型或实用型方式。

（2）架空网络：采用柱上手动操作负荷开关加短路故障指示器和遥信、遥测的简易型或实用型方式。

2. 对供电可靠性要求较高的放射性网络

（1）电缆网络：采用落地式重合器和分段加遥信、遥测的实用型或标准型方式。

（2）架空网络：采用柱上重合器和分段器加遥信、遥测的实用型或标准型方式。

3. 对供电可靠性要求高、允许开环运行的网络

（1）电缆网络：采用具有远方操作功能的环网开关，加电流互感器、远方终端方案的实用型或标准型方式。

（2）架空网络：

1）采用具有远方操作功能的柱上开关，加电源互感器、远方终端方案的实用型或标准型方式。

2）采用柱上重合器和分段器组合方式，加电流互感器、远方终端方案的实用型或标准型方式。

4. 对供电可靠性要求很高，必须闭环运行的网络

采用免维护真空或 SF_6 开关，实现远方故障自动诊断、遥控、遥测、遥信的标准型或集成型方式，并最终向智能型方式发展。配电自动化应与地理信息系统相结合，实现实

时信息远传监控功能。

三、配电网建设或改造时对一次设备及智能终端的具体要求

（1）要求实现一遥功能的应至少具备辅助触点。

（2）要求实现二遥功能的应至少具备电流互感器或故障指示器、电压互感器和辅助触点。

（3）要求实现三遥功能的应至少具备电流互感器或故障指示器、电压互感器、辅助触点以及电动操动机构。

（4）要求实现故障告警和定位的应至少具备电流互感器或故障指示器、电压互感器、辅助触点。

（5）要求实现故障自动隔离的应具备电流互感器或故障指示器、电压互感器、辅助触点以及电动操动机构、后备电源。开关设备在失去交流电源的情况下至少能进行自动合闸和自动分闸各一次。

（6）所有环网开关柜的辅助接点除在本柜使用外，均应各带有能连动的二开二闭的辅助接点。

（7）配电站用低压开关柜进线、分段断路器配本体通信模块，带符合 IEC 标准的接口，采用符合 IEC 标准的通信协议实现遥信、遥测功能。

（8）电流互感器、电压互感器均应满足 GB 20840.2—2014《互感器　第 2 部分：电流互感器的补充技术要求》、GB 20840.3—2013《互感器　第 3 部分：电磁式电压互感器的补充技术要求》标准要求。其中电流互感器一次电流宜采用 200A、400A、600A，二次电流应采用 1A。

（9）开关站要求选择 10kV 户内单相开启式电流互感器（保护、测量一体化双绕组双变比配置，容量 5VA。保护绕组精度 10P10，变比为 600/5 带 400/5 抽头。测量绕组精度 0.5，变比分 3 种：变比 600/5 带 400/5 的抽头；变比 400/5 带 200/5 的抽头及 200/5 带 100/5 的抽头）；零序电流互感器（变比：100/1，精度：10P10，容量：1VA，兼顾小电阻接地系统）；电压互感器（10kV 户内三相全绝缘星形接线电压互感器，带消谐电阻，变比 $10\text{kV}/\sqrt{3}\ \text{kV}$、$0.1\text{kV}/\sqrt{3}\ \text{kV}$、0.1kV/3kV、$0.22\text{kV}/\sqrt{3}\ \text{kV}$，容量 15VA/100VA/500VA，精度 0.5/6P/3 级）。

（10）FTU 要求选择户外组合式互感器（TV、测量 TA 一体化，设置 1 组 VV 接法 TV，变比 10kV/0.1kV/0.22kV，容量 15VA/500VA，精度 0.5/3 级；1 组 3 相 TA，容量 5VA。测量绕组精度 0.5，两类变比：变比 600/5 带 400/5 的抽头；变比 400/5 带 200/5 的抽头）。

（11）DTU 要求选择电流互感器（10kV 户内单相开启式电流互感器，保护、测量一体化双绕组双变比配置，容量 5VA。保护绕组精度 10P10，变比为 600/5 带 400/5 抽头。测量绕组精度 0.5，变比分 3 种：变比 600/5 带 400/5 的抽头；变比 400/5 带 200/5 的抽头及 200/5 带 100/5 的抽头）；零序电流互感器（10kV 户内三相开启式零序电流互感器，精度 10P10，变比 100/1，容量 1VA，兼顾小电阻接地系统）；电压互感器（10kV 户内三相全封闭全绝缘肘头式星形接线电压互感器，带消谐电阻，变比 $10\text{kV}/\sqrt{3}\text{kV}$、$0.1\text{kV}/\sqrt{3}\text{kV}$、

0.1kV/3kV、0.22kV/$\sqrt{3}$kV，容量15VA/100VA/500VA，精度0.5/6P/3级）。

（12）TTU要求选择电流互感器［10kV户内单相开启式电流互感器，单绕组，容量5VA。测量精度0.5，变比分3种：变比600/5带400/5的抽头（用于分支箱的正线电缆进、出线）；变比400/5带200/5的抽头及200/5带100/5的抽头（用户、分支出线）］；零序电流互感器（10kV户内三相开启式零序电流互感器，精度10P10，变比100/1，容量1VA，兼顾小电阻接地系统）。

（13）户内单相开启式电流互感器要求安装时一次与二次对应，同一回路的两组电流互感器的安装方向应一致，开启式磁环必须对齐，卡紧。电流回路二次电缆须采用不低于R-KVVP2/22-1000V规格；电流互感器外壳的接地裸线、二次回路接地线必须可靠接地。零序电流互感器安装时，开启式磁环必须对齐，卡紧；电缆通过零序电流互感器时，电缆金属护层和接地线应对地绝缘，电缆接地点（电缆接地线与电缆金属屏蔽的焊点）在互感器以下时，接地线应直接接地，接地点在互感器以上时，接地线应穿过互感器接地，接地线必须接在开关柜内专用接地铜排上，接地线须采用铜绞线或镀锡铜编织线，接地线的截面必须符合规程要求。

（14）户外组合式互感器要求靠电源侧一次、二次对应安装，二次电缆应采用不低于ZR-KVVP/2-22-1000V规格；互感器外壳的接地线必须可靠接地。

（15）电压互感器要求按一次相序对应安装，二次电缆应采用不低于ZR-KVVP2/22-1000V规格；TV底板上的接地桩，须接到TV柜内接地铜排；接地线采用规格$6mm^2$的黄绿双色软铜线，线端采用OT6-8型接线端子连接。

（16）配电网开关设备的额定参数应考虑到系统发展规划要求，宜采用以封闭型、免维护的设备为主。操作电源必须可靠、适用。

四、配电设备自动化配置要求

配电设备自动化配置要求见表3-4-1。

表3-4-1　配电设备自动化配置要求

设备	简易型	实用型	标准型、集成型、智能型
开关站	辅助接点（6常开6常闭）、RTU、直流屏、光纤	辅助接点（6常开6常闭）、电压互感器（计量、测量、动力）、中压电流互感器、RTU、直流屏、光纤	开关电动操作机构、辅助接点（6常开6常闭）、直流屏、TV（计量、测量、动力）、中压TA、RTU，光纤
配电室	辅助接点（6常开6常闭）、DTU、直流屏、光纤	辅助接点（6常开6常闭）、电压互感器（计量、测量、动力）、中压电流互感器、DTU、直流屏、光纤	开关电动操作机构、辅助接点（6常开6常闭）、直流屏、TV（计量、测量、动力）、中、低压TA、DTU，光纤
环网柜	辅助接点（6常开6常闭）、DTU、直流模块、光纤	辅助接点（6常开6常闭）、电压互感器（计量、测量、动力）、中压电流互感器、DTU、直流模块、光纤	开关电动操作机构、辅助接点（6常开6常闭）、直流模块、TV（计量、测量、动力）、中压TA、DTU，光纤

续表

设备	简易型	实用型	标准型、集成型、智能型
柱上开关	辅助接点（6常开6常闭）、FTU、直流模块、光纤	辅助接点（6常开6常闭）、中压电流互感器、FTU终端、直流模块、流模块、光纤	开关电动操作机构、辅助接点（6常开6常闭）、中压TA、直流模块、TV（测量、动力）、FTU终端、直流模块、光纤
箱变	辅助接点（6常开6常闭）、DTU终端、直流模块、无线通信模块	辅助接点（6常开6常闭）、中、低压电流互感器、DTU终端、直流模块、无线通信模块	开关电动操作机构、辅助接点（6常开6常闭）、中、低压TA、TTU终端、直流模块、无线通信模块
配电变压器		低压电流互感器、TTU终端、直流模块、无线通信模块	低压TA、TTU终端、直流模块、无线通信模块

注　1. 综合自动化装置与远动装置RTU应用于开关站；站所终端DTU应用于配电室、环网柜、箱变；馈线终端FTU应用于柱上开关；配变终端TTU应用于配电变压器。

2. 开关辅助接点（6常开6常闭）用途：开关状态量2对（遥信、当地指示）、防跳回路1对、闭锁回路2对（分合闸回路、联锁回路）、备用1对。

第五节　智能配电终端的测试

为加强公司系统配电自动化建设工作，进一步完善配网生产管理标准化水平，规范配电自动化终端设备选型，根据国家电网公司的有关规定，各个省公司组织编写了《××省电力公司配电自动化终端技术规范（试行）》和《××省电力公司配电自动化终端入网及验收检验规范（试行）》，由省公司生产技术部负责，并委托省电科院对产品进行测试。

一、三遥FTU测试要求

三遥FTU测试要求见表3-5-1～表3-5-3。

表3-5-1　FTU基本技术参数

序号	参数名称	单位	要求参数值
1	交流电流回路过载能力		$2I_n$，连续工作；$10I_n$，10s；$20I_n$，1s
2	交流电压回路过载能力		交流电压回路过载能力$1.5U_n$，连续工作
3	遥信分辨率	ms	≤10
4	交流电压回路功率损耗（每相）	VA	≤0.55
5	交流电流回路功率损耗（每相）	VA	≤0.5（I_n=1A）；≤1（I_n=5A）
6	装置消耗	VA	非通信状态下不大于20，通信状态下不大于30

表3-5-2　后备电源为电池时的电池技术参数

序号	参数名称	单位	要求参数值
1	电池组容量	Ah	≥15
2	电池组电压	V	24
3	电池组寿命	年	≥5

表 3-5-3　　**FTU 具体功能及技术指标**

序号	名　称	参　　数
1	TA 二次额定电流	5A
2	TV 二次额定电压	100V
3	馈线终端屏柜颜色	304 不锈钢
4	馈线终端屏柜尺寸	馈线终端机柜尺寸为：600mm（宽）×400mm（深）×800mm（高），预留通信终端设备安装空间，采用一体化设计，并可根据现场实际情况定制机柜尺寸
5	馈线终端外箱颜色	铝氧化为本色
6	馈线终端外箱尺寸	19 寸标准机箱
7	遥信回路电压等级	DC24V
8	操作回路电压等级	DC24V
9	开出接点输出方式	SBO
10	开出接点输出时间	0～20s 可调
11	馈线终端环境、湿度分级	C3
12	基本功能要求	(1) 采集并向远方发送状态量，状态变位优先传送，支持馈线电压上限、下限告警功能，电流上限告警功能。 (2) 采集正常交流电流与电压并向远方传送。 (3) 接收并执行遥控命令或当地控制命令，以及返送校核，与各种类型重合器、断路器和负荷开关配合执行操作。 (4) 采集馈线故障电流并向中压监控单元（配电自动化及管理系统子站）或主站传送。过流故障或单相接地故障之后，记录相关的故障测量信息和故障特征信息。故障测量信息包括故障前、故障起始、故障结束以及故障后的电压、电流幅值及故障发生时间、持续时间。 (5) 经扩展，具备开关在线测温、环境控制和自适应局域网功能。 (6) 具备软硬件防误动措施，保证控制操作的可靠性。 (7) 具有后备电源和外接后备电源的接口，其容量应能维持远方终端正常工作不小于 24h，当主电源故障时能自动无缝投入。 (8) 采集和监视 FTU 装置本身主要部件及后备电源的状态，故障时能传送报警信息。 (9) 主供电源失电后，备用电源能满足对每一个开关最少进行分、合操作三次同时还能工作 8h 以上。 (10) 具有程序自诊断、自恢复功能；各装置模块具备运行、网络等状态指示灯。 (11) 当地和远方可进行参数设置及对时功能。 (12) 事件顺序记录功能。 (13) 输入、输出回路具有安全防护措施。 (14) 有远方和本地控制切换功能，支持开关的就地操作功能
13	电源及功耗要求	(1) 支持交直流供电，AC220V/DC220V。 (2) 支持电压互感器二次 100V 交流电源。 (3) 支持双交流电源进线配置，具备双电源切换功能。 (4) 电池为模块化设计，采用 CTD、华达、海志、汤浅、阳光等名牌产品，寿命不低于 5 年。 (5) 通信设备提供直流电源，并为通信设备设置独立的开关。 (6) 具备智能电源管理功能，可对蓄电池自动进行活化

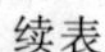

续表

序号	名 称	参 数
14	遥信要求	(1) 采集开关合、分状态量信息并向远方发送双位置遥信。 (2) 采集装置电源状态信息并向远方发送。 (3) 采集设备故障、异常信息并向远方发送。 (4) 遥测越限、过流、接地等故障信息上报。 (5) 采集各种故障指示器接入状态量并向远方发送。 (6) 可根据现场实际要求采集相关开关量并向远方发送。 (7) 有功能独立的遥信插件配置 10 路遥信，并可按需求配置。 (8) 分辨率小于 10ms。 (9) 软件防抖动时间 10～60000ms 可设
15	遥测要求	(1) 采集 A、B、C 三相电流或采集 A、C 相电流和零序电流。 (2) 采集三相交流电压。 (3) 采集后备电源电压。 (4) 有功能独立的交流采样插件配置 9 路遥测，并可按需求配置。 (5) 电流输入标称值：1A/5A 50Hz。 (6) 电压电流采样精度：0.5 级。 (7) 在标称输入值时，每一回路的功率消耗小于 0.5VA。 (8) 短期过量交流输入电流施加标称值的 2000%（标称值为 5A），持续时间小于 1s，系统工作正常
16	遥控要求	(1) 接收并执行遥控命令或当地控制命令，并可返送校核，能与各种类型重合器、断路器和负荷开关配合执行操作。 (2) 分区保存主站和当地遥控记录。 (3) 具备可整定的电动机构保护装置，在终端执行遥控或就地控制命令时投入电动机操作机构电源，延时断开操作电源，延时时间可整定，保护装置节点容量应满足电动机构断弧要求。 (4) 有功能独立的遥控插件，容量可按需求配置。 (5) 输出方式：继电器常开接点。 (6) 接点容量：DC24V、10A
17	数据处理	(1) 根据参数设置，选择越死区值的遥测变化数据，采用主动或召唤方式上报。 (2) 遥信变位按事件顺序记录（SOE）处理，并将 SOE 信息主动上报。 (3) 实现电压、电流、有功功率、功率因数等数据的存储，存储容量大于 30 天（按照每 5min 记录一次）。 (4) 事故遥信变位 SOE 等信息需当地存储，存储容量大于 128 条。 (5) 遥测越限、过流、接地等故障信息上报。 (6) 记录电压、电流、功率等数据的极值。 (7) 支持主站召唤全数据（当前遥测值、遥信状态）。 (8) 支持主站召唤历史数据（遥测定点记录、极值记录）
18	通信要求	(1) 通信协议满足：IEC 60870-5-101、IEC 60870-5-104 等协议。 (2) 上级通信，采用光缆通信、载波通信等通信方式，并预留有充足的安装空间供灵活应用，支持 RS232、RJ45 接口，要求有备用上传接口，一主一备冗余处理。 (3) 设备采用身份认证方式，设备有唯一 MAC 地址，避免接入设备地址冲突

续表

序号	名　称	参　数
19	维护和调试	(1) 支持本地和远方参数设置、更改及调试。 (2) 具备通道监视功能。 (3) 终端应有明显的装置运行、通信等运行状态指示。 (4) 终端应具备明显的遥信状态指示，方便调试。 (5) 终端应可根据需要配置就地人机操作界面。 (6) 终端具有就地运行工况显示功能，可就地查询采集数据。 (7) 要求维护工具使用方便，维护软件统一、全中文界面。能查看实时数据，能查询及导出历史数据，具有遥控功能，遥测、遥信可人工置数。历史数据（故障信息、SOE、定点数等）至少保存1个月。 (8) 维护软件具有通信报文监视功能，收发报文能同屏分开显示
20	外箱结构的技术要求	(1) 配电自动化终端机柜内功能区域界限明显，使用维护简单方便。安装接线及操作均在箱体前面。 (2) 配电自动化终端机柜的机械结构应能防卫：灰尘、潮湿、盐污、虫和动物、高温和低温，防护等级不低于GB/T 4208—2017《外壳防护等级（IP代码）》规定的IP65要求。 (3) 配电自动化终端的电池安装结构设计灵活，不借助工具可方便安装、拆卸，能够根据需要扩充电池，无需更改箱体结构。 (4) 运行状态指示灯为绿色，信号告警灯为红色。 (5) 终端柜内装置（包括继电器、控制开关、压板、指示灯等其他独立设备）都应有标签框，以便清楚地识别。外壳可移动的设备在设备的本体上也应有同样的识别标记。 (6) 机柜采用不锈钢。 (7) 配电自动化终端应有良好的接地处理，机箱应采取防静电及电磁辐射干扰的防护措施以及防雷击和防过电压的保护措施。机箱的不带电金属部分应在电气上连成一体，并汇接到接地铜排可靠接地。 (8) 装置遥控、遥信、遥测端子应采用航空接插件方式，可靠防止凝露、结霜等影响。航空接插件应采用防插错设计，安装方式采用外置式，航空插头及底座应配保护套（航空插头包含公母头）
21	屏柜结构的技术要求	(1) 配电自动化终端箱体内正面具有操作面板，面板上安装远方/就地选择开关、分合闸执行按钮和各路带指示灯的分合闸按钮及压板；合位指示灯为红色，分位指示灯为绿色。 (2) 面板上的远方/就地选择开关、分合闸执行按钮独立布置
22	硬件平台	(1) 要求采用不低于32位微处理器系列芯片。 (2) 采用专用的DSP芯片。 (3) 采用工业级元器件
23	软件平台	(1) 终端应用程序应基于（嵌入式）实时多任务操作系统软件平台进行开发，用以保证终端进行故障识别、终端通信、数据计算处理等复杂功能要求。 (2) 终端应具备程序死锁自恢复（看门狗）功能
24	抗干扰特性要求	(1) 在雷击过电压（GB 3482—2008《电子设备雷击试验方法》）、一次回路操作、一次设备故障、二次回路操作及其他强干扰作用下，装置不应误动作或损坏。 (2) 装置的快速瞬变干扰试验、高频干扰试验、辐射电磁场干扰试验、冲击电压试验、静电试验和绝缘试验等应至少满足IEC 60255-22-1、IEC 60255-22-2、IEC 60255-22-3、IEC 60255-22-4、IEC 60255-22-5等相应规定中Ⅳ级的要求

续表

序号	名　称	参　数
25	可靠性要求	(1) 遥控正确率不小于99.99%。 (2) 信号正确动作率不小于99.99%。 (3) 线路板及端子应专门做防潮、防凝露处理。 (4) 装置平均无故障运行时间 (*MTBF*) 不小于20000h
26	基本结构要求	(1) 装置应采用总线式结构，遥测、遥信、遥控功能分别集成在不同的插件上，通过总线方式扩展，以方便后期维护和检修。 (2) 装置遥控、遥信、遥测端子应采用航空接插件方式，可靠防止凝露、结霜等影响。 (3) 外接端子排任意相邻三路端子短路，不应造成任何重大误操作 (如误跳误合开关)

二、三遥站、所DTU测试要求

三遥站、所DTU测试要求见表3-5-4～表3-5-6。

表3-5-4　　三遥站、所DTU基本技术参数

序号	参 数 名 称	单位	要 求 参 数 值
1	交流电流回路过载能力		$2I_n$，连续工作；$10I_n$，10s；$20I_n$，1s
2	交流电压回路过载能力		交流电压回路过载能力 $1.5U_n$，连续工作
3	遥信分辨率	ms	≤10
4	交流电压回路功率损耗 (每相)	VA	≤1
5	交流电流回路功率损耗 (每相)	VA	≤0.5 (I_n=1A)，≤1 (I_n=5A)
6	装置消耗	VA	非通信状态下不大于30，通信状态下不大于50 (光纤)

表3-5-5　　后备电源为电池时的电池技术参数

序号	参 数 名 称	单位	要 求 参 数 值
1	电池组容量	Ah	≥15
2	电池组电压	V	48
3	电池组寿命	年	≥5

表3-5-6　　FTU具体功能及技术指标

序号	名 称	参　数
1	TA二次额定电流	5A
2	TV二次额定电压	100V
3	站所终端屏柜颜色	按色卡
4	站所终端屏柜尺寸	(1) 一控四壁挂式机柜尺寸为：310mm(宽)×335mm(深)×670mm(高)，并可根据现场实际情况定制机柜尺寸。 (2) 一控六 (八) 落地式机柜尺寸为：600mm (宽) × 400mm (深) × 1400mm(高)，并可根据现场实际情况定制机柜尺寸。 (3) 一控六 (八) 卧式机柜尺寸为：1200mm(宽)×400mm(深)×400mm(高)，并可根据现场实际情况定制机柜尺寸。 (4) 一控十六壁挂式机柜尺寸为：620mm(宽)×335mm(深)×670mm(高)，并可根据现场实际情况定制机柜尺寸。 (5) 一控十六落地式机柜尺寸为：800mm(宽)×600mm(深)×1600mm(高)，并可根据现场实际情况定制机柜尺寸

续表

序号	名　称	参　数
5	站所终端外箱颜色	铝氧化为本色
6	站所终端外箱尺寸	19 寸标准机箱 4U/6U
7	遥信回路电压等级	DC24V
8	操作回路电压等级	DC48V
9	开出接点输出方式	SBO
10	开出接点输出时间	0～20s 可调
11	站所终端环境、湿度分级	C3
12	基本功能要求	（1）采集并向远方发送状态量，状态变位优先传送，支持馈线电压上限、下限告警功能，电流上限告警功能。 （2）采集正常交流电流与电压并向远方传送。 （3）接收并执行遥控命令或当地控制命令并可返送校核，与各种类型重合器、断路器和负荷开关配合执行操作。 （4）采集馈线故障电流并向中压监控单元（配电自动化及管理系统子站）或主站传送。过流故障或单相接地故障之后，记录相关的故障测量信息和故障特征信息。故障测量信息包括故障前、故障起始、故障结束以及故障后的电压、电流幅值及故障发生时间、持续时间。 （5）经扩展，具备开关在线测温、环境控制和自适应局域网功能。 （6）具备软硬件防误动措施，保证控制操作的可靠性。 （7）具有后备电源和外接后备电源的接口，其容量应能维持远方终端正常工作不小于 24h，当主电源故障时能自动无缝投入。 （8）采集和监视 DTU 装置本身主要部件及后备电源的状态，故障时能传送报警信息。 （9）主供电源失电后，备用电源能满足对每一个开关最少进行分、合操作各 1 次同时还能工作 8h 以上。 （10）具有程序自诊断、自恢复功能；各装置模块具备运行、网络等状态指示灯。 （11）当地和远方可进行参数设置及对时功能。 （12）支持接入各种类型的故障指示器，通信方式采用 MODBUS 通信。 （13）事件顺序记录功能。 （14）输入、输出回路具有安全防护措施。 （15）有远方和本地控制切换功能，支持开关的就地操作功能。 （16）采用模块化设计插件，支持在线热插拔，8 路和 16 路支持模块互换
13	电源及功耗要求	（1）支持交直流供电，AC220V/DC220V。 （2）支持电压互感器二次 100V 交流电源。 （3）支持双交流电源进线配置，具备双电源切换功能。 （4）电池为模块化设计，采用 CTD、华达、海志、汤浅、阳光等名牌产品，寿命不低于 5 年。 （5）通信设备提供直流电源，并为通信设备设置独立的开关。 （6）具备智能电源管理功能，可对蓄电池自动进行活化
14	遥信要求	（1）采集开关合、分状态量信息并向远方发送双位置遥信。 （2）采集装置电源状态信息并向远方发送。 （3）采集设备故障、异常信息并向远方发送。 （4）遥测越限、过流、接地等故障信息上报。 （5）采集各种故障指示器接入状态量并向远方发送。 （6）可根据现场实际要求采集相关开关量并向远方发送。 （7）有功能独立的遥信插件，容量可按需求配置（每路配置不少于 8 路遥信，即具有 8 路遥控功能的不少于 64 路）。 （8）分辨率小于 10ms。 （9）软件防抖动时间 10～60000ms 可设

续表

序号	名　称	参　　数
15	遥测要求	(1) 采集A、B、C三相电流或采集A、C相电流和零序电流。 (2) 采集三相交流电压。 (3) 采集后备电源电压。 (4) 有功能独立的交流采样插件配置9路遥测，并可按需求配置。 (5) 电流输入标称值：1A/5A，50Hz。 (6) 电压电流采样精度：0.5级。 (7) 在标称输入值时，每一回路的功率消耗小于0.5VA。 (8) 短期过量交流输入电流施加标称值的2000%（标称值为5A），持续时间小于1s，系统工作正常
16	遥控要求	(1) 接收并执行遥控命令或当地控制命令，并可返送校核，能与各种类型重合器、断路器和负荷开关配合执行操作。 (2) 分区保存主站和当地遥控记录。 (3) 具备可整定的电动机构保护装置，在终端执行遥控或就地控制命令时投入电动机操作机构电源，延时断开操作电源，延时时间可整定，保护装置节点容量应满足电动机构断弧要求。 (4) 有功能独立的遥控插件，容量可按需求配置。 (5) 输出方式：继电器常开接点。 (6) 接点容量：DC48V、10A
17	数据处理	(1) 根据参数设置，选择越死区值的遥测变化数据，采用主动或召唤方式上报。 (2) 遥信变位按事件顺序记录（SOE）处理，并将SOE信息主动上报。 (3) 实现电压、电流、有功功率、功率因数等数据的存储，存储容量大于30天（按照每5min记录一次）。 (4) 事故遥信变位SOE等信息需当地存储，存储容量大于128条。 (5) 遥测越限、过流、接地等故障信息上报。 (6) 记录电压、电流、功率等数据的极值。 (7) 支持主站召唤全数据（当前遥测值、遥信状态）。 (8) 支持主站召唤历史数据（遥测定点记录、极值记录）
18	通信要求	(1) 通信协议满足：IEC 60870-5-101、IEC 60870-5-104等协议。 (2) 上级通信，采用光缆通信、载波通信等通信方式，并预留有充足的安装空间供灵活应用，支持RS232、RJ45接口，要求有备用上传接口，一主一备冗余处理。 (3) 下级通信采用MODBUS等现场总线方式，下级通信主要为接故障指示器。 (4) 设备采用身份认证方式，设备有唯一MAC地址，避免接入设备地址冲突
19	维护和调试	(1) 支持本地和远方参数设置、更改及调试。 (2) 具备通道监视功能。 (3) 终端应有明显的装置运行、通信等运行状态指示。 (4) 终端应具备明显的遥信状态指示，方便调试。 (5) 终端应可根据需要配置就地人机操作界面。 (6) 终端具有就地运行工况显示功能，可就地查询采集数据。 (7) 要求维护工具使用方便，维护软件统一、全中文界面。能查看实时数据，能查询及导出历史数据，具有遥控功能，遥测、遥信可人工置数。历史数据（故障信息、SOE、定点数等）至少保存1个月。 (8) 维护软件具有通信报文监视功能，收发报文能同屏分开显示

续表

序号	名　称	参　数
20	外箱结构的技术要求	（1）配电自动化终端机柜均采用前开钢化玻璃门、内带可开启式前面板形式。 （2）配电自动化终端机柜内功能区域界限明显，使用维护简单方便。安装接线及操作均在箱体前面。 （3）配电自动化终端机柜的机械结构应能防卫：灰尘、潮湿、盐污、虫和动物、高温和低温，防护等级不低于GB/T 4208—2017《外壳防护等级（IP代码）》规定的IP54要求，即防尘和防滴水。 （4）配电自动化终端的电池安装结构设计灵活，不借助工具可方便安装、拆卸，能够根据需要扩充电池，无需更改箱体结构；电池的电源线必须与电池本体接线柱抱箍螺丝连接或焊接，电源线必须用可插拔式接头，接口必须牢固。 （5）配电自动化终端所有设备的运行状态指示灯、信号告警灯可在不开启终端柜的情况下进行监视；运行状态指示灯为绿色，信号告警灯为红色。 （6）终端柜内装置（包括继电器、控制开关、压板、指示灯等其他独立设备）都应有标签框，以便清楚地识别。外壳可移动的设备，在设备的本体上也应有同样的识别标记。 （7）机柜采用镀锌钢板，厚度不小于2mm。挂箱外配蚀刻不锈钢铭牌，厚度0.8mm，标示内容包含名称、型号、装置电源、操作电源、额定电压、额定电流、产品编号、制造日期及制造厂名等。 （8）配电自动化终端应有良好的接地处理，机箱应采取防静电及电磁辐射干扰的防护措施以及防雷击和防过电压的保护措施。机箱的不带电金属部分应在电气上连成一体，并汇接到接地铜排可靠接地。 （9）装置遥控、遥信、遥测端子应采用航空接插件方式，可靠防止凝露、结霜等影响，航空接插件应采用防插错设计，安装方式采用外置式，航空插头及底座应配保护套，控制电缆接口采用10芯矩形航空插头（HDC.HESS.010.4.LM20型），TA电缆接口采用5芯圆形航空插头（YP21ZJ9UY型）。航空插头包含公母头
21	屏柜结构的技术要求	（1）配电自动化终端箱体内正面具有操作面板，面板上安装远方/就地选择开关、分合闸执行按钮和各路带指示灯的分合闸按钮及压板；合位指示灯为红色，分位指示灯为绿色。 （2）面板上的远方/就地选择开关、分合闸执行按钮独立布置。 （3）操作面板至少可提供6个空气开关控制电气回路通断，从左到右依次为交流电源1、交流电源2、蓄电池电源、装置电源、通信电源、电机电源
22	硬件平台	（1）要求采用不低于32位微处理器系列芯片，处理器性能不低于100MIPS。 （2）采用专用的DSP芯片。 （3）采用工业级元器件
23	软件平台	（1）终端应用程序应基于（嵌入式）实时多任务操作系统软件平台进行开发，用以保证终端进行故障识别、终端通信、数据计算处理等复杂功能要求。 （2）终端应具备程序死锁自恢复（看门狗）功能
24	抗干扰特性要求	（1）在雷击过电压（GB 3482—2008《电子设备雷击试验方法》）、一次回路操作、一次设备故障、二次回路操作及其他强干扰作用下，装置不应误动作或损坏。 （2）装置的快速瞬变干扰试验、高频干扰试验、辐射电磁场干扰试验、冲击电压试验、静电试验和绝缘试验等应至少满足IEC 60255-22-1、IEC 60255-22-2、IEC 60255-22-3、IEC 60255-22-4、IEC 60255-22-5等相应规定中Ⅳ级的要求
25	可靠性要求	（1）遥控正确率不小于99.99%。 （2）信号正确动作率不小于99.99%。 （3）线路板及端子应专门做防潮、防凝露处理。 （4）装置平均无故障运行时间（*MTBF*）不小于20000h

续表

序号	名　称	参　　数
26	基本结构要求	（1）装置应采用总线式结构，遥测、遥信、遥控功能分别集成在不同的插件上，通过总线方式扩展，以方便后期维护和检修。 （2）装置可以通过级联的方式扩展，以其中一台为主发。 （3）装置遥控、遥信、遥测端子应采用航空接插件方式，可靠防止凝露、结霜等影响。 （4）外接端子排任意相邻三路端子短路，不应造成任何重大误操作（如误跳误合开关）

第六节　智能配电终端研究

一、智能配电终端研究目的和研究内容

研究适用于配电网实际监测和控制、功能集中整合的新型装置，同时结合各种通信信道进行远程连接。主要研究内容包括：

（1）研究满足简易型、实用型、标准型、集成型、智能型要求的分布式智能控制需求的智能配电网终端，实现分布式智能控制模式的馈线自动化。

（2）研究开发长寿命、低成本、低功耗、高可靠性及满足各种通信要求的智能配电终端设备。

（3）研究 FTU 及 DTU 等智能配电终端系统的分布操作电源的长寿命、免维护技术，包括铅酸电池、锂电池及超级电容等后备电源的供电方式。

（4）研究利用智能终端之间相互通信实现快速故障定位、故障区域隔离、非故障区域恢复供电技术。

（5）研究基于智能断路器及智能配电终端有机结合实现“防火墙功能的技术”，迅速将故障客户从配电网隔离出来，以提高供电可靠性，减小故障的影响范围。

（6）研究将智能配电终端的遥信、遥控及遥测功能扩展为完善的测控、自动化、保护、通信、电能质量监测、集抄、计量、状态检修、线损和网损监测以及图像监控等功能的系统集成。

（7）研究对于重要负荷的线路实施广域网络保护。广域网络保护技术是解决配电网保护快速性和选择性矛盾的最优方案，通过人工智能及广域保护、线路纵差保护等原理进行综合判断，给出保护判别的结果，达到不同地点保护之间的协调和配合。

（8）研究利用智能配电终端实现对分布式电源以及储能器件等的监视和控制。

（9）研究智能配电终端的电能质量监测功能。

二、未来配电自动化终端的发展方向

（1）近 10 年的经验教训：电源问题、通信问题。

（2）装置的稳定性和可靠性。

（3）低功耗设计、新型电池的使用：超级电容、各种锂电池等。

(4) 通信方式的改进。

(5) 光纤以太网、无线专网、中压低压载波技术、5G 通信等。

(6) 一次设备的在线检测。

(7) 电能质量的检测。

(8) 满足分布式电源的接入要求。

(9) 基于 IEEE 1588 的局域同步采样。

(10) 基于全生命周期的立足于物联网各种配电终端。

第七节　配电终端的入网检测

一、配电终端到货检测

配电终端到货检测项目与要求见表 3-7-1。

表 3-7-1　　配电终端到货检测项目与要求

序号	检测项目		检测要求	
1	外观与结构检查		全检	配电终端应具备唯一的 ID 号和二维码，硬件版本号和软件版本号应采用统一的定义方式
			抽检	(1) 应有独立的保护接地端子，接地螺栓直径不小于 6m，并可以和大地牢固连接，接地端子有明显的接地标识。 (2) 外接端口采用航空接插件时，电流回路接插头应具有自动短接功能。 (3) 馈线终端底部上具备外部可见的运行指示灯和线路故障指示灯：运行指示灯为绿色，运行正常时闪烁；线路故障指示灯为红色，故障状态时闪烁，闭锁合闸时常亮，非故障和非闭锁状态下熄灭
2	接口检查	FTU 三遥	全检	(1) 采集不少于 2 个线电压量、1 个零序电压。 (2) 采集不少于 3 个电流量。 (3) 采集不少于 2 个遥信量，遥信电源电压不低于 DC24V。 (4) 不少于 1 路开关的分、合闸控制
			抽检	具备不少于 1 个串行口和 2 个以太网通信接口
		FTU 二遥基本型	全检	无
			抽检	(1) 具备至少 1 个串行口。 (2) 应具备汇集至少 3 组（每组 3 只）故障指示器遥信、遥测信息，并具备故障指示器信息的转发上传功能
		FTU 二遥标准型	全检	(1) 采集不少于 2 个线电压量、1 个零序电压。 (2) 采集不少于 3 个电流量。 (3) 采集不少于 2 个遥信量，遥信电源电压不低于 DC24V
			抽检	具备不少于 1 个串行口和 1 个以太网通信接口

续表

序号	检测项目		检　测　要　求	
2	接口检查	FTU二遥动作型	全检	(1) 采集不少于2个线电压量、1个零序电压。 (2) 采集不少于3个电流量。 (3) 采集不少于2个遥信量，遥信电源电压不低于DC24V。 (4) 不少于1路开关的分、合闸控制
			抽检	具备不少于1个串行口和1个以太网通信接口
		DTU三遥	全检	(1) 采集不少于4个母线电压和2个零序电压。 (2) 每回路至少采集3个电流量。 (3) 采集不少于2路直流量。 (4) 采集不少于20个遥信量，遥信电源电压不低于DC24V。 (5) 不少于4路开关的分、合闸控制
			抽检	具备不少于4个可复用的RS232/RS485串行口和2个以太网通信接口
		DTU二遥标准型	全检	(1) 采集不少于4个母线电压和2个零序电压。 (2) 每回路至少采集3个电流量。 (3) 采集不少于2路直流量。 (4) 采集不少于12个遥信量，遥信电源电压不低于DC24V
			抽检	具备不少于2个串行口和1个以太网通信接口
		DTU二遥动作型	全检	(1) 采集不少于1个电压量。 (2) 采集不少于3个电流量。 (3) 采集不少于2个遥信量，遥信电源电压不低于DC24V。 (4) 实现开关的分闸控制
			抽检	具备不少于1个串行接口
		TTU	全检	(1) 采集不少于3个电压量。 (2) 采集不少于3个电流量
			抽检	具备2个串行口，并内置1台无线通信模块
3	绝缘性能试验	绝缘电阻试验	全检	无
			抽检	额定绝缘电压$U_i \leqslant 60$，绝缘电阻不小于5MΩ（用250V兆欧表）。 额定绝缘电压$U_i > 60$，绝缘电阻不小于5MΩ（用500V兆欧表）
		绝缘强度试验	全检	无
			抽检	额定绝缘电压$U_i \leqslant 60V$时，施加500V；额定绝缘电压$60V < U_i \leqslant 125V$时，施加1000V；额定绝缘电压$125V < U_i \leqslant 250V$，施加2500V。试验时无击穿、无闪络现象。 被试回路为： (1) 电源回路对地。 (2) 控制输出回路对地。 (3) 状态输入回路对地。 (4) 交流工频电流输入回路对地。 (5) 交流工频电压输入回路对地。 (6) 交流工频电流输入回路与交流工频电压输入回路之间
4	主要功能试验		全检	具备短路故障、不同中性点接地方式的接地故障处理功能，并上送故障事件，故障事件包括故障遥信信息及故障发生时刻开关电压、电流值

续表

序号	检测项目			检测要求
	主要功能试验		抽检	(1) 具备历史数据循环存储功能，电源失电后保存数据不丢失，支持远程调阅，历史数据包括事件顺序记录、定点记录、极值记录、遥控操作记录等。 (2) 具备终端运行参数的当地及远方调阅与配置功能，配置参数包括零漂、变化阈值（死区）、重过载报警限值、短路及接地故障动作参数等。 (3) 具备终端固有参数的当地及远方调阅功能，调阅参数包括终端类型及出厂型号、终端ID号、嵌入式系统名称及版本号、硬件版本号、软件校验码、通信参数及二次变比等。 (4) 具备当地及远方操作维护功能，支持程序远程下载，提供当地调试软件或人机接口。 (5) 应满足通过通信口对设备进行参数维护，在进行参数、定值的查看或整定时应保持与主站系统的正常业务连接。 (6) 具有明显的线路故障和终端状态、通信状态等就地状态指示信号
4	主要功能	FTU三遥	全检	(1) 具备就地采集模拟量和状态量，控制开关分合闸，数据远传及远方控制功能。 (2) 具备电压越限、负荷越限等告警上送功能。 (3) 具备线路有压鉴别功能。 (4) 具备双路电源输入和自动切换功能
4	主要功能	FTU三遥	抽检	(1) 具备就地/远方切换开关和控制出口硬压板，支持控制出口软压板功能。 (2) 具备故障指示手动复归、自动复归和主站远程复归功能，能根据设定时间或线路恢复正常供电后自动复归。 (3) 具备双位置遥信处理功能，支持遥信变位优先传送。 (4) 配备后备电源，当主电源供电不足或消失时，能自动无缝投入
4	主要功能	FTU二遥基本型	全检	无
4	主要功能	FTU二遥基本型	抽检	(1) 具备汇集采集单元的遥测数据并进行数据转发功能。 (2) 具备汇集采集单元遥信信息功能，包括接地故障、短路故障等信号。 (3) 具备监视采集单元运行状态的功能。 (4) 具备终端及采集单元远程管理功能
4	主要功能	FTU二遥标准型	全检	(1) 具备就地采集模拟量和状态量功能，并具备测量数据、状态数据远传的功能。 (2) 具备电压越限、负荷越限等告警上送功能。 (3) 具备线路有压鉴别功能
4	主要功能	FTU二遥标准型	抽检	(1) 具备双位置遥信处理功能，支持遥信变位优先传送。 (2) 具备故障指示手动复归、自动复归和主站远程复归功能，能根据设定时间或线路恢复正常供电后自动复归

续表

序号	检测项目		检测要求	
4	主要功能	FTU二遥动作型（分界开关配套）	全检	（1）具备就地采集模拟量和状态量功能，并具备测量数据、状态数据远传的功能。 （2）具备电压越限、负荷越限等告警上送功能。 （3）具备线路有压鉴别功能。 （4）具备单相接地故障检测功能，发生故障时直接切除。 （5）具备短路故障判别功能，配合负荷开关使用时结合变电站出线开关的动作逻辑实现故障的有效隔离。配合断路器使用时，具备故障直接切除功能并可选配一次自动重合闸功能，支持重合闸后加速
			抽检	（1）具备双位置遥信处理功能，支持遥信变位优先传送。 （2）具备故障指示手动复归、自动复归和主站远程复归功能，能根据设定时间或线路恢复正常供电后自动复归。 （3）具备非遮断电流闭锁功能。 （4）具备故障动作功能现场投退功能
		FTU二遥动作型（分段/大分支开关配套）	全检	（1）具备就地采集模拟量和状态量功能，并具备测量数据、状态数据远传的功能。 （2）具备电压越限、负荷越限等告警上送功能。 （3）具备线路有压鉴别功能。 （4）具备来电延时合闸功能，自适应延时合闸和单侧失电延时投入功能
			抽检	（1）具备双位置遥信处理功能，支持遥信变位优先传送。 （2）具备故障指示手动复归、自动复归和主站远程复归功能，能根据设定时间或线路恢复正常供电后自动复归。 （3）具备正向闭锁合闸功能，若开关合闸之后在设定时间内失压，则自动分闸并闭锁合闸；具备反向闭锁合闸功能，若开关合闸之前在设定时间内掉电或出现瞬时残压，则反向闭锁合闸。 （4）具备闭锁遥信记录的存储和上传功能
		DTU三遥	全检	具备就地采集开关的模拟量和状态量以及控制开关分合闸功能，具备测量数据、状态数据的远传和远方控制功能
			抽检	（1）可实现监控开关数量的灵活扩展。 （2）具备就地/远方切换开关和控制出口硬压板，支持控制出口软压板功能。 （3）当配合断路器使用时，可直接切除故障，具备现场投退功能。 （4）具备故障指示手动复归、自动复归和主站远程复归功能，能根据设定时间或线路恢复正常供电后自动复归。 （5）具备双位置遥信处理功能，支持遥信变位优先传送。 （6）具备双路电源输入和自动切换功能。 （7）具备接收电缆接头温度、柜内温湿度等状态监测数据功能，具备接收备自投等其他装置数据功能

续表

序号	检测项目		检测要求	
4	主要功能	DTU 二遥标准型	全检	（1）具备接收采集单元或就地采集开关遥信、遥测信息功能，并具备信息远传功能。 （2）具备负荷越限等告警上送功能
			抽检	（1）可实现接收采集单元数量的灵活扩展。 （2）具备双位置遥信处理功能，支持遥信变位优先传送。 （3）具备故障指示手动复归、自动复归和主站远程复归功能，能根据设定时间或线路恢复正常供电后自动复归
		DTU 二遥动作型	全检	（1）具备就地采集模拟量和状态量功能，并具备测量数据、状态数据远传的功能。 （2）具备单相接地故障检测功能，发生故障时可直接切除。 （3）具备短路故障判别功能，当配合断路器使用时，具备故障直接切除功能，并支持上送故障事件。当配合负荷开关使用时结合变电站出线开关的动作逻辑实现故障的有效隔离，并支持上送故障事件。 （4）具备电压越限、负荷越限等告警上送功能。 （5）具备线路有压鉴别功能
			抽检	具备故障指示手动复归、自动复归和主站远程复归功能。能根据设定时间或线路恢复正常供电后自动复归
		TTU	全检	（1）具备对配电变压器电压、电流、零序电压、零序电流、有功功率、无功功率、功率因数、频率等测量和计算功能。 （2）具备 3～13 次谐波分量计算、三相不平衡度的分析计算功能
			抽检	（1）具备定时数据上传、实时召唤以及越限信息实时上传等功能。 （2）电源供电方式应采用低压三相四线供电方式，可缺相运行。 （3）具备越限、断相、失压、三相不平衡、停电等告警功能。 （4）电压监测、统计电压合格率等功能
5	录波功能试验		全检	（1）具备故障录波功能。 （2）录波文件格式遵循 GB/T 14598.24—2017《量度继电器和保护装置　第 24 部分：电力系统暂态数据交换（COMTRADE）通用格式》中定义的格式，只采用 CFG（配置文件，ASCII 文本）和 DAT（数据文件，二进制格式）两个文件
			抽检	（1）支持录波数据循环存储至少 64 组，支持录波数据上传至主站。 （2）DTU 需满足至少 2 个回路的录波。 （3）录波功能启动条件包括过流故障、线路失压、零序电压、零序电流突变等，可远方及就地设定启动条件参数。 （4）录波应包括故障发生时刻前不少于 4 个周波和故障发生时刻后不少于 8 个周波的波形数据，录波点数为不少于 80 点/周波，录波数据应包含电压、电流、开关位置等
6	基本性能试验	交流工频电量基本误差试验	全检	（1）电压、电流准确度等级为 0.5，误差极限为±0.5%。 （2）有功功率、无功功率准确度等级为 1，误差极限为±1%
			抽检	无
		交流工频电量影响量试验	全检	无
			抽检	（1）频率变化引起的改变量应不大于准确等级指数的 100%。 （2）谐波含量引起的改变量应不大于准确等级指数的 200%

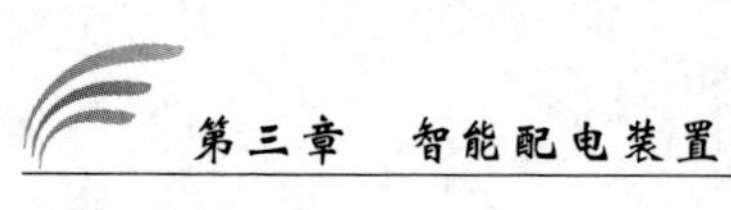

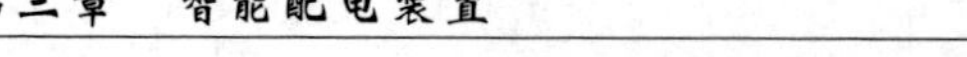

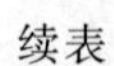

续表

序号	检测项目			检测要求
6	基本性能试验	故障电流误差试验	全检	无
			抽检	输入10倍电流标称值，误差应不大于5%
		交流工频电量短时过量输入能力试验	全检	无
			抽检	在短时输入20倍电流标称值后，交流工频电流量误差应满足等级指标要求
		状态量试验	全检	(1) 控制输出。 (2) 状态输入
			抽检	SOE分辨率不大于5ms
7	录波性能试验		全检	(1) 稳态录波电压基本误差：$0.05U_N \leqslant 5.0\%$，$0.1U_N \leqslant 2.5\%$，$0.5U_N \leqslant 1.0\%$，$1.0U_N \leqslant 0.5\%$，$1.5U_N \leqslant 1.0\%$。 (2) 稳态录波电流相对误差：$0.1I_N \leqslant 5.0\%$，$0.2I_N \leqslant 2.5\%$，$0.5I_N \leqslant 1.0\%$，$1.0I_N \leqslant 0.5\%$，$5.0I_N \leqslant 1.0\%$，$10I_N \leqslant 2.5\%$
			抽检	暂态录波中最大峰值瞬时误差应不大于10%
8	遥信防抖试验		全检	无
			抽检	采取防误措施，过滤误遥信，防抖时间为10～1000ms
9	对时试验		全检	无
			抽检	(1) 具备对时功能，支持规约等对时方式。 (2) 接收主站或其他时间同步装置的对时命令，与系统时钟保持同步。 (3) 守时精度每24h误差应小于2s
10	电源试验		全检	无
			抽检	(1) 装置配套电源应满足配电终端、配套通信模块、开关电动操作机构同时运行要求。 (2) 终端配套GPRS/CDMA通信模块时通信电源稳定输出容量不小于DC24V/3W，且瞬时输出容量不小于DC24V/5W，持续时间不小于50ms。 (3) 终端配套xPON或者其他通信设备时通信电源稳定输出容量不小于DC24V/15W，且瞬时输出容量不小于DC24V/20W，持续时间不小于50ms。 (4) 配套弹簧操作机构开关设备的操作电源输出容量：储能电源容量不小于DC24V/10A或DC48V/5A，持续时间不小于15s，合分闸电源容量不小于DC24V/16A或DC48V/8A，持续时间不小于100ms。 (5) 配套永磁机构开关设备的操作电源输出容量宜不小于DC220V或160V或110V，电流不小于40A，持续时间不小于60ms

注　1. 绝缘性能试验检测应在外观与结构检查后，其他检测项目前进行。

2. 抽检比例：每批次每个型号到货100台及以下全检；每批次每个型号到货100台以上的，按×(1＋20%) 台抽检。

二、配电终端检测能力验证

配电终端检测能力验证项目与要求见表3-7-2。

表3-7-2　配电终端检测能力验证项目与要求

序号	验证项目	验证要求	项目属性
1. 外观结构验证			
1.1	安装方式	检测平台应采用组屏式安装方式，外观尺寸不大于1400mm×1000mm×2200mm（宽×深×高），组屏柜体应配备万向滚轮，移动方便、布局灵活	参考项
1.2	接地	检测平台接地与建筑的接地网连在一起，不考虑设立单独的接地网，保护接地电阻不大于4Ω	参考项
1.3	状态量/模拟量接口数量	检测系统电压量不小于12路，电流量不小于12路，直流量不小于2路，遥信量不小于30路，遥控量不小于30路，RS485、RS232通信接口不小于4路，网络通信接口量不小于4路；录波通道不小于8路；模拟负载接口不小于4路；可调电源接口不小于3路；三相电源接口不小于3路	关键项
2. 管理功能验证			
2.1	检测项目管理	检测平台应能支持建立检测项目、配置检测项目参数，并可在检测工程项目中增加和删减测试项目，设置单步/序列执行检测项目，自动保存检测数据和检测结果	参考项
2.2	人员权限管理	检测平台应能对检测人员、人员角色以及每个角色所拥有的权限进行统一的管理。主要包括人员的增加和删除、人员名称和登录密码的修改以及人员角色的管理	参考项
2.3	检测任务管理	检测平台应能按照检测流程新建测试任务以及对检测任务进行配置，包括配电终端检测案例维护与升级、检测人员维护、终端检测流程管理	参考项
2.4	配电终端案例管理	检测平台能进行检测条目信息维护和分配等操作，实现检测条目的新建、删除以及对原有条目参数的更新和检测平台包含的试验升级；根据历史条目生成的检测案例进行加载和快速分配，可选择按照检测试验类型和配电终端的类型自动加载案例；可由用户自定义维护配置，支持平台移植和在线发布；能根据用户需求灵活扩展和更新	参考项
3. 平台功能验证			
3.1	电源断相	检测平台应能对电源模块控制调节供电电源断相，并采集电源断相状态下的配电终端运行状态，检测配电终端在电源断相状态下是否能够正常工作	关键项
3.2	后备电源管理	检测平台应能对电源模块进行控制，实现装置电源的通断，通过直流采集接口采集后备电源的数据，实现配电终端后备电源功能的检测	关键项
3.3	遥信功能	检测平台能控制状态量模拟单元向配电终端施加遥信变位，通过获取配电终端的遥信及SOE数据，实现对配电终端遥信可靠性、遥信防抖、SOE分辨率、双位置遥信等功能的检测	关键项
3.4	配套电源的带载能力	检测平台应能控制负载模拟配电终端配套电源在通信或开关动作过程中的状态，实现对配电终端配套电源的带载能力检测。应满足配套通信模块、开关电动操作机构同时模拟负载的要求	关键项
3.5	遥控功能	检测平台能模拟主站向配电终端发送遥控命令并通过开入采集模块获取配电终端开出数据，实现对配电终端遥控正确性、遥控输出闭锁、故障保护功能投退、遥控软压板、蓄电池远方维护等功能的检测	关键项

续表

序号	验证项目	验　证　要　求	项目属性
3.6	数据采集与处理	检测平台应能自动控制高精度功率源/状态量模拟单元向配电终端施加激励量，通过获取配电终端的采集及计算数据，实现对配电终端模拟量采集、温湿度采集、告警、遥测死区范围等功能的检测。 (1) 交流输入模拟量误差，包括配电终端电压、电流基本误差、有功功率、无功功率基本误差、功率因数基本误差、谐波分量基本误差检测。 (2) 交流模拟量输入的影响量，包括频率变化、谐波含量引起的改变量、功率因数变化对有功功率、无功功率引起的改变量、不平衡电流对三相有功功率和无功功率引起的改变量、被测量超量限引起的改变量、输入电压变化引起的输出改变量、输入电流变化引起的输出改变量检测。 检测平台自动采集平台输出数据和配电终端实时数据，并自动生成检测报告	关键项
3.7	参数调阅与配置	检测平台能对配电终端中的运行参数进行通信调阅与配置，对固有参数进行调阅，实现对配电终端进行参数调阅与配置功能检测	关键项
3.8	故障检测与处理	检测平台能控制高精度功率源/状态量模拟单元向配电终端施加激励量，通过获取配电终端的采集数据，实现对配电终端故障检测与判别功能检测。包括有压鉴别、电压越限、负荷越限、零漂、变化阈值（死区）、重过载报警限值	关键项
3.9	配电终端的ID号和二维码、硬件版本号和软件版本号读取与验证	能够支持自动录入二维码信息，支持规约测试软件读取固有参数，并将二者自动进行对比，自动生成对比结果	参考项
3.10	故障录波检测能力验证	(1) 检测平台应能触发录波条件生成录波文件，读取配电终端录波，实现配电终端故障录波功能检测。支持每台配电终端录波数据循环读取存储64组。 录波功能触发条件包括过流故障、线路失压、零序电压、零序电流突变等，可远方设定配电终端启动条件参数。显示并判断 COMTRADE 标准录波文件，CFG 和 DAT（数据文件、二进制格式）两个文件。 (2) 检测平台能进行稳态录波和暂态录波两种波形功能和性能检测，能反演 COMTRADE 波形文件，并能自动获取和计算波形数据，并自动截取波形图生成测试报告。	关键项
3.11	对时守时	(1) 检测平台应配备高精度卫星钟，提供 SNTP 对时。 (2) 检测平台能模拟主站与标准时钟向配电终端发送对时命令并采集配电终端 SOE 信息，实现对配电终端对时守时功能检测。 (3) 检测平台能模拟干扰对时报文，并下发至被测配电终端。 (4) 对时守时自动计算超前或滞后误差	关键项
3.12	通信规约验证	(1) 检测平台应能模拟主站提供规约接口，根据 DL/T 634.5101—2002《远动设备及系统　第5101部分：传输规约　基本远动任务配套标准》实施细则、DL/T 634.5104—2009《远动设备及系统　第5104部分：传输规约　采用标准传输协议集的 IEC 60870-5-101 网络访问》实施细则，实现对配电终端通信规约验证。 (2) 检测平台应能进行物理层、链路层、基本应用功能、控制方向系统信息的应用服务数据单元、监视方向系统信息的应用服务数据单元、控制方向过程信息的应用服务数据单元、监视方向过程信息的应用服务数据单元、事件循环记录、定点记录、极值记录、遥控操作记录历史文件读取、固有参数、故障录波文件读取的规约验证	关键项

续表

序号	验证项目	验 证 要 求	项目属性
4. 平台性能验证			
4.1	电压模拟量输出	输出范围0～450V，最大总功率不小于300VA	关键项
4.2	电流模拟量输出	输出范围0～100A，最大总功率不小于500VA	关键项
4.3	模拟负载电压输出	0～300V	关键项
4.4	模拟负载功率输出	0～5kW	关键项
4.5	供电电源	0～300V	关键项
4.6	电压电流测量准确度	0.5～10A，≤±0.05%；40～300V，≤±0.05%	关键项
4.7	电压电流输出稳定度	0.5～10A，≤±0.02%；40～300V，≤±0.02%	关键项
4.8	开出响应时间	≤200μs	关键项
4.9	同步检测能力	检测平台支持对各种类型的配电终端的自动化、批量同步检测功能，支持不同厂家、不同额定参数的FTU、DTU、TTU进行检测，各被试品接线相互独立。同步检测配电终端数量不小于5台	关键项

第四章 故障指示器

第一节 故障指示器概述

随着用户对供电质量要求的不断提高，供电企业必须不断提高配电系统的运行和管理水平，与输电及用电系统比较而言，配电系统数据量大，运行设备的种类和环节更多，涉及的计算机系统及应用程序也更复杂。因此，建立配电管理系统是一个复杂庞大的工程，应首先发展配电自动化系统，提高供电可靠性。国家能源局在《配电网建设改造行动计划（2015—2020）》文件中对提高配网自动化水平及技术路线做了明确要求：变“被动保修”为“主动监控”，缩短恢复时间，提升服务水平。中心城区推广集中式配网自动化方案，合理配置配电终端，缩短故障停电时间，逐步实现网络自愈重构。乡村地区推广简易配网自动化，提高故障定位能力，切实提高实用化水平。

配电线路故障定位装置作为简易配网自动化的主要方案。故障定位装置主要由故障指示器、通信终端及后台主站系统组成。故障指示器起到传感器的作用，实时采集线路数据，通过通信终端初步处理后发送至主站。主站对采集数据进行综合分析后确定故障区段，从而为运维工作节省了大量的故障排查时间，能切实提高用电可靠性。

根据Q/GDW 1738—2012《配电网规划设计导则》要求，表4-1-1给出了故障指示器的使用范围。

表4-1-1　　故障指示器的使用范围

典型模式	适用区域类型	配电自动化模型无故障率	适应通信方式	监测设备
全三遥模式	A+	≥99.999%	光纤通信为主	配电终端
混合模式	A、B、C	99.897%～99.990%	根据三遥、二遥的配置方式确定采用光纤或无线公网通信	配电终端故障指示器
二遥模式	D、E	≥99.828%	无线公网通信为主	故障指示器

配电线路故障指示器作为变电站接地选线装置的有效补充与延伸扩展，有助于进一步提升对于配电线路单相接地故障的快速准确检测定位能力。

配电线路故障指示器均应具备配电线路相间短路故障检测和单相接地故障检测的能力，旨在实现配网故障的准确检测和快速定位。配电自动化建设可采用装设远传型故障指示器方式，提高配电自动化覆盖率。

其中：架空线路干线分段处、较长支线首端、电缆支线首端、中压用户进线处应安装线路故障指示器；环网室（箱）、配电室、箱式变电站及中压电缆分支箱应配置电缆故障指示器。

图 4-1-1 给出配电终端与故障指示器的特点。

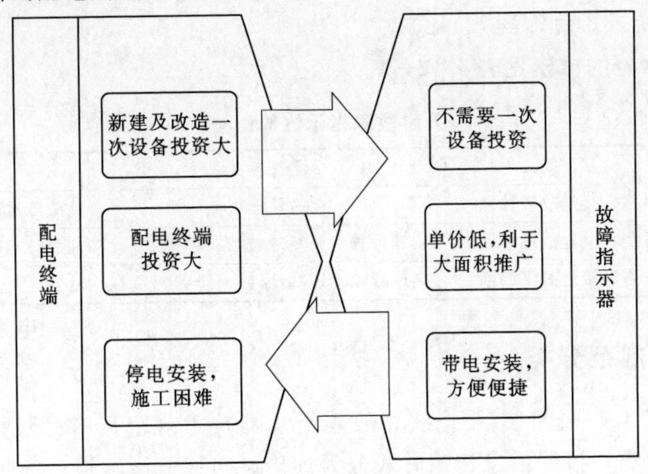

图 4-1-1　配电终端与故障指示器的特点

配电线路故障指示器应尽量通过不停电作业方式进行安装，避免线路停电；寿命不低于 8 年，所有产品投运前均应通过专业试验检测。

故障指示器考核指标如下：

(1) 故障定位。

(2) 快速定位。

(3) 故障识别准确率。

第二节　故障指示器分类与特点

一、按照控制功能分类及其特点

1. 一遥型故障指示器

(1) 作用：实现故障的快速定位，减少故障巡查和故障处理时间，发生故障后只能本地告警显示，需由巡线人员到现场勘查故障区域。

(2) 优点：安装方便、成本低，基本满足简易型配电自动化系统。

(3) 缺点：误判率高，运维人员无法直观监视线路负荷以及故障指示器运行情况，且线路发生故障后，需由巡线人员沿着变电站（开闭所）出口开始向线路下游一段一段地排查故障区域。

2. 二遥型故障指示器

二遥型故障定位装置用于 3～35kV 架空线路运行状况和短路接地故障监测，具备分布监测、集中管理、即时传递故障信息的简易型配网自动化系统。在非故障情况下，实时监测电网负荷变化，起到预防线路故障，优化一次结构并及时消除隐患的作用；在故障情况下，及时将故障信息传递至运维人员，快速定位故障，处理故障恢复供电，从而有效提升供电可靠性。

架空型故障定位装置根据接地故障检测原理，可分为无源型和有源型两类。

3. 几种故障指示器的比较

几种故障指示器的比较见表 4－2－1。

表 4－2－1 几种故障指示器的比较

定位模式	功 能	优 点	缺 点
一遥	短路、接地故障诊断	成本低	接地故障准确率低（30%～60%）
二遥无源型	短路、接地故障诊断	故障排查时间短（较第一种模式）	接地故障准确率低（30%～60%）
二遥有源型	短路、接地故障诊断	接地故障准确率高（60%～90%）	预停电

二、按技术规范分类

根据 Q/QDW 436—2010《配电线路故障指示器技术规范》，按照适用线路类型分为架空型与电缆型两类；按照信息传输方式分为远传型与就地型两类；按照单相接地故障检测方法分为外施信号型、暂态特征型、暂态录波型和稳态特征型等四类。

表 4－2－2 对故障指示器分类进行了说明，其中常用类型包括架空外施信号型远传故障指示器、架空暂态特征型远传故障指示器、架空暂态录波型远传故障指示器、架空外施信号型就地故障指示器、架空暂态特征型就地故障指示器、电缆外施信号型远传故障指示器、电缆稳态特征型远传故障指示器、电缆外施信号型就地故障指示器、电缆稳态特征型就地故障指示器九种。

表 4－2－2 故障指示器分类

适用线路类型	信息传输方式	单相接地故障检测方法	故障指示器类型	说 明
架空型	远传型	外施信号型	架空外施信号型远传故障指示器	需安装专用的信号发生装置连续产生电流特征信号序列，判断与故障回路负荷电流叠加后特征
		暂态特征型	架空暂态特征型远传故障指示器	线路对地通过接地点放电形成的暂态电流和暂态电压有特定关系
		暂态录波型	架空暂态录波型远传故障指示器	根据接地故障时零序电流暂态特征并结合线路拓扑综合研判
		稳态特征型		该方法应用范围较窄，且在外施信号型、暂态特征型和暂态录波型故障指示器中均已包含
	就地型	外施信号型	架空外施信号型就地故障指示器	需安装专用的信号发生装置连续产生电流特征信号序列，判断与故障回路负荷电流叠加后特征
		暂态特征型	架空暂态特征型就地故障指示器	线路对地通过接地点放电形成的暂态电流和暂态电压有特定关系
		暂态录波型		就地型无通信，目前暂无此类
		稳态特征型		该方法应用范围较窄，且在外施信号、暂态特征和暂态录波型故障指示器中均已包含此方法
电缆型	远传型	外施信号型	电缆外施信号型远传故障指示器	需安装专用的信号发生装置连续产生电流特征信号序列，判断与故障回路负荷电流叠加后特征
		暂态特征型		电缆型电场信号采集困难，目前暂无此类

续表

适用线路类型	信息传输方式	单相接地故障检测方法	故障指示器类型	说　明
电缆型	远传型	暂态录波型		电缆型电场信号采集困难，目前暂无此类
		稳态特征型	电缆稳态特征型远传故障指示器	检测线路的零序电流是否超过设定阈值
	就地型	外施信号型	电缆外施信号型就地故障指示器	需安装专用的信号发生装置连续产生电流特征信号序列，判断与故障回路负荷电流叠加后特征
		暂态特征型		就地型无通信，且电缆型电场信号采集困难，目前暂无此类
		暂态录波型		就地型无通信，且电缆型电场信号采集困难，目前暂无此类
		稳态特征型	电缆稳态特征型就地故障指示器	检测线路的零序电流是否超过设定阈值

第三节　故障指示器工作原理

一、暂态录波法

（一）工作原理

变电站同一母线3条以上出线安装有故障指示器。3个相序采集单元通过无线对时同步采样。单相接地故障后，汇集单元接收3只采集单元发送的故障波形，并合成暂态零序电流波形，转化为波形文件后上传主站。如图4-3-1所示。

主站收集故障线路所属母线所有故障指示器的波形文件，根据零序电流的暂态特征并结合线路拓扑综合研判，判断出故障区段，再向故障回路上的故障指示器发送命令，进行故障就地指示（图4-3-2）。

暂态录波故障检测原则如下：

（1）非故障线路间暂态零序电流波形相似。

（2）故障线路与非故障线路的暂态零序电流波形不相似。

（3）故障点上游的暂态零序电流波形相似。

（4）故障点下游的暂态零序电流波形相似。

（5）故障点下游与上游的暂态零序电流波形不相似。

根据上述原理，图4-3-2中线路2与线路3暂态零序电流波形相似，并且与线路1暂态零序电流波形不相似，则判断出线路1为故障线路；线路1监测点①、监测点②暂态零序电流波形相似，监测点③暂态零序电流波形与①、监测点②不相似，因此判断出①、监测点②为故障点上游，监测点③为故障点下游，最终推断出接地故障区域在监测点②与监测点③之间。

（二）暂态录波型故障指示器特点

（1）采用突变量法检测短路故障，暂态录波法检测接地故障，实现线路短路就地判

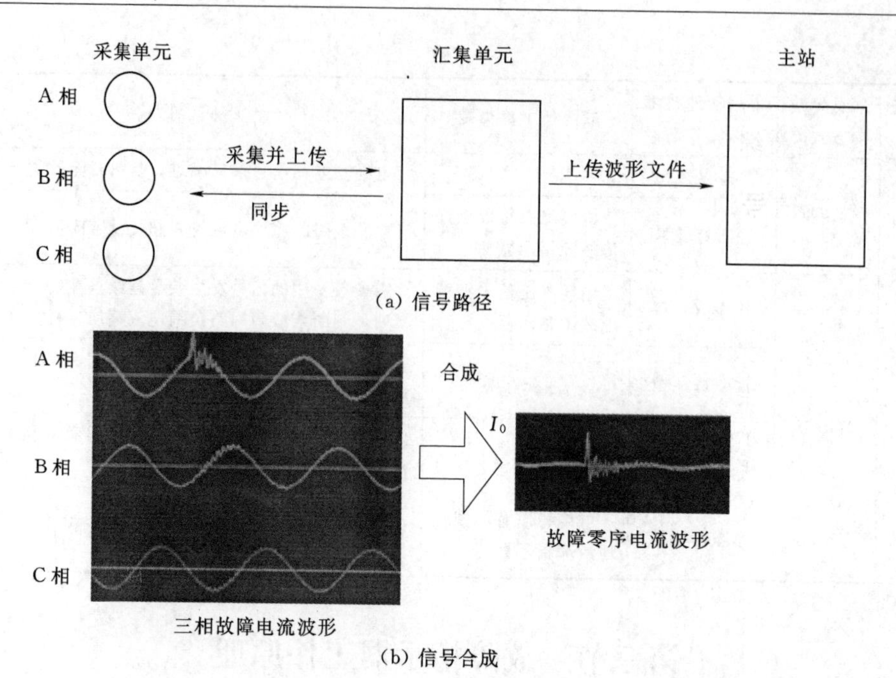

图 4-3-1 故障录波合成暂态零序电流原理

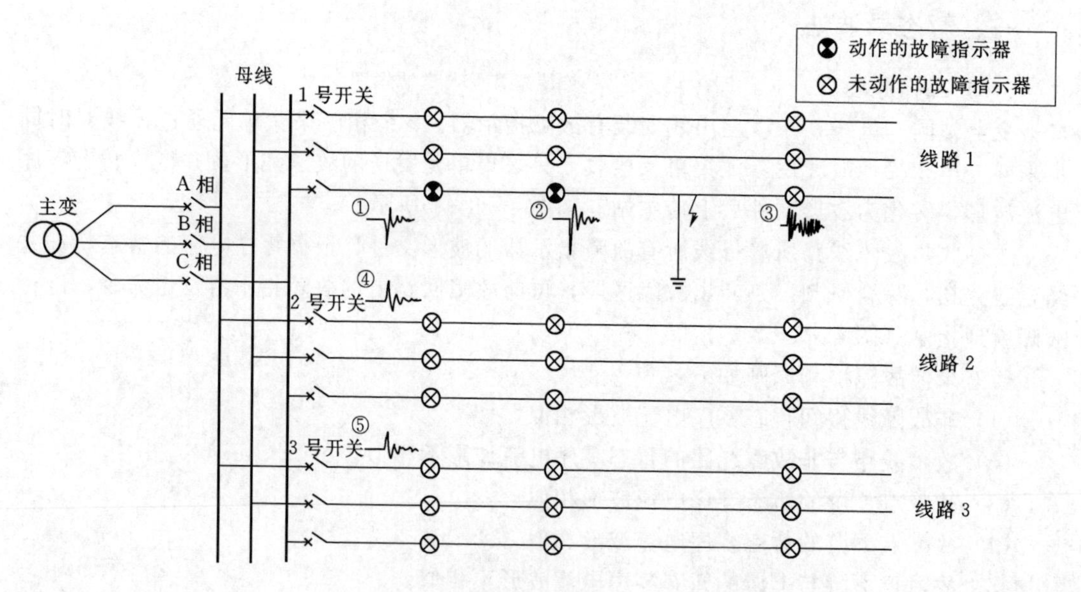

图 4-3-2 单相接地故障判断及定位原理

①～⑤—监测点

断，远传故障波形至主站综合判断接地故障。

(2) 仅适用于架空线路，依赖通信远传波形，依赖配电主站实现接地故障定位分析。

(3) 不适用于接地电阻 1000Ω 以上的故障识别。

(4) 可检测瞬时性、间歇性接地故障。

(5) 故障指示器指示单元要实现高速采样录波，功耗较大，依赖线路感应取电（线路负荷要大于 5A)，在负荷较低的线路上无法正常工作。

(6) 故障指示器将所录异常波形送至配电主站系统，通过波形分析与样本积累，可对线路运行状态进行综合评价，发现线路设备异常状态，提前采取检修措施。

二、外施信号法

(一) 工作原理

在变电站或线路上安装专用的单相接地故障检测外施信号发生装置（变电站每段母线只需安装 1 台）。发生单相接地故障时，根据零序电压和相电压变化，外施信号发生装置自动投入，连续产生不少于 4 组工频电流特征信号序列（图 4-3-3），叠加到故障回路负荷电流上，故障指示器通过检测电流特征信号判别接地故障，并就地指示。

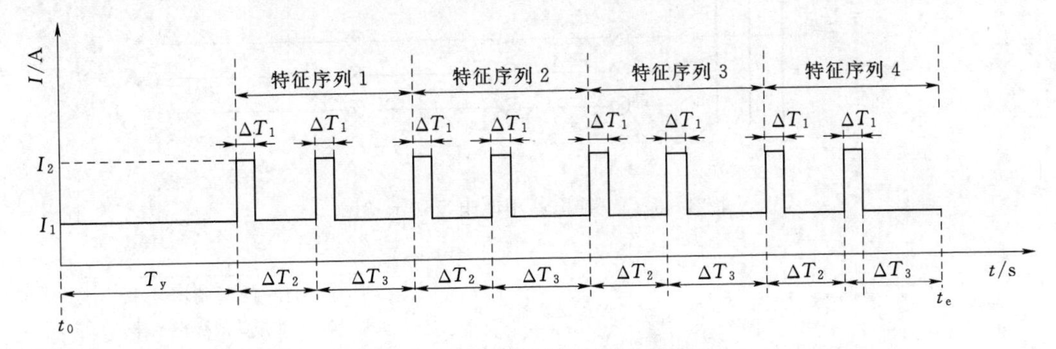

图 4-3-3　外施特征信号典型波形图

根据外施信号发生装置安装位置的不同，分为中电阻型和母线型。中电阻型外施信号发生装置安装在变电站的 10kV 母线中性点上，采用中电阻投切法产生一定特征信号。母线型外施信号发生装置安装在变电站 10kV 母线或某条配电线路上，按外施信号的不同，主要有不对称电流法和工频特征信号法。

1. 中电阻投切法

单相接地故障时，安装在变电站内与消弧线圈并联的中电阻有规律的投入和退出（图 4-3-4)，使故障相上产生具有一定特征的电流信号，若故障指示器检测到的电流信号与中电阻投切产生的电流信号特征相符，则告警。

2. 不对称电流法

单相接地故障时，安装在线路上的外施信号发生装置在故障相上产生具有一定特征的半波脉冲电流信号（图 4-3-5)，若故障指示器检测到的电流信号与中电阻投切产生的电流信号特征相符，且波形属于不对称的半波信号，则告警（非故障相)。

3. 工频特征信号法

单相接地故障时，安装在线路上的外施信号发生装置产生工频特征电流信号（图 4-3-6)，并在故障相与外施信号发生装置安装点的回路上流动，若故障指示器检测到该特征工频电流信号，则告警。

(二) 外施信号型故障指示器特点

(1) 采用突变量法检测短路故障，外施信号法检测接地故障，实现线路短路和接地故

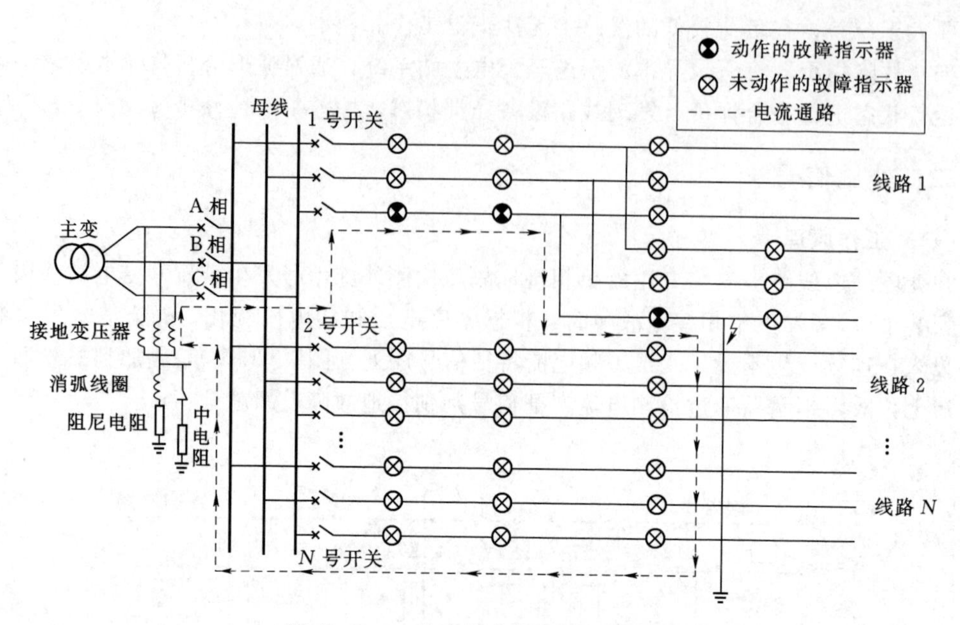

图 4-3-4　变电站中电阻投切示意图

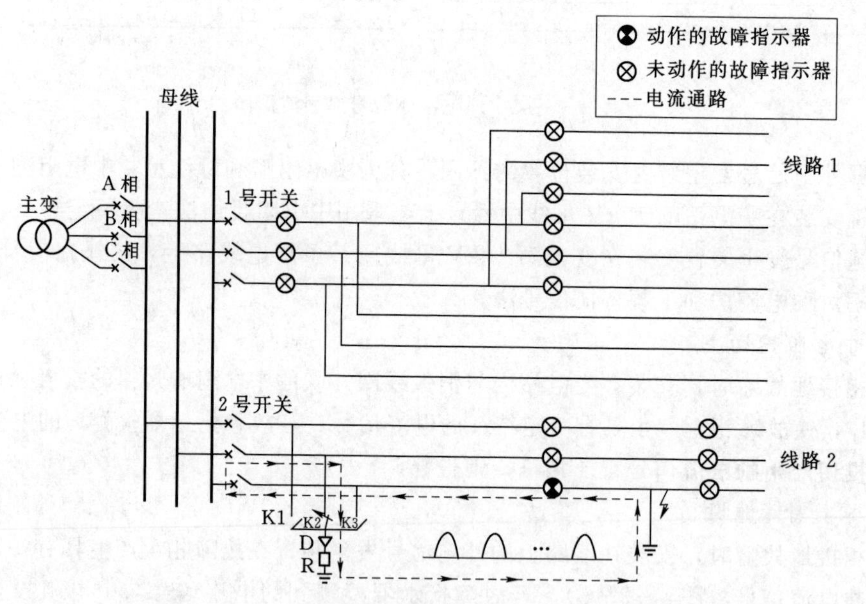

图 4-3-5　外施不对称电流信号发生装置投切示意图

障就地判断。

（2）适用于架空线路和电缆线路，包括远传型和就地型故障指示器。

（3）不适用于检测瞬时性、间歇性单相接地故障，适用于接地电阻 800Ω 以下的单相接地故障识别。

（4）故障指示器指示单元工作电源主要依靠自带电池，辅以线路感应取电，在负荷较低的线路上能正常工作。

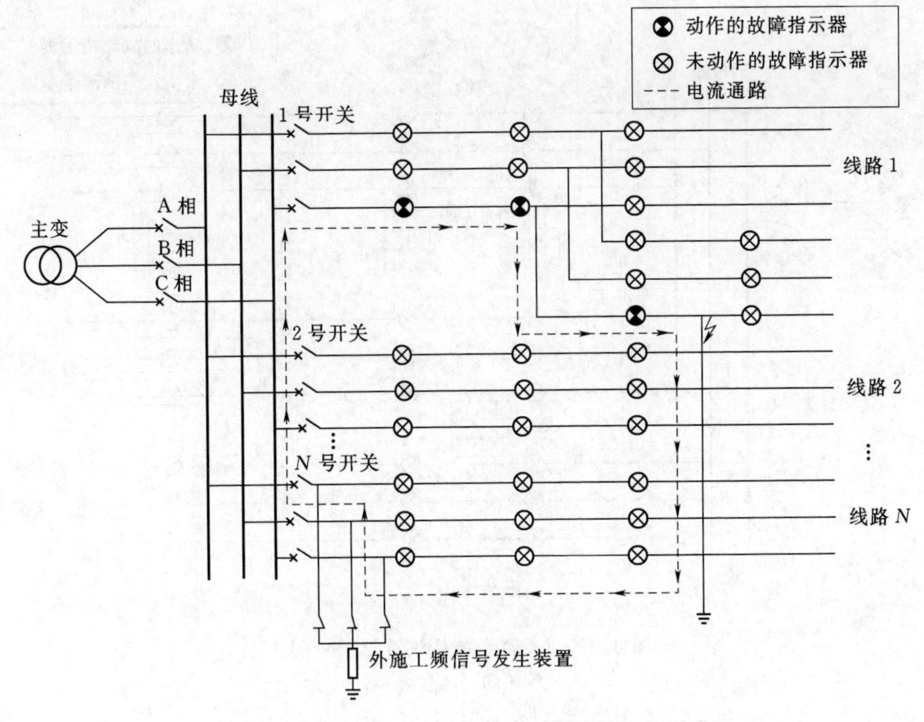

图 4-3-6　外施工频特征信号发生装置投切示意图

(5) 须与变电站母线（或安装于出线上）外施信号发生装置搭配使用，外施信号装置需停电安装。

三、暂态特征法

(一) 工作原理

在发生单相接地故障瞬间，线路对地分布电容的电荷通过接地点放电，形成一个明显的暂态电流和暂态电压，二者存在特定的相位关系（图 4-3-7），以此判断线路是否发生了接地故障。

根据暂态特征法工作原理，线路 3 中，监测点①、监测点②的电流、电压波形如果在工频的正半周接地瞬间的电容电流首半波为正脉冲，或者在工频的负半周接地瞬间的电容电流首半波为负脉冲，监测点①、监测点②单相接地故障告警，则判断出线路 1 为故障线路，且接地故障区域在监测点②与监测点③之间。

(二) 暂态特征型故障指示器特点

(1) 采用突变量法检测短路故障，暂态特征法检测接地故障，实现线路短路和接地故障就地判断。

(2) 仅适用于架空线路，包括远传型和就地型故障指示器。

(3) 适用于接地电阻 800Ω 以下的单相接地故障识别。

(4) 故障指示器指示单元工作电源主要依靠自带电池，辅以线路感应取电，在负荷较低的线路上能正常工作。

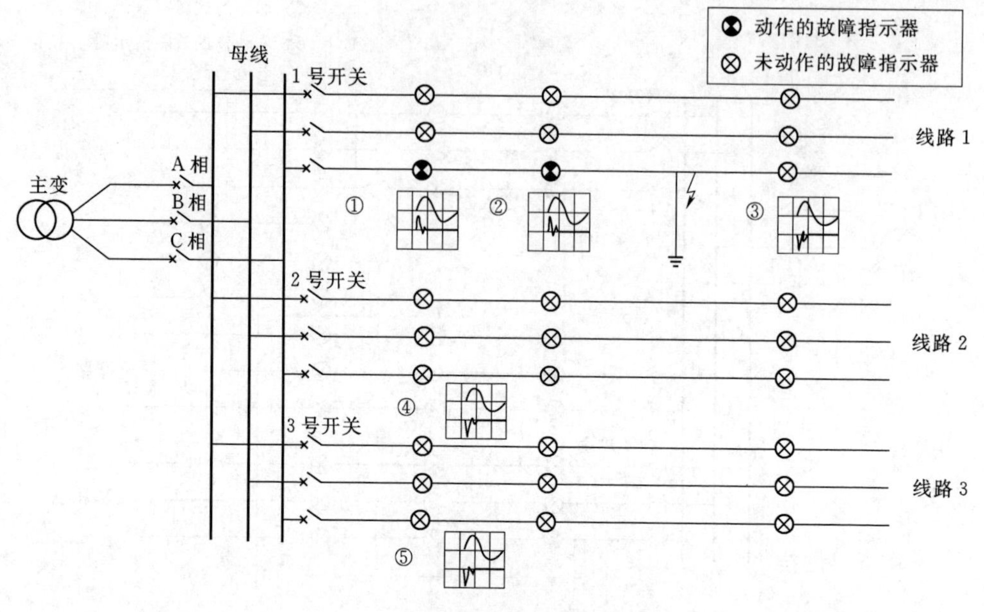

图 4-3-7　暂态特征法波形示意图

①～⑤—监测点

四、稳态特征法

（一）工作原理

通过检测线路的零序电流，零序电流超过阈值时，完成接地故障就地判断，如图4-3-8所示。

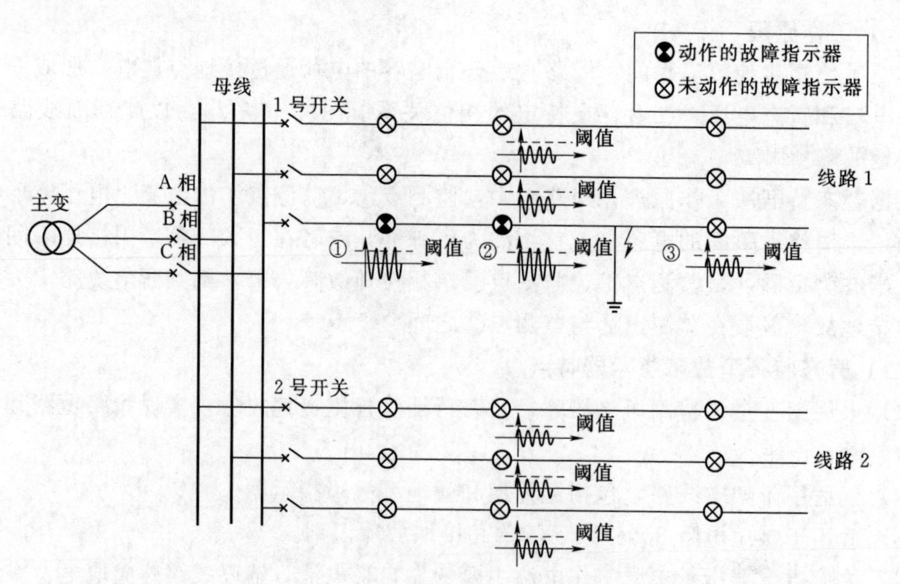

图 4-3-8　稳态特征法波形示意图

根据稳态特征法工作原理，线路1中，监测点①、监测点②的电流、电压波形存在特定相位关系，监测点①、监测点②单相接地故障告警，则判断出线路1为故障线路，且接地故障区域在监测点②与监测点③之间。

（二）稳态特征型故障指示器特点

（1）采用突变量法检测短路故障，稳态特征法检测接地故障，实现线路短路和接地故障的就地判断。

（2）仅适用于中性点经小电阻接地的配电线路，主要用于电缆线路，包括远传型和就地型故障指示器。

（3）故障指示器指示单元工作电源主要依靠自带电池，辅以线路感应取电，在负荷较低的线路上能正常工作。

第四节　智能型故障指示器

传统故障定位技术普遍存在接地故障准确率不高、能提供的遥测数据较少且精度较差等缺陷。智能型故障定位装置通过对线路电流的精确测量、精确合成零序电流并通过高速录波进行故障追溯，可快速确定故障类型并定位故障区段，从而有效缩短故障排查时间，提高故障处理效率，从而切实提高供电可靠性。

智能型故障定位装置故障定位技术属于无源法范畴，由采集单元、汇集单元和后台主站系统三部分组成，采集单元安装在线路A、B、C三相上对线路状态进行监测，实时监测线路的电流和对地电场，并在线路电流或电压异常变化时启动故障录波，同时通过汇集单元合成零序电流，并将故障信息和录波数据、测量数据（实时电流、电场）上传给至后台主站定位系统，系统通过相应线路全局数据进行综合判断最终确定故障区段及类型，并将故障信息通过采集单元就地显示、主站系统界面提示和短信推送的等方式传递给电网运行维护人员。

对于短路故障，采集单元通过电子式开口电流互感器（罗氏线圈）实时采集线路电流，可准确检测出短路故障电流变化过程，同时启动故障录波，便于进行故障追溯；对于接地故障，采集单元支持电流及对地电场4kHz录波，能准确捕捉故障波形，同时通过汇集单元对三相采集单元进行时间同步，时间误差小于100μs，可以合成高精度的零序电流。主站通过汇集单元传递的信息综合判断接地区段。

一、功能及关键技术

1. 功能

（1）检测功能：采集三相电流和对地感应电压，合成零序电流。

（2）录波：4kHz采样录波，多达16周，记录故障全过程。

（3）故障检测。短路故障就地检测，接地故障录波上送后台定位。

（4）对时：配置GPS或北斗对时芯片。

（5）线路适应性：适应负荷电流较小或波动大的线路。

2. 关键技术

(1) 采用高精度电子式电流互感器（罗氏线圈），具有低噪声、高精度、高带宽的特点，避免电磁式 TA 大电流时饱和问题。

(2) 架空线零序电流测量技术，基于高精度无线同步对时，将三相电流合成得到零序电流，解决架空线零序电流测量的难题。

(3) 高效取电与电源管理技术，采用高磁导率的闭合式 TA 取电，结合超级电容平滑电流波动，有效解决录波功耗大与 TA 取电效率低相矛盾的难题。

(4) 基于暂态录波的单相接地故障定位技术，采用 4kHz 高速采样，准确记录接地时三相电流暂态波形，合成零序电流后综合分析，实现接地故障区段定位。

3. 暂态录波型故障指示器接地故障判别

图 4-4-1 给出了单相接地故障电流、电压波形图。

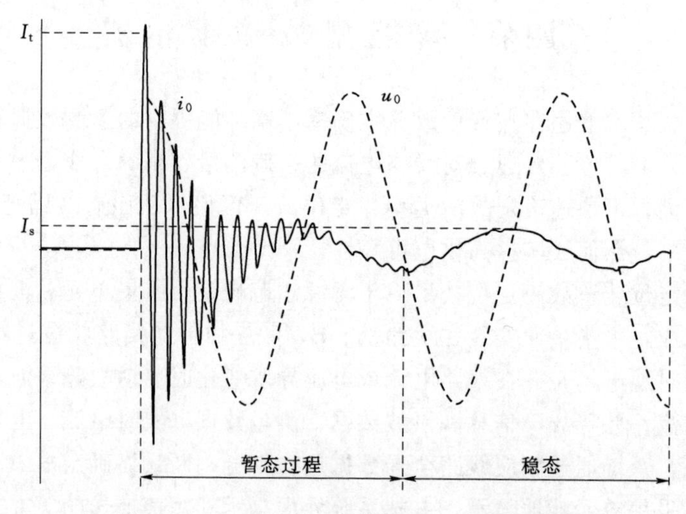

图 4-4-1 单相接地故障电流、电压波形图

对于中性点不接地或经消弧线圈接地，接地故障瞬间将产生一个持续时间在 5～20ms 的暂态过程，零序电流上会产生高频暂态信号，暂态信号幅值远远大于稳态信号。

因此，暂态录波型故障指示器采集单元以每周至少 64 点高速采样，记录三相电流波形。其特征为：

(1) 故障线路和非故障线路的零序暂态电流波形不同。

(2) 故障线路上接地故障点前后的暂态零序电流波形不同。

二、各组件分析

1. 采集单元

(1) 小电流感应取电。取能（电）模件选用高导磁坡莫合金材料，采用封闭式结构，结合低功耗系统设计。同时，取能开口 TA 选用防锈、防腐蚀材料。

(2) 高精度电流采集。采用罗氏线圈设计，PCB 绕线辅以屏蔽处理，使 0～630A 范围内精度达到±1%：①当负荷电流大于 20A 时，测量精度小于 2%；②当负荷电流小于

20A 时，测量精度为±0.5A；③校准挡位减少，提高生产效率和产品稳定性。

(3) 高精度无线同步与零序电流合成。

1）高精度无线同步技术，保证合成后的零序电流的准确性。

2）无线同步误差小于 20μs。

3）高精度积分电路保证硬件相位的一致性和稳定性。

4）三相电流综合角度误差小于 3°。

采集单元性能指标见表 4-4-1。

表 4-4-1　　采集单元性能指标

配　置	项　目	指　　标
适用场合	适用电压	6～35kV
	中性点接地方式	适应各种接地方式
	适用导线类型	架空绝缘及裸导线 35～240mm^2
电源	主电源	线路自取电（5A 全功能运行）
	后备电源	一次性锂电池 3.6V，8.5Ah
		超级电容续航运行时间大于 12h
功耗	静态	≤100μA
遥测精度	电流	测量范围：0～630A，测量精度：±1%
	对地电场	测量范围：0～4095，测量精度：±1%
采样频率	故障录波	4096Hz
故障检测	可识别故障类型	相间短路，各类单相接地
		瞬时故障和永久故障
	重合闸最小识别时间	0.2s
线路状态指示	指示类型	高亮 LED，360°全向
	停电后连续闪光时间	≥3000h
	故障复位方式	定时自动复位，时间 1～48h 可设置
		上电自动复位及远程手动复位
本地通信方式	频段	470～510MHz
	通信距离	>100m
	发射功耗	<3mA
	接收功耗	<25mA+10dBm
	通信速率	100kbit/s
机械特性	重量	<1kg
	防护等级	IP68
工作环境	工作温度	−40～70℃
	湿度	10%～100%
使用寿命	运行寿命	>8 年
	平均无故障时间	MTBF≥70000h

2. 汇集单元

汇集单元是采集单元和后台主站通信的桥梁，负责管理上行远传通道和下行微功率无线组网通信通道。该设备具备稳定可靠的上下行通道管理机制，可确保通信通道畅通，具备系统自检自恢复能力和极端情况下数据续传功能。同时为确保通信安全，支持数据加密功能选配。

汇集单元有太阳能取电式和线路取电式两种配置，可提供通信通道实时在线，并确保一次电流大于10A时通信通道实时在线，一次电流小于10A时通信通道准实时在线，确保故障信息及时上传。

（1）汇集单元特点。

1）远程及本地无线通信模块选用国际主流工业级模块，具备通道监测及自恢复能力。

2）软硬件结合的低功耗设计，确保上下行通信通畅前提下，最大限度降低设备功耗。

3）线路取电型取能模组采用高导磁材料，结合低功耗系统设计，确保一次电流大于10A时通信通道实时在线。

4）可选配GPS提供精度达$1\mu s$的绝对时标，同时通过本地微功率无线为管理的三相采集单元进行精度小于$100\mu s$的授时，确保零序电流合成精度。

5）支持程序远程升级和维护。

6）太阳能取电式汇集单元选用标准通信铝机箱，确保设备具备IP55防护等级要求；线路取能式汇集单元可达到IP67防护等级要求。

（2）汇集单元的性能指标见表4-4-2。

表4-4-2 汇集单元的性能指标

配置	项目	指标
电源	主电源	线路自取电或太阳能供电 （光伏板额定输出15V电压，15VA容量）
	后备电源	一次性锂电池3.6V，8.5Ah
		超级电容续航运行时间大于12h 充电电池：DC12V/7Ah（HX810S）
功耗	静态	≤0.2VA
远程通信方式	网络接入	支持公网及APN专网
	网络制式	GSM、GPRS、EDGE、3G、4G可选
	数据加密	软加密及硬件可选
远程通信协议	规约	DL/T 634.5101—2002《远动设备及系统 第5101部分：传输规约 基本远动任务配套标准》 DL/T 634.5104—2009《远动设备及系统 第5104部分：传输规约 采用标准传输协议子集的IEC 60870-5-101网络访问》或其他定制规约
卫星授时（选配）	模式	GPS或北斗可选
	首次启动时间	≤35s
	再次启动时间	≤1s
	授时精度	≤1s/d

续表

配　置	项　目	指　　标
接入能力	采集单元接入数量	≥12 只
本地通信方式	频段	470～510MHz
	通信距离	>100m
	发射功耗	<3mA
	接收功耗	<25mA+10dBm
	通信速率	100kbit/s
机械特性	重量	<1.5kg（HX810L）；<5kg（HX810S）
	防护等级	IP67（HX810L）；IP55（HX810S）
工作环境	工作温度	−40～70℃
	湿度	10%～100%
使用寿命	运行寿命	>8 年
	平均无故障时间	MTBF≥70000h

三、后台故障处理流程

（1）后台接收到前端发送的故障简报信息后，按照简报中的终端信息去召唤录波文件目录。

（2）后台对接收到的录波文件目录中文件进行筛选，选择出合适的文件并向前端召唤该文件。

（3）后台成功召唤到文件后，就将文件相关信息保存到单相接地故障信息缓存表，同时通过拓扑分析查找录波文件所属区域。

（4）当监听模块接收到录波文件保存模块发送的文件保存成功消息后，启动故障特征量计算模块。

（5）将故障特征量计算模块计算出的特征量转化成馈线自动化启动的信号。

第五节　故障指示器入网检测

相关项目表见表 4-5-1～表 4-5-3。

表 4-5-1　　配电线路故障指示器到货后检测项目表（非暂态录波型）

序号	检测项目	检　测　要　求	
1	外观与结构检查	全检	每套（只）指示器都应设有持久明晰的铭牌，应包含型号及名称、制造厂名、出厂编号、制造年月、二维码信息
		抽检	（1）采集单元上应具有圆形相序颜色标识，安装对线路潮流方向有要求的采集单元应在外壳以“→”标识方向。 （2）应具备唯一硬件版本号、软件版本号、类型标识代码、ID 号标识代码和二维码，并按照统一方式进行识别。 （3）采集单元重量不大于 1kg，架空导线悬挂安装的汇集单元重量不大于 1.5kg，电缆型故障指示器零序电流采集单元重量不大于 1.5kg。

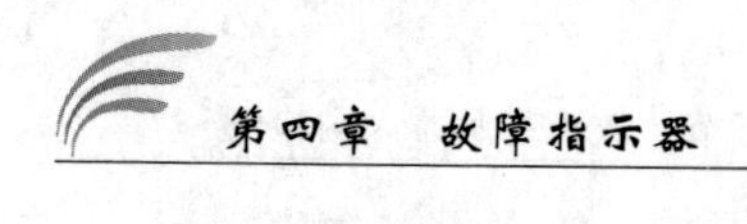

续表

<table>
<tr><th>序号</th><th>检测项目</th><th colspan="3">检 测 要 求</th></tr>
<tr><td>1</td><td>外观与结构检查</td><td>抽检</td><td colspan="2">(4) 架空型故障指示器采集单元应采用翻牌和闪光形式指示报警。指示灯应采用不少于3只红色高亮LED发光二极管，布置在采集单元正常安装位置的下方，地面360°可见。内部报警转体颜色应采用RAL3020交通红。
(5) 电缆型故障指示器采集单元应采用闪光形式指示故障，报警指示灯应采用不少于3只红色高亮LED发光二极管，布置在采集单元正常安装位置的上方。
(6) 电缆型故障指示器采集单元和显示面板之间采用光纤或电缆进行连接。带显示面板的电缆型故障指示器除采集单元应具备就地故障闪光指示外，显示面板也应具有故障报警指示灯和低电量报警指示色卡。电池工作正常时色卡显示白色，电池低电量时色卡显示黄色。
(7) 采集单元应有电源、电池正负极等外接端子。汇集单元应有SIM卡槽。
(8) 卡线结构应在不同截面线缆上安装方便可靠，安装牢固且不造成线缆损伤，支持带电安装和拆卸。结构件经50次装卸应到位且不变形，不影响故障检测性能。
(9) 外观应整洁美观、无损伤或机械形变，内部元器件、部件固定应牢固，封装材料应饱满、牢固、光亮、无流痕、无气泡。
(10) 汇集单元应具备至少1个串行口</td></tr>
<tr><td rowspan="2">2</td><td rowspan="2">绝缘性能试验</td><td rowspan="2">抽检</td><td>绝缘电阻试验</td><td>(1) 架空型指示器电杆固定安装汇集单元电源回路与外壳之间绝缘电阻不小于5MΩ（使用250V绝缘电阻表，额定绝缘电压$U_i \leqslant 60V$）。
(2) 电缆型指标器汇集单元电源回路与外壳之间绝缘电阻应不小于5MΩ（使用250V绝缘电阻表，额定绝缘电压$U_i \leqslant 60V$；使用500V绝缘电阻表，额定绝缘电压$U_i > 60V$）</td></tr>
<tr><td>绝缘强度试验</td><td>汇集单元电源回路与外壳之间：
(1) 额定绝缘电压$U_i \leqslant 60V$时，施加500V/min工频电压应无击穿、无闪络。
(2) 额定绝缘电压$U_i > 60V$时，施加2000V/min工频电压应无击穿、无闪络</td></tr>
<tr><td>3</td><td>功能试验</td><td>全检</td><td colspan="2">(1) 短路故障检测和报警功能。当线路发生短路故障时，故障指示器应能判断出故障类型（瞬时性故障或永久性故障）。
1) 架空型采集单元应能以翻牌、闪光形式就地指示故障。
2) 电缆型采集单元应能以闪光形式就地指示故障。
3) 汇集单元应能接收采集单元上送的故障信息，同时能将故障信息上传给配电主站。
(2) 故障自动检测。应自适应负荷电流大小，当检测到线路电流突变，突变电流持续一段时间后，各相电场强度大幅下降，且残余电流不超过5A零漂值，应能就地采集故障信息，就地指示故障，且能将故障信息上传至主站。
(3) 接地故障检测和报警功能。当线路发生接地故障时，故障指示器应能以外施信号检测法、暂态特征检测法、稳态特征检测法等方式检测接地故障。
1) 架空型采集单元应能以翻牌、闪光形式就地指示故障。
2) 电缆型采集单元应能以闪光形式就地指示故障。
3) 汇集单元应能接收采集单元上送的故障信息，同时能将故障信息上传给配电主站。
(4) 故障后复位功能。
1) 架空型故障指示器应能在规定时间或线路恢复正常供电后自动复位，也可根据故障性质（瞬时性或永久性）自动选择复位方式。</td></tr>
</table>

续表

序号	检测项目		检　测　要　求
3	功能试验	全检	2）电缆型故障指示器应能在手动、在规定时间或线路恢复正常供电后自动复位，也可根据故障性质（瞬时性或永久性）自动选择复位方式。 （5）防误报警功能。 1）负荷波动不应误报警。 2）变压器空载合闸涌流不应误报警。 3）线路突合负载涌流不应误报警。 4）人工投切大负荷不应误报警。 5）非故障相重合闸涌流不应误报警。 （6）重合闸识别功能。 1）应能识别重合闸间隔为0.2s的瞬时性故障，并正确动作。 2）非故障分支上安装的故障指示器经受0.2s重合闸间隔停电后，在感受到重合闸涌流后不应误动作
		抽检	（1）低电量报警功能。 1）架空型故障指示器采集单元应能以翻牌锁死的形式指示电池低电量。 2）电缆型故障指示器采集单元、显示面板均应以变化色卡颜色的形式指示电池低电量。 （2）监测与管理功能。 1）汇集单元至少应能满足3条线路（每条线路3只）采集单元接入要求，可扩展至6路接入；并具备采集单元信息的转发上传功能。 2）应具备历史数据存储能力，包括不低于256条事件顺序记录、30条本地操作记录和10条装置异常记录等信息。 3）应具有本地及远方维护功能，且支持远方程序下载和升级。 （3）带电装卸。架空型故障指示器应具有带电装卸功能，装卸过程中不应误报警
4	通信试验	全检	应能通过无线通信方式主动上送告警信息、复归信息以及监测的负荷电流、故障数据等信息至配电主站，故障信息上送至配电主站时间应小于60s，并支持主站招测全数据功能
		抽检	（1）具备对时功能，接收主站或其他时间同步装置的对时命令，与系统时钟保持同步。守时精度为2s/d。 （2）当后备电源电池电压降低到低电量报警值时，应将其状态上传至主站，也可根据需要进行本地报警。当外部电源失去时，后备电源应能自动无缝投入，且能保证将失去外部电源前完整的故障数据信息上传至配电主站。 （3）采集单元和汇集单元之间应能以无线、光纤等通信方式进行数据通信，无线通信宜采用微功率方式。 （4）汇集单元应适应无线传输要求，在网络中断后续传，具有本地存储模式和调用模式，保存故障信息等关键数据。 （5）汇集单元可以通过实时在线或准实时在线的通信方式与配电主站通信，并能以不大于24h的时间间隔上送负荷曲线数据到配电主站
5	电气性能试验	全检	（1）短路故障报警启动误差应不大于±10%。 （2）最小可识别短路故障电流持续时间应不大于40ms。 （3）接地故障识别正确率应符合以下： 1）金属性接地应达到100%。 2）小电阻接地应达到100%。 3）弧光接地应达到80%。 4）高阻接地（800Ω以下）应达到70%

续表

序号	检测项目	检测要求	
5	电气性能试验	抽检	(1) 负荷电流误差应符合以下要求： ①$0 \leqslant I < 100\text{A}$ 时，测量误差为±3A。 ②$100\text{A} \leqslant I < 600\text{A}$ 时，测量误差为±3%。 (2) 上电自动复位时间小于5min。定时复位时间可设定，设定范围小于48h，最小分辨率为1min，定时复位时间允许误差不大于±1%
6	临近抗干扰试验	全检	无
		抽检	(1) 当相邻300mm的线路出现故障时，不应发出本线路误报警。 (2) 当本线路发生故障时，相邻300mm的导线不应影响发出本线路正常报警
7	电源及功率消耗试验	全检	无
		抽检	(1) 线路负荷电流不小于10A时，TA取电5s内应能满足全功能工作需求。 (2) 采集单元非充电电池单独供电时，最小工作电流应不大于40μA。 (3) 采用太阳能板供电的汇集单元电池充满电后额定电压不低于DC12V。采用TA取电的汇集单元电池额定电压应不低于DC3.6V。 (4) 就地型故障指示器采集单元、显示面板静态功耗应小于15μA；远传型故障指示器采集单元静态功耗应小于40μA，汇集单元整机正常运行功耗应不大于5VA

注　绝缘性能试验检测中：①应在外观与结构检查后，其他检测项目前进行；②抽检比例：每批次每个型号到货100台及以下全检；每批次每个型号到货100台以上的，按×(1+20%)台抽检。

表4-5-2　　暂态录波型故障指示器到货后检测项目表

序号	检测项目	检测要求		
1	外观与结构检查	全检		每套(只)指示器都应设有持久明晰的铭牌，应包含型号及名称、制造厂名、出厂编号、制造年月、二维码信息
		抽检		(1) 采集单元上应具有圆形相序颜色标识，安装对线路潮流方向有要求的采集单元应在外壳以"→"标识方向。 (2) 应具备唯一硬件版本号、软件版本号、类型标识代码、ID号标识代码和二维码，并按照统一方式进行识别。 (3) 采集单元重量不大于1kg，悬挂安装的汇集单元重量不大于1.5kg。 (4) 采集单元报警指示灯应采用不少于3只超高亮LED发光二极管，布置在采集单元正常安装位置的下方，地面360°可见。汇集单元的底部应具备绿色运行闪烁指示灯，在杆下明显可见。 (5) 采集单元应有电源、电池正负极等外接端子。汇集单元应有SIM卡槽。 (6) 卡线结构应在不同截面线缆上安装方便可靠，安装牢固且不造成线缆损伤，支持带电安装和拆卸。结构件经50次装卸应到位且不变形，不影响故障检测性能。 (7) 外观应整洁美观、无损伤或机械形变，内部元器件、部件固定应牢固，封装材料应饱满、牢固、光亮、无流痕、无气泡
2	绝缘性能试验	抽检	绝缘电阻试验	电杆固定安装汇集单元电源回路与外壳之间绝缘电阻不小于5MΩ(使用250V绝缘电阻表，额定绝缘电压$U_i \leqslant 60\text{V}$)
			绝缘强度试验	电杆固定安装汇集单元电源回路与外壳之间额定绝缘电压$U_i \leqslant 60\text{V}$时，施加500V工频电压应无击穿、无闪络

续表

序号	检测项目	检测要求	
3	功能试验	全检	（1）短路和接地故障识别。 1）应自适应负荷电流大小，当检测到电流突变且突变启动值宜不低于150A，突变电流持续一段时间后，各相电场强度大幅下降，且残余电流不超过5A零漂值，应能就地采集故障信息，以闪光形式就地指示故障，且能将故障信息上传至主站。 2）接地故障判别适应中性点不接地、经消弧线圈接地、经小电阻接地等配电网中性点接地方式；满足金属性接地、弧光接地、电阻接地等不同接地故障检测要求。 3）当线路发生故障后，采集单元应能正确识别故障类型，并能根据故障类型选择复位形式： a. 能识别重合闸间隔为不小于0.2s的瞬时性和永久性短路故障，并正确动作。 b. 线路永久性故障恢复后上电自动延时复位，瞬时性故障后按设定时间复位或执行主站远程复位。 （2）故障录波功能。 1）故障发生时，采集单元应能实现三相同步录波，并上送至汇集单元合成零序电流波形，用于故障的判断。 2）录波范围包括不少于启动前4个周波、启动后8个周波，每周波不少于80个采样点，录波数据循环缓存。 3）汇集单元应能将3只采集单元上送的故障信息、波形，合成为一个波形文件并标注时间参数上送给主站，时标误差小于100μs。 4）录波启动条件可包括电流突变、相电场强度突变等，应实现同组触发、阈值可设。 5）录波数据可响应主站发起的召测，上送配电主站的录波数据应符合COMTRADE文件格式要求，且只采用CFG和DAT两个文件，并且采用二进制格式。 （3）防误报警功能。 1）负荷波动不应误报警。 2）大负荷投切不应误报警。 3）合闸（含重合闸）涌流不应误报警
		抽检	（1）故障电流、相电场强度。 （2）防误报警功能。采集单元、悬挂安装的汇集单元带电安装拆卸不应误报警。 （3）数据存储功能。 1）汇集单元可循环存储每组采集单元的电流、相电场强度定点数据、64条故障事件记录和64次故障录波数据，且断电可保存，定点数据固定为1天96个点。 2）支持采集单元和汇集单元参数的存储及修改，断电可保存。 3）具备日志记录及远程查询召录功能，日志内容及格式应参照标准要求。 （4）远程配置和就地维护功能。 1）短路、接地故障的判断启动条件。 2）故障就地指示信号的复位时间、复位方式。 3）故障录波数据存储数量和汇集单元的通信参数。 4）采集单元上送数据至汇集单元时间间隔和汇集单元上送数据至主站时间间隔。 5）采集单元故障录波时间、周期和汇集单元历史数据存储时间。 6）汇集单元、采集单元备用电源投入与告警记录。具备自诊断功能，应能检测自身的电池电压，当电池电压低于一定限值时，上送低电压告警信息。 7）汇集单元支持通过无线公网远程升级，采集单元支持接收汇集单元远程程序升级，升级前后应功能兼容

续表

序号	检测项目	检测要求	
4	通信试验	全检	无
		抽检	（1）采集单元应支持实时故障、负荷等信息召测，同时并能根据工作电源情况定期或定时上送至汇集单元。 （2）采集单元定时发送信息给汇集单元，汇集单元在10min内没有收到采集单元信息，即视为通信异常。采集单元与汇集单元通信故障时应能将报警信息上送至配电主站。 （3）可通过配电主站对汇集单元和采集单元进行参数设置。 （4）汇集单元应支持数据定时上送，最小上送时间间隔为15min。 （5）汇集单元应支持主站及北斗或其他同步时钟装置对时，守时精度不大于2s/24h
5	电气性能试验	全检	（1）短路故障报警启动误差应不大于±10%。 （2）最小可识别短路故障电流持续时间应不大于40ms。 （3）接地故障识别正确率应符合以下标准： 1）金属性接地应达到100%。 2）小电阻接地应达到100%。 3）弧光接地应达到80%。 4）高阻接地（1kΩ以下）应达到70%。 （4）负荷电流误差应符合以下要求： 1）$0 \leqslant I < 300$A时，测量误差为±3A。 2）$300\text{A} \leqslant I < 600$A时，测量误差为±1%。 （5）录波稳态误差应符合以下要求： 1）$0 \leqslant I < 300$A时，测量误差为±3A。 2）$300\text{A} \leqslant I < 600$A时，测量误差为±1%。 （6）故障录波暂态性能中最大峰值瞬时误差应不大于10%。 （7）故障发生时间和录波启动时间的时间偏差不大于20ms。 （8）每组采集单元三相合成同步误差不大于100μs
		抽检	上电自动复位时间小于5min。定时复位时间可设定，设定范围小于48h，最小分辨率为1min，定时复位时间允许误差不大于±1%
6	电源及功率消耗试验	全检	无
		抽检	（1）线路负荷电流不小于5A时，TA取电5s内应能满足全功能工作需求。线路负荷电流低于5A且超级电容失去供电能力时，应至少能判断短路故障，定期采集负荷电流，并上传至汇集单元。 （2）采集单元非充电电池额定电压应不小于DC3.6V。在电池单独供电时，最小工作电流应不大于80μA。 （3）采用太阳能板供电的汇集单元电池充满电后额定电压不低于DC12V。采用TA取电的汇集单元电池额定电压应不低于DC3.6V。 （4）汇集单元整机功耗（在线，不通信）不大于0.2VA

注 绝缘性能试验检测中：①应在外观与结构检查后，其他检测项目前进行；②抽检比例：每批次每个型号到货100台及以下全检；每批次每个型号到货100台以上的，按×（1+20%）台抽检。

表 4-5-3　　配电线路故障指示器检测能力验证项目表

序号	验证项目	验 证 要 求	项目属性
1. 外观结构验证			
	外观验证	(1) 模拟线路周长(每相)不小于 3m。 (2) 模拟线路故障指示器安装数量不小于 15 套	参考项
2. 管理功能验证			
2.1	检测项目及判断依据更新	检测平台应能根据检测标准的变更，配置相应的检测项目，更新维护检测结果判断依据，提高检测结果的准确度和一致性	参考项
2.2	故障案例扩充	检测平台应能根据差异化的应用需要，对故障案例进行更改、扩充，满足差异化的使用环境对配电线路故障指示器接地故障的检测需求	参考项
2.3	检测任务管理	检测平台应能支持检测案例统一部署，支持入网专业检测报告、供货前及到货后检测报告集成共享，便于入网专业检测及不同省公司开展的供货前及到货后检测案例、检测方法、判断依据、检测结果统一共享	参考项
3. 平台功能验证			
3.1	三相电压、电流同步输出、相位可变	(1) 三相电流输出验证。 1) 短时：模拟线路电流输出不小于 1000A。 2) 长时：能长时间输出 600A (30min)。 (2) 三相电压输出验证。模拟线路电压输出不小于 10kV (30min)。 (3) 电压、电流模拟量相位改变验证。 (4) 谐波电流、电压验证。 (5) 平台暂态信号输出能力。检测平台能模拟和反演故障(短路、接地)信号	关键项
3.2	负荷监测及暂态故障检测能力	(1) 三相负荷电流监测验证。可持续监测 1000A 的正常负荷电流。 (2) 三相负荷电压监测验证。可持续监测 10kV 的正常负荷电压	关键项
3.3	二维码扫描读取功能	能够支持扫码枪或其他扫码工具自动录入二维码信息，实现样品厂商单位名称、型号、ID 号、硬件版本号读取及将信息录入到平台	参考项
3.4	四种模式输出	检测平台应支持稳态输出、暂态响应、状态序列输出、波形反演四种模式，支持状态序列、波形回放批量输出，便于检测案例的统一部署	关键项
3.5	系统输出电流谐波含量	检测平台输出电流高频谐波含量应不大于 0.2%，验证功放系统是否为线性功率放大技术	关键项
3.6	故障反演	(1) 应能反演 COMTRADE 不同模拟故障波形。 (2) 应能反演 COMTRADE 不同现场故障波形。 (3) 根据检测要求选择相应状态序列或故障案例，自动执行检测案例	关键项
3.7	故障指示器就地信号识别验证	支持配电线路故障指示器就地翻牌、闪光图像的自动采集、识别与上送	关键项
3.8	录波功能	(1) 录波设置。 1) 录波设置验证。 2) 录波长度或录波周期数设置验证。 3) 录波启动条件验证。 4) 录波采样率设置或选择验证。 (2) 故障录波功能。 1) 具备故障暂态录波功能。 2) 故障发生时，能实现三相同步录波。 3) 录波范围包括不少于启动前 4 个周波、启动后 8 个周波，每周波不少于 80 个采样点。 4) 录波文件应符合 COMTRADE 的格式要求，且只采用 CFG 和 DAT 两个文件，并且采用二进制格式。 5) 应能接收汇集单元上送的录波数据	关键项

续表

序号	验证项目	验 证 要 求	项目属性
3.9	检测结果分析比对与判定	检测结果支持检测结果自动分析、比对、计算、判定	关键项
3.10	故障模拟	（1）模拟故障序列能够进行不同方式的灵活组合。 （2）模拟故障序列可进行相关参数修改和保存。 （3）模拟配电线路短路故障。能模拟瞬时性故障或永久性故障，并能将故障指示器检测到的信息回传至检测平台。 （4）模拟配电线路接地故障。能模拟不接地系统和小电阻接地系统的不同接地故障。 （5）防误动模拟或反演。 1）能模拟或反演负荷波动误报警。 2）能模拟或反演变压器空载合闸涌流误报警。 3）能模拟或反演线路突合负载涌流误报警。 4）能模拟或反演人工投切大负荷误报警。 5）能模拟或反演非故障相重合闸涌流误报警	关键项
3.11	通信规约验证	（1）通信规约应符合国家电网公司配电自动化DL/T 634.5101—2002《远动设备及系统　第5101部分：传输规约　基本远动任务配套标准》实施细则要求。 （2）应支持对采集单元实时故障、负荷等信息召测。 （3）应支持接收采集单元定时上送至汇集单元的信息，应支持接收采集单元与汇集单元通信故障时上送的故障信息	关键项
4　平台性能验证			
4.1	输出精度	（1）电压输出精度不大于0.1%。 （2）电流输出精度不大于0.1%。 （3）电压、电流输出稳定度不大于0.05%	关键项
4.2	采集精度	（1）电压采集精度不大于0.1%。 （2）电流采集精度不大于0.1%。 （3）波形频率不小于100kHz	关键项
4.3	带载能力	（1）电流输出功率（每相）不小于3kVA。 （2）电压输出功率（每相）不小于20VA。 （3）模拟线路带载周长（每相）不小于3m。 （4）模拟电流幅值（每相）不小于1000A，电压（每相）不小于10kV。 （5）故障指示器安装数量不小于15套	关键项

第五章 智能配变终端

第一节 概 述

一、低压配电台区

低压配电台区是配电网的最小单元和数据源头，是智能配电网的关键环节。

1. 配电台区的现状

(1) 规模庞大，以国网公司为例，涵盖6～20kV系统。

1) 分支节点多：配电变压器共计476.8万台（城市113.1万台，县域363.7万台）；配电开关468.8万台（城市252.4万台，县域186.4万台）。

2) 输电线路长：6～20kV线路长度394.7万km（城市80.3万km，县域314.3万km）。

3) 覆盖面积广：覆盖27个省（自治区、直辖市），占国土面积的88%，市公司336个，县公司1683个。

(2) 结构复杂。

1) 区域发展不平衡：A+、A、B、C、D、E六类供电区域。

2) 线路形式多样：架空、电缆、架混。

3) 光伏发电渗透率高：光伏发电量达到约1800亿kW·h；分布式光伏累计装机容量达到50.61GW。

4) 电动汽车发展迅速：充电桩总量达到76万个。电动汽车销售80万辆每年。

(3) 通信困难。

1) 标准化程度不足：设备接口不统一，主要有RS485、RS232；通信规约不统一，主要有多种版本DL/T 645—2007《多功能电能表通信协议》规约扩展、DL/T 698《电能信息采集与管理系统》规约、多种版本的MODBUS；设备功能不统一，各厂家设备功能各异，无法实现互联互通。

2) 通信联网程度低：大量设备不具备通信功能；具备通信功能的设备，由于二次线安装困难，未实现通信连接。

2. 低压配电网面临的挑战

(1) 涉及专业部门多，缺乏顶层设计。各系统、设备间接口标准、通信规约存在差异，互联互通性较差。

(2) 无法满足高服务要求。需要以低成本的方式快速实现功能改造与业务调整的解决方案，适应能源互联网的快速发展。

(3) 频繁改造，重复建设。无法形成整体优势，造成大量经济资源、数据资源浪费。

(4) 配电网冲击。

1）清洁能源消纳压力大。

2）电动汽车充电桩等可变负荷冲击力大。

二、低压配电网数字转型——智能配变台区

包括实时采集（瞬态捕捉数据聚合）、状态可观（远程可观测、全局可视化）、接入可控（光伏发电、电动汽车充电等）智能分析（风险预警、故障研判）等环节，其体系如图 5-1-1 所示。

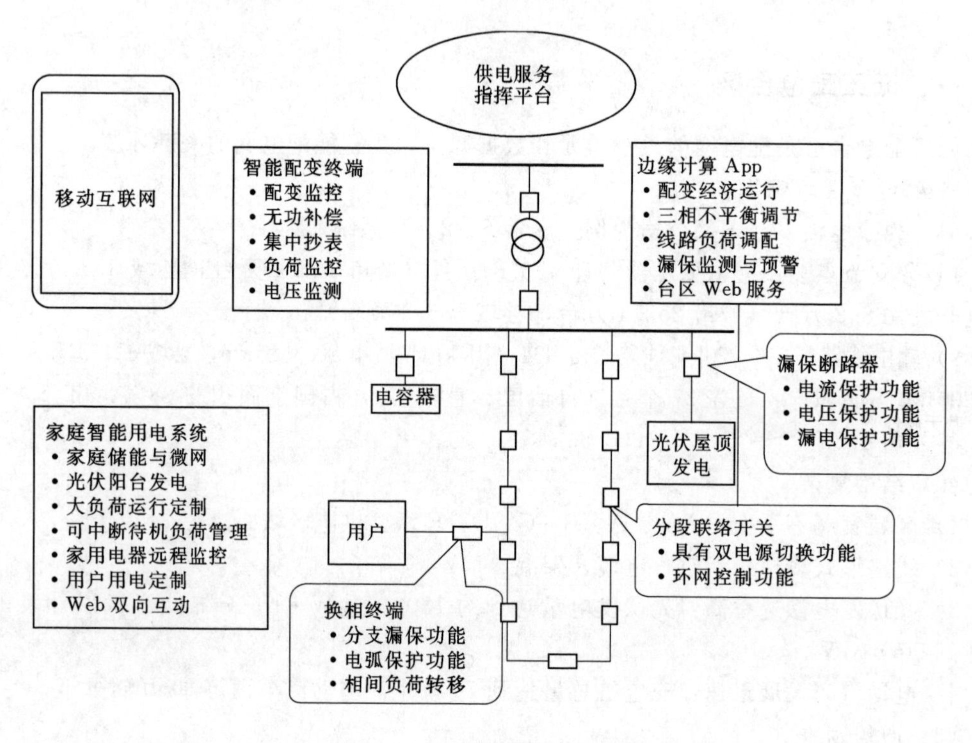

图 5-1-1　智能配变台区体系

三、智能配变台区的关键技术

(1) 阻抗实时测量技术。

(2) 配电线路自动拓扑技术。

(3) 相别标识与识别技术。

(4) 电弧识别与保护技术。

(5) 时间同步技术。

(6) 配电装置自动编号技术。

(7) 配电装置工作电源储能技术。

(8) 非合规负荷识别与定位。

(9) 网络化节点协同计算技术。

第二节 低压配电物联网技术架构

一、技术架构

低压配电物联网技术架构如图 5-2-1 所示。

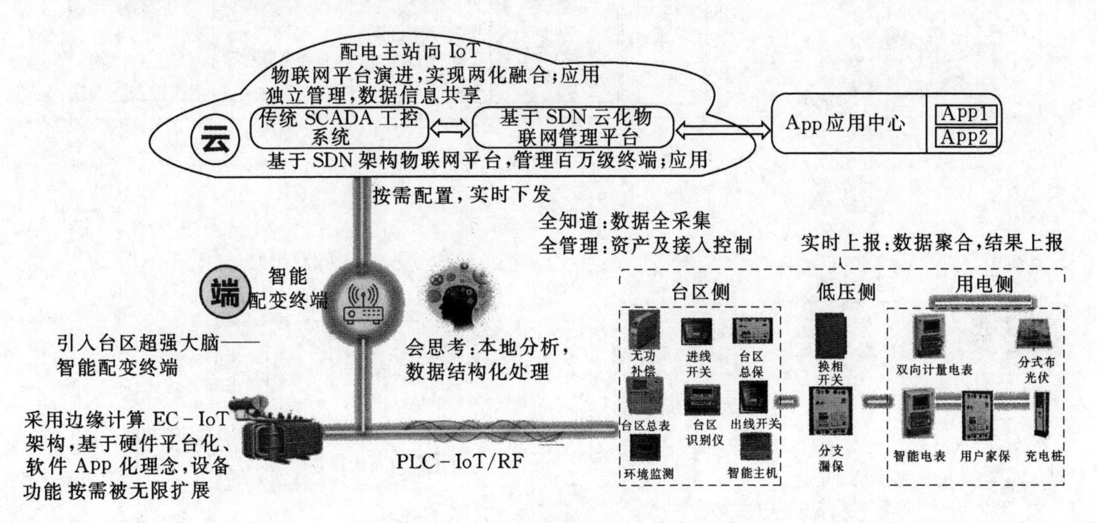

图 5-2-1 低压配电物联网技术架构

二、配电自动化主站

配电自动化主站引入基于 SDN 云化架构的物联网平台技术，与传统 SCADA 工控系统实现信息共享，实现工业化和信息化的“两化”融合，在实现传统 SCADA 运行、监控功能的基础上，通过站、端协同，实现台区精益化管理；配变终端采用边缘计算 EC-IoT 架构，基于硬件平台化、软件 App 化理念，App 按需配置，实时下发，实现对低压台区设备信息全采集，进行本地分析，与主站配合实现端-云协同；支持百万级设备接入与智能运维管理。

各架构的功能如图 5-2-2 所示。

三、App 应用中心

依托中国电科院统一建设智能配变终端 App 应用中心，承担 App 应用检测、发布、运维、升级等全生命周期管理；各单位可根据每个配电台区实际应用需求，通过远程“零接触”点对点方式实现 App 应用灵活定制化部署，提高运维效率。

对外构建 App store 平台，实现 App 检测、发布、运维、升级等；对内应用按需配置，实时下发。

App 应用中心如图 5-2-3 所示。

图 5-2-2　各架构的功能

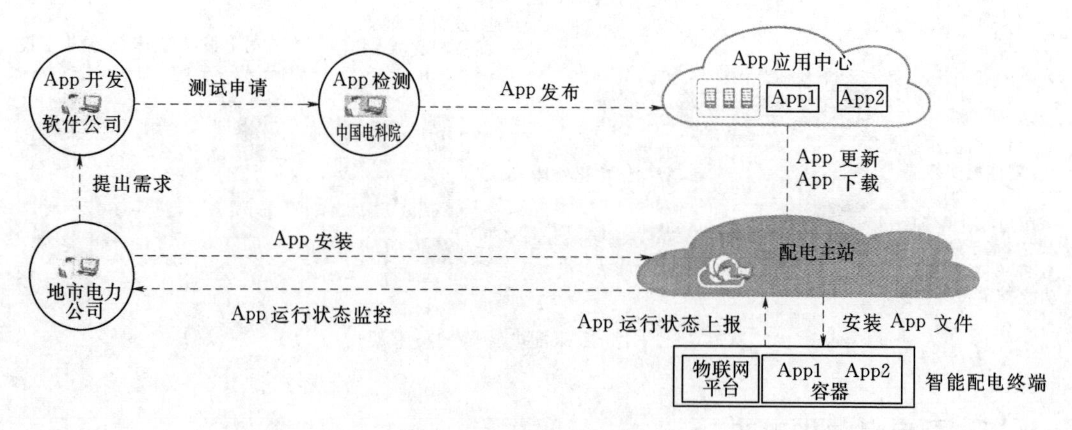

图 5-2-3　App应用中心

四、本地无线通信技术

1. 低压配电网本地无线技术的选择

常见低压配电网本地无线技术及其特点如下：

(1) NBIOT、GPRS等运营商网络：无法做到本地化的水平、汇聚通信。

(2) ZigBee-IP网络：支持IPv6的ZigBee网络，法定无线功率过低，无线频率高，无线信号在户外穿透绕射能力很弱。

(3) LORA网络：长距离模式下通信速率过低，无法满足业务数据通信要求，且国内目前可能有政策法规限制。

(4) CGMESH：支持本地化的水平、汇聚通信，法定允许功率较高，穿透绕射能力相对较强，通信速率基本满足业务要求。

综上所述，CGMESH技术现阶段是适合作为智能台区的本地通信技术。

CGMESH无线网络，是一套符合IPv6标准网络协议栈的网络，如图5-2-4所示。网络协议栈内的各层均运行在一系列国际公开标准、规范的基础上，具有自愈式，多跳mesh网状网的特点。应用上，有就地平行延伸及汇聚通信特性。无线网络主要参数如下：

①无线频率为920.5～924.5MHz；②调制方式为FSK调制；③信道数量为9个；④射频功率为不大于2W；⑤扩频方式为FHSS跳频扩频，减少干扰概率，提升成功率；⑥网络拓扑为mesh多跳网状网；⑦网络跳数为无线中继最大7跳。

2. 无线通信技术的主要性能

几种无线通信技术的主要性能见表5-2-1。

表5-2-1　　几种无线通信技术的主要性能

项目	CGMESH	NBIOT	LORA	GPRS	ZigBee-IP
频段	RFID公用频段920MHz	运营商专用授权频段800～900MHz	433～510MHz公用或计量频段	运营商专用授权频段900MHz	2.4GHz公用频段
空中速率	150kbit/s	100kbit/s	几kbit/s到几十kbit/s	170kbit/s	250kbit/s
法定发射功率	2W	几百兆瓦	10MW	2W	10MW
绕射穿透能力	较强	较强	强	较弱	弱
扩频方式	FHSS跳频扩频	不详	硬件跳频	无	直接序列扩频
网络拓扑	mesh网状网	星形网	星形网	星形网	mesh网状网
本地水平/汇聚通信	支持	否	否	否	支持
网络容量	单网络5000点，网络间互通	运营商模式，按需购买	运营商模式，按需购买	运营商模式，按需购买	单网络几百点，网络间可互通
端到端IPv6直接通信	是	否	否	否	是
流量费用	无	运营商收费	运营商收费，自建免费	运营商收费	无

五、低压侧物联网化

通过智能设备内置通信芯片和操作系统的方式，统一物联网协议标准，适应宽带载波、微功率无线NB-IoT等多种物联网通信技术，实现智能设备与智能配变终端的方便、快捷互联。图5-2-5给出了通信性能需求。

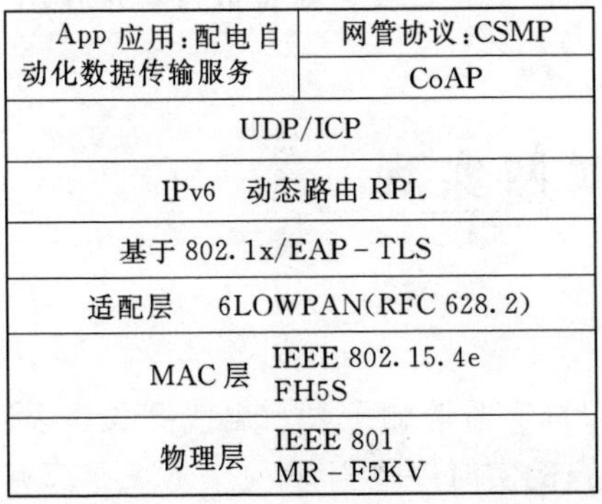

App应用：配电自动化数据传输服务	网管协议：CSMP / CoAP
UDP/ICP	
IPv6　动态路由RPL	
基于802.1x/EAP-TLS	
适配层　6LOWPAN(RFC 628.2)	
MAC层	IEEE 802.15.4e FH5S
物理层	IEEE 801 MR-F5KV

图5-2-4　CGMESH无线网络运行协议栈

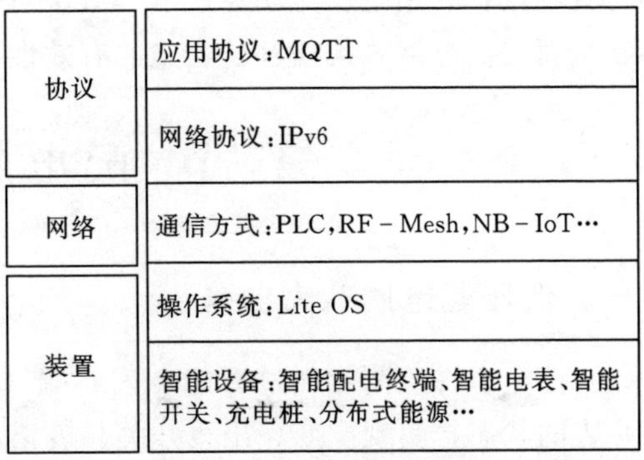

协议	应用协议：MQTT
	网络协议：IPv6
网络	通信方式：PLC，RF-Mesh，NB-IoT…
装置	操作系统：Lite OS
	智能设备：智能配电终端、智能电表、智能开关、充电桩、分布式能源…

图5-2-5　通信性能需求

六、台区拓扑自动辨识技术

台区拓扑自动辨识技术在配变首端侧安装汇集单元（TTU），在电表箱和线路分支点安装分布单元（CTU）。基于台区本地无线网络，使CTU主动发生脉冲式工频小功率信号，利用TTU及CTU的快速高精度采样技术同步对母线上特征信号进行检测，根据每个CTU检测到对应脉冲序列信号的相似度，进行前后逻辑关系的判断，由遍历搜索算法确定定拓扑网络节点前后关系和并行关系，实现台区“配变—分支—表箱”的电气物理拓扑自动辨识，联合营配贯通的“表箱—用户”档案信息可以最终建立低压配电台区的完整的“变—线—箱—户”物理拓扑图，是实现台区可视化运维管理的基础。

（1）应用一：基于台区拓扑自动辨识技术实现的台区精益化线损管理。智能配变终端结合配变变压器侧、分支点负荷测量信息及用户侧计量数据，基于低压配电线路的网络拓扑进行低压侧线损精益化分析，可实现台区总表（TTU）与分支箱、分支箱与表箱、表箱与户表、台区总表与户表四级线损计算分析，快速定位高线损点及窃电点。

（2）应用二：基于台区拓扑自动辨识技术实现的台区供电回路阻抗智能化分析。利用CTU节点可主动注入特征无功功率的特性，通过快速采集节点的电压变化值（ms级间隔）可有效过滤台区供电回路负载变化引起的阻抗计算误差，计算出线路的电抗。该方法是主动施加信号进行测量，称之为主动测量；分别采集线路两点的负荷电气参数，进行潮流计算，可以计算出线路电阻，称之为被动测量。

通过主、被动测量计算出的电抗及电阻数值，赋值到线路阻抗模型（$Z=R+\mathrm{j}X$）中，最终较准确地计算出台区供电回路阻抗数据，通过一定时间对特定范围（线路、区域）阻抗数据的采集和积累，同时结合电网拓扑关系，可以开展以下基于阻抗智能化分析的高级应用，如：

1）供电回路故障预判。基于低压配电线路的网络拓扑以及线路阻抗，通过阈值设定可定位出线路老化或故障点。从而提前发现故障类型并定位，及时安排现场检修。

2）理论线损与防窃电。基于低压配电线路的网络拓扑以及线路阻抗，可以较为准确地计算出低压配电台区各条线路的理论损耗。利用理论线损与实测分段线损的比对可以估算出电网窃电、新增用户点等状况。

3）全局最优的分散式无功补偿。基于低压配电线路的网络拓扑、线路阻抗以及所积累的历史数据，利用电压无功灵敏度等方法对安装点的数量、安装位置以及容量作出一定评估，从而提高分散式无功补偿实施的有效性。

第三节　配电物联网实现

一、低压配电网八大业务

（1）停电事件监测：通过智能台区终端（TTU）实时监测配变、出线开关、表箱进线、户表的状态，实现配变、出线开关、表箱、用户的实时停电告警。

（2）配变运行监测：通过智能台区终端（TTU）实时监测配变的温度、负载、进出

线温度、电流、电压，实现配变重过载告警和环境异常告警。

(3) 户变关系识别：通过智能台区终端（TTU）采集配变、表箱和户表的所属关系并生成注册信息文件，然后把注册信息文件上送主站系统，实现智能台区的户变关系自动识别。

(4) 环境监测及控制：通过智能台区终端（TTU）对接环境监测装置，实现环境（温度、湿度）数据的采集及全景化监测；通过对接设备控制装置，实现对空调、风机、烟感、门禁的遥控，改变以往只依靠人工巡查造成的高成本、低效率状况。

(5) 充电桩应用：通过智能台区终端（TTU）与充电桩对接，实现对充电桩的电流、电压、用电量的采集，并实现充电桩故障告警。

(6) 回路阻抗分析：通过智能台区终端（TTU）采集低压分支箱进线、出线和表箱的电流、电压数据，每日计算阻抗；留存变化曲线，设置告警阈值。

(7) 谐波整治、无功补偿：通过智能台区终端（TTU）采集波形并计算出谐波，上送告警到主站系统；采集配变进线及出线功率因数和无功补偿控制器投切状态，本地计算确认无功装置能否满足台区的补偿。

(8) 负荷预测：通过智能台区终端（TTU）采集设定周期的台区负荷数据，本地算法实现未来24h是否重过载，并把重过载信息上送主站系统，主站系统进行大数据分析，推测出未来24h的负载。

二、配电物联网总体架构

配电物联网总体架构如图5-3-1所示。

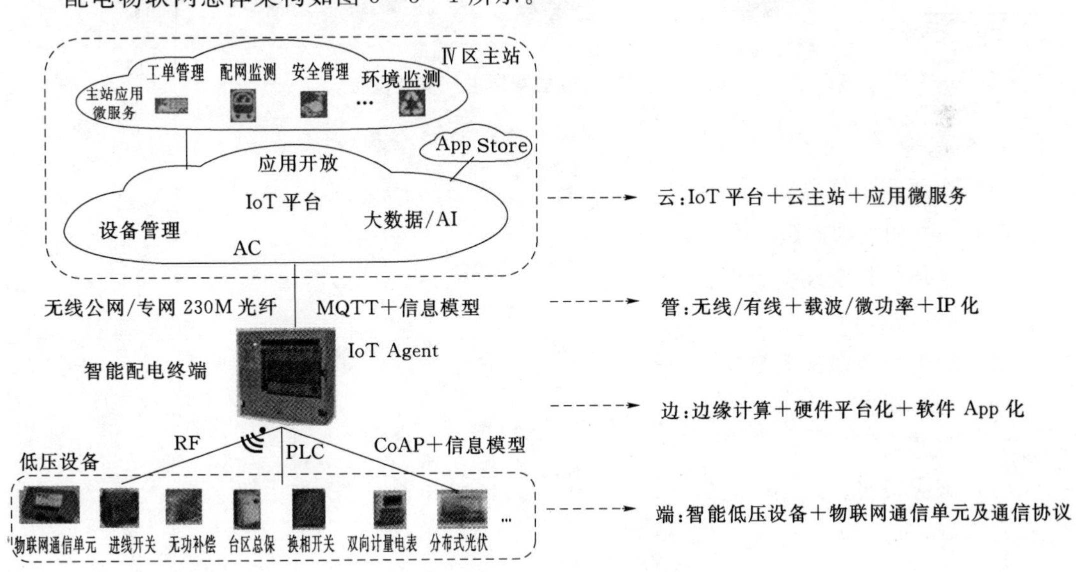

图5-3-1 配电物联网总体架构

该物联网实现低压线路全覆盖、设备状态全采集、环境信息全监控等功能。

1. 中低压电气量

配电物联网电气量及设备如图5-3-2所示。

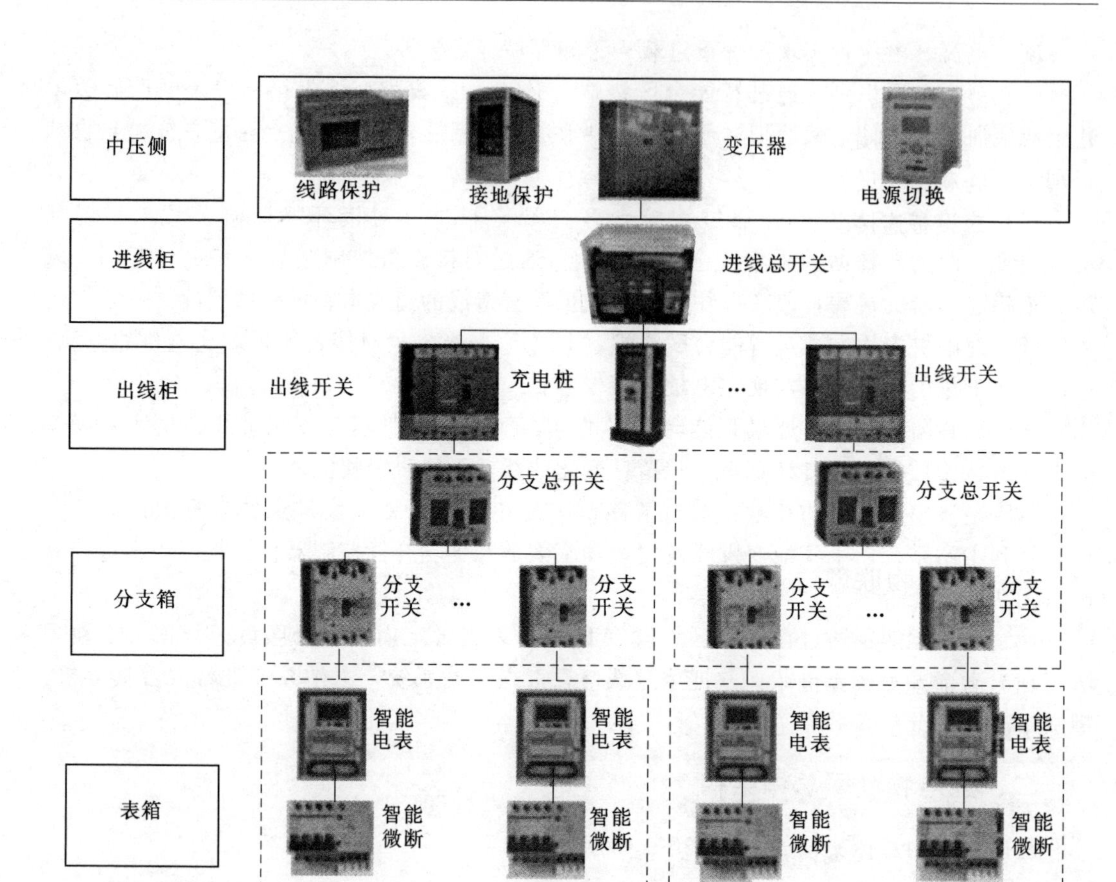

图 5-3-2　配电物联网电气量及设备

2. 状态量

(1) 变压器本体温度。

(2) SF_6 相关的参数。

(3) 高压柜线缆接头温度。

(4) 高压柜局放。

(5) 低压柜线缆接头温度。

(6) 铜排温度。

3. 环境量

(1) 烟雾报警。

(2) 灯控。

(3) 排风扇。

(4) 环境温湿度。

(5) 门磁开关。

(6) 水浸。

(7) 视频监控。

(8) 门禁系统。

(9) 红外系统。

4. 配电物联网建设原则及其应用方案

配电物联网建设原则是：泛在化连接、场景化配置、灵活化建设：①通过物联网通信单元，实现设备连接全物联网化；②标准模型、规范协议、通用流程全面支持即插即用；③三种产品形态覆盖所有应用场景。

(1) 方案一：外置通信单元+设备。适用于带通信的设备改造、新建，比如塑壳断路器、微型表后开关、温湿度传感器等，是以后的主要应用方式。

(2) 方案二：通信单元与设备一体式。物联网化的最终形态，通信单元通过外挂、内置等方式，完全融入设备，实现一体化。

(3) 方案三：不带通信功能类设备。如断路器可通过加装线路采集装置及通信单元进行改造；开关量传感器直接接入通信单元。

三、配电物联网设备

1. 智能配变终端

(1) 智能配变终端的主要特性。

1) "边"层核心设备，边缘计算关键平台。

2) 硬件平台化、软件 App 化，支持应用快速扩展和灵活部署。

3) 虚拟化容器技术，隔离软件故障，增强系统运行稳定性。

(2) 智能配变终端的功能。

1) 支撑全台区信息采集，本地分析。

2) 组合数据分析实现风险预警与故障研判。

3) 分布式电源并网智能管控与状态监测。

4) 台区线损实时分析与预警。

5) 电能质量监测与分析。

6) 台区拓扑主动识别与精准校核。

7) 配变异常运行状态监测与评估管控。

8) 台区安防联动管理。

9) 电动汽车充放电有序控制。

10) 营配数据互联互通支撑。

2. 物联网通信单元

(1) 通信单元系统架构如图 5-3-3 所示。通信单元采用集成轻量级物理网操作系统，采用 IP 化电力载波技术，实现 CoAP 物联网通信协议，支持产品远程升级等技术，实现"端"级设备物联网化，协议差异本地终结，支持端级设备即插即用。

(2) 通信单元可分为模组级、模块级、装置级。

1) 模组级物联网通信单元集成在低压设备内部，具有功能集中化、封装小型化电路简单化等特点，实现载波物理层、链路层、网络层功能，支持模组软件在线升级、故障诊断、远程管理等功能。其性能指标如表 5-3-1 所示。

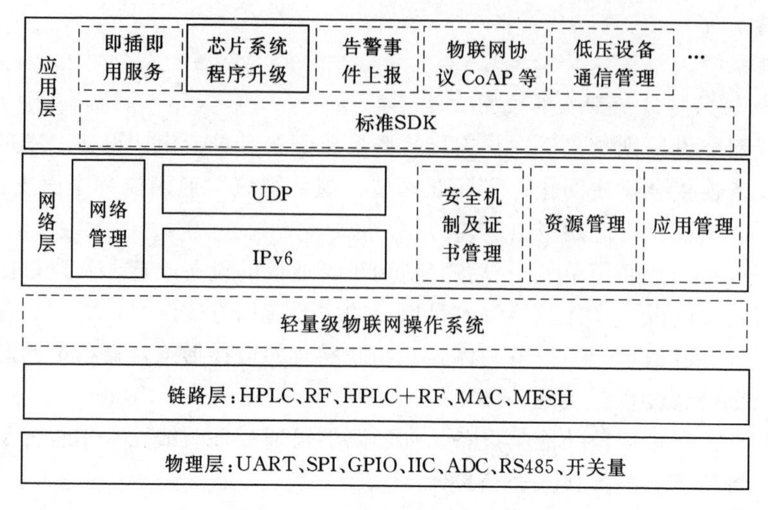

图 5-3-3 通信单元系统架构

表 5-3-1 **模组级物联网通信单元性能指标**

工作电压	频率范围	灵敏度（直连）	组网规模能力	组网级数能力	应用层带宽	通信接口
DC12V±5%	0.7～12MHz	优于－105dBm	>256 节点	>8 跳	>100kbit/s	UART、SPI、GPIO、I^2C、差分 I/O

2）模块级物联网通信单元。

非独立工作模式设计：需要低压设备配合提供电源、接口驱动等外设，实现物联网通信功能。

通用性：以模组级通信单元为核心，增加载波耦合电路、过零检测电路、备用电源等进行功能扩展。

标准化：采用标准化接口、通用型外观、可插拔设计，实现不同厂家通信单元可互换的要求，支持设备热插拔设计。

模块级物联网通信单元性能指标如表 5-3-2 所示。

表 5-3-2 **模块级物联网通信单元性能指标**

工作电压	频率范围	后备电源	组网规模能力	组网级数能力	应用层带宽	通信接口
DC12V±5%	0.7～12MHz	超级电容，DC12V，工作时间不低于 1min	>256 节点	>8 跳	>100kbit/s	UART、GPIO

3）装置级物联网通信单元。独立于低压设备运行，基于模组级通信单元进行扩展。

接口丰富：增加本地通信接口驱动、开关量检测、运维调试接口、状态指示、交直流电源转换等电路。

安装方便：融合导轨、壁挂等多种安装方式。

应用广泛：适用于带通信的老旧设备升级改造、各类新设备的物联网集成等各种应用场景。

装置级物联网通信单元性能指标如表 5-3-3 所示。

4）物联网通信单元路由器。

表 5-3-3　　装置级物联网通信单元性能指标

工作电压	频率范围	后备电源	对外供电	外观尺寸	应用层带宽	通信接口
AC220V	0.7～12MHz	超级电容，DC12V，工作时间不低于 1min	DC12V，8W，支持不低于 8 个开关同时工作	155mm×80mm×40mm	>100kbit/s	RS485、RS232、开关量±12V 输出

物联网通信单元路由管理，支持管理低压台区下属的物联网通信单元。

管理类型多：支持模组级、模块级、装置级通信单元。

支持功能多：具有设备发现、信号收发、程序升级、远程维护等功能。

设备标准化：采用标准化设计，支持带电可插拔安装。

物联网通信单元路由器性能指标如表 5-3-4 所示。

表 5-3-4　　物联网通信单元路由器性能指标

工作电压	频率范围	组网级数能力	应用层带宽	通　信　接　口
AC220V	0.7～12MHz	>8 跳	>100kbit/s	RS485、RS232、开关量、+12V 输出

3. 低压分路监测单元

（1）知变量多：采集低压电缆的电压、电流和温度，线路的遥测信号，做出故障逻辑判断，上送遥测和遥信信息。

（2）故障定位快：集故障告警、监测、通信等功能于一体，与智能配变终端配合，快速定位低压故障信息和原因。

（3）安装快速方便：采用卡线安装方式，具有集成度高、配置灵活等特点，支持不停电安装。

低压分路监测单元性能指标如表 5-3-5 所示。

表 5-3-5　　低压分路监测单元性能指标

工作电压	额定值	整机功耗	交采测量精度	温度测量能力	结构尺寸	通信接口
DC24V	电压：AC220V 电流：600A	<1W	电流电压误差不大于 0.5% 有功无功误差不大于 1.0% 保护电流测量误差不大于8%	误差不大于 2℃ 范围-20～60℃	50mm×85mm×110mm（高×宽×长），孔径尺寸 28	RS485

四、应用举例

（1）多网络融合实现海量互联，如图 5-3-4 所示。

1）通信组网：远程通信基于 4G/5G 公网；本地通信基于 IP 化宽带载波和微功率无线，实现低压台区“零接线”通信网。

2）物联网通信协议：验证 MQT 和 CoAP 的应用场景和适用性；边与端实现低延时状态采集和实时控制，边与云实现面向“主题”发布和订阅的数据共享和交互。

3）海量异构设备接入：通过物联网智能通信单元实现海量异构协议的本地终结，成

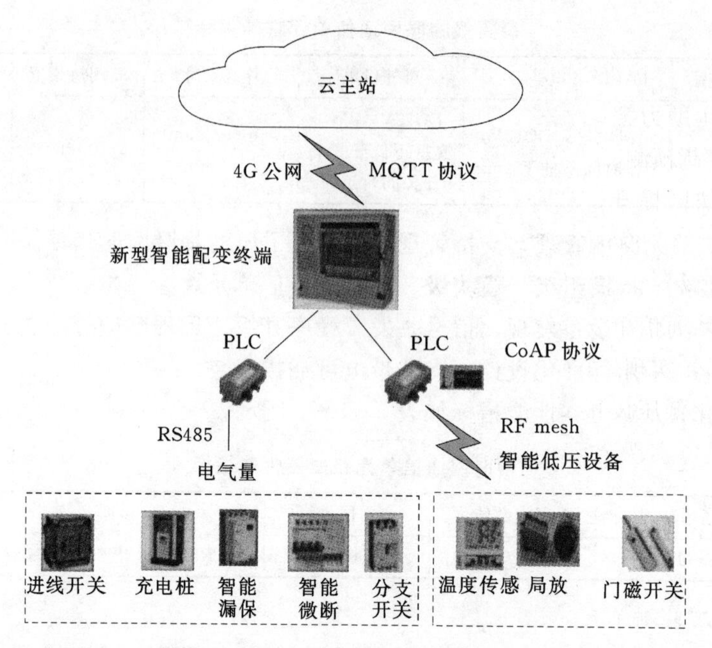

图5-3-4 多网络融合实现海量互联

功解决设备类型与数量多、安装位置分散、布线困难和施工停电等问题。

（2）边缘计算及云-边协同，如图5-3-5所示。

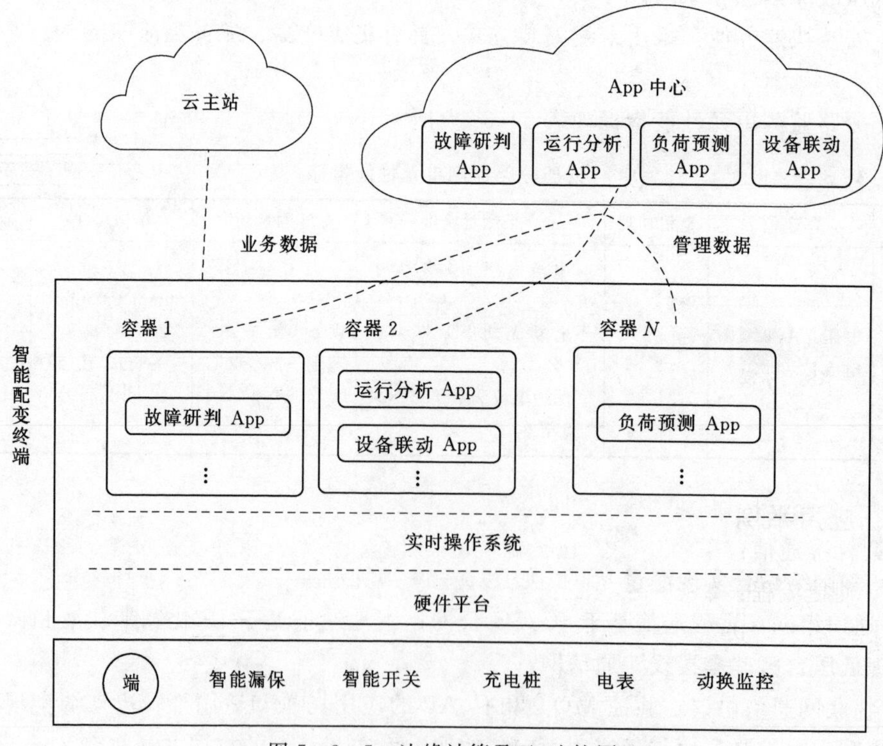

图5-3-5 边缘计算及云-边协同

1）多源数据融合共享：依托智能配变终端的容器和边缘计算能力，建立配电设备标准模型与数据存储标准，优化 App 应用软件架构，实现多源数据的融合共享。

2）微应用助力智能决策：研究本地智能决策分析算法及应用开发，实现故障研判、运行分析、负荷预测、设备联动、风险预警等微应用。

3）高效协同提升处理能力：建立云-边高效协同机制，实现关键数据实时交互、全量数据定期备份，分工协同提升云主站处理能力。

(3) 台区设备状态全感知，如图 5-3-6 所示。

1）物联网通信单元实现台区设备通信全覆盖：装置级、模块级两类基于 IP 化宽带载波的通信单元，实现端设备的物联网接入。

2）智能化低压设备实现所有结点信号高精度采集：电气量、运行状态量、环境量均通过高精度设备实现全感知。

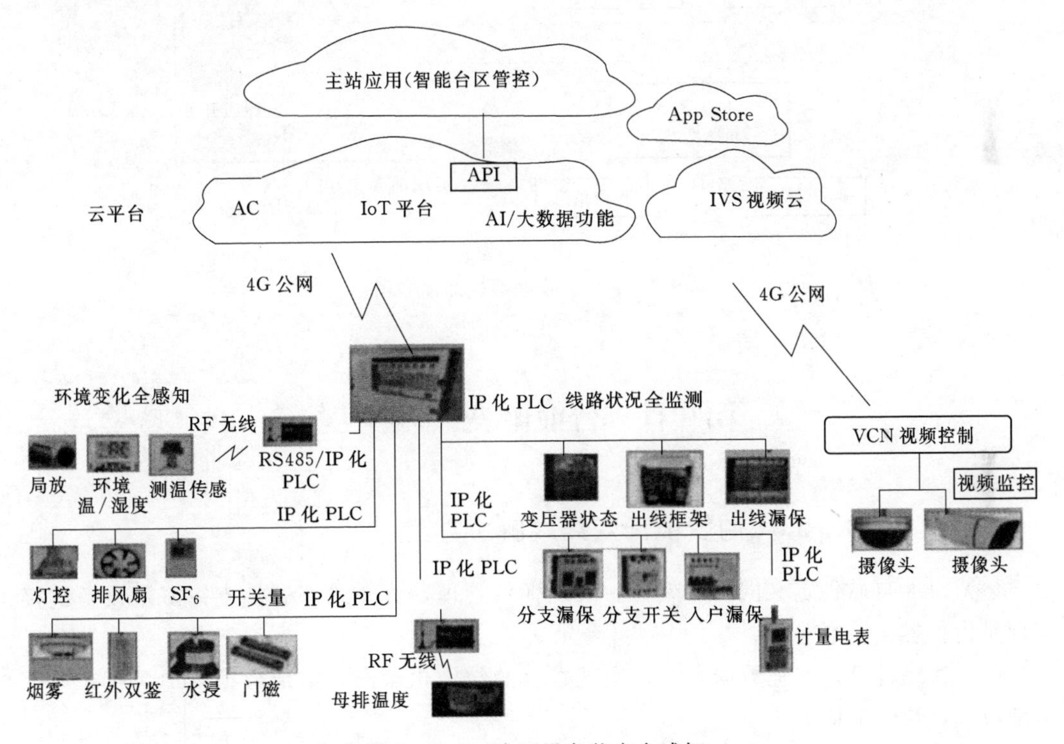

图 5-3-6　台区设备状态全感知

(4) 全面支持物联网化即插即用，如图 5-3-7 所示。

1）标准通信：采用标准智能“端”设备自描述模型及服务接口定义规范。

2）便捷流程：手持终端现场扫码并快速建立与一次设备关联关系和测点映射，实现“端”到“边”、“边”到“云”的自发现、自注册和自动建模，改变传统依赖人工配置的施工模式。

3）新能源接入：支持充电桩、光伏等各类用户终端快速接入，以最小化配置最大化提升调试效率。

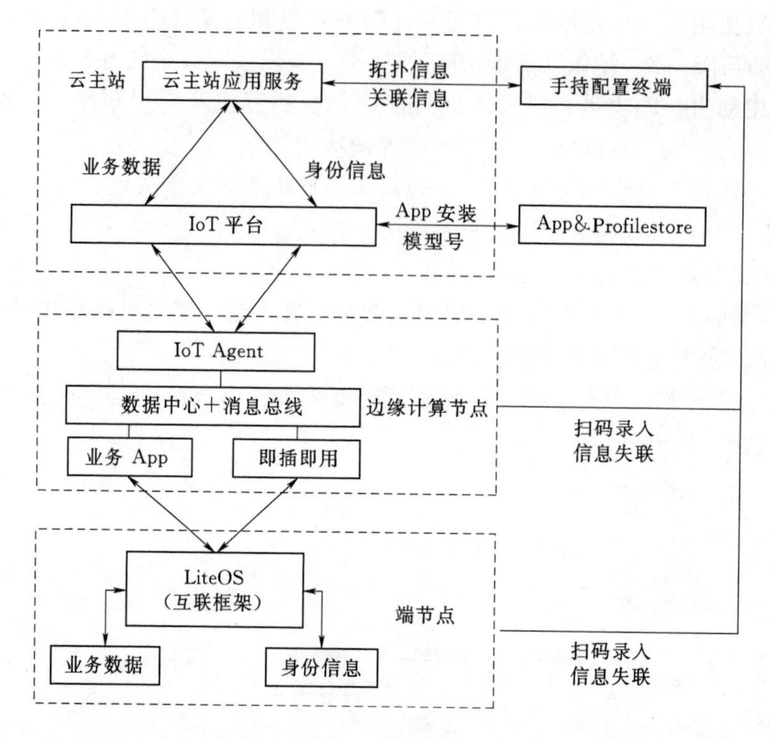

图 5-3-7 物联网化即插即用

第四节 智能配变终端实现

一、基于 EC-LoT 的智能配变终端解决方案

（1）SDN（软件定义网络）架构。实现弹性管理，分布式部署，支撑海量设备链接，实现平滑扩容。

（2）边缘计算。本地数据聚合，实现数据的结构化输出，实现数据就地分析、存储，本地决断，快速响应。

（3）安全接入。接入、传输、访问控制全方位的安全机制，构筑端到端的生态安全。

基于 EC-LoT 的智能配电终端解决方案如图 5-4-1 所示。

二、智能配变终端架构

从“端”入手，智能配变终端给台区引入最强大脑，功能随需扩展。

智能配变终端作为低压配电物联网的核心，充分考虑低压配电网现状与发展趋势，采用分布式边缘计算技术架构，RTOS 实时操作系统，多容器等关键技术，和硬件平台化、功能 App 化设计理念，满足配网业务的灵活、快速发展和安全生产的需求。

（1）分布式边缘计算技术架构，具备强大的就地化数据处理能力。

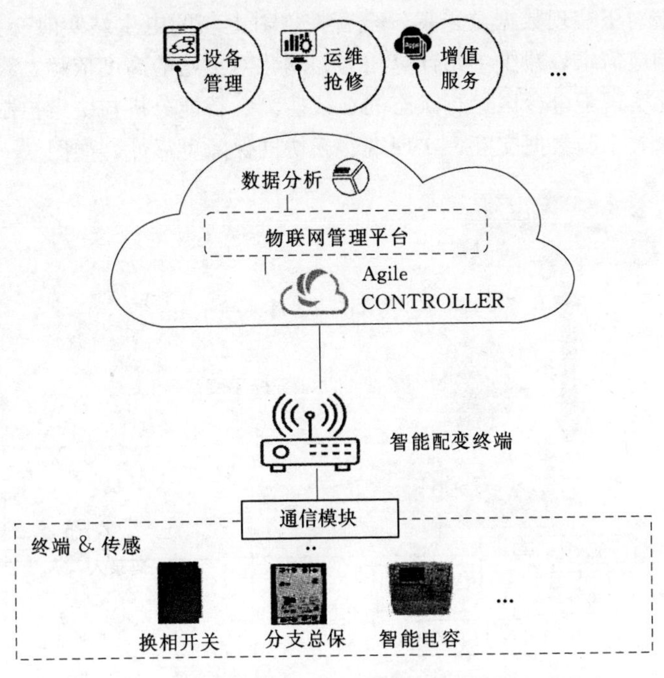

图 5-4-1　基于 EC-LoT 的智能配变终端解决方案

(2) 支撑全台区信息采集，本地分析，本地决断，快速响应。

(3) 硬件平台化，软件 App 化，应用按需配置，实时下发。

智能配变终端架构如图 5-4-2 所示。

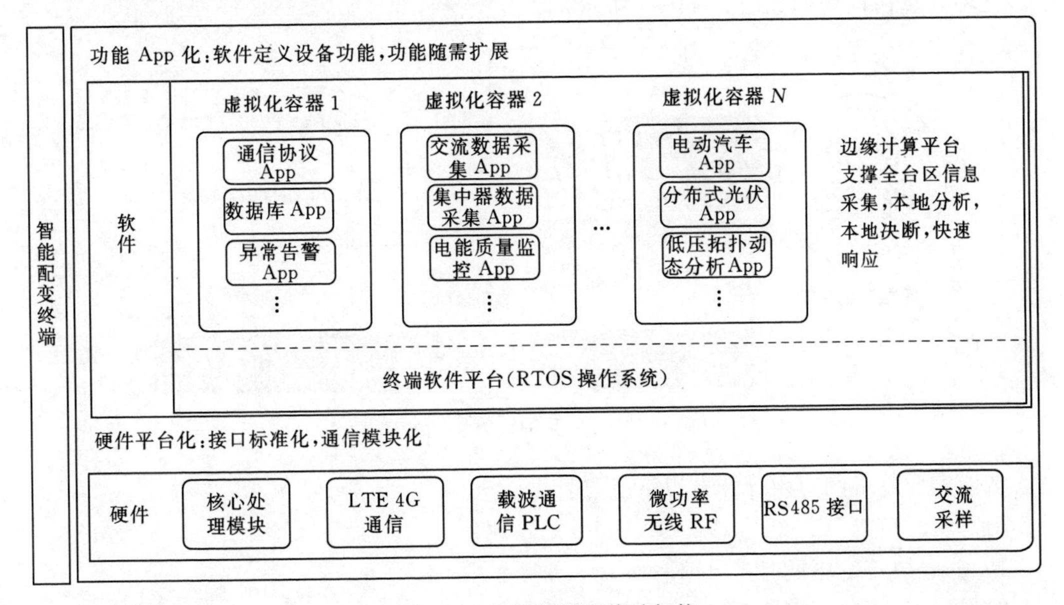

图 5-4-2　智能配变终端架构

三、智能配变终端的边缘计算

智能配变终端对下实现数据全采集、全管控，对上与配电主站实时交换关键运行数据。为满足实时快速响应需求、减少主站计算压力、弱化对主站的高度依赖，终端采用“边缘计算”技术，就地化实现配电台区运行状态的在线监测、智能分析与决策控制，同时支持与配电主站云端的计算共享与数据交互，实现端、云协同保障可靠性，如图 5-4-3 所示。

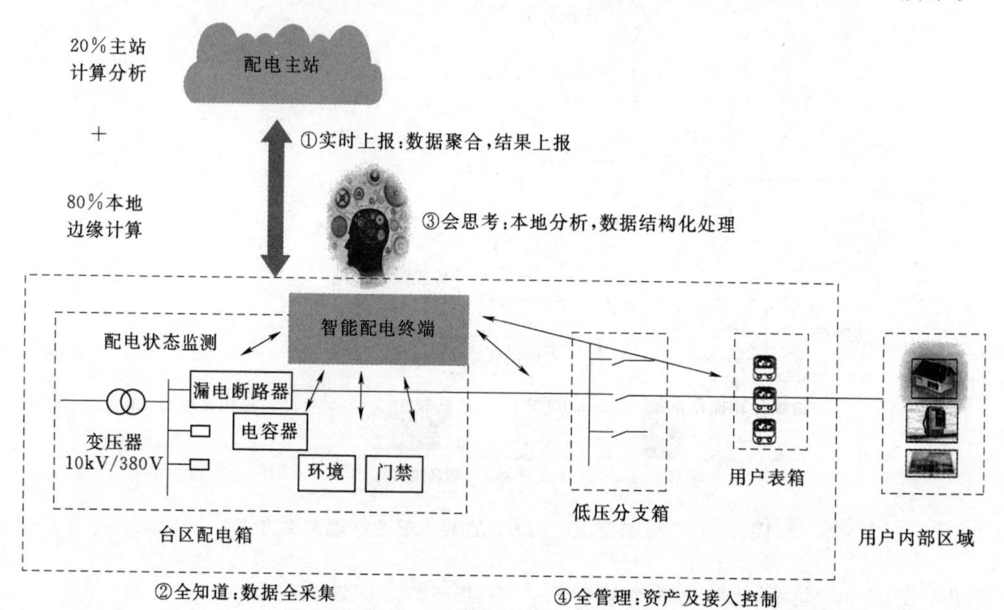

图 5-4-3　配变终端的边缘计算

几种计算协同处理如图 5-4-4 所示。

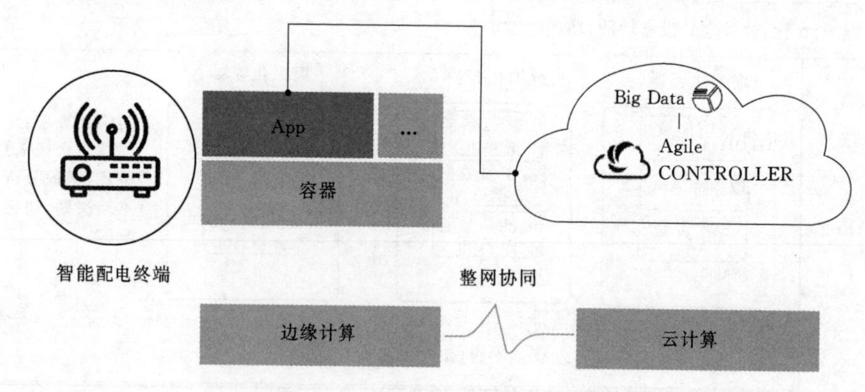

图 5-4-4　几种计算协同处理

智能配变终端的边缘计算有以下优点：

(1) 实时可靠。

1) 分层决策，更低时延（毫秒级）。

2) 降低 WAN 可靠性要求。

(2) 数据聚合。

1) 整网协同，本地解决数据异构与分散的问题。

2) 数据过滤，节省 WAN 流量。

(3) 数据安全。

1) VPN、TPM 安全芯片。

2) 行业安全芯片。

四、配变终端需求

配变终端需求见表 5-4-1。

表 5-4-1　　配变终端需求

<table>
<tr><th colspan="8">需求</th><th>功能</th></tr>
<tr><td>容器管道工具 kbs-Agent</td><td>台变监测 App</td><td>低压用户接入 App</td><td>无功补偿 App</td><td>三相不平衡治理 App</td><td>阻抗测量计算 App</td><td>分布式电源并网状态监测 App</td><td>充电桩实时状态监测与管理 App</td><td>业务 App 层；容器化封装，实现硬件解耦，系统解耦</td></tr>
<tr><td colspan="8">容器引擎（Docker Engine）</td><td rowspan="2">(1) 统一操作系统层：开放、兼容。
(2) Docker 版本为 17.03.1。
(3) 操作系统为 Ubuntu 16.04</td></tr>
<tr><td colspan="8">边缘计算操作系统（Ubuntu）</td></tr>
<tr><td colspan="8">智能配变终端硬件（TTU Hardware）</td><td>(1) 硬件层：开放、标准。
(2) MPU：IMX6 系统列处理器，Cortox-A9，双核，频率 800MHz。
(3) DDR3-1GB，FLASH-4GB</td></tr>
</table>

为支撑边缘计算，以平台化设计思路，引入更高性能的工业级 A9 系列双核 CPU，进一步强化硬件计算及存储能力。

为了能够更好地适应未来远程通信技术、本地通信技术的发展，以及通信接口多样化，采用硬件接口模块化的设计理念，硬件接口模地以总线的模式接入主 CPU，实现热插拔，即插即用，以及自动识别。远程通信模块以更高速的 CSB 总线接入主 CPU，其速率可达 12Mbit/s。本地通信模块及接口扩展模块则选用更高性价比的 RS422 全双压总线，其速率可达 1～5Mbit/s。同时基于芯片厂家标准 MPU 构建统一操作系统平台，为业务 App 的开发提供一致环境，实现业务 App 与硬件级操作系统的解耦。配变终端需求描述见表 5-4-2。

表 5-4-2　　配变终端需求描述

<table>
<tr><th>项目</th><th>需求描述</th><th>项目</th><th>需求描述</th></tr>
<tr><td>工作温度</td><td>−40～70℃</td><td>绝缘等级</td><td>EC62052-11 Class2</td></tr>
<tr><td>存储温度</td><td>−40～85℃</td><td>整机 EMC 需求</td><td>ClassA</td></tr>
<tr><td>散热方式</td><td>自然散热</td><td>IP 等级</td><td>IP51</td></tr>
<tr><td>工作湿度</td><td>5%～95%，非凝露</td><td rowspan="4">主控 CPU 系统</td><td rowspan="4">CPU：ARM 2core@700MHz 以上
内存：512MB
FLASH：1GB
支持 RTC</td></tr>
<tr><td>工作海拔</td><td>0～4000m（标准 0～1000m）</td></tr>
<tr><td>整机尺寸</td><td>宽×深×高：280mm×230mm×95mm</td></tr>
<tr><td>安装方式</td><td>挂墙、DIN</td></tr>
</table>

表 5-4-3 给出智能配变终端与传统 TTU 性能比较。

表 5-4-3　　智能配变终端与传统 TTU 性能比较

类　型	功能视角	技术视角	架构视角	未来业务演进视角	管理运维视角
传统 TTU	二遥/三遥	“各显神通”	只关注功能实现，架构封闭	基本不可演进	弱
智能配变终端	二遥（三遥）＋通信增强，计算增强	“各显神通”	只关注功能实现，架构封闭	弱	较弱
基于边缘计算的智能配变终端	二遥（三遥）＋通信增强，计算增强	借鉴 SDN 的实现：软、硬解耦；“软件定义终端”	借鉴 IT 和云的思想：标准/开放/生态（ARM＋Linux）	平滑演进	云化统一运维

通过验证，对比传统 TTU，智能配变终端具有极大的优势，并带来巨大的好处，见表 5-4-4。

表 5-4-4　　智能配变终端的优势

序号	优　势	带 来 的 好 处
1	灵活扩展：业务灵活扩展，通过业务 App 化打破“硬件决定业务”模式	（1）按需，快速自主定制化已知或扩展未来潜在的业务。 （2）让业务功能和应用场景需求、基层配网管理者更加快速匹配
2	智能，自治：低压配网智能化下移，实现分层管理	（1）通过边缘计算技术直接管理本地智能开关和数据，实时分析处理，和主站协作，最大程度实现“台区自管理”。 （2）降低和主站通信通道的带宽消耗和提高可靠性，如故障研判，预计减少误报率 20%，减少上行流量 20%
3	海量，易维：物联化管理平台，支持海量终端全自动化、免本地维护	设备首次安装连线后，通过在云端物联网管理平台上的精细化运维管理，免除一切现场人工维护
4	面向未来演进：以智能配变终端为核心，使能低压配电网整体物联化演进	实现低压智能开关等规约的归化，标准化，基于 IPv6、LiteOS 物联网操作系统，使能低压配电网整体物联化演进
5	可靠，安全：高可靠性，极致安全	（1）硬件最大程度模块化设计，软件引入容器隔离安全技术，提升系统可靠性，确保业务稳定性，降低维护成本。 （2）芯片级、接入、传输、访问控制层全方位的安全机制，构筑端到端的安全保障
6	高性能：提升业务管理质量，从容面对新业务需求挑战	（1）拓扑分析，预计将低压拓扑准确性常态化保持在 70%以上。 （2）全面掌握谐波、无功补偿的实际情况及补充情况，支撑台区电能质量精准治理。 （3）分布式电源，终端与逆变器信息互联，实现公司企业标准中反孤岛检测、功率支持、功率预测、有序并网等技术要求。 （4）充电桩管理，终端与充电桩信息互联，减少充电桩对配电网的影响，提高配电线路及相关设备的利用率

第五节　智能台区的发展

结合配电台区实际运行情况与管理需求，针对性地开展了配电变压器状态监测评估、低压故障研判、分布式电源接入管理等 App 开发以及应用工作，并对 App 应用进行功能审核与效果评价，择优进行推广应用，全面提升低压配电网精益化运维管理水平。智能配变终端 App 应用如图 5-5-1 所示。

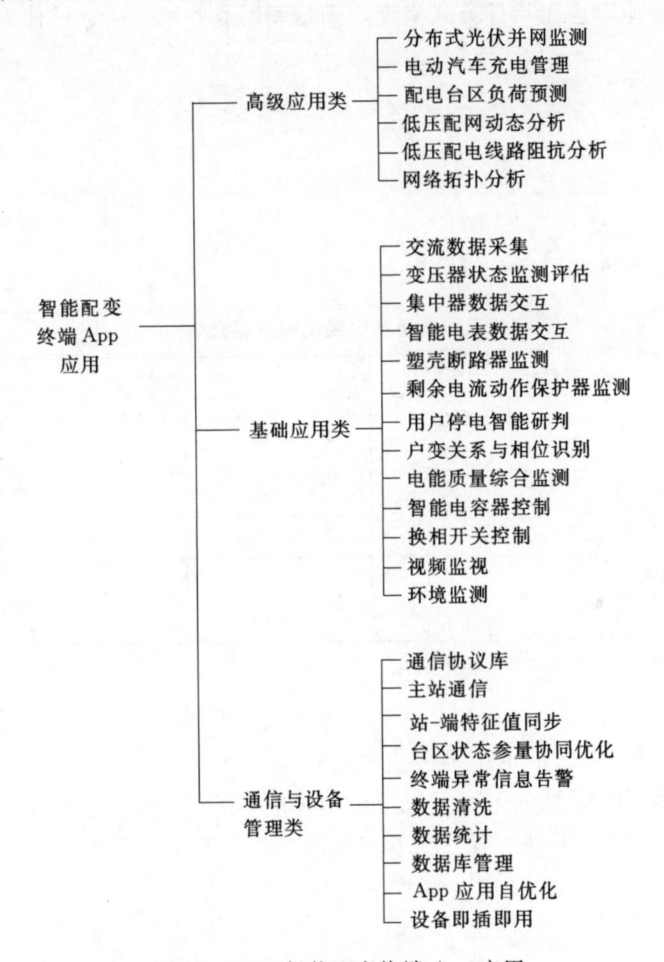

图 5-5-1　智能配变终端 App 应用

第六节　智能配变终端技术要求

集配电台区供电信息采集、设备状态监测及通信组网、就地化分析决策、主站通信及协同计算等功能于一体的二次设备（以下简称终端），采用平台化硬件设计和分布式边缘计算架构，以软件定义方式支撑业务功能实现及灵活扩展。

一、总体要求

（1）终端应定位于低压配电物联网核心，采用平台化硬件设计和边缘计算架构，支持就地化数据存储与决策分析。

（2）终端应采用模块化、可扩展、低功耗、免维护的设计标准，适应复杂运行环境，具有高可靠性和稳定性。

（3）终端应采用统一标准的系统开发环境，实现软、硬件解耦。

（4）终端功能应以应用软件方式实现，满足配网业务的灵活、快速发展需求。

二、环境条件

1. 参比温度及参比湿度

参比温度为23℃；参比湿度为40％～60％。

2. 环境温度、湿度

工作场所环境温度和湿度分级见表5－6－1。

表5－6－1　工作场所环境温度和湿度分级

级别	环境温度		湿度		使用场所
	范围/℃	最大变化率/(℃/min)	相对湿度/％	最大绝对湿度/(g/m³)	
C1	－5～45	0.5	5～95	29	非推荐
C2	－25～55	0.5	10～100	29	室内
C3	－40～70	1.0	10～100	35	遮蔽场所、户外
CX	待定				

注　CX级别根据需要由用户和制造商协商确定。

3. 海拔

（1）能在海拔0～4000m的范围内正常工作。

（2）对于安装在海拔1000m的终端应依据标准GB/T 11022—2011《高层开关设备和控制设备标准的共用技术要求》第2.3.2条要求的耐压测试规定执行。

三、供电电源

1. 供电方式

使用交流三相四线制供电，在系统故障（三相四线供电时任断二相电）时，交流电源可供终端正常工作。

2. 电源技术参数指标要求

（1）额定电压：AC220V/380V，50Hz。

（2）允许偏差：－20％～20％。

（3）终端上电、断电、电源电压缓慢上升或缓慢下降，均不应误动或误发信号，当电源恢复正常后应自动恢复正常运行。

(4) 电源恢复后保存数据不丢失，内部时钟正常运行。

(5) 电源由非有效接地系统或中性点不接地系统的三相四线配电网供电时，在接地故障及相对地产生10%过电压的情况下，没有接地的两相对地电压将会达到19倍的标称电压，维持4h，终端不应出现损坏。供电恢复正常后终端应正常工作，保存数据应无改变。

3. 后备电源

(1) 终端宜采用超级电容作为后备电源，并集成于终端内部。当终端主电源故障时，超级电容能自动无缝投入，并应维持终端及终端通信模块正常工作至少3min，具备三次上报数据至主站的能力。

(2) 失去工作电源，终端应保证保存各项设置值和记录数据不少于1年。

(3) 超级电容免维护时间不少于8年。

四、通信接口

1. 通信协议

(1) 网络层协议要求。

1) 对于使用以太网进行通信的终端，其所使用的TCP/IP协议中的网络层IP协议应同时支持IPv4和IPv6相关要求。

2) 终端远程通信应使用一个无线通信通道，业务和管理数据流使用不同端口号。

(2) 应用层协议要求。终端本地通信协议应支持DL/T 645—2007《多功能电能表通信协议》、DL/T 698.45—2017《电能信息采集与管理系统　第4-5部分：通信协议——面向对象的数据交换协议》、Q/GDW 1376.1—2013《电力用户用电信息采集系统通信协议　第1部分：主站与采集终端通信协议》、Q/GDW 1376.2—2013《电力用户用电信息采集系统通信协议　第2部分：集中器本地通信模块接口协议》、MODBUS等，满足与智能电容器、剩余电流动作保护器等设备的通信要求；终端与主站通信规约应满足《配电自动化系统网络安全防护方案》（运检三〔2017〕6号）、DL/T 634.5101—2012《远动设备及系统　第5101部分：传输规约　基本远动任务配套标准》、DL/T 634.5104—2009《远动设备及系统　第5104部分：传输规约　采用标准传输协议集的IEC 60870-5-101网络访问》实施细则的要求。

2. 终端远程通信

(1) 业务数据流应符合《配电自动化系统网络安全防护方案》（运检三〔2017〕6号）、DL/T 634.5101—2012《远动设备及系统　第5101部分：传输规约　基本远动任务配套标准》、DL/T 634.5104—2009《远动设备及系统　第5104部分：传输规约　采用标准传输协议集的IEC 60870-5-101网络访问》实施细则，传输遥信、遥测、遥控等业务相关数据。

(2) 管理数据流可通过NETCONF RPC协议，传输设备管理、容器管理和应用软件管理等管理相关数据。

3. 终端本地通信

(1) 本地通信应支持RS232、RS485、电力线载波、微功率无线等方式。

（2）RS232/RS485 接口传输速度可选用 9600bit/s、19200bit/s。

（3）以太网接口传输速率应为 10/100Mbit/s 自适应。

4. 接口

（1）终端远程通信接口：终端应具备 1 路无线公网或无线专网远程通信接口。

（2）终端本地通信接口：终端应至少具备 2 个 RS485、2 个 RS232/RS485 可切换串口、1 个电力线载波通信接口/微功率无线通信接口。

（3）终端应具备 2 路以太网，既可作终端远程通信接口，也可作为本地通信接口。

（4）终端应具备至少 4 路开关量输入接口，采用无源节点输入。

（5）终端宜具备三线制 PT00 接口。

（6）终端无线公网、无线专网、电力线载波、微功率无线等通信模块应采用模块化设计，根据需求更换和选择。

五、软件功能

终端软件由平台软件和应用软件组成。

1. 平台软件

（1）平台软件功能。

1）平台软件应支持设置查询本地时间和时区。

2）平台软件应支持终端网络配置的修改和查询。

3）平台软件应支持对软件包合法性校验。软件包被破坏后，程序应启动失败。

4）平台软件应支持设备软件、容器、应用软件的远程升级，同时支持断点续传。

5）平台软件应支持设置和查看系统的 CPU 占用率、内存占用率、内部存储占用率等告警门限。

6）平台软件应支持监测系统异常上报，异常信息包括但不限于设备 CPU 占用率越限、设备内存越限、设备存储空间不足、设备复位等。

7）平台软件支持的运维功能宜符合规定。

（2）容器。

1）平台软件应提供分配容器运行的 CPU 核数量、内存、存储资源、接口资源的功能。

2）平台软件应支持容器运行管理，包括容器启动、停止等。

3）平台软件应支持容器监控功能，包括容器重启、CPU 占用率、内存使用率、存储资源越限等情况。存储资源越限、容器重启上报告警，CPU 占用率和内存占用率越限上报告警并重启容器

4）平台软件应支持容器升级，升级过程中自动停止容器中应用软件的运行，容器升级完成后应用软件自动恢复正常运行。

（3）应用软件管理。

1）平台软件应支持应用软件的启动、停止、安装、卸载等功能。

2）平台软件应支持查看应用软件的 CPU 占用率、内存占用率。

3）平台软件应支持监测应用软件异常的功能，包括应用软件重启、CPU 占用率超

限、内存使用率超限。CPU 占用率超限和内存使用率超限时，应上报告警并重启应用软件。

2. 应用软件

(1) 应用软件设计应基于平台软件数据，与硬件实现解耦，支持独立开发，实现终端业务功能的灵活、快速扩展。

(2) 应用软件应由专业机构测试验证并统一发布。

六、功能要求

1. 硬件性能要求

终端主 CPU 应满足单芯多核，主频不低于 700MHz，内存不低于 512MB，FLASH 不低于 1GB，CPU 芯片应为国产工业级芯片。

2. 模拟量

(1) 测量条件。电压：176～264V；电流：0～6A；频率：45～55Hz。

(2) 测量精度。终端应具备电压、电流等模拟量采集功能，测量电压、电流、功率、功率因数等，其测量精度等级宜达到 0.5S 级。

电压误差极限：±0.5%；电流误差极限：±0.5%；频率误差极限：0.01Hz；有功功率误差极限：±1%；无功功率误差极限：±1%；功率因数误差极限：±1%；视在功率误差极限：≤1.0%；电度量误差极限：1.0%。

3. 输入状态量

(1) 支持单点遥信。

(2) 软件防抖动时间 100～60000ms 可设，事件记录分辨率不大于 100ms。

4. 交流工频电量允许过量输入能力

对于交流工频电量，在以下过量输入情况下应满足其等级指数的要求：

(1) 连续过量输入。对被测电流、电压施加标称值的 120%；施加时间为 24h，所有影响量都应保持其参比条件。在连续通电 24h 后，交流工频电量测量的基本误差应满足其等级指数要求。

(2) 短时过量输入。在参比条件下，按表 5-6-2 的规定进行试验。

在短时过量输入后，交流工频电量测量的基本误差应满足其等级指标要求。

表 5-6-2　　短时过量输入

被测量	与电流相乘的系（倍）数	与电压相乘的系（倍）数	施加次数	施加时间/s	相邻施加间隔时间/s
电流	标称值（5A）×20	—	5	1	300
电压	—	标称值（220V）×2	10	1	10

七、配变终端运维功能

配变终端运维功能见表 5-6-3。

表 5-6-3　　配变终端运维功能

分　类	功能项	备　注
终端支持查看的设备信息	设备类型	
	设备名称	
	电子标签	
	厂商信息	
	设备状态	
	设备 MAC 地址	
	设备当前时间	
	设备启动时间	
	设备运行时长	
	设备内存	
	设备内部存储	
	设备软件及其补丁版本信息	
	容器及其补丁版本信息	
	App 及其补丁版本信息	
	硬件版本信息	
	设备上行通信接口信息	包含 eth 接口和 3G/4G 接口
终端支持配置的设备信息	设备名称	
	设备当前时间	
	系统启动与升级	支持远程配置系统启动与升级
	设备温度	
终端支持检测的设备故障	RTC 故障检测	RTC 芯片读取失败
	温感故障检测	温度超出设定阈值或者芯片温度读取失败
终端支持的软件运维机制	软件看门狗机制	监控系统软件进程，系统软件进程异常时触发软件进程复位；如该软件进程反复重启失败，则重启整个系统软件
	硬件看门狗机制	在硬件设定时间内，看门狗未收到相应处理信号，即重启终端硬件
	应用软件状态监控	监控应用软件的 CPU 使用率、内存使用率，如超过用户设置的门限，则上报告警；应用软件进程异常退出时，系统守护进程可以重新启动该进程，同时上报告警
	容器状态监控	当容器的 CPU 使用率、内存使用率连续 2min 超过 90%，终端会上送告警，并且重启容器。当容器的 FLASH 使用率连 2min 超过 80%会上送告警，但不会重启容器

续表

分　类	功 能 项	备　注
日志	日志基本功能	支持日志查询、日志过滤搜索、日志压缩功能，同时日志缓存到内存中，内存中的日志定时保存到存储介质，以提高存储介质的寿命
	应用软件日志记录接口	平台软件为应用软件提供日志记录功能接口，提供日志基本功能
	异常复位日志记录	平台软件支持异常复位日志记录功能、记录内容包括复位类型，复位时间等内容；软件平台支持内核黑匣子日志，记录内核崩溃时的错误信息
	用户操作日志记录	平台软件应记录重要操作、将日期时间修改，用户/组修改，配置系统网络环境，用户登入和登出，未经授权访问文件，删除文件等重要操作都应自动记录存储到日志中
	日志远程上载	日志可通过主站远程上载日志

第七节　台　区　线　损

一、影响残损的不利因素

1. 线路方面

(1) 线路布局不合理（迂回供电）。

(2) 导线面积小（过负荷运行）。

(3) 线路轻负荷运行，固定损耗大。

(4) 接户线过长、过细、年久失修、破损等。

(5) 绝缘子污染、击穿，表面泄露。

(6) 线路接头发热损耗。

(7) 对地距离不够（通过树林漏电）。

(8) 大风碰线漏电流增加。

(9) 三相不平衡负载。

(10) 低压线路过长、末端电压低，损耗增加。

2. 用电方面

(1)“小马拉大车”或“大马拉小车”。

(2) 无功补不合理。

(3) 电表未周期检查。

(4) 互感器不符合规定要求，接线错误（是否单独，误差等级）。

(5) 计量容量与负荷不匹配，长期空载计量。

(6) 计量设备安装不合规定（环境、倾斜等）。

(7) 无表或违章用电。

（8）抄表日不固定或抄表不到位。

（9）窃电或认为引起的其他漏电。

3. 管理方面

（1）检修安排不合理，造成线路或变压器超负荷运行。

（2）不坚持计划检修，不进行定期清扫。

（3）不进行电压和负荷测试，不经常平衡低压三相负荷。

二、降低残损的措施

1. 技术措施

（1）做好规划和计划，加强电源点建设，提升电压等级。

（2）准确预测负荷，科学选择变压器容量，合理确定变压器布点，缩短低压供电半径。

（3）改造“卡脖子”和迂回供电线路。

（4）淘汰高耗能变压器，选择节能型变压器。

（5）淘汰、更换技术等级低的计量装置。

（6）合理进行无功补偿（确定补偿点、补偿容量和补偿方式）。

（7）提高线路绝缘水平（目前绝缘线、电缆线的使用）。

（8）做好三相平衡（配变出口平衡度不超过10%，低压干线及主干支线不超过20%）。

2. 管理措施

（1）实事求是，合理确定指标。

（2）不允许线损考核“全奖全赔”。

（3）严格抄表制度的建立和考核。

（4）量化指标，落实到人。

（5）加强审核环节（数据异常必检查核实）。

（6）严格线损考核，定期公布完成情况。

（7）加强宣传，杜绝窃电。

（8）加强流程管理，提高安装工艺和质量。

三、台区线损计算治理方案

1. 低压台区监测方案

图5-7-1给出了低压台区能耗监测方案。通过对变压器出线及用户表箱处进行监测，实现变压器处能耗和用户能耗。通过对台区能耗数据的监测，有针对性地提出治理方案。

本方案价值点如下：

（1）实时监测线损数据。

（2）对于异常数据及时发现及时处理（功率因数等）。

（3）对于供电风险实现主动感知（漏电、接地等）。

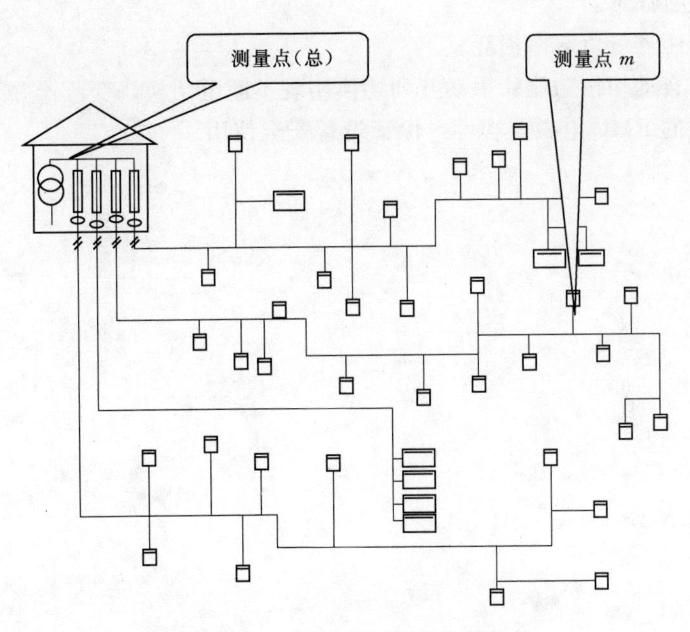

图 5-7-1　低压台区能耗监测方案

2. 减少低负载率变压器损耗系统

图 5-7-2 给出了减少低负载率变压器损耗系统。

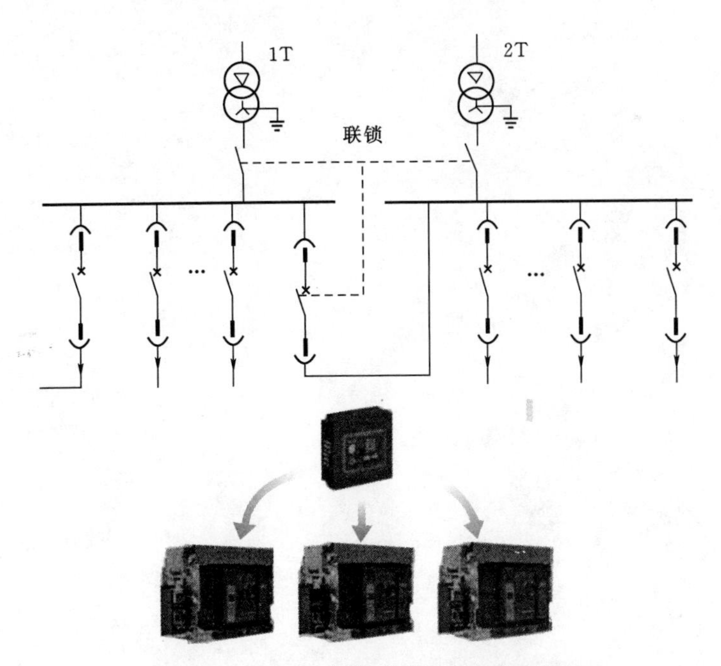

图 5-7-2　减少低负载率变压器损耗系统

当变压器 1T 或 2T 处于低负载率或者均处于低负载率，可以关闭一台变压器，将负荷切换到另一台变压器上。

本系统价值点如下：

（1）减少变压器低负载率损耗。

（2）手动、自动切换功能；手动开列切换实现不断电切换，变压器并列运行 200ms。

（3）高等级的 EMC 电磁兼容性，保证设备安全使用。

第六章 馈线自动化系统方案

第一节 馈线自动化系统

一、配电网典型网架

1. 架空线路

(1) 供电区域。

1) 城区结合部和广大的农村地区。

2) 城区或县城中心。

3) 负荷密度高、重要负荷地区。

(2) 典型接线。

1) 单辐射接线方式。

2) 单环网接线。

3) 多分段多联络接线。

2. 电缆线路

(1) 供电压域。

1) 城市核心区建设初期或城市外围。

2) 城市核心区，负荷密度发展到较高水平。

3) 高密度区域。

(2) 典型接线。

1) 单环网接线和不同母线出线连接开关站。

2) 双环网接线。

3) N 供一备，如两供一备、三供一备。

3. 现阶段现状学

(1) 架空线路多数是开关本体，基本不具备自动化接口和改造条件。

(2) 电缆线路多数是开关柜，除新装设备，基本未配置自动化终端。

二、配电线路故障分析

配电网靠近用户端，设备众多，运行环境恶劣，故障发生频繁，处理故障是配电网最重要的日常工作。从表 6-1-1 中我国某大城市和某地区供电局 2010 年配电网故障统计数据中可以看出，我国配电网故障具有如下典型特征：

(1) 单相接地故障多于相间故障。

(2) 架空线路故障多于电缆线路故障。

(3) 瞬时故障多于永久故障。

(4) 随着国家城农网改造的深入，主干配电网越来越坚强，分支线路和用户侧故障在配电网故障中所占比重逐年增加。

表 6-1-1　　我国某大城市和某地区供电局 2010 年配电网故障统计数据

地　区	总跳闸次数	单相接地		瞬时故障		支线故障		用户故障	
		次数	比例	次数	比例	次数	比例	次数	比例
某大城市	4312	2895	64.14%	3401	78.87%	1164	27.00%	858	19.90%
某地区供电局	1359	795	58.50%	992	73.00%	468	34.43%	176	12.95%

1. 架空线路

(1) 故障类型特点。

1) 馈线故障频繁出现。

2) 瞬时性故障多数。

3) 单相接地故障多。

4) 用户故障不断增加。

(2) 故障类型分析。

1) 短路故障造会造成大面积停电。

2) 小电阻系统中接地故障会造成停电。

3) 接地故障会破坏绝缘、损伤设备。

4) 用户出门故障会造成大面积停电。

2. 电缆线路

(1) 故障类型特点。

1) 馈线故障少出现。

2) 永久性故障占多数。

3) 蔓延发展型故障占多数。

4) 用户故障不断增加。

(2) 故障类型分析。

1) 馈线故障发生概率小，停电次数少。

2) 故障多为永久性故障，大面积停电。

3) 发展型故障会破坏绝缘，损伤设备。

4) 用户出门故障会造成大面积停电。

需重点解决架空线路和架空电缆混合线路故障停电问题。

三、馈线自动化

当配电网发生故障（包括单相接地故障）后，尽快将故障点从配电网中隔离出来，实现快速隔离故障、保障非故障线路供电、缩小停电范围，对提高配电网供电可靠性具有重要意义。

1. 馈线自动化

馈线自动化（Feeder Automation，FA）指对配电线路运行状态进行监测和控制，在故障发生后实现快速准确定位和迅速隔离故障区段，恢复非故区城供电。馈线自动化包括：

（1）故障定位和隔离（常规技术手段）。

（2）非故障区域恢复供电（常规技术手段）。

（3）配电线路运行状态监测与控制。

（4）不是建立在所有设备必需的三遥的基础上。

馈线自动化是配电自动化的重要组成部分，对馈出线路进行配网馈线运行状态监测、控制、故障诊断、故障隔离、网络重构。故障时，及时准确地确定故障区段，迅速隔离故障区段并恢复健全区段供电。馈线自动化配置按照集中式馈线自动化、就地式馈线自动化、分布智能式馈线自动化。

2. 就地控制技术

就地控制技术利用智能设备的自身逻辑功能，可以不依遇信，独立实现故障的诊断，定位、隔离及恢复供电。在建立通信之后，即可接入配电自动化主站系统，实现二遥或三遥。

就地控制技术包括电压时间型、电压电流型、分布智能型、用户分界型等。具体实现以下功能：

（1）利用重合器与分段开关进行顺序重合控制，实现故障隔离与恢复供电。

（2）多次重合到永久故障上，对系统多次冲击，造成电压骤降，且不能用于电缆线路。需要多次重合，故障隔离和供电恢复时间长，停电时间较长。

（3）发达国家20世纪50年代起应用，美国、日本等国有大面积应用。我国在20世纪80年代石家庄、南通等地开始试点，北京、贵阳、济宁等地已有10多年的运行经验。

3. 集中控制技术

集中控制技术由监控终端、通信网和控制主站三部分组成。故障发生后，主站根据终端送来的信息进行故障定位，自动或手动隔离故障点，恢复非故障区的供电。可实现三遥。

集中控制技术包括主站集中全自动型和主站集中半自动型两种。具体实现以下功能：

（1）由控制主站集中处理FTU的故障检测信息进行故障定位，遥控实现隔离故障与非故障区段恢复供电。

（2）能够提高系统供电可靠性，在一定程度上缩短停电时间。

（3）功能完善，不会对系统造成额外的过流冲击。

（4）利用主站判断故障位置、隔离故障，响应时间长，供电恢复时间在分钟级。

（5）需要通信通道与主站，投资较大。

4. 分布式智能控制技术

（1）基于终端之间对等通信。

（2）实现协同控制。

（3）提高控制响应速度。

（4）应用基于广域测控平台的分布式智能，实现馈线故障定位、故障隔离与恢复供电控制。

（5）不依赖主站控制，数秒内完成故障隔离与恢复供电。

（6）中需要对等通信网，对 FTU 智能程度要求高，投资较大。

（7）适用于接有重要敏感负荷的馈线。

四、馈线故障就地智能处理原则

1．处理步骤

（1）故障报告。

（2）故障定位。

（3）故障隔离。

（4）非故障区域快速送电。

（5）故障抢修。

（6）故障区段恢复送电。

（7）故障前运行方式恢复。

2．评估方法

（1）经济因素。投资少、见效快、易实现。

（2）技术因素。免维护、不依赖通信、不依赖主站。

（3）馈线自动化一般故障处理策略包括：

1）主站方式。这种方式对终端要求低，现场实现简单，但可靠性最差，主站或通信一旦有问题系统就会瘫痪。

2）主站＋就地方式。这种方式可靠性好，主站或通信一旦有问题就地方式会立即投入。

3）就地方式。这种方式可靠性最好，但对终端要求最高，要求具有最高级的就地智能。

（4）最佳解决方案。通过“知停电”“少停电”“防停电”等措施，使架空线路和架空电缆混合线路故障停电范围最小，如图 6－1－1 所示。

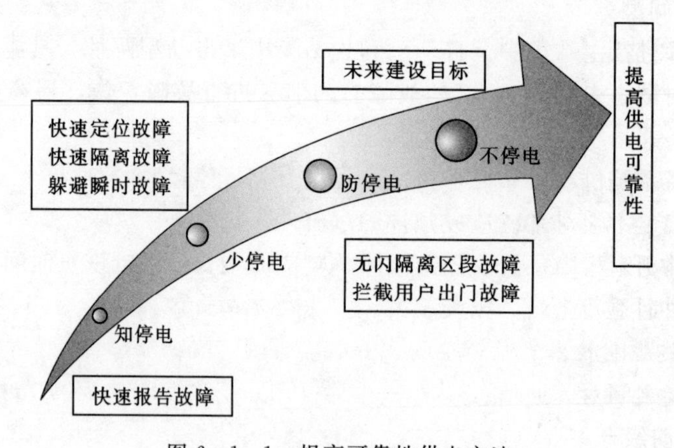

图 6－1－1　提高可靠性供电方法

3. 馈线自动化的自愈

(1) 事前：概率风险评估与预防性控制。结合负荷预测进行方式调整避免过负荷；结合在线检测（温度、局部放电）进行相应控制避免酿成严重后果。

(2) 事中：馈线自动化。

(3) 事后：配网自动化修正性控制（转供电）。

第二节　就地式馈线自动化

一、就地式馈线自动化方式

就地式馈线自动化方式包括：

(1) 智能分布式。通过配电终端之间的故障处理逻辑，实现故障隔离和非故障区域恢复供电，并将故障处理的结果上报给配电主站。配电主站和子站可不参与处理过程。

(2) 重合器方式。在故障发生时，通过线路开关间的逻辑配合，利用重合器实现线路故障的就地识别、隔离和非故障线路恢复供电。

重合器指断路器、继电保护、操动机构为一体，具有控制和保护功能的开关，能按预定开断、重合顺序自动操作，并可自动复位、闭锁故障后重合器跳闸，按预定动作顺序循环分、合若干次，重合成功则自动终止后续动作，重合失败则闭锁在分闸状态，手动复位。重合器的动作特性是根据动作时间-电流特性分快速动作特性（瞬动特性）、慢速动作特性（延时动作特性）两种。其动作特性整定包括“一快二慢”“二快二慢”“一快三慢”。

分段器指与电源侧前级开关配合，失压或无电流时自动分闸的开关设备。永久故障时，分合预定次数后闭锁在分闸状，隔离故障区段；若未完成预定分合次数，故障已被其他设备切除，则保持在合闸状（经一段延时后恢复到预定状态，为下次故障作准备）。分段器一般不能开断短路故障电流。其关键部件为故障检测继电器（Fault Detecting Relay，FDR），根据判断故障方式的不同分为电压-时间型、过流脉冲计数型两种。

(1) 电压-时间型分段器。根据加压、失压时间长短控制动作，失压后分闸，加压时合闸或闭锁。FDR 整定参数：X 时限、Y 时限。X 时限：分段器电源侧加压至该分段器合闸的时延。Y 时限：分段器合闸后未超过 Y 时限的时间内又失压，则该分段器分闸并被闭锁在分闸状，下一次再得电时不再自动重合。Y 时限又称故障检测时间。FDR 功能有两套。第一套功能：作为常闭状态的分段开关，用于辐射、树状、环状网；要求 X 时限大于 Y 时限大于电源端断路器跳闸时间。第二套功能：作为常开状态的联络开关，用于环网联络开关常开状态。

(2) 过流脉冲计数型分段器。记忆前级开关开断故障电流动作次数，达到预定记忆次数时，在前级开关跳闸的无电流间隙内，分段器分闸，隔离故障区段。前级开关开断故障电流动作次数未达到预定记忆次数时，分段器经一定延时后计数清零，复位至初始状态。FDR 整定参数：前级开关过流开断次数，前级开关开断过电流动作计数与记忆。当记忆次数等于设定次数时，分段器闭锁。

基于重合器方式的馈线自动化就地控制利用重合器与分段器的配合，进行顺序重合控制，无需通信，实现故障隔离与恢复供电。其实现模式：重合器与重合器配合模式、重合器与电压-时间型分段器配合模式、重合器与过流脉冲计数型分段器配合模式。优点：不需要通信条件，投资小，易于实施。缺点：多次重合到永久故障上，对系统多次冲击，造成电压骤降；不能用于电缆线路。适用场合：农村、城郊架空线路。图 6-2-1 给出了重合器方式的配置图。

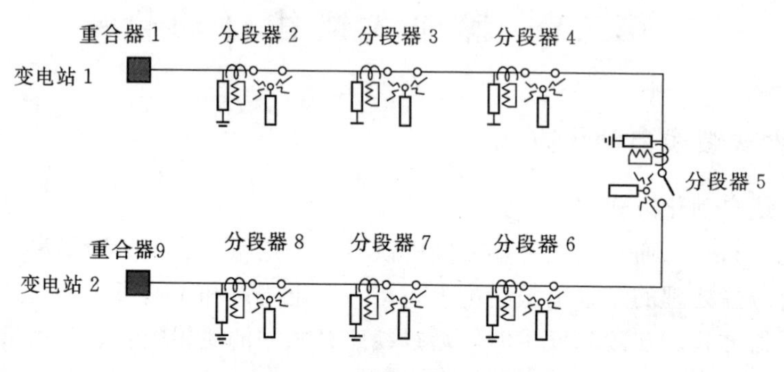

图 6-2-1 重合器方式的配置图

（1）重合器与电压-时间型分段器配合：

1）出现故障时，重合器分闸，分段器完全失压后跳闸，重合器延时重合，分段器依次按时限顺序延时 X 时间自动合闸。

2）若再次合闸到故障区段，重合器分闸，最靠近故障区段的电源侧分段器因为在合闸后 Y 时间内检测到失压而跳闸并闭锁，实现故障隔离。

3）重合器第 2 次重合恢复电源侧非故障区段的供电；联络开关在检测到一侧失压后可以延时合闸，恢复负荷侧非故障区段的供电。

（2）重合器存在的缺陷：

1）切断故障时间较长，动作频繁，减少开关寿命。

2）故障由重合器或变电所断路器分断，系统可靠性降低；多次短路电流冲击、多次停送电，对用户造成严重影响。

3）重合器或断路器拒动时，事故进一步扩大。

4）环网时使非故障部分全停电一次，扩大事故影响。

5）不能寻找接地故障。无断线故障判断功能，一相、多相断线，重合器不动作。

6）变电站出线开关需改造，目前出线开关具有一次重合闸功能，安装重合器后，需改造为多次重合型。重合器保护与出线开关保护配合难度大，要靠时限配合。

7）不具备四遥功能，无法进行配电网络优化等工作。

基于分布式智能控制方案是利用“电动开关＋智能控制器”实现故障自动隔离和自动转供电。在故障情况下可以自主判断故障位置，自动跳开故障区段的两侧开关，自动合上联络开关，实现故障区段的自动隔离和非故障区域的恢复供电。这是在原来的电压分断器、电流分断器、重合器技术基础之上发展出来的一种技术，集中了电压分段器、电流分段器和重合器的优点，综合检测电流电压，具有投资省、见效快、可靠性高、不依赖通信

的优点。可以与各种开关集成构成智能开关，适合在主环路或分支回路。在增加通信通道和主站系统后，控制器可以自动升级为标准的FTU，实现三遥（遥测、遥信、遥控）功能，比较适合手拉手供电的环网系统使用。

综合型分布智能模式在架空网中的应用如图6-2-2所示。

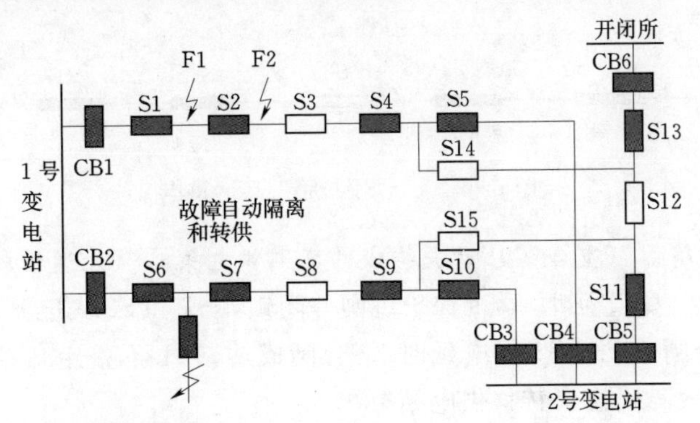

图6-2-2　综合型分布智能模式在架空网中的应用

（1）柱上开关可选负荷开关或断路器。

（2）实现故障自动隔离、自动转移供电。

（3）支持两电源或三电源、四电源系统。

（4）没有通信时也可以实现故障隔离和电源转供及恢复。

（5）故障就地处理可靠性高、速度快。

（6）适应不同阶段的自动化要求。有通信时可自动升级实现远程自动化功能。

分布式智能模式在电缆网应用如图6-2-3所示。

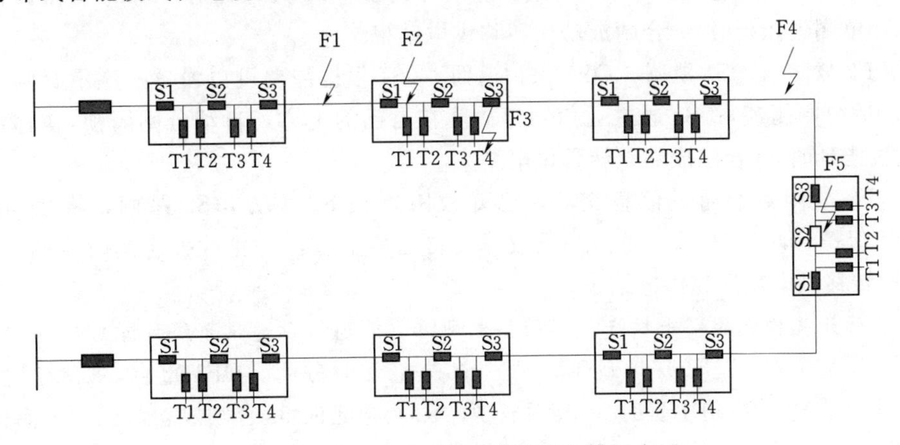

图6-2-3　分布式智能模式在电缆网应用

（1）智能环网柜进出线开关可任选负荷开关或断路器。

（2）出线故障只跳出线。

（3）内部故障自己隔离。

（4）主环自动隔离故障区段、自动转移供电。

(5) 不依赖通信实现自动化功能，支持有无通信两种工作模式。

二、故障处理策略

以下以“手拉手”环网供电（图 6-2-4）为例，给出几种故障处理策略。

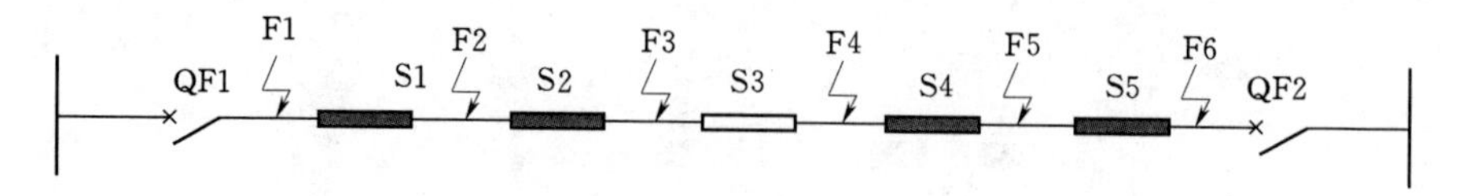

图 6-2-4　“手拉手”环网供电

1. 一般厂家断路器（重合器）开关构成的环网供电策略（无通信或通信故障）

(1) F1 故障点。QF1 延时 0.3s 保护跳闸并闭锁，S1 和 S2 失电延时 100ms 分闸，S3 单侧失压延时 5s 合闸成功，S2 得电延时 2s 合闸成功，S1 不整定负荷侧得电合闸功能，保持分闸状态，将故障隔离，转移供电结束。

(2) F2 故障点。S1 速断保护动作跳闸，QF1 保护延时未到，自动返回。S2 失电延时 100ms 分闸。S1 延时 1s 重合到故障上再次跳闸并闭锁；同时 S2 检测到残压脉冲并闭锁（处于分位），将故障隔离，S3 单侧失压延时 5s 合闸成功，转移供电结束。

(3) F3 故障点。S1 速断保护动作跳闸，QF1 保护返回。S2 失电延时 100ms 分闸。S1 延时 1s 重合成功，启动短时 5s 闭锁继电保护功能。S2 得电延时 2s 合闸到故障立即跳闸并闭锁，将故障隔离，此时 S1 短时闭锁了保护，不会动作，QF1 保护返回，同时 S3 检测到残压脉冲并闭锁（处于分位），恢复供电结束。

2. 一般厂家断路器（重合器）开关构成的环网供电策略（有光纤通信并设置专用通道）

(1) F1 故障点。QF1 延时 0.3s 保护跳闸并闭锁，S1 失电延时 100ms 分闸，将故障隔离，S3 单侧失压延时 5s 合闸成功，转移供电结束。

(2) F2 故障点。S1 跳闸，QF1 保护返回，(S1 根据需要可以设置一次重合闸，重合闸不成功后分闸闭锁)；S2 通过通信知道故障在自己的上方，自动分闸闭锁，隔离故障，S3 单侧失压延时 5s 合闸成功，转移供电结束。

(3) F3 故障点。通过信息交互，已知故障点在 S2 下方，S2 跳闸，将故障隔离，QF1、S1 保护返回，S3 通过通信知道故障在自己的上方，中止“失压延时合闸”功能，不再合闸转移供电，恢复供电结束。

3. 负荷开关构成的“手拉手”环网供电网络（无通信或通信系统故障）

(1) F1 故障点。QF1 保护跳闸，S1、S2 失电延时分闸，QF1 重合，如瞬时性故障则 QF1 重合成功，S1 得电延时 5s 合闸成功，S2 得电延时 5s 合闸成功，S3 “单侧失压延时合闸”功能因延时未到复归，处理过程结束。如果是永久性故障则 QF1 重合闸失败并闭锁，S1 检测到残压脉冲并闭锁（处于分位）将故障隔离，S3 单侧失压延时 10s 合闸成功，S2 得电延时 5s 合闸成功，转移供电结束。

(2) F2 故障点。QF1 保护跳闸，S1、S2 失电延时分闸，QF1 重合成功，S1 得电延时 5s 合闸，如瞬时性故障则合闸成功，同时“短时闭锁失电分闸”功能启动，S2 得电延时 5s 合闸成功，S3 “单侧失压延时合闸”功能因延时未到复归，处理过程结束。如果是永久性故障，QF1 再次跳闸，S1 因 T_y 时间未到即电压再次消失，合闸不成功，再次分闸并闭锁，同时 S2 检测到残压脉冲并闭锁（处于分位）将故障隔离，QF1 可再次试送电成功（人工送电或设置二次重合闸），S3 单侧失压延时 10s 合闸成功，恢复和转移供电结束。

（3）F3 故障点。QF1 保护跳闸，S1、S2 失电延时分闸，QF1 重合成功，S1 得电延时 5s 合闸，同时“短时闭锁失电分闸”功能启动，S1 合闸后电压正常时间超过 T_y 时间，S1“短时闭锁失电分闸”功能执行，S2 得电延时 5s 合闸，如瞬时性故障则合闸成功，S3“单侧失压延时合闸”功能因延时未到复归，恢复供电结束。如果是永久性故障，QF1 再次跳闸，S2 因 T_y 时间未到即电压再次消失，合闸不成功，再次分闸并闭锁，将故障隔离；由于 S1 执行“短时闭锁失电分闸”功能，不再分闸，S3 检测到残压脉冲并闭锁（处于分位），QF1 可再次试送电成功，恢复和转移供电结束。

4. 负荷开关构成的“手拉手”环网供电网络（光纤通信并设置专用通道）

（1）F1 故障点。QF1 保护跳闸，S1 失电延时分闸，QF1 重合，如瞬时性故障则 QF1 重合成功，S1 得电延时 5s 合闸，S3“单侧失压延时合闸”功能因延时未到复归，恢复供电结束。如果是永久性故障则 QF1 重合闸失败并闭锁，S1 检测到残压脉冲并闭锁（处于分位）将故障隔离，S3 单侧失压延时 10s 合闸成功，转移供电结束。

（2）F2 故障点。QF1 保护跳闸，通过信息交互，已知故障点在 S1 下方，在无电状态下，S1 跳闸闭锁，S2 分闸闭锁，将故障隔离，QF1 重合成功，S3 单侧失压延时 10s 合闸成功，恢复和转移供电结束。

（3）F3 故障点。QF1 保护跳闸，通过信息交互，已知故障点在 S2 下方，在无电状态下，S2 跳闸闭锁将故障隔离，S3 分位闭锁，QF1 重合成功，恢复供电结束。

5. 无需通信的故障处理及网络重构方案

（1）站出口保护整定 0.3s；分段 1 左侧装 TV 整定失压立即分、得电延时合、合至故障分闸闭锁；分段 2 右侧装 TV 整定失压立即分、得电延时合、合至故障分闸闭锁；联络开关整定保护 0s 重合闸 1s、并设定失压 5s 延时合闸和合至故障分闸闭锁。

（2）F1 故障时：站出口 0.3s 跳闸、分段 1 失压分闸隔离故障、分段 2 失压分闸联络开关延时合闸、分段 2 得电延时合恢复供电。

（3）F2 故障时：站出口跳闸、分段 1 失压分闸、站出口重合闸、分段 1 得电延时合、合至故障分闸闭锁；分段 2 失压分闸、联络开关延时合闸、分段 2 得电延时合、合至故障分闸闭锁隔离故障；联络开关保护 0s 跳闸，然后重合闸成功恢复供电。

（4）F3 故障时：站出口跳闸，分段 1、分段 2 失压分闸，站出口重合闸，分段 1 得电延时合恢复供电；联络开关失压延时合闸、合至故障分闸闭锁隔离故障。

（5）优点：无需通信、无需主站；变电站出口无需更改配置无需多次重合闸；各开关无需多次开合冲击；实施简单，不用通信 100％可靠实现网络重构的就地智能方案。

三、多级保护配合方案

1. 多级保护配合的可行性

（1）对于供电半径短的城市配电网，电流、阻抗定值都难以整定以实现选择性，只有依赖级差配合来实现选择性。

（2）变电站10kV后备保护（母线进线开关过流保护）延时时间一般整定为0.6～1.0s以上，在此范围内可以设置级差配合而不影响上级保护配置。

2. 两级级差继电保护配合方案

（1）馈线开关的动作时间。包括保护检测及逻辑判断时间、继电器动作、开关动作时间：20ms（检测）+10ms（继电器动作）+80ms（开关动作）<120ms。永磁机构更快。

（2）两级保护配合。

1）第1级（分支开关或用户开关）：0s。

2）第2级（变电站出线开关）：0.2～0.3s延时。

（3）两级保护FA配合典型设计。

1）主干线采用负荷开关（经济）。

2）分支线开关及用户开关采用断路器。

3）分支线开关及用户开关与变电站出线开关实现两级保护配合，以分支线故障不影响主干线，减少停电用户数为依据。

4）依靠集中智能FA进行修正性控制，以处理主干线故障、决定分支线是否需要重合为依据。

（4）两级级差继电保护配合的优点。

1）分支线或用户故障不影响主干线。

2）级差整定方便。

3）瞬时故障时只需0.5s就可以恢复。

4）瞬时故障与永久故障判别简单。

5）配电自动化执行修正性控制，且逻辑简单，经济实用。

3. 三级级差继电保护配合方案

（1）三级级差继电保护配合。

1）变电站出线断路器0.4～0.6s。

2）分支断路器0.2～0.3s。

3）用户断路器0s。

（2）三级级差继电保护配合的优点。

1）用户故障不影响分支线，分支线故障不影响主干线。

2）瞬时故障时只需0.5s就可以恢复。

3）瞬时故障与永久故障判别简单。

4）配电自动化执行修正性控制，且逻辑简单。

（3）三级级差继电保护配合适用性。

1）开环或闭环运行配电网。

2）含分布式电源配电网。

3）架空和电缆或混合配电网。

4. 集中配网方案的比较

集中配网方案比较见表6-2-1。

表 6-2-1　　　　集中配网方案比较

项　目	原　理			
	集中式	重合器	传统面保护	分布自愈
解决越级跳闸能力	无	无	中	强
故障隔离速度	约 200ms	约 1s	＜150ms	＜100ms
非故障区停电时间	约 600ms	约 2s	＜400ms	＜300ms
开关动作次数	中	多	少	少
可靠性	低	高	高	高
自愈能力	强	弱	弱	强
通信方式	RS485、CAN 等	无	CAN、RS232 等	GOOSE 以太网
通信速度	慢		慢	快
适应分支和多电源系统能力	强	弱	中	强

第三节　集中型全自动馈线自动化

一、集中型全自动馈线自动化原理

配电主站根据各智能终端检测到的故障信息，结合相关变电站、开闭所等的继电保护信号、开关跳闸等故障信息，启动故障处理程序，确定故障类型和发生位置。采用声光、语音、打印事件等报警形式，并在自动推出的配网单线图上，通过网络动态拓扑着色的方式明确地表示出故障区段。配电主站根据需要可提供事故隔离和恢复供电的一个或两个以上的操作预案，辅助调度员进行遥控操作，达到快速隔离故障和恢复供电的目的。

1. 故障定位

配电主站根据智能终端传送的故障信息，快速自动定位故障区段，并在调度员工作站显示器上自动调出该信息点的接线图，以醒目方式显示故障发生点及相关信息。

2. 故障区域隔离

配电主站能够处理配电网络的各种故障。对于线路上同时发生的多点故障时，能根据配电线路的重要性对故障区段进行优先级划分，重要的配电网故障可以优先进行处理。同时配电主站进行故障定位并确定隔离方案，故障隔离方案可以自动或经调度员确认后进行。

很多地区配网结构是：除变电站出口为断路器外，其余线路上设备均为负荷开关型。对于瞬时性故障，由变电站出口断路器通过速断保护动作切除故障，启动重合闸进行重合。由于故障已切除，此时不启动馈线自动化即可恢复供电。对于永久性故障，首先由变电站出口断路器通过速断保护动作切除故障，启动重合闸进行重合，失败后主站启动馈线自动化，在无故障电流的情况下隔离故障区段。对于不投重合闸的线路，故障隔离时主站直接启动馈线自动化隔离故障区段。

3. 非故障区域恢复供电

可自动设计非故障区段的恢复供电方案，并能避免恢复过程导致其他线路的过负荷；在具备多个备用电源的情况下，能根据各个电源点的负载能力，对恢复区域进行拆分恢复供电。

二、典型案例

以图 6-3-1 为例来说明最典型的集中型全自动馈线自动化方案。图中 CK1 和 CK7 代表两个变电站出口断路器，K2～K8 代表线路上的分段负荷开关，其中 K4 为联络开关负荷开关，FTU2～FTU8 代表监控相应分段开关的 FTU，F1～F4 代表 4 个不同的故障点。

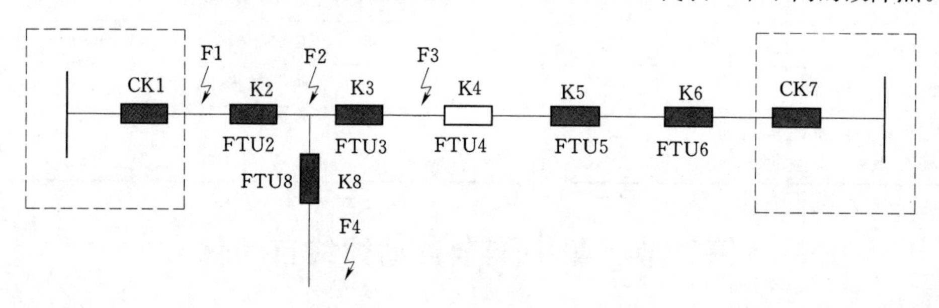

图 6-3-1 “手拉手”线路图

1. F1 点发生永久性故障

(1) CK1 检测到故障后跳闸，启动重合闸，再次检测到故障并跳闸，重合闸闭锁。

(2) 主站收到 CK1 的开关变位和事故信号后，将故障点定位在 CK1 和 K2 之间。

(3) 主站发出控分命令，跳开 K2，将故障区域隔离。

(4) 隔离成功后，主站接着发出控合命令，合上 K4，恢复非故障区域的供电。

2. F2 点发生永久性故障

(1) CK1 检测到故障后跳闸，启动重合闸，再次检测到故障并跳闸，重合闸闭锁。

(2) FTU2 检测到电流越限且失压生成故障遥信事件，并上传。

(3) 主站根据收到 CK1 的开关变位和故障信号及 FTU2 的故障信号，将故障点定位在 K2 和 K3 之间。

(4) 主站发出控分命令，跳开 K2 和 K3，将故障区域隔离。

(5) 隔离成功后，主站接着发出控合命令，合上 CK1 和 K4，恢复非故障区域的供电。

3. F3 点发生永久性故障

(1) CK1 检测到故障后跳闸，启动重合闸，再次检测到故障并跳闸，重合闸闭锁。

(2) FTU2 和 FTU3 在检测到电流越限且失压后，生成故障遥信事件，并上传。

(3) 主站根据收到 CK1 的开关变位和事故信号及 FTU2 和 FTU3 的故障信号，将故障点定位在 K3 和 K4 之间。

(4) 主站发出控分命令，跳开 K3，将故障区域隔离。

(5) 隔离成功后，主站接着发出控合命令，合上 CK1，恢复非故障区域的供电。

4. F4 点发生永久性故障

(1) CK1 检测到故障后跳闸，接着延时重合闸，再次检测到故障并跳闸，重合闸闭锁。

(2) FTU2 和 FTU8 检测到电流越限且失压后，产生故障遥信事件，并上传。

(3) 主站根据收到 CK1 的开关变位和事故信号及 FTU2 和 FTU8 的故障信号，将故障点定位在 K8 之后。

(4) 主站发出控分命令，跳开 K8，将故障区域隔离。

(5) 隔离成功后，主站接着发出控合命令，合上 CK1，恢复非故障区域的供电。

第四节　智能分布式馈线自动化

考虑到保护级差的配置问题，常规配电自动化在故障隔离及恢复时一般都会进行变电站出口断路器重合闸，会造成部分非故障区段用户的短时停电。即使线路重合成功，由于部分用户设置了低压脱扣保护，仍然导致了不能迅速恢复供电。再加之部分重要用户对供电可靠性的敏感性，因此最大限度地提高供电可靠性仍是一直追求的目标。

为此，将“面保护”原理引入到配电自动化中，实现故障的精确定位和快速隔离，从而不影响其他非故障用户。为此需实现智能配电终端的对等式通信。因此，配电终端除了与主站的通信网络之外，还需要智能终端间交换故障信号的专用光纤直连通信网。

一、智能分布式馈线自动化原理

如果线路发生故障，在故障点电源侧的配电终端检测到故障信号，相反，负荷侧的配电终端检测不到故障。相邻配电终端之间通过保护信号专用网来交换故障信息，允许故障点两侧配电终端保护跳闸而闭锁其他终端保护跳闸功能，通过故障点两侧配电终端快速保护跳闸来隔离故障区域。

利用高速光纤以太网通信技术，配电终端要在 200ms 内完成故障的检测以及故障隔离工作。变电站的出口断路器的主保护满足智能分布式馈线自动化的要求，在 200ms 内完成故障的检测以及故障隔离工作；变电站的出口断路器的后备保护由原自身保护装置实现，动作时间设定在 400～500ms 之间。这样在线路发生故障时，变电站出口断路器不会动作，达到最大程度减少停电范围，故障隔离的目的。故障隔离的全过程及设备动作时间配合如图 6-4-1 所示。

二、智能分布式馈线自动化技术要求

(1) 线路上任何一点发生故障，将故障隔离在最小的范围内，全部处理过程（直到断路器分闸）时间要控制在 200ms 以内。

(2) 当故障点不在变电站出线开关和第一级分段开关之间时，变电站出线开关不能跳闸（变电站出线开关后备保护动作及跳闸延时为 400～500ms），不出现非故障段（变电站出线开关—故障点前侧开关）的停电。

(3) 当故障点在变电站出线开关和第一级分段开关之间时，全部处理过程（直到断路

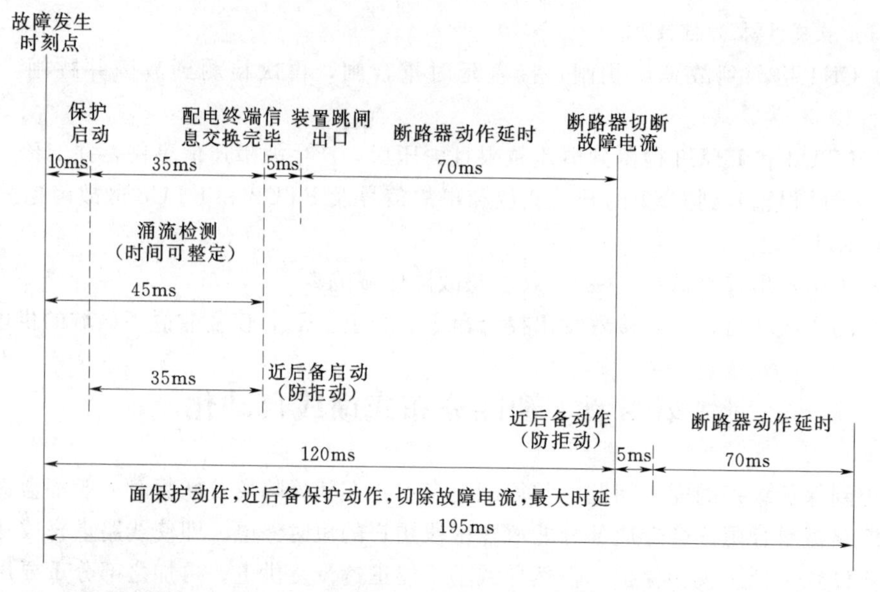

图 6-4-1　故障隔离的全过程及设备动作时间配合图

器分闸）时间也要控制在 200ms 以内。

（4）故障点前侧开关拒动时，要实现将故障点前侧开关的前一级开关跳开。

（5）考虑 T 接线路情况、空投变压器及带电机重合及其他波动等异常不会引起各个开关误动。

三、典型案例

图 6-4-2 所示环网为全电缆线路，K1、K10 不投入重合闸。当发生故障后，FTU1、DTU1 同时检测到故障信号，FTU1、DTU1 即时通过对等通信网与相邻终端设备交换故障信息。由于 DTU1 仅收到前侧 FTU1 的故障信号，而未收到后侧 DTU2 故障信号，因此

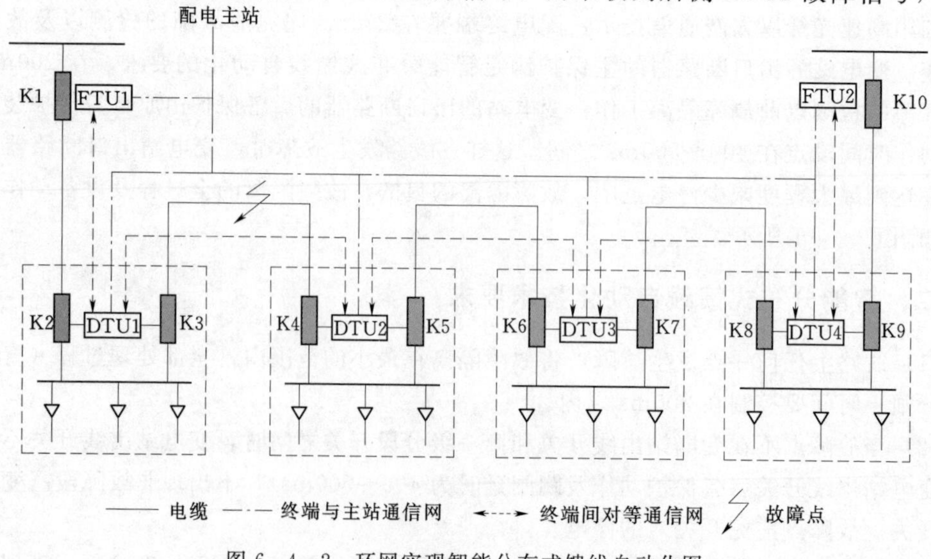

图 6-4-2　环网实现智能分布式馈线自动化图

DTU1 确定故障点在 DTU1 与 DTU2 之间。FTU1 闭锁保护跳闸功能，DTU1 发允许保护跳闸信号给 DTU2，并跳开自己控制的 K3 开关；DTU2 收到允许保护跳闸信号后立刻跳开自己控制的 K4 开关，从而完成故障区域的隔离，整个过程时间控制在 200ms 之内。

整个过程中，联络开关控制终端 DTU3 未收到闭锁信号，将启动延时合闸功能，合上 K6，恢复非故障区域（K4 与 K6 之间的区域）的供电。故障处理过程完成。

第五节　集中型＋智能分布式馈线自动化

考虑到线路联络点可能发生变化，为减轻逻辑改变带来现场工作量，采用环网实现集中型＋智能分布式的馈线自动化方案。其中，故障检测、定位和隔离功能按照智能分布模式来实现，恢复非故障停电区域供电的功能由配电主站来实现。

在这种模式中，仍需实现配电终端的对等式通信，因此配电终端除了与主站的通信网络之外，还需要配电终端间交换故障信号的专用光纤直连通信网。

一、集中型＋智能分布式馈线自动化原理

故障判断、处理及隔离故障区域处理方式如前述。隔离完成后，配电主站根据终端上报的故障信息来恢复非故障区域的供电。

二、集中型＋智能分布式馈线自动化技术要求

（1）线路上任何一点发生故障，将故障（瞬时性故障）隔离在最小的范围内，全部处理过程（直到断路器分闸）时间要控制在 200ms 以内，同时要实现重合成功，恢复停电段供电。

（2）当出现永久性故障时，隔离完成后，由配电主站根据网络拓扑及负荷情况，恢复非故障停电段供电。

（3）当故障点不在变电站出线开关和第一级分段开关之间时，变电站出线开关不能跳闸（变电站出线开关后备保护动作及跳闸延时为 400～500ms），不出现非故障段（变电站出线开关—故障点前侧开关）的停电。

（4）当故障点在变电站出线开关和第一级分段开关之间时，全部处理过程（直到断路器分闸）时间也要控制在 200ms 以内。

（5）故障点前侧开关拒动时，要实现将故障点前侧开关的前一级开关跳开。

（6）应考虑 T 接线路情况、空投变压器（励磁涌流）及带电动机合闸及其他波动等异常不会引起各个开关误动。

三、典型案例

如图 6－5－1 所示 D 点发生故障，基于对等通信处理模式的动作过程如下：

（1）DTU5 回线 K6、K7，FTU5 回线 K8 均检测到故障，向各自相邻的终端查询故障信息。

（2）DTU2 K6 回线收到 FTU5、DTU2 K7 回线上报的故障信息，而 FTU4 无故障信

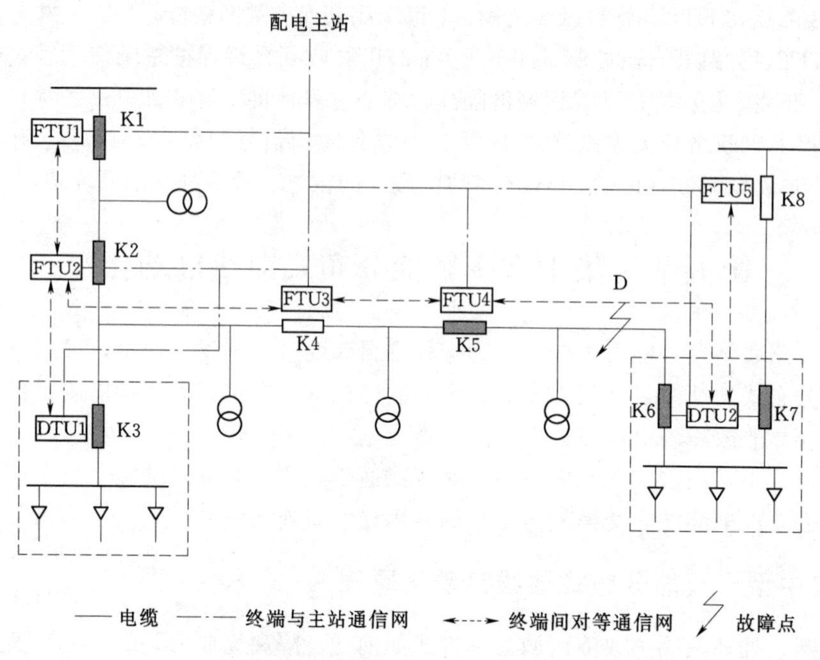

图 6-5-1　环网实现集中型+智能分布式馈线自动化图

息上报，因此 DTU2 K6 判断故障在 K6 和 K5 之间，故判断故障点为 D 点，经过短延时（防止空投变压器引起电流波动）跳开 DTU2 开关 K6。

(3) DTU2 K6 回线经过重合闸延时后合 K6，如果是瞬时性故障，故障消失，故障处理结束；否则判断为永久故障，立即跳开 DTU2 控制的开关 K6 并向 FTU4 发送跳闸命令跳开 K5。DTU2 K6 回线同时向 DTU2 K7 回线发送 K6 回线故障跳闸信息。

(4) 如果此时开关 K6 拒动，DTU2 K7 回线等待固有延时后 K6 开关没有跳开，DTU2 K7 回线依然检测到故障，则跳开 K7 开关隔离故障。

(5) 线路中各 FTU 向主站发送故障动作信息，由主站遥控合开关 K4，恢复 K4～K5 段线路供电，实现非故障区域的恢复与控制。

此环网的联络开关的合闸不是通过自己的合闸延时来实现，而是通过主站的控制来完成合闸操作。

第六节　分布式自愈控制的配电网故障处理技术

分布式自愈控制通过采用现代计算机技术、通信技术、电子技术的综合运行，实现智能配电网自愈控制，包括分布式就地自愈与主站集中式自愈两种方式。分布式就地快速自愈功能是在常规配电自动化功能基础上实现的智能化技术，实现配网越级跳闸和快速自愈的目的，同时解决变电站 10kV 出线的控制技术问题。对常规的系统功能没有影响，不需要对主站故障判断和隔离处理程序进行特殊改造。实际运行时，采用分布式就地自愈与主站集中式自愈相结合的方式。

分布式就地自愈功能可以由运行人员设置为“投运”或“禁止”模式。当设置为“禁止”时，智能终端不启动就地自愈控制功能，由主站系统集中进行故障判断及处理。当设置为“投运”时，智能终端单元启动就地自愈控制功能，完成故障快速隔离与健全区恢复供电，同时向上级主站报告故障检测信息。主站系统也可进行故障判断，但主站生成的故障处理过程在人机交互时不再允许下传执行。分布式自愈控制的过程同样会上报主站，调度员可以对分布式自愈控制处理故障的过程和主站生成的故障处理过程进行对比，分析两者是否一致与科学合理。在故障处理人工交互式过程中即使调度员不慎下发了主站故障处理的控制命令，由于隔离故障的开关跳闸命令和恢复健全区域的合闸命令已由智能装置下发执行完成，不会导致开关误动。

一、分布式自愈控制的基本原理

1. 分布式自愈智能馈线自动化系统的基本组成

（1）变电站出线开关配置具有速断和过流保护控制功能的智能终端。

（2）馈线开关配置具有分布智能自愈控制功能的智能终端。智能终端具备向其相邻开关的智能终端发送故障信息、开关拒动信息和接收来自其相邻开关的智能电子设备发来的故障信息、开关拒动信息的功能，通过智能终端间相互配合实现自愈式故障处理。

（3）各个智能终端可与站控层设备通信，并实现数据采集与远程控制功能。

（4）智能终端间通信及智能电子设备与站控层设备通信采取基于GOOSE的光纤自愈环网，并遵循IEC 61850-9-2协议。

（5）可以通过远程设置方式将任一馈线开关设置为联络开关或分段开关，相对应的智能终端具有合法性检验功能，即确保所设置的联络开关必须处于分闸状态。

（6）可以通过远程设置方式对智能终端进行系统参数、整定值等参数的设置。

2. 开环配电网分布式自愈控制机制

（1）根据开环配电网故障定位机理，每一个开关的智能设备根据自己检测到的故障信息和收到的相邻开关的信息，判断故障是否在自己所处的配电区域内部。

（2）根据开环配电网自动故障隔离机制，只有当与某一个开关相关联的一个配电区域内部发生故障时，该开关才需要跳闸来隔离故障区域。

（3）根据开环配电网健全区域自动恢复供电机制，联络开关收到相关信息后，确定合闸或保持分闸状态，来恢复健全区域供电。

3. 闭环配电网分布式自愈控制机制

（1）闭环配电网故障定位机理，在开环配电网故障定位机理基础上考虑故障电流的功率方向，实现闭环配电网故障定位。

（2）闭环配电网自动故障隔离机制与开环配电网自动故障隔离机制基本相同。

（3）闭环配电网健全区域自动恢复供电机制：对于各个电源的容量都比较大的情形，不必再采取其他控制措施。对于存在容量较小电源（比如可再生能源）的情形，有时需要由主站进行优化重构。

4. 瞬时故障和永久故障的自愈控制区分机制

（1）首先按开环配电网分布式自愈控制机制或闭环配电网分布式自愈控制机制定位并隔离故障区域。

（2）故障区域的电源点开关（即切除故障的跳闸开关）进行一次重合，其他开关不重合。

（3）若重合成功则为瞬时故障，恢复健全区域供电。

（4）若重合失败则为永久故障，重新启动开环配电网分布式自愈控制机制或闭环配电网分布式自愈控制机制，进行故障定位、隔离、恢复健全区域供电。

（5）仅允许一次重合闸功能。

二、智能配电终端主要功能指标要求

1. 保护功能

配电网通常的保护方案：①两级过流保护配合方案：分支线断路器过流速断保护，变电站出线开关断路器过流延时速断，主干线采用负荷开关；②馈线上的差动保护方案：主干线采用断路器，利用通信实现纵差保护。

（1）进出线保护。配置纵联差动保护作为联络开关站、配电站进出线的主保护，实现配电网环内所有进出线发生故障时的保护全线速动，快速且有选择性地隔离故障。

1）纵联差动保护。采用光纤以太网组网方式，本侧与对侧的智能配电终端进行通信交换数据以完成电流差动保护功能。电流差动保护固有动作时间小于50ms。

2）过电流保护。设两段定时限过电流保护。

3）零序过流保护。设两段零序过流保护，不带方向。第一段动作于跳闸，第二段动作于告警。

（2）母线保护。实现配电站、联络开关站内母线差动保护，固有动作时间小于50ms。

（3）失灵保护。

1）配电站、联络开关站内馈线（变压器）故障，馈线开关失灵，失灵保护切除进出线开关、分段开关、联络开关，最小范围并快速隔离故障。

2）进出线开关失灵，失灵保护切除与之相邻的进、出线开关，最小范围并快速隔离故障。延时可整定。

（4）馈线保护。

1）电流速断保护。

2）过电流保护。配置两段可经过复压方向闭锁的定时限过电流保护。

3）零序过流保护。设两段零序过流保护，不带方向。第一段动作于跳闸，第二段动作于告警。

（5）配变保护。

1）高压侧电流速断保护。保护动作跳开配变高压侧断路器。

2）高压侧过电流保护。设两段定时限过电流保护，保护动作跳开配变高压侧断路器。

3）非电量保护。设1路非电量跳闸功能，可通过装置参数设置投退此功能。定值清单中不应含非电量保护的相关内容。

（6）智能配电终端主要自愈功能。

1）故障检测功能。

2）通过GOOSE通信向其相邻开关的智能终端发送故障信息功能。

3）接收来自其相邻开关的智能终端发来的故障信息的功能。

4）按照判定规则，判定故障信息是否在本配电区域，实现故障定位。

5）根据故障定位判断结果，分段开关发出跳闸或闭锁命令，实现故障自动隔离，联络开关发出合闸或闭锁命令，实现健全区域自动恢复供电。

6）相邻下级开关应该跳闸但没有跳闸时（开关拒动、失灵等）控制本开关立即跳闸。

7）闭锁功能的延时撤销。

8）自愈控制其他需要的功能。

2. 测控功能

（1）遥测功能。采集三相电压、三相电流，实现电压、电流、有功功率、无功功率、功率因数的测量。

（2）遥信功能。实时采集开入量信号、保护动作信号、运行告警、装置自检等状态信息，通过总召查询、变位主动上送等方式将状态信息远传。

1）采集开关位置、开关储能状态、隔离开关、接地开关、合后位置、遥控把手远方/就地信号、保护投入等开入量信号。

2）保护动作信号。

3）运行告警信息。

4）装置自检异常信息。

5）其他用户自定义开入的遥信状态。

（3）遥控功能。

1）接受远程命令，遥控开关的分、合闸。

2）具备软硬件防误动措施，保证控制操作的可靠性。

3）具备对每个遥控接点单独设置动作保持时间的功能。

3. 控制功能

在不增加设备、更换设备的前提下，智能配电终端与控制主站、控制子站配合，具备扩展以下控制功能的能力：

（1）备自投功能。

（2）与控制子站进行信息交互，接收及完成控制子站下发的远方备自投、切机切负荷、孤网运行控制等命令。

4. 通信功能

智能配电终端配置至少两个独立的通信端口，功能如下：

（1）保护控制通信的物理端口为多模（或单模）光纤以太网口或者 RJ45 电以太网口，采用 IEC 61850－9－2 GOOSE 协议。一方面，实现纵联差动保护数据交互；另一方面，与其他智能配电终端交互保护控制信息，数据交换延迟要求小于 10ms。

（2）自动化通信的物理端口为多模（或单模）光纤以太网口或者 RJ45 电以太网口。经过加密防护接入环形供电区域通信子网，一体化配电终端自动化信息传输采用 IEC 60870－5－104 规约，对 104 报文无特殊的传输延时要求。

（3）支持远方投退软压板、切换定值区、远方复归等控制功能。

（4）可扩展远方修改定值功能。

5. 对时功能

接收并执行本地或主站的对时命令。

6. MMI 显示功能

(1) 为便于操作，保护装置应具备液晶显示屏，且全部采用汉字显示。

(2) 在正常运行时显示必要的参数、运行及异常信息，包括主接线、采样、差流、保护运行状态、定值区等。默认状态下，相关的数值显示为二次值。

(3) 显示保护动作报告，包括故障相别及类型、保护动作元件、保护各元件动作时间和故障点距离等相关信息。

(4) 设有断路器合闸位置和跳闸位置指示灯、运行指示灯、动作信号灯、告警信号灯。

7. 故障录波功能

(1) 依据保护实际功能，应记录故障时的输入模拟量和开关量、输出开关量、动作元件、动作时间、故障相别、最大相故障电流、最大零序电流、差流等。

(2) 保护启动、保护跳闸等全过程录波（记录故障前 2 个周波后 6 个周波）。

(3) 记录保护动作全过程的所有信息，存储 32 次以上最新动作报告。

(4) 记录时间分辨率不大于 2ms。

(5) 当系统发生故障时，装置不应丢失故障记录信息。

(6) 装置直流电源消失后，不应丢失已记录信息。

三、典型案例

本方案适合已具备光纤通道且希望故障在最小范围、最短时间内切除的场合。图 6-6-1 所示的配电网自动化系统主要包括配电主站、控制主站、控制子站、智能配电终端及相关通信设备。每个联络开关站、配电站配置一套智能配电终端。保护监测的范围由一个点扩大到相联开关甚至串联的一组开关，则上下级保护的配合可以理解为保护的内部协调。其中，变电站 20kV 馈线开关配置的综保装置需配置纵联保护，通过光纤电缆交换故障方向、断路器状态等信息，并与智能配电终端的纵联保护配合，实现快速保护，自动切除馈线故障，不会造成系统内供电中断，内部故障对系统供电的影响降至最小。不同地点的模拟量在当地检测完成，只是将检测结果的数据信息、保护判别结果的状态信息、开关状态信息等通过网络由不同保护进行共享，以达到不同地点保护之间的协调和配合，实现保护的快速性和选择性的统一。实现故障的就地清除，故障时变电站不跳闸，同时实现故障自动隔离和自动转供电。系统停电范围最小、停电时间最短、效率高、投资省、见效快、可靠性高。

四、分布式智能保护及控制是解决故障时谁先跳闸问题的最优方案

实现故障的就地清除，故障时变电站不跳闸；同时实现故障自动隔离和自动转供电。停电范围最小、停电时间最短、效率高、投资省、见效快、可靠性高，在局部系统上实施。在分布式智能方案的基础上，增加局部光纤自愈环网。一般只在特殊场合使用，解决线路上多断路器的保护配合困难问题。

传统电流保护因线路短、多开关串联，短路电流差别小，保护的电流定值配合困难。

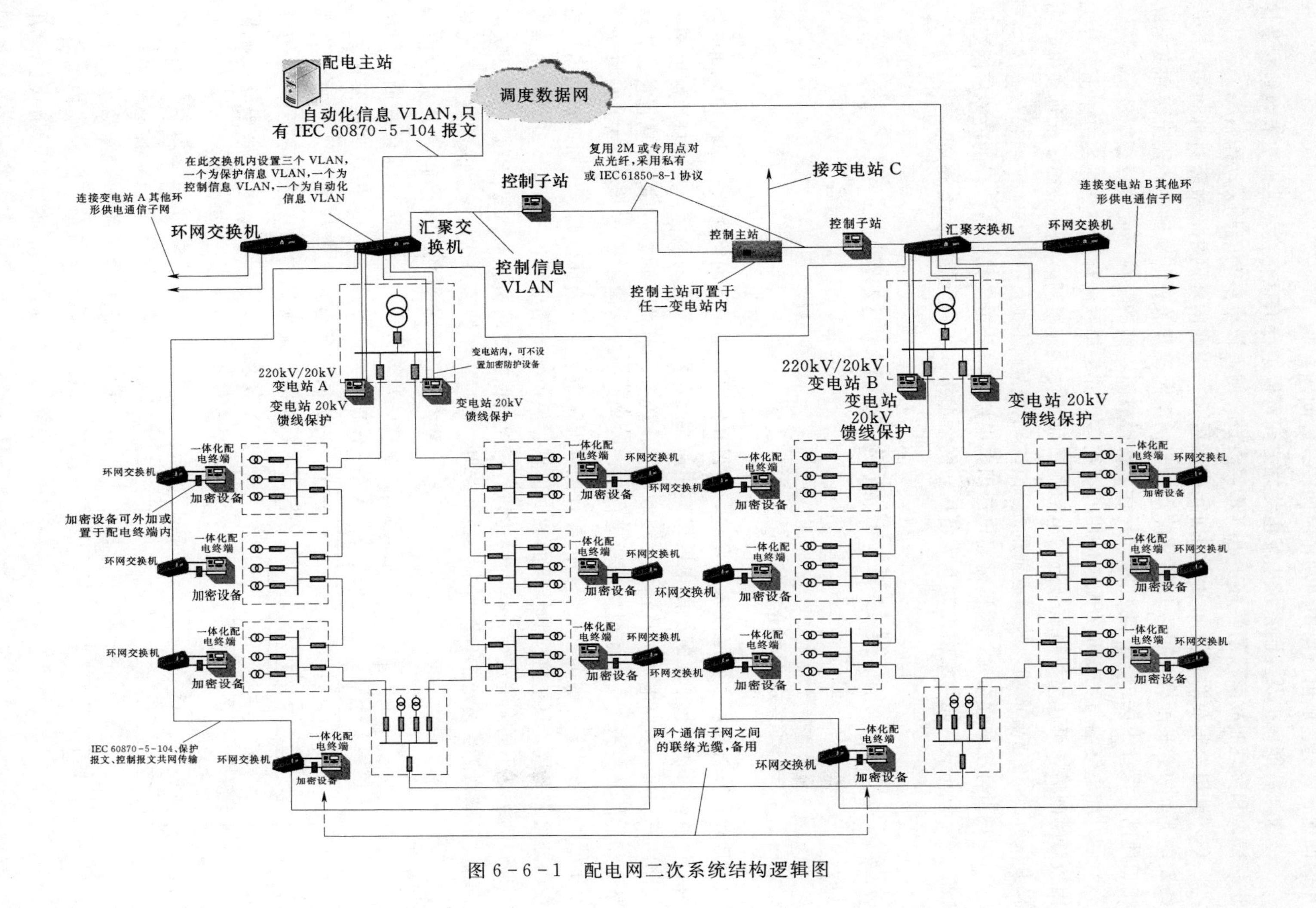

图 6-6-1　配电网二次系统结构逻辑图

用时间配合，会造成出口保护的动作时间较长等问题。

分布式智能保护及控制系统中配电终端之间可以进行信息交换，从而更有效地对故障进行隔离和实现非故障段的转移供电（不需要试合闸，没有多余的开关动作）：

(1) 配电终端与断路器配合使用时，在多级开关串联的环网中，故障时自动实现配电线路的上下级保护配合，可以让离故障点最近的电源侧开关速断跳闸，不需上级和变电站出口跳闸，保证了保护的快速性和选择性，使得故障点前的负荷不受故障影响。

(2) 配电终端与负荷开关配合使用时，在多级开关串联的环网中，在变电站出口开关因故障跳闸后，可让离故障点最近的电源侧负荷开关快速跳闸，隔离故障，保证变电站出口开关 0.3s 内重合成功，故障点前的负荷基本不受故障影响。

(3) 当有主站存在时，根据需要可使用集中控制与分布式智能相结合的故障后网络重构方案，分布式智能与集中控制互为备用，网络重构方案的可靠性大大提高。

第七节　广域网络式保护技术

一、广域网络式保护的原理

现代计算机技术和网络技术的发展，使得我们可以借助于网络通信实现保护之间的协调。广域网络保护技术是解决配电网保护快速性及选择性矛盾的最优方案。城市配电网中线路距离较短，短路电流都特别大，级联开关比较多，不能简单靠延时实现选择性。将线路上相连的开关当成一个对象实施广域保护，保护监测的范围由一个点扩大到相联开关甚至串联的一组开关，则上下级保护的配合可以理解为保护的内部协调。不同地点的模拟量在当地检测完成，只是将检测结果的数据信息、保护判别结果的状态信息、开关状态信息等通过网络由不同保护进行共享，以达到不同地点保护之间的协调和配合。将所有相关联的开关的模拟等级及状态量在一个子站上获得，通过人工智能及广域保护、线路纵差保护及方向保护等原理，将线路各开关的模拟量、开关状态等信息进行综合判断，给出保护判别的结果，达到不同地点保护之间的协调和配合，让离故障点最近的开关速断跳闸，实现保护的快速性和选择性的统一，使全线正常供电。一个典型的广域网络式保护如图 6-7-1 所示。

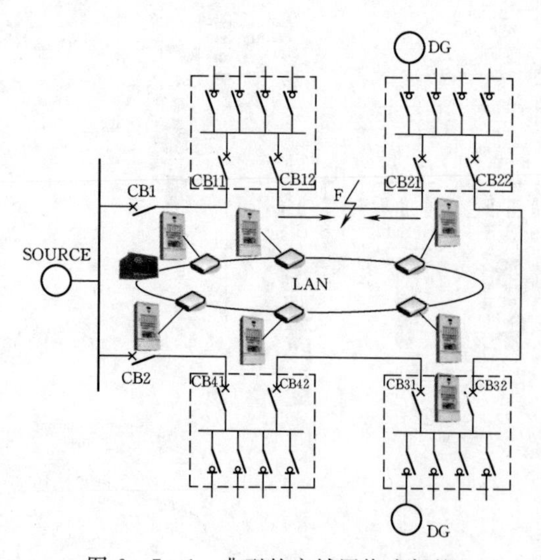

图 6-7-1　典型的广域网络式保护

如果环网柜出线开关也为断路器，出线上发生短路故障时，FTU 检测到出线过流，直接跳开出线断路器切除故障。如果环网柜出线开关是负荷开关，则由进线断路器动作切除故障，然后跳开出线负荷开关隔离故障，再合上进线开关恢复对环网柜的供电。这种处理方式，会造成环网柜

上非故障出线短时停电。

二、防火墙功能

采用具有永磁操作机构的快速开断特性和独特保护动作原理的智能防火墙解决方案，减少了保护配合的时限阶梯，可以在变电站保护 0.5s 动作前实现开闭所内部故障和高速信道连接的开闭所之间线路故障的选择性速断跳闸，从而达到快速隔离配电网故障（包括单相接地故障）的目的，有效地避免用户侧故障和下游配电网故障对配电主干网的影响。通过采用具有智能开关和开闭所运行独特分布式智能算法的配电网解决方案，实现三级故障自愈措施（即就地保护；通信连接的开关之间的故障隔离和网络重构；通信连接的开关与配电主站之间的配电网故障隔离和网络重构），将有问题的元件从系统中隔离出来，尽可能多地恢复非故障线路供电，提高供电可靠性，减少故障影响范围（不依赖主网 DA 功能）。

一个典型的防火墙方案如图 6-7-2 所示。当 F 处发生故障时，CU、BU1、BU2 装置分别进行故障判定，它们之间靠 CAN 网相连。BU1、BU2 定时（5ms 间隔）将故障判断及动作信息（运行信息）送至 CU。CU 根据 BU1、BU2 的信息，判定出故障位置在 MK1 及故障类型，向 BU1 发跳闸命令，经延时确认无压后，拉掉负荷开关 MK1；同时，合上 QF2 开关。恢复供电。对于各种故障，故障处理结果仅仅是操作 QF1、QF2 或 QF3，不会引起系统停电。

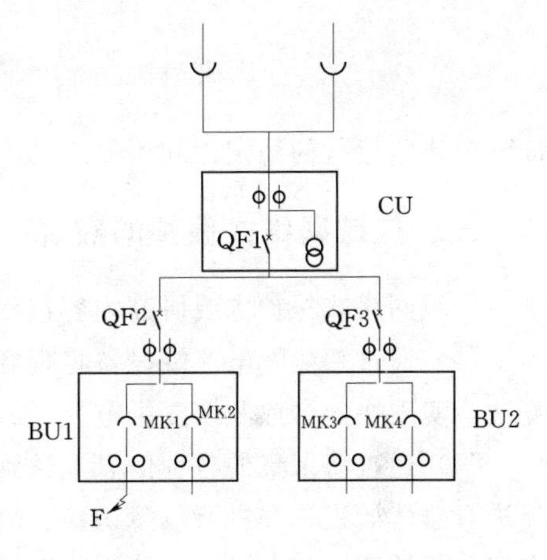

图 6-7-2　典型防火墙方案

图 6-7-3 给出了 10kV 某线架空线路无通信防火墙方案。电源由某变电站 10kV 出线引出。环线各个节点根据实际需要，引出至用户高压侧。因线路沿线分布企业多，所带负荷复杂，在用电高峰期间经常发生用户端故障顶跳上级开关甚至变电站的出线开关。如何提高供电可靠性，快速排查故障点，迅速恢复供电，是智能化改造工作的重点。

考虑到短期内此线路沿线不会建设高速信道，因此采用智能开关柜与柱上开关的保护时限阶梯配合方案。采用局部节点改造方案。

沿九威西线选择变电站出口九威西线 1 号杆，九威西线 27 号杆，至九威东线 50 号、75 号、108 号杆作为主线路的节点。分别选取郭桥次支线 1 号杆，东光支线 8 号杆、潘家湾次支线 1 号杆、友诚制衣专用 100 台变作为改造的支线节点，鲁板支线 22 号杆、煤源粉灰 8 号杆、10 号杆作为用户端隔离点。当位于支线节点以下用户端发生故障时，故障电流顶跳相应节点开关。变电站出口时限整定为过流保护，时延为 0.3s，用户侧开关配置速断保护，时延为 0s。其中时限极差依次为 ΔT、$2\Delta T$、$3\Delta T$ 及 $4\Delta T$。由于采用特殊工艺及原理的开关，其动作时间小于 20ms，加上保护动作时间不大于 30ms，ΔT 可设为 60～70ms。其中发生故障时，线路各个开关在各种工况下保护快速性及选择性，充分保

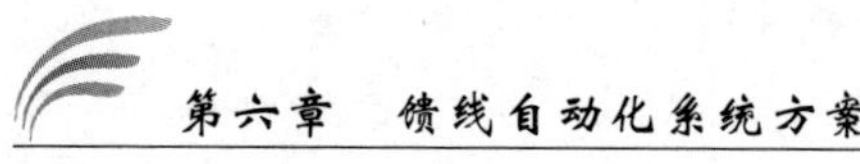

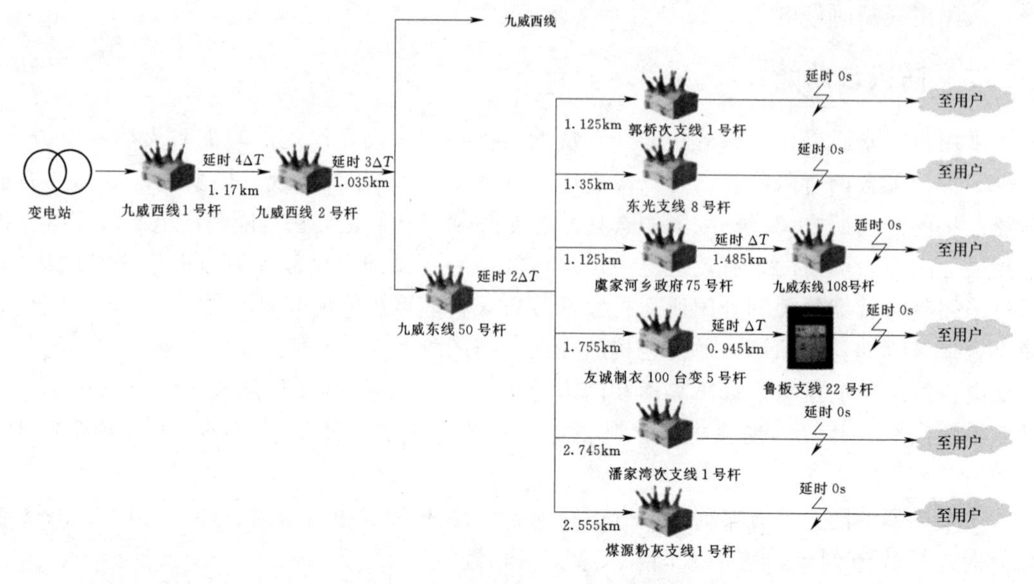

图 6-7-3　10kV 某线架空线路无通信防火墙方案

证整条线路运行的稳定性和可靠性。

三、广域网络式保护的实现

广域网络式保护主要研究内容包括：

(1) 通过智能配电终端设备将现场配电网的各种运行信息进行采集监视，根据研究的算法，实现快速自愈及恢复供电。

(2) 通过将采集的各种信息上送到监控中心的计算机主站系统，对智能配电网运行状况进行总体监视，并进行故障识别、故障区域判定、故障区域隔离、非故障区域恢复供电方案分析计算，和现场自愈控制装置设备配合，进行线路自愈控制网络重构。

(3) 研究传统单向潮流配电网与双向潮流有源配电网短路故障自动定位、隔离和供电恢复技术。

(4) 研究基于分布式智能控制的快速故障自愈与无缝故障自愈技术。

(5) 研究中性点非有效接地系统的单相（小电流）接地故障自愈（消弧）控制技术，接地线路选择与故障定位技术。

(6) 研究配网闭环运行故障隔离技术，配电网闭环运行且分段开关采用短路器，并配备差动保护，则可在线路出现故障时快速（200ms 之内）切除故障，而使非故障线路的供电基本不受影响。

图 6-7-4 给出了某企业从总降变电站到用电的三个电压等级（110kV、10kV、380V）的系统主接线。该系统存在的主要问题有：

(1) 高、中、低压存在电磁环网风险。

(2) 两个 110kV 进线构成供电瓶颈，来自同一变电站。

(3) 10kV 配网太复杂（两级配电）。

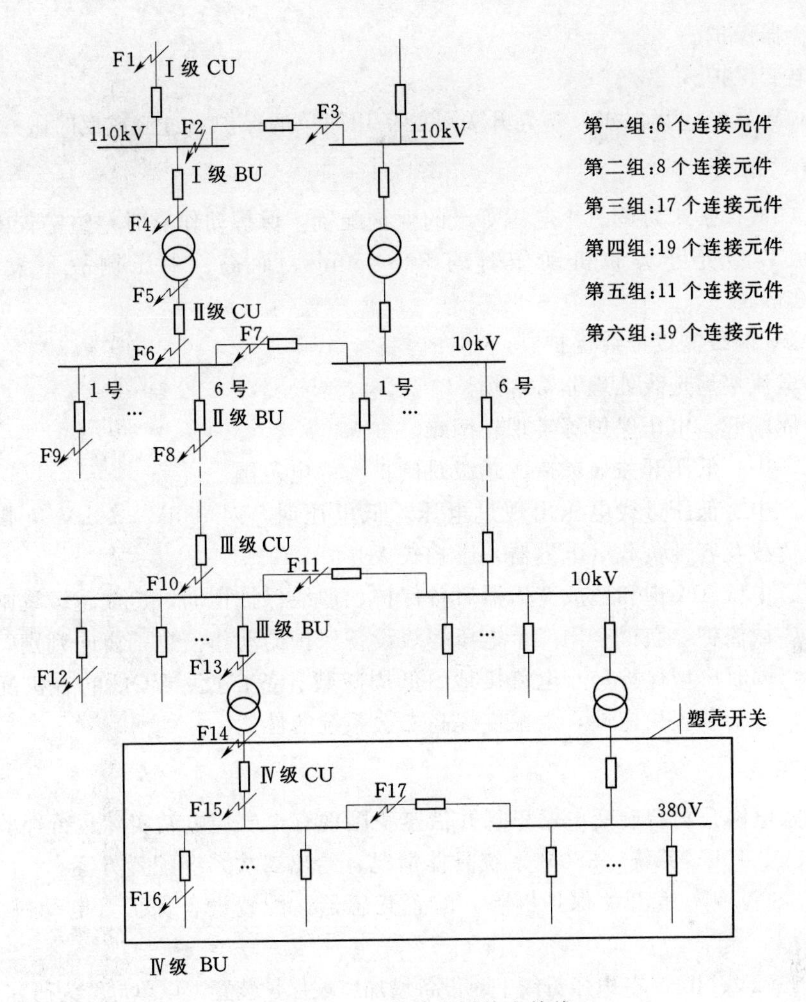

图 6-7-4　某企业系统主接线

(4) 380V 供电可靠性低。

(5) 三个电压等级母线出线问题，将导致越级或扩大跳闸范围（无选择性）。

(6) 10kV 单相接地对 380V 母线电动机的影响。

1. 常规保护配置

(1) 110kV 系统。

1) 进线保护。

2) 变压器保护。

3) 分段保护。

4) 备自投。

(2) 10kV 系统。

1) 馈线保护。

2) 分段保护。

3) 电动机保护。

4）电容器保护。

5）配电变保护。

（3）380V 系统。无保护，塑壳开关可能备用简单的保护（过流或反时限）。

2. 保护问题

（1）无广域保护来协调三个电压等级的保护配置，保护动作靠时差整定较困难。

（2）380V 塑壳开关脱机动作时间 30～50ms，而高、中压侧故障发生及切除需 150～200ms。

（3）10kV 两级需设母线保护。

（4）小电流接地选线处理非常麻烦。

（5）低周减载、电压保护等实现较困难。

（6）高、中、低压开关失灵造成越级跳闸扩大停电范围。

（7）高、中、低压母线电压出现过电压，低电压时，对 380V、10kV 负载，如旋转电机等感性负载及容性负载（电容器）影响较大。

（8）高、中压 TA 饱和造成变压器后备保护、馈线保护拒动，造成越级跳闸。

需设置广域保护，获得全网三个电压等级设备保护的动作信息，协同判别，实现智能化广域保护。同时广域保护与小电流接地、低周减载、备自投、VQC 的有机配合，改善保护全局性，自动装置快速性，大幅度提高二次系统的性能。

3. 方案实现

根据国家电网公司智能变电站思想并借鉴我国现有煤矿变电站实际运行经验，考虑到本系统 110kV、10kV 系统，380V 系统具体情况，给出二次系统配置方案。

（1）将 380V 侧塑壳开关保护拆除，配置互感器，配置设备保护（电动机、电容器、电阻等负载）。

（2）在 110kV、10kV 各电压母线上对设备增加广域保护装置（以单母线为研究对象）。

以单母线为例，所有进线用 CU 装置（最多负责 3 个进线，分段算进线、出线）；所有出线用 BU 装置（一个负责 3 个出线保护），如图 6-7-5 所示。

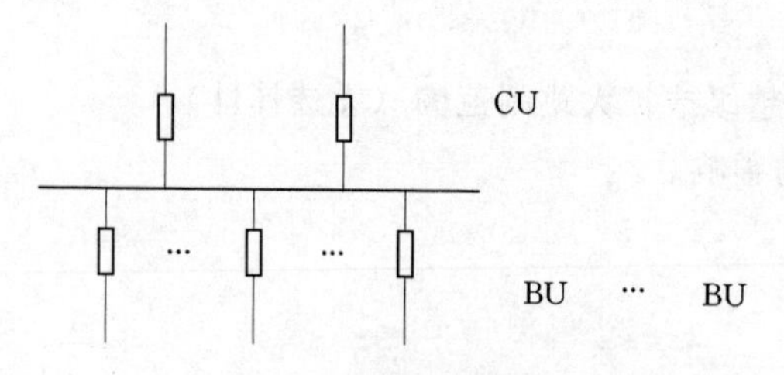

图 6-7-5　单母线系统 CU、BU

CU：完成 2 个进线及母线电压判断 $3U_0$ 单相接地和通信。

模拟量：U_A、U_B、U_C（自产 $3U_0$）；$(I_A$、I_C、$3I_O)\times2$，10kV。

开入量：8 路。

开出量：6 路。

通信：CAN；RS232/RS485、以太网、自愈双环网；GPRS。

BU：完成 3 条出线的保护。

模拟量：$(I_A$、I_C、$3I_O)\times3$，10kV；或 $(I_A$、I_B、I_C、$3I_O)\times2$，110kV。

开入量：8 路。

开出量：6 路。

通信：CAN。

CU、BU完善的继电保护功能及自动化功能，完成同段母线上保护之间的协调，并实现本母线段的母线保护、断路器失灵保护，且具备较强的抗TA保护能力；另外，能够很好地选择故障的类型及位置，具有良好的选择性。

对于单母分段接线，其CU、BU配置如图6-7-6所示。

每5ms CU对母线上所有BU进行通信，CU控制BU跳闸，BU根据保护动作信息识别故障发生在母线、出线或进线侧，使CU有选择地跳闸。

同一母线BU与CU通过CAN进行通信，其通信结构如图6-7-7所示。

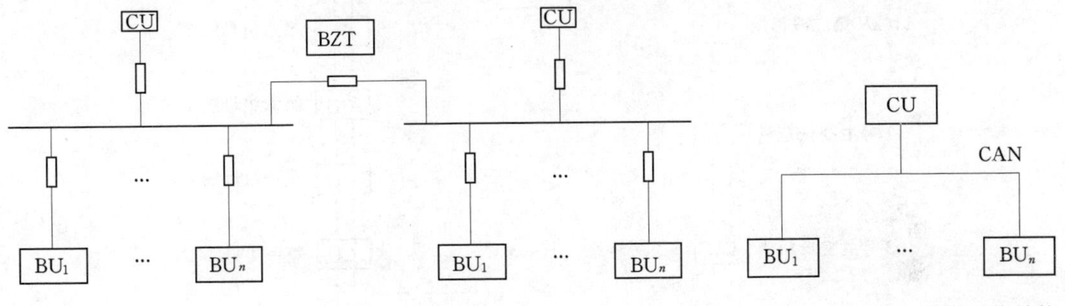

图6-7-6　单母线系统CU、BU配置　　　图6-7-7　CU、BU通信结构

(3) 380V母线：用同样的方案，设置CU、BU，考虑到380V分散性较强，可按照间隔设置BU，即1个间隔配置1个BU。

(4) 110V、10kV、380V三个电压的母线的所有CU装置通过光纤自愈双环网，构成广域保护，由一个主CU装置控制，遵循IEC 61850标准，完成GOOSE、SMV、MMS、IEEE588等功能。如图6-7-8、图6-7-9所示。主CU装置定时（5ms）与各CU通信，获得全网（三个电压等级）所有连接元件的动作行为，并将关联信息转发给各CU，再转发给BU，实现广域测量、广域保护（增加母线保护、断路器失灵保护等），根据全网的共享信息（5～10ms），实施各种自适应保护、备自投、小电流接地选线、低周减载、低压、过压、电能质量检测等功能。比如备自投逻辑，由于已经知道全网的故障类型及故障位置，实现备自投功能时，就可以直接将继电保护的动作判断及延时与备自投协同处理，减少中间环节及时延，提高备自投的准确性、快速性，克服原有保护、自动化的弊端，实现全网安全稳定运行。

4. 方案评价

(1) 本方案的技术特点如下：

1) 系统基于分层分布的架构，以母线为研究对象实施应用模型及功能描述。

2) 采用两级通信框架，本母线内的二次设备采用CAN网通信；不同电压等级、不同母线之间采用自愈双环网光纤通信。

3) 两级通信采用快速通信（间隔时间为5ms），解决了全站数据间隔层毫秒级的共享问题，使得接地选线的问题迎刃而解，不但每条线路具有零序功率方向保护，同时变电站还具有综合接地选线的功能，对变电站的线路进行多重保护，提高了接地选线的正确率。此外，母线保护、断路器失灵保护等低压系统不可能实现的保护配置可自动实施。

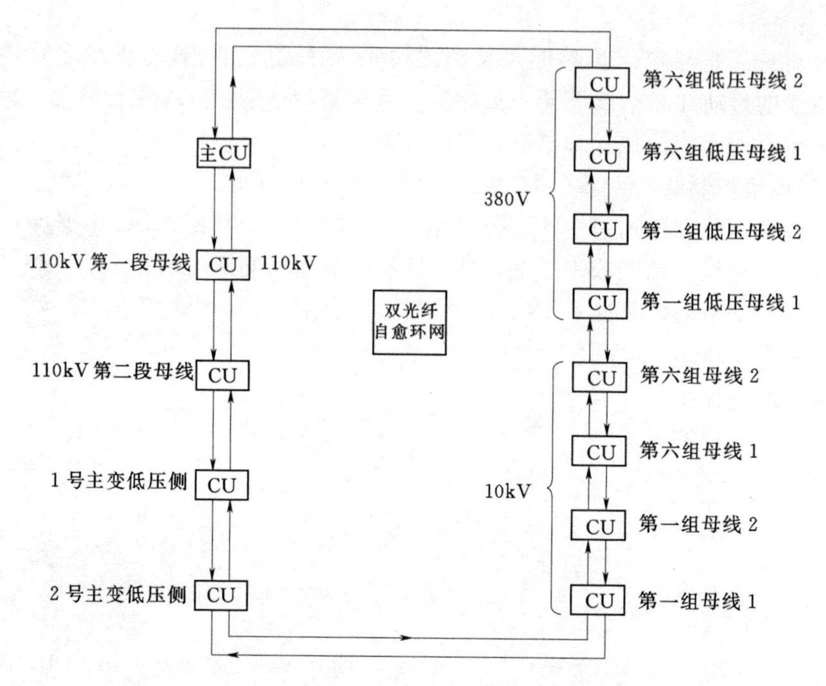

图 6-7-8　CU 构成的光纤自愈环网结构

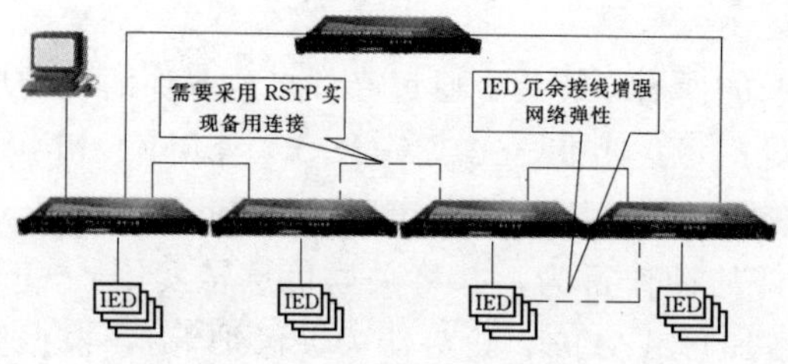

图 6-7-9　光纤自愈环网交换机的光纤自愈环网结构

（N+1 网络冗余容错能力；采用 RSTP 自动重新组态；多环连接可以组成网格形拓扑结构）

4）变电站的电压无功自动装置、低频低压解列装置、小电流接地选线、低压、过压、电能质量检测备自投装置（包括进线备自投、主变备自投）都增加了新的实现方式来实现，减少了硬件设备的投入，从而减少了硬件的故障量，降低了设备的检修期维护费用。

5）大大减少二次电缆及二次设备种类，降低了变电站成本投入，减少了维护费用。该系统非常易于升级扩充。

（2）本方案带来的技术优势如下：

1）全站数据共享，内部消息传递机制代替了传统的硬接点传递，可靠并且快速；增加母线保护及断路器失灵保护，并提高断路器失灵保护的可靠性和速动性；保护抗 TA 饱和的能力大大加强。

2）根据全系统准同步采集的数据（低压侧 380V、10kV 母线、线路，110kV 母线、线路），实时（毫秒级）监测各个间隔的电气参数，实时实施 3 个电压等级的广域保护，协调从低压负载到 10kV 馈线再到 110kV 变压器、线路各个间隔，实现广域的光纤纵差保护、方向保护及安全稳控及自动化功能，提高系统可靠性。（可提供解列装置的优化方案，按照各条线路的优先等级和负载情况，确定切除线路，做到停电范围最小且最优；全站零序电流共享，强化小电流接地选线判据；当发生操作机构失灵，线路保护未跳闸成功时，启动后备保护加速功能，保证在较短的时间内切除故障；基于全站进线和出线电流的全站差流启动元件能可靠区别变电站内部和外部故障，作为主变差动保护的启动元件能更加可靠避免主变差动TA断线引起的差动保护误动；方便地实现母线差动保护，且不增加硬件投资……）

3）单元采集控制装置安装在TA附近采集模拟量，避免了由于模拟量采集电缆过长引起的TA饱和现象，提高了保护的可靠性。

总之，本系统设计参考了国家电网公司智能变电站、智能配电自动化及未来智能电网技术、电力系统安全稳控等规范及要求，涵盖广域继电保护、测控、自动化功能以及安全稳控功能，是多学科多功能的集合体。本方案必将提高继电保护系统的可靠性及选择性，使全网系统的继电保护、自动化、安全稳定等水平跃升一个数量级，整个系统的监控、保护、自动化、安全稳控等将得到完整的统一融合，系统也将有了更快速、更灵活、更经济、更安全、更可靠的保护自动化应用方案。

第八节　馈线自动化建设

一、建设思路

（1）应按照配网自动化规划实施。

（2）以提高供电可靠性、提升配电网运行管理水平为主要目标。

（3）综合考虑配电网网架、通信通道、供电可靠性等情况。

（4）因地制宜、注重实效地推进馈线自动化建设。

二、馈线自动化选取

（1）各类供电区馈线自动化方案选择如表6-8-1所示。

表6-8-1　　馈线自动化方案选择

类型	主站集中型	电压电流型	电压时间型
A、B类供电区	√	√	
C类供电区		√	(√)
D、E类供电区			√

（2）具体实施方案如下：

1）A、B类地区，已建有主站，按主站集中型建设；未建主站按电压电流型建设。

2）C类地区，优选电压电流型，故障定位和隔离时间最短。备选电压时间型，设备投资少20%左右。

3）D、E类地区，宜采用电压-时间型。

（3）建设过程有以下部分：

1）一次性建设。包括自动化设备、光纤式无线通信、配电自动化主站等。特点是：

一次到位，建设周期长；投资大，有主站、通信和终端运维，技术要求高，对通信要求高。

2）分步实施。边投资边收益，建设周期短，投资小，快速有效，在技术经验积累基础上逐步提高智能化水平。

3）主站系统接入升级路线图如图6-8-1所示。

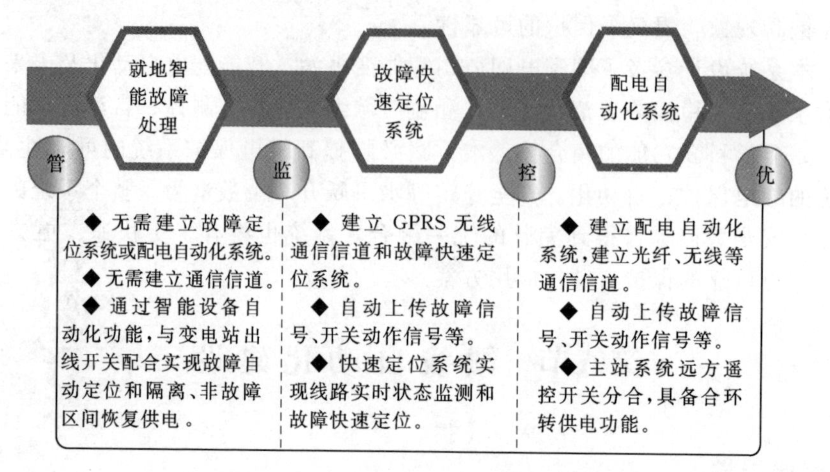

图6-8-1　主站系统接入升级路线图

三、关键问题

1. 设备选型问题

（1）负荷开关与断路器如何选型？

（2）免维护型后备电源如何选型？

（3）设备智能化如何选型？

（4）与变电站出线开关配合如何选型？

2. 设备布点问题

（1）主干设备如何选点与布置？

（2）分支设备如何选点与布置？

（3）用户设备如何选点与布置？

3. 设备配套问题

（1）设备如何一体化和小型化？

（2）设备如何免调试和免维护？

（3）成套设备连接如何防误防护？

（4）现场安装调试如何避免二次停电？

四、智能设备选型与布点总体原则

1. 主干线设备布点

（1）减少变电站跳闸次数。

（2）缩小故障停电范围。

（3）提高变电站重合成功率。

2. 分支线设备布点

（1）考虑投入产出，智能设备总数不宜过多。

（2）多故障线路适当增加智能设备数量。

（3）分支线故障不应造成主干线停电。

（4）分支线无故障可不分闸，实现快速送电。

3. 用户分界设备布点

避免用户出门故障波及主干线路和相邻用户停电。

4. 总体原则

一言一蔽之，“故障快速恢复供电”。

五、举例说明

1. 电压电流型馈线自动化技术模式

电压电流型馈线自动化技术模式如图 6－8－2 所示。

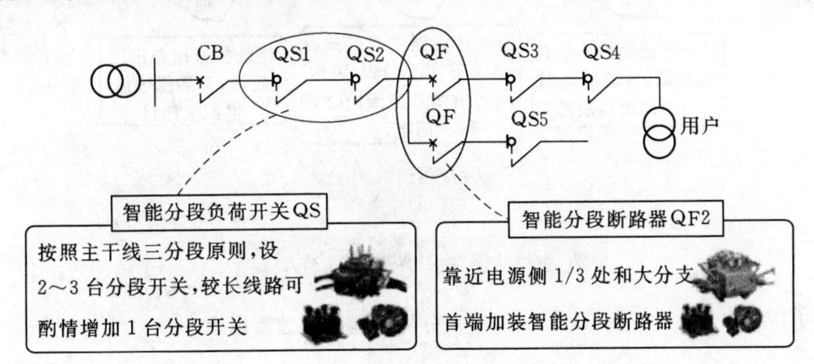

图 6－8－2 电压电流型馈线自动化技术模式

（1）主干分段点布点原则。

1）线路长度相等分段原则。

2）线路负荷相等分段原则。

3）线路用户数相等分段原则。

（2）分支分界点。

1）大分支线路首端。

2）长距离辐射网线路中间位置。

3）运行负荷较大、故障率较高的公网大分支线路。

2. 电压时间型馈线自动化技术模式

电压时间型馈线自动化技术模式如图 6－8－3 所示，按照主干线三分段原则设置 2 台分段开关和 1 台联络开关，较长线路酌情增加 1 台分段开关。

3. 用户分界智能设备选型与布点

用户分界智能设备选型因素如图 6－8－4 所示。

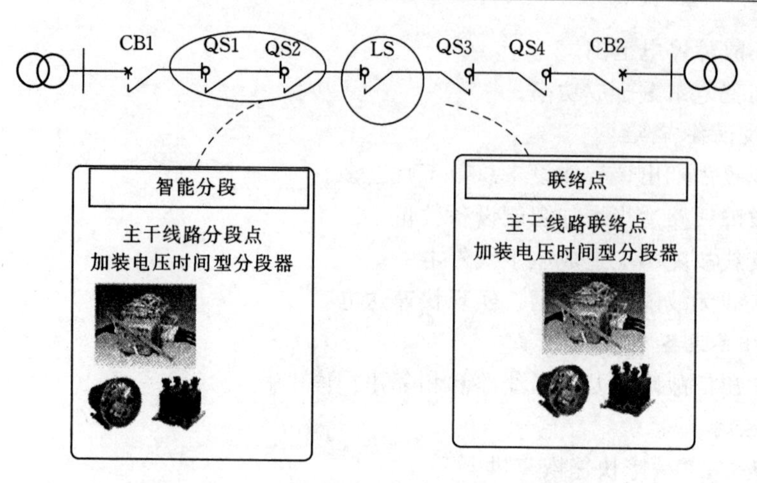

图 6-8-3　电压时间型馈线自动化技术模式

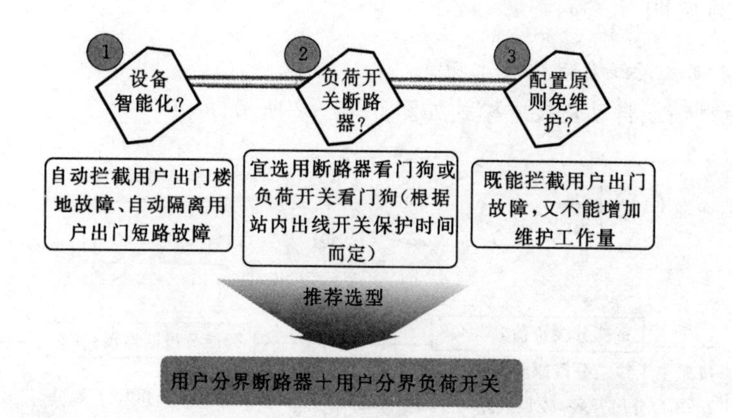

图 6-8-4　用户分界智能设备选型因素

带“T”接分界点单独安装看门狗智能设备选择如图 6-8-5 所示。

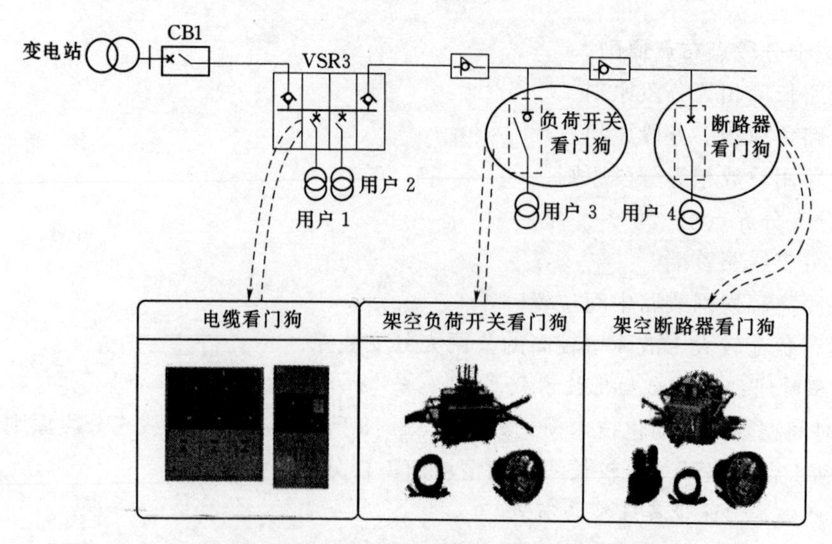

图 6-8-5　带“T”接分界点单独安装看门狗智能设备选择

布点原则如下：

(1) 故障较频繁用户线路。

(2) 线路或设备老旧线路。

(3) 较长距离用户线路。

六、配电终端和通信运维项目

运维项目种类多，频次高专业性强、工作量巨大，包括：

(1) 定值维护：线路节点扩容和负荷转供电。

(2) 电池维护：失效、损坏蓄电池更换。

(3) 终端消缺：装置异常现场检修、排查。

(4) 包设备传动：系统一二次设备传动。

(5) 计划检修：预防型定时现场检修。

第七章　配电网通信技术

第一节　概　　述

一、电力生产各个环节对通信的要求

配电自动化是提高供电可靠性和供电质量、扩大供电能力、实现配电网高效经济运行的重要手段，也是实现智能电网的重要基础之一。2009年5月，国家电网公司明确提出建设“具有信息化、自动化、互动化的智能电网”，计划到2020年全面建成统一坚强智能电网。智能电网战略目标的提出给配电自动化注入了新的内涵，也给配电自动化带来了新的生机，为配电自动化的发展指明了方向。随着新一代智能配电网系统的建设，新的通信方式也将被广泛应用。

配电网系统位于电力输电系统与电力消费者的最后接入环节，直接影响用户对电能质量的体验。通信信息平台作为电力数据采集和传输的支撑，在配电以及用电智能化的建设中起着至关重要的作用。表7-1-1给出了电力生产各个环节对通信的要求。

表7-1-1　　电力生产各个环节对通信的要求

发　电	输　电	变　电	配　电	用　电
（1）有长距离输电要求。 （2）接口丰富。 （3）组网能力要求不高	（1）取电方式。 （2）介质选择。 （3）工业级设计	（1）特高压、超高压有长距离输电要求。 （2）组网能力要求高。 （3）传输速率高。 （4）可靠性要求高。 （5）网络安全性高。 （6）接口丰富	（1）组网能力要求高，后期扩展灵活。 （2）工业级设计，可靠性要求高。 （3）便于维护管理。 （4）网络安全性高。 （5）性价比高	（1）介质选择。 （2）组网（汇聚）能力要求高。 （3）可靠性要求不高。 （4）便于维护管理。 （5）网络安全性高。 （6）性价比高

二、配电自动化通信系统的作用和特点

1. 配电自动化通信系统的作用

通信系统是配电自动化系统中的重要系统。配电自动化系统要通过可靠的通信手段，将控制中心（主站）的控制命令下发到各执行机构或远方智能终端，同时将远方监控单元（RTU、DTU、TTU、FTU等）所采集的各种信息上传至控制中心（主站），完成数据、电能的采集测量，故障判别、隔离等功能。一个稳定可靠的配电网自动化的实现是由无数个这样的智能装置之间的相互配合完成的。这就要求智能装置之间能互通信息，所以一个开放、可靠、经济、易于运行和维护的数据通信网是实现配电自动化的关键。

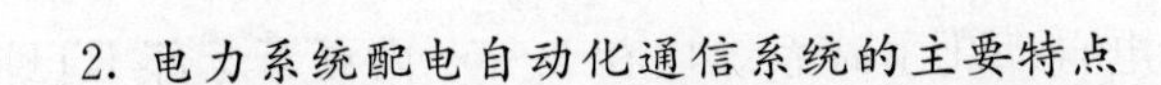

2. 电力系统配电自动化通信系统的主要特点

（1）环境恶劣。由于配电网的数据采集点多，数据量小，不可能专门为采集点建立机房，因此室外对环境温度等要求高。同时电力线的电磁干扰问题严重。

（2）可靠性要求高。由于电力网拓扑结构的限制，现有的配电自动化通信网多以链网为主。光纤通信网中的链网结构在网络的安全性上较差，如果中间的光纤路由出现故障，系统的一部分通信会出现中断。

（3）采用轮询方式通信时，故障信息的上报与子站轮询信息容易产生冲突，同时当网络中的节点过多时，数据的刷新时间过长，影响配电自动化的效果。

3. 配电自动化现有通信的技术特点

目前应用在配电自动化系统的通信主要包括光纤以太网、光纤双环自愈、双绞线、无线蜂窝及 GPRS 通用分组无线业务。用户需要因地制宜，选择适合当地配电网状况的一种或几种通信方式组合。配电自动化现有通信的技术特点见表 7-1-2。

表 7-1-2　　配电自动化现有通信技术特点分析

通信技术	特点分析
电力载波通信（PLC）	数据传输速率较低；容易受到干扰、非线性失真和信道交叉调制的影响；与其他通信方式兼容性不好
RS232 光调制解调器	接口单一，光纤利用率低；兼容性差、稳定性差、准确性差、可管理性差、扩展性差
RS485 串行总线	传输距离短，通信协议繁杂且不统一，兼容性差
230MHz 无线微波	终端设备复杂，易受干扰
GSM/CDMA/3G	容易受其他运营商网络维护、升级等干扰，使用不便；容易受制于其他运营商，主动性差、信息安全性差；GPRS 租用成本高，会降低电力企业的效益；带宽小，通信速率低，无法扩展其他业务，无法满足长期需求；通信链路业务保护能力不足、可靠性差，可管理性差；稳定性差，抗干扰（天气、电磁辐射等）性差，数据采集成功率低；在地下配电房等信号非常差的地方不适合采用该方案
工业以太网交换机	拓扑结构和电网架构无法匹配，实时性差，不能抗单点和多点故障，价格高昂；产业规模小，国外设备商占据高端；接口单一，一般无串口 POTS（模拟电话业务）/RF（射频）/DSL（数字用户专线）等
WiMAX	在国内尚没有分配无线频点资源，存在政治风险；基站站址资源获取困难，无线覆盖易受限；容易受干扰，无保护

从表 7-1-2 中可以看出，以上通信技术主要存在稳定性差、可靠性差、抗干扰能力差、兼容性差、通信带宽低、管理维护困难、扩展困难等问题，这些问题也是配电自动化及用电信息采集自动化未能大规模部署的重要原因。

三、配电自动化通信系统应满足的要求

配电自动化通信系统必须满足以下要求：

（1）可靠性。要长期经受恶劣环境的考验，如雨雪、大风等；且会受到较强的电磁干扰或噪声干扰；此外不能受停电和故障的影响。

（2）实时性。配电自动化系统是一个实时监控系统，必须满足实时性要求。按照配电

网系统自动化规划设计导则的要求，配电自动化主站系统应在3～5s内更新全部RTU、FTU等的数据。

（3）双向性。在配电自动化系统中，不仅有数据的上传，还有控制命令的下发。因此，通信系统必须具有双向通信能力。

1. 配电自动化系统对配电网通信的要求

配电自动化系统对配电网通信的要求见表7-1-3。

表7-1-3　　配电自动化系统对配电网通信的要求

数据类型	数据流量（单个开关）	实时性要求	可靠性	安全性要求
遥信量	数据流量很小	5s变位信息传送到主站，特殊通道（GPRS）可以放宽到10s	遥信正确率大于99.9%	可以通过公网传输
遥测量	通道上的数据包括全数据、分钟数据、变位遥信数据、变化遥测数据等，数据流量相对大	变化遥测5～15s传送到主站	遥测正确率不小于98%	可以通过公网传输
遥控量	控制命令，数据流量较小	遥控命令一般在5s内完成，特殊通道可以放宽到15s	可靠，遥控正确率大于99.9%；精确，遥控综合误差不大于1.5%	控制命令需要安全的通道保证

2. 通信的介质及接口

（1）通信介质。配电网通信介质可采用光纤、无线、电力载波、导引电缆等。

1）需实现三遥的配电点宜采用光纤通信。不具备光缆建设条件的可采用电力载波作为补充。

2）主干光缆宜沿着变电站之间线路建设，接入光缆的敷设方式根据具体情况分别以链路或环路接入，具有条件的优先采用成环接入。

3）光纤通信组网宜采用工业级别的以太网设备，采用骨干（汇聚）层、接入层的分层组网模式。

4）载波通信组网应预先对频率进行规划，避免频率干扰，工作频段应满足DL/T 790《采用配电线载波的配电自动化》系列标准。

5）采用公网无线通信作为信息传送通道时，应建立电力专用VPN通道，且不应传送遥控信息，接入配电主站系统时，应充分考虑公网与电力专网的安全隔离措施。

（2）接口。采用以太网和RS232/RS485接口。

RS232/RS485接口传输速率可选用600bit/s、1200bit/s、2400bit/s、4800bit/s、9.6kbit/s、19.2kbit/s、2048kbit/s，以太网接口传输速率可选用10Mbit/s、100Mbit/s或1000Mbit/s等。

3. 通信设备功能性能要求

（1）工业级以太网。

1）适用于工业环境，应满足以下条件：①环境温度范围：－40～70℃；②抗电磁干扰能力按GB/T 15153.1—1998《远动设备及系统　第2部分：工作条件　第1篇：电源

和电磁兼容性》中的Ⅳ级标准执行。

2）应双电源配置，支持24V/48V DC或110V/220V DC/AC电源输入。

3）支持远程网管，可支持自动拓扑发现、故障管理等基本网管功能。

4）接口模块化设计，端口可根据实际组网情况选择。骨干环交换机光口不少于6个，接入交换机光口数量不少于2个，百兆接口不少于4个。

5）环网情况下具备自愈功能，环切换时间不大于300ms。

6）MTBF不小于50000h。

（2）电力载波。

1）适用于工业环境，应满足以下条件：① 环境温度范围：－40～70℃；②抗电磁干扰能力按GB/T 15153.1—1998《远动设备及系统　第2部分：工作条件　第1篇：电源和电磁兼容性》中的Ⅳ级标准执行。

2）应双电源配置，支持24V/48V DC或110V/220V DC/AC电源输入。

3）宜支持自动拓扑发现、故障管理等基本远程网管功能。

4）发送功率宜小于1W，不应超过5W，工作频带或频点均在3～500kHz范围内。

5）应具有较强的抗干扰性，允许通道衰减不小于80dBm。在工作频段/点外加入不同信噪比（0dB、－5dB、－10dB）的噪声干扰条件下，丢帧率应为0。

6）MTBF不小于50000h。

（3）无线通信。

1）适用于工业环境，应满足以下条件：①环境温度范围：－40～70℃；②抗电磁干扰能力按GB/T 15153.1—1998《远动设备及系统　第二部分：工作条件　第1篇：电源和电磁兼容性》中的Ⅳ级标准执行。

2）可提供透明、双向、对等的数据传输通道，用户数据无需经过转换直接传输。

3）终端的无线通信部分必须是模块化设计，具备自诊断、自恢复功能。

4）应提供配置管理接口用作本地和远程的管理，宜包括配置管理、安全管理、故障管理以及性能管理等功能。

5）通信模块采用业界主流厂商工业级的无线通信芯片，数据读写次数不低于10万次。

6）天线的阻抗应与无线通信芯片匹配，天线的增益应大于5.0dB。

7）MTBF不小于50000h。

（4）通信通道可用性要求。

1）光纤通信可用性不低于99%，时延不高于100ms，误码率不高于1×10^{-8}。

2）线缆通信可用性不低于98%，时延不高于秒级，误码率不高于1×10^{-6}。

3）电力载波可用性不低于97%，时延不高于秒级，误码率不高于1×10^{-4}。

4）无线通信可用性不低于93%，时延不高于秒级，误码率不高于1×10^{-5}。

第二节　配电网常用通信方式

一、配电网常用通信方式比较

配电自动化系统中，通信点之间的距离及其对通信速率的要求变化比较大，需根据具体情况选择合适的通信介质及通信规约。图7-2-1给出了几种主要的通信方式。需要注意的是，没有一种通信手段能够独立实现配电自动化通信系统的建设，这些通信方式应用到配电网上均需要创新和发展。

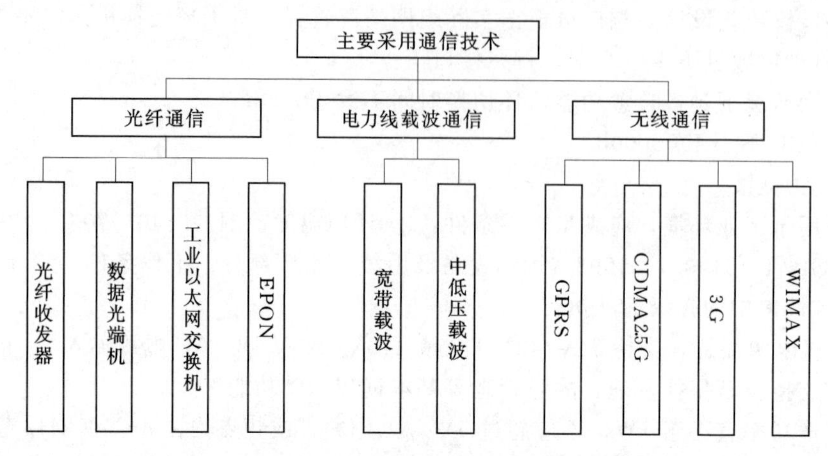

图7-2-1　配电自动化系统中常用通信方式

Q/GDW 382—2009《配电自动化技术导则》给出了配电自动化通信系统采用光纤专网、配电线载波、无线专网和无线公网等方式。其中：

(1) 光纤专网通信方式宜选择以太网无源光网络、工业以太网等光纤以太网技术。

(2) 配电线载波通信方式可选择电缆屏蔽层载波等技术。

(3) 无线专网通信方式宜选择符合国际标准、多厂家支持的宽带技术。

(4) 无线公网通信方式宜选择GPRS/CDMA/3G/4G通信技术。

1. 光纤通信

光纤通信的原理是利用经过信息调制的光载波在光导纤维中的不断反射到达对方，再解调出原始信息实现信息传输。其主要优点是传输容量大、高速率、传输距离长、衰减小、无电磁干扰、抗雷击、耐腐蚀、保密性好、可靠性高、绝缘性能好等。尤其是抗电磁干扰和绝缘性能好这两大特点，可应用于变电所、高压线路等高电压、强电磁干扰环境，是目前电力系统通信中正在逐步广泛应用的通信方式。根据需要可构架成星形、链形、树状、网状、单纤网、双纤网、环上多分支、多环相交、多环相切等各种拓扑结构的网络。

光纤通信信道由光缆、光端机及数字终端机组成。光缆有非金属自承式（ADSS）、地线缠绕式（GWWOP）和架空地线复合（OPGW）光缆，具有大跨距（1800m）、耐高压（500kV以内）、高强度（强度高达13500kg）、长寿命（40年以上）、温度特性好、防水、抗电蚀、不受强电干扰的特点。光端机传输容量为30～480路。含有数字公务电话，数据通道，可用硬件实现对端监控。光纤通信方式十分适用于配网中通信容量较集中的干线通信。

光纤通信还能连接同步数字体系（SDH）设备，这是近年来新发展的一个有关数字通信体系接口、传输速率和格式的国际标准。SDH针对已广泛使用的准同步数字体系（PDH）的一些弱点，实现了PDH体系中1.5Mbit/s和2Mbit/s两个标准在SDH基本模块上的统一。SDH设备的出现，使得数字链路中的上下话路变得十分灵活方便，可

一次性从高速数字信号流中取出低速基群信号，也可直接由低速信号复用至高速信号流。这样就克服了 PDH 必须逐级复用或解复用的烦琐。SDH 可以同宽带综合业务数据网(B-IS-DN)兼容，还具有较强的网络管理能力，使得在信道故障情况下实现自愈。

在配电自动化系统中应用光纤通信，从模式上分还有：光纤自愈环通信、光纤以太网通信、无源光网络等通信方式。

2. 电力线载波通信

电力线载波(PLC)是电力系统特有的、基本的通信方式。电力线载波通信使用坚固可靠的电力线作为载波信号的传输媒介，是唯一不需要线路投资的有线通信方式；再加上电力线载波信息传输稳定可靠、路由合理以及能够同时复用远动信号等特点，因此电力线载波通信具有可靠性高、经济性好、随新建工程开通快、维护管理方便等优点，在我国电力通信中得到了大量应用。

电力线载波机制式分类：从传输的信号类型上来说，电力线载波机可分为模拟和数字两种制式。

模拟载波机在调制次数上又可分为一次调制、二次调制和三次调制三种制式：一次调制的载波机采用移相法抵消无用边带，电路简单，成本较低，多用于 35kV 线路，属于简单类型的电力线载波机；二次调制的载波机是标准的传统制式载波机，能够实现频率的最终同步，具有较高的技术指标，是电力系统广泛采用的载波机制式；三次调制的载波机能够较容易地实现现场载波频率调整，而不用更换复杂笨重的高频带通滤波器及方向滤波器，这是在二次调制基础上的发展。

数字电力线载波机分为准数字和全数字两种。其中准数字电力线载波机在中频以下采用高速数字信号处理器(DSP)将音频及中频调制部分进行数字处理，实现了压扩器、均衡器、限幅器、调制器及滤波器的数字化，还可实现大范围的自动增益调整和远动信号的自动增益调整；在高频部分，这种制式的载波机仍然传输模拟信号，因此同广泛使用的模拟载波机有较好的兼容性，我国已有同类产品问世。全数字电力线载波机(DPLC)是电力线载波通信方式的一次革命，采用了标准数字接口、数字压缩及先进的数字调制方式，在电力线上传输的信号为数字信号。这种类型的载波机一般可实现多路话音及远动信号的传输，可复用保护信号，与其他数字通信设备接口方便，是电力线载波通信发展的主要方向。另外还有一种采用扩频通信技术的载波机，能够在噪声大于信号的恶劣情况下可靠地通信。由于这种载波机占用整个载波频带，因此主要使用于 10kV 配电线路传输配电网自动化信号。

3. 无线通信

传统的无线电通信，具有易于安装、成本低的优点，但不适于多高层建筑物的市中心及多山地区使用。无线通信有扩频、数传电台、商用电台等方式。商用电台价格低，但开启时间较长，传输速率低，难以满足实时性要求，只在负荷控制中应用较多。配电自动化系统主要使用无线扩频与数传电台。扩频通信发射功率在 1W 以内，不用申请无线频点，并且有通信速率高、抗干扰能力强、保密性强、体积小、功耗低的优点。数传电台使用 350～512MHz 或 800～900MHz 频段，具有发射功率大、覆盖范围广、传输时延小的优点。由于电台发射功率大，需要向无线电管理委员会申请频点。

无线通信系统具有以下特点：

(1) 采用先进的无线数据调制解调技术，具有灵活多样的功能和通用性，接口方便，其信号指标符合我国无线电管理委员会入网要求。

(2) 选用国家无线电管理委员会规划的专用频率，此频段无线电波具有较强的绕射能力，架设方便。

(3) 可以采用不同的组网方式，点对点或点对多点组网通信，合理利用频谱资源，使系统造价低，性价比高。

(4) 无线电台主要用于电力无线抄表通信，对远端电力负荷控制器，台变电能表、三相多功能表、关口表等表计数据的无线抄收和编程、校时控制。为了保证足够的通信距离，电台的收发天线架设高度应尽量高，在理想的通信条件下，通信距离约 50km。

4. 无线公网通信

近年来移动技术的快速发展，采用无线公网通信的配电自动化系统得到了较多的应用。GPRS 是在现有 GSM 网络上开通的一种新型分组数据传输技术，相对于原来传统的电话、电力载波等通信方式，GPRS 具有永远在线、快速登录、按数据流量计费、切换自如、高速传送、安全可靠等优点。GPRS 通信网络能够满足可持续传送业务数据的需求，并且能够进行实时的交互数据传送，业务数据以数据包为单位，每个数据包的大小不超过 1024 字节，通信网络传送一包数据的时延不超过 1500ms。使用 GPRS 可以实现点对点以及点对多点的数据传输。对于一些分散在边远地区配电网监控点来说，建设专用的通信通道投资比较大，使用社会上电信运营商提供的 GPRS 通信服务是一种比较合适的选择。相对于其他通信方式，GPRS 的不足之处是传输延迟较大，不过对于大部分配电自动化的应用来说，其传输延迟是可以接受的。

我国部分网省公司已经试点建设了用户用电信息采集系统，其中在数据通信系统中的远程通道主要采用 GPRS/CDMA 和 230MHz 电台专网方式，这两种方式在保证系统通信可靠性、满足实时性及安全性要求方面都会存在一些问题。GPRS/CDMA 方式需要借助运营商的资源，将用户用电信息在运营商的网络上进行承载，存在一定的安全隐患；GPRS/CDMA 和 230 MHz 电能网在可靠性和满足用户用电信息实时性方面也存在问题。配电网常用通信方式比较如表 7-2-1 所示。

表 7-2-1　配电网常用通信方式比较

通信方式	光纤通信		无线通信		电力线载波 (PLC)
	以太光源网络 (EPON)	分组传送网 (PTN)	GPRS/CDMA	230MHz 电台	
传输速率	1～10Gbit/s	1～10Gbit/s	115kbit/s	10～20kbit/s	1kbit/s 以上，100Mbit/s 以下
传输距离	≤20km	几十千米到上百千米	在 GPRS 网内不受限制	几千米到十几千米，可中继	几百米
可靠性	高	高	中等	中等	一般，易受电磁干扰
系统容量	通信速率高，系统容量大	通信速率高，系统容量大	通信速率高，系统容量小	通信速率高，系统容量大	通信速率低，系统容量小

续表

通信方式	光纤通信		无线通信		电力线载波（PLC）
	以太光源网络（EPON）	分组传送网（PTN）	GPRS/CDMA	230MHz 电台	
通信实时性	高，满足要求	高	受第三方责任因素限制	低	低
信息安全	高，满足要求	高，基本满足要求	不满足要求	基本满足要求	基本满足要求
建设成本	偏高	较高	低	较高	较高
抗自然灾害能力	一般	一般	高	高	一般
网络建设后期运行费用	需要承担设备运行费用，费用相对高	需要承担设备运行费用，费用相对高	只用交少量流量费用，费用低	需要承担设备运行费用，费用相对低	需要承担设备运行费用，费用相对低
安装及维护	不方便	方便	方便	较方便	较为方便，涉及耦合设备安装
评价	适合配电网主干通信，且可与用户信息采集系统统一考虑建设	适合配网主干通信	补充方式	补充方式	适合分支线路作为补充

二、光纤通信

1. 工业以太网通信方式

配电子站和配电终端的通信采用工业以太网通信方式时，工业以太网从站设备和配电终端通过以太网接口连接。工业以太网主站设备一般配置在变电站内，负责收集工业以太网自愈环上所有站点数据，并接入骨干层通信网络。

目前，工业以太网交换机在变电站自动化，尤其是站内设备的联网方面应用较多，在配电自动化方面也有较多应用。在配电自动化方面，工业以太网交换机通过双光口级联、快速环网保护等技术手段形成了解决方案，如图 7-2-2 所示。

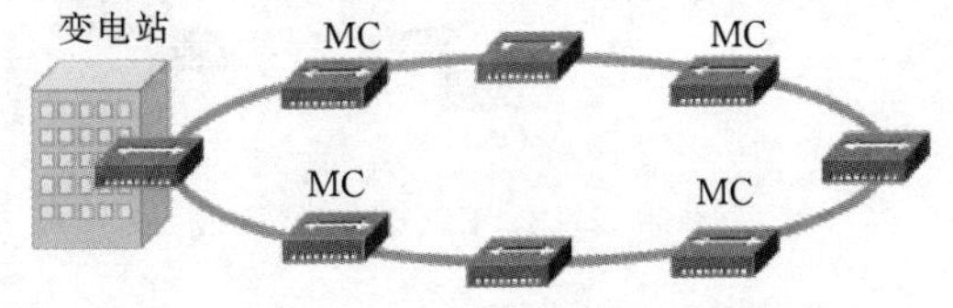

图 7-2-2　工业以太网配电自动化方案

这种解决方案通过设备中继方式可以提供长距离的传输和覆盖，组网方式也比较简单，但还存在一些问题。

(1) 系统可靠性和性能不高。设备串联组网时，由于单个设备故障会影响整个系统工作状态，2 个以上设备损坏将导致整个网络不能工作。因此这种环状网络需要限制环上节点数量不能超过 10 个。由于数据不断地被中间节点转发，将影响网络数据的时延和抖动。据测算，数据流每经过一个百兆工业以太网交换机，带来的时延和抖动为 120μs，节点数量的增多将大大限制一些对时延、抖动敏感的业务传输。

（2）网络扩容和维护不易。每次网络扩容时都需要断开链路，将新的设备接入链中，从而影响其他设备工作。同时，设备巡检、单台设备的复位等操作都会导致业务流倒换，影响其他设备的工作。

（3）网络拓扑不灵活。目前工业以太网交换机方案只支持链状或环状拓扑，不能支持链＋树或环＋树的拓扑，这给一些现网应用带来困扰。

（4）网络安全存在隐患。由于网络中每个设备节点都会转发其他节点的数据，如果有恶意用户入侵，从单个节点就可以获得整个环路或链路上的其他设备数据。工业以太网交换机的方案原本是针对变电站内部或厂房车间内部，是局域网的应用技术，在节点认证、数据加密上都没有考虑，因此在城域范围使用时，存在较大安全隐患。尤其是在配网环节，由于FTU、TTU设备所在位置一般都是比较简陋的无人机房或机柜，一旦有人恶意地在设备上侦听，就可以获取整个环路的其他所有设备的数据信息，甚至可以控制环路上的其他配电设备。

2. EPON通信

目前，基于无源光网络（PON）的实用技术主要有APON/BPON、GPON、EPON、WDM PON等几种，其主要差异在于采用了不同的二层技术。为更好适应IP业务，第一英里以太网联盟（EFMA）在2001年年初，提出了在二层用以太网取代ATM的EPON（Ethernet Passive Optical Network）技术，IEEE 802.3ah工作小组对其进行了标准化，可以支持1.25Gbit/s对称速率。随着光器件的进一步成熟，IEEE在2009年9月推出IEEE 802.3av 10G EPON标准，速率可以提升到10Gbit/s，并兼容1.25G EPON。由于其为以太网技术与PON技术完美结合，因此，非常适合IP业务的宽带接入技术。

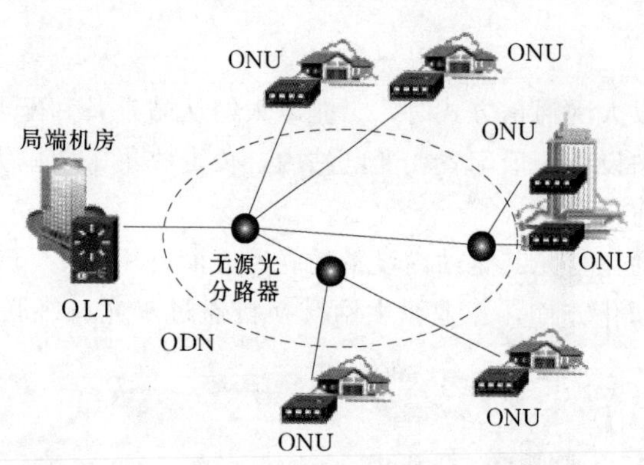

图7-2-3　EPON网络构成

EPON就是基于千兆以太网技术的PON网络技术。如图7-2-3所示，EPON网络主要由局端OLT（Optical Line Terminal）设备和多个远端设备ONU（Optical Network Unit），以及连接这些设备的光分配网ODN（Optical Distribution Network）构成。

EPON通过点到多点、单纤双向的PON网络来传送以太网报文，EPON链路层采用以太网技术，因此，报文封装上无额外开销。EPON的主要目的是充分利用PON的优点，实现一个分布式以太网交换机的功能。EPON由3个部分组成：局端设备OLT（光线路终端）、终端设备ONU（光网络单元）、由分光器及光纤组成的光分配网络（ODN）；可以认为OLT、ONU组成了一个分布式的以太网交换机。分光器不需要电源，是玻璃体，可以根据需要把输入光分成不同比例的多个光，如1∶2、1∶4、1∶32等，这种无源点对多点的分发结构构成了PON的主要优点。

EPON使用G.652标准的单模光纤，下行波长为1490nm、上行波长为1310nm；链路层速率是上下行对称各1.25Gbit/s；PON网络中光纤的长度在0.5～20km。

EPON的主要标准由IEEE 802.3ah—2004规定。运营商（如日本NTT、中国电信）在报文加密、OAM、DBA方面作了补充规定，并实现了EPON设备的互通。

EPON继承了以太网的全部特性，可以采用基于以太网的虚拟局域网VLAN技术、报文封装和转发技术、接入认证技术、区分服务（DiffServ）技术、队列管理（PQ/WFQ）技术、拥塞控制加权随机先期检测（WRED）等技术灵活实现全IP化宽带接入，提供接入安全和服务质量（QoS）保证。其特有的DBA和OAM实现，增强了用户带宽控制和可管理功能。

EPON的国内通信行标于2004年开始制定，并于2006年发布了YD/T 1475—2006《接入网技术要求——基于以太网方式的无源光网络（EPON）》。另外，信息产业部委托中国电信牵头，于2005年开始制定EPON的互通性标准，在EPON的ONU注册、DBA参数协商、加密、OAM管理等方面做了很多改进，在国际上首次实现了不同设备厂商间的EPON技术互通，相关技术要求发布在YD/T 1771—2008《接入网技术要求——EPON系统互通性》中。

随着EPON技术的规模化应用及其在电力通信的潜在应用前景，国家电网公司也于2009年开始制定电力EPON的相关标准。电力EPON的标准主要包括EPON技术要求和施工要求两方面。在充分借鉴了国内通信行标的基础上，考虑了电力的特殊应用场景。

随着EPON技术在全球的大规模部署，IEEE已于2006年开始制定10G EPON标准。新的10G EPON标准可以和原有1G EPON完全兼容，保证原有网络平滑过渡到10G EPON上。

EPON技术作为新一代光接入网的主流技术，主要优势如下：

（1）全光纤接入。网络性能更高、可靠性更高、更容易维护。

（2）多业务支持能力。EPON网络提供丰富的QoS支持能力，确保不同业务在EPON内的隔离，以及满足各种的带宽、时延、抖动要求。

（3）组网拓扑灵活。EPON网络通过分路器级联可以适应于不同的网络的拓扑，实现网络的灵活扩容，并支持多种光纤保护方式。

（4）节省建设成本和维护成本。EPON用低成本的无源分路器替代了原来的接入机房和复杂、昂贵的光交换设备，大大节省了网络建设和维护的成本。

（5）成熟可靠。EPON基于成熟的以太网技术，更便于维护人员掌握和理解，目前在全球已经有数千万线的部署规模和长达5年的规模应用实践，是完全成熟的技术。

而EPON系统作为一种稳定、成熟、性价比高的通信接入技术，十分适合电力通信系统的建设和改造，尤其适用于配电自动化和用电信息采集等通信接入。国家电网公司于2011年3月1日发布了Q/GDW 533.1—2010《基于以太网方式的无源光网络（FPON）系统　第1部分：技术条件》。

EPON适合于配用电通信的原因如下：

（1）EPON标准开放，技术成熟，产业规模庞大，全球应用广泛，国内设备商占据主流，价格每年递减。

（2）EPON采用点到多点技术，终端与终端之间为并联关系，且在光传输途中不需电源，没有电子部件，容易铺设，节约长期维护成本和管理成本。

(3) EPON能够提供丰富的产品系列和灵活的设备形态，适合各种业务接入和场景部署，全面承载IP、VoIP、WiFi、TDM、XDSL、IPTV、CATV、RS232/RS485等业务，兼顾各种应用场景，具有高带宽、低延时等特点，能为电力行业提供智能电网配电网自动化、用电信息采集、电力大楼/营业厅接入、PFITH电力光纤入户等专业、可靠的通信解决方案，能够完全满足智能电网坚强可靠、经济高效、清洁环保、透明开放、友好互动的要求。

EPON系列产品可以实现以下方面：

1) 很好地实现数据加密，防止各种DOS攻击和系统漏洞攻击，防止非法用户和非法设备接入，不同业务近似物理隔离，全面保证整个系统的安全可靠。

2) OLT本身的主控交换板、电源、上联板等关键板件能够实现冗余保护和热插拔，具有极高的可靠性，同时通过手拉手的组网方式能够实现OLT的异地容灾，保护切换时间超短。

3) 支持星形、树形、链形、环形以及混合型等各种灵活组网，适应各种网络拓扑，并提供type D、手拉手全保护方式，实现ONU的双归属，保护OLT设备、主干光纤、分光器、分支光纤、PON端口，进一步提高网络的安全性、可靠性，使通信系统具备了抗单点和多点故障能力。

(4) 为电力量身定制的ONU，按照电力EPON标准高要求设计，具备工业级性能。

(5) 提供综合网络管理系统，部署快捷，开通简便，运维轻松，实现自动化和流程化的资源规划、设备开通、业务发放、性能监控和端到端故障诊断，提供ONU离线和批量配置，实现即插即用、即开即通和现场零配置，保证优质服务，节约运维成本。

3. 两种光纤通信技术的差异

在前几年的小规模配电网试点中，普遍采用了工业以太网交换机和EPON无源光网络两种光纤通信技术。这两种技术都以以太网技术为基础，但在物理层和数据链路层有显著的差异。

在物理层，工业以太网交换机类似于SDH同步数字序列，一束光完成一条线路的信号传送。EPON无源光网络在下行时，采用无源分光器件，将一束光分为多束光，同时完成主节点OLT到各分支节点ONU的信号传送。

在数据链路层，工业以太网交换机采用CSMA/CD载波监听多路访问/冲突检测机制，解决在公共通道上传送数据中可能出现的问题（主要是数据碰撞问题），网络中各节点处于平等地位，不需集中控制；数据寻址通过查询MAC地址表完成。EPON无源光网络采用MPCP多点控制协议，测距技术和TDMA技术来避免上行数据碰撞问题，网络中为主从结构，由OLT集中控制；上行数据统一汇聚到OLT，然后通过查询MAC地址表寻址。

在配电网中，光纤的铺设一般沿着电力电缆，这样利于施工和维护管理。光纤的铺设与通信网络的拓扑相关，而通信网络的拓扑又与通信网络的性能相关。因此需要根据一次网架结构来分析两种技术的组网方案。

手拉手是目前最普遍的网架结构，由两个110kV变电站对一片区域进行供电，安全可靠性高。工业以太网交换机宜采用环网拓扑，EPON无源光网络宜采用双链形拓扑，如图7-2-4和图7-2-5所示。

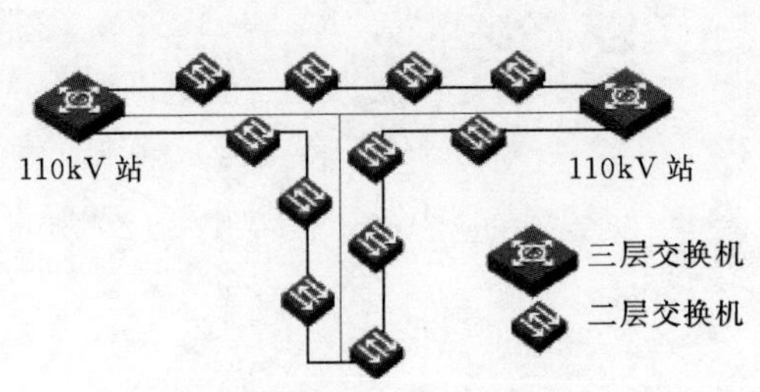

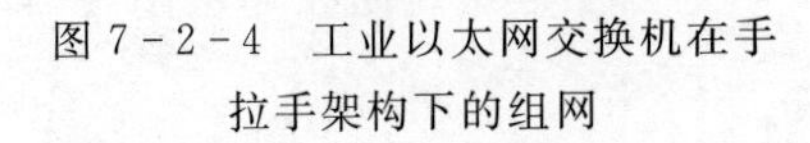
图 7-2-4　工业以太网交换机在手拉手架构下的组网

图 7-2-5　EPON 无源光网络在手拉手架构下的组网

这两种拓扑结构均能实现设备级和网络级的保护，且保护的范围基本一致。环网在两点失效后，部分站点的通信会中断，但此种情况为小概率事件。目前配电自动化的通信数据流较小，在时延方面均能满足要求。差异主要体现在光纤占用的数量不同和相邻 10kV 站点通信的信息流走向。工业以太网交换机组环网无站点个数限制，光纤占用的数量恒定为 2 纤或 4 纤；EPON 在一束光分为多束光之后，衰耗较大，单 PON 口下带的站点数量有限，在站点较多的情况下，需使用多个 PON 口和光纤。未来当配电网络规模过大时，就地式的故障处理模式将成为主流，此时的业务流量就从汇聚变为相邻 10kV 站点通信。各工业以太网交换机之间为平等关系，相邻 10kV 站点可直接通信，延时极小；EPON 为主从关系，相邻 10kV 站点的通信需在同一 OLT 内部或不同 OLT 间实现，延时较大。单电源树形供电的一次网架，宜采用 EPON 无源光网络，网络拓扑对应为树形。用工业以太网交换机的成本偏高，扩展不灵活。但此类一次网架不满足优质供电区的可靠性要求，在配网自动化实施过程中一般为改造对象。

从配电网未来的发展角度来看，优质供电区的一次网架结构必然朝着多电源多联络的趋势发展。在多电源多联络的一次网架结构下，工业以太网交换机显得更为合适，EPON 无源光网络要实现大于两条链路的切换会非常复杂。

三、电力线载波通信

1. 中压电力载波的特点和优势

电力载波是将模拟信号或数字信号经合适的调制方式，调制到一定的频段，通过交流或直流输电线路传送信号的通信方式。

中压载波技术是 20 世纪 90 年代开始兴起的一种新技术，运用现代数字通信、微电子等相关领域的最新研究成果，根据配电网结构特点和电力线数字信号在配电网上运行传输的特点而研制的。

(1) 中压电力载波特点：

1) 由于用户负荷投切存在随机性，造成线路阻抗的极大不稳定性。

2) 配电网分叉、“T”接点太多，信号在注入同一条母线的线路后衰耗严重；信号传输特性不稳定。

3) 由电力系统、用户设备引起的各种干扰全部进入配电载波通信网。

4）雷雨高低温等恶劣环境引起整机和通信线路参量变化。

（2）中压电力载波技术要求：

1）噪声平衡处理技术。

2）矩阵式纠错技术。

3）回波抵消。

4）自适应均衡。

5）自组织网络。

6）集中式管理平台。

（3）中压电力载波的优势：

1）投资小，建网速度快，无需改变原有线路。

2）既有宽带系统高速、准确的优点，也有窄带系统成本低、安装方便的优势。

电力线通信技术由来已久，早在1919年就成功地证明了以电力线为通信媒介进行通信的可行性，并在1920年首次投入使用。电力线网络是迄今为止世界上最大的网络，在规模巨大的智能配电网建设中，因其接入点分布零散、数量众多，投资、维护费用及运营成本不可避免成为关注的重点之一。因此，电力公司在一定程度上希望其拥有的电力电缆成力一种低成本、低投入的可替代通信媒介。配网载波通信和其他通信方式比较，其最大的优势在于无需另外铺设光缆、电缆就能完成配电自动化系统中各种类型智能终端与上层网络之间的数据传输，具有路由合理、可靠、组网方便、灵活性高、不受地形限制、运行成本低、安装简便快捷等特点。

2. 10kV 电力电缆载波信道传输特性

10kV电力电缆载波信道的传输具有衰减大、干扰噪声复杂、参数时变性等特点，主要表现在以下几个方面。

（1）衰减大。配电网分叉、“T”接点多，信号在注入同一条母线线路后衰减严重，其衰减随着时间、季节、温度和湿度发生变化。

（2）选择性深衰落。多径效应带来的选择性深衰落，并在时间上具有多发性、在频域内具有随机性。

（3）高噪声。电力线在10～500kHz的载波通道内存在高的电晕噪声，其电晕噪声随着负荷大小、温度高低发生变化。

（4）随机性干扰。电力系统设备、用户设备等带来的对载波通信的各种干扰，雷雨等恶劣环境引入的突发性窄带干扰，均会引起电力线载波通道传输特性的随机性恶化等。

（5）阻抗不稳定性。由于用户负荷投切存在随机性，造成线路阻抗的极大不稳定性。

3. OFDM 通信技术

OFDM正交频分复用是在频域内将给定信道分成若干子带，在每个子带使用一个载波，各个子带的载波相互正交，信息符号被调制在每个子带的子载波上同时发送。OFDM系统可以自动检测存在高信号衰减或干扰脉冲的子带，再通过对子载波数量、调制及编码方式进行针对性的动态调整，彻底解决电力线信道传输特性时变问题，实现在给定频带下的可靠载波通信。

4. OFDM 通信技术优点

（1）频谱效率高。如图 7-2-6 所示，各子带均有一个子载波，相互正交，子带的频谱可以部分重叠，在理论上可以接近 Nyquist 极限，具有很高的频带利用率。

（2）抗频率选择性衰落和窄带干扰能力强。在单载波系统中，单个衰落或者干扰可能导致整个链路不可用，但在多载波的 OFDM 系统中，只会有一小部分载波受影响。在电力线载波信道中，负载不匹配及时变性等因素导致的选择性衰落经常发生。因 OFDM 是将宽带传输转化为若干子带的窄带传输，每个子带的信道传输特性可以看作是理想信道。OFDM 还可以根据每个子带的信道质量如信噪比来优化分配每个子带上传送的信息比特，自动控制各个子带的使用，有效避开噪声干扰以及频率选择性衰落对数据传输可靠性的影响，增强了抗脉冲噪声、信道快速衰落和选择性衰落能力。

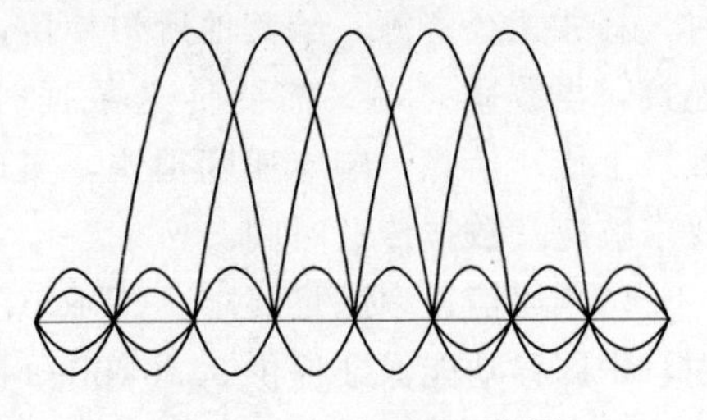

图 7-2-6　OFDM 信号的频谱示意图

（3）抗码间干扰能力强，码间干扰是数字通信系统中除噪声干扰之外最主要的干扰，它与加性的噪声干扰不同，只要传输信道的频带是有限的，就会造成一定的码间干扰。造成码间干扰的原因有很多，最主要的还是多径时延引起的，OFDM 可以较好地处理由于多径时延扩展引起的符号间干扰。

（4）适合高速数据传输。OFDM 不同的子带可以按照信道情况和噪声背景的不同使用不同的调制方式。当信道条件好的时候，采用效率高的调制方式；当信道条件差的时候，采用抗干扰能力强的调制方式。因此，OFDM 技术非常适合高速数据传输。

5. OFDM 通信技术的缺点

（1）对频偏和相位噪声比较敏感。OFDM 技术区分各个子带的方法是利用各个子载波之间严格的正交性，一旦子载波存在频偏和相差就会使各个子载波之间的正交特性恶化，降低其信噪比。

（2）峰均值比大。OFDM 信号是由多个独立的经过调制的子带信号相加而成的，合成信号会产生比较大的峰值功率，也就会带来较大的峰值均值功率比，峰均值比一般在 9～12dB，高的峰均值比会增大对功率放大器的要求。

（3）OFDM 不能通过简单提高输出功率的方式提高信噪比。当非线性失真成为主要因素时，提高 OFDM 信号的输出功率，无助于改善其传输性能。

四、GPRS 通信

1. GPRS 通信的特点

通用分组无线业务（General Packet Radio Service，GPRS）是在现有 GSM 系统上发展出来的一种高效、低成本的移动数据通信业务，特别适用于间断的、突发性的和频繁的、少量的数据传输，也适用于偶尔的大数据量传输。

GPRS 系统具有以下特点：

（1）接入响应快。GPRS 核心网本身是一个分组型数据网，支持 IP 协议，配电终端一上电开机就能够附着到 GPRS 网络上，即已经与 GPRS 网络建立联系，附着时间一般为 3s，GPRS 可以在其有效覆盖范围内实现即时收发数据，一旦有需求就可以立即发送或接收数据信息，不需要拨号建立连接；数据终端可随时与网络保持联系，在没有数据传送时，释放无线资源，给其他用户使用，这时，网络与数据终端之间仍保持一种虚（逻辑）连接，当数据终端又需要传送数据时，立即在短时间内激活，向网络请求无线资源下载（上传）信息，响应速度很快，实现“永远在线，实时在线”，完全满足配电自动化所要求响应及数据传送时间。

（2）通信速率满足要求。GPRS 在理论上通信速率可达到 172.2kbit/s，在实际应用中，中国移动能保证提供 33.6kbit/s 的下行速率，13kbit/s 的上行速率，这样高的数据传输速率完全能满足配电网自动化所要求的信息传输要求。

（3）组网简单、迅速、灵活。GPRS 无线 DDN 系统可以通过因特网随时随地地构建覆盖全国的虚拟移动数据通信专用网络，为广大中小用户提供接入便利，节省接入投资。

（4）按流量计费。GPRS 无线通信终端设备一直在线，按照接收和发送数据包的数量来收取费用，没有数据流量的传递时不收费用，费用结算形式灵活，可采用包月包流量计费方式。

（5）通信链路由专业运营商维护，免除通信链路维护的后顾之忧。

（6）防雷击。GPRS 无线通信终端设备的发射功率非常小，天线非常短，而且无需高架，克服了有线传输和无线电台传输容易引雷击坏设备的缺点。

2. GPRS 通信系统的组成

GPRS 无线通信系统由远程终端、数据传输网络、监测中心三部分组成。

（1）远程终端。远程终端位于配电网联络、分段开关等设备位置，通过 RS232/RS422/RS485 接口直接连接到开关上，实现对开关参数的采集、存储、预处理，经过 TCP/IP 协议封装加密后，通过内嵌式 GPRS 模块将数据发送到 GPRS 网络最近的 BSS 移动基站，通过 GPRS 网络传送至监控中心，实现设备和监控中心系统的实时在线连接。同时，远程终端还可将监测中心发送的遥控指令传给开关控制模块，对开关进行控制操作。

（2）数据传输网络。远程终端采集的数据经处理打包后转换成在公网数据传送的格式，通过 GPRS 无线数据网络进行传输。GPRS 网络通过 GPRS 服务支持节点（Serving GPRS Support Node，SGSN）、GPRS 网关支持节点（Gate GPRS Support Node，GGSN）设备与 GPRS 运营商路由器连接。GPRS 运营商路由器与监控中心通过 DDN 数字数据网专线连接。

（3）监测中心。监测中心服务器申请配置固定 IP 地址，采用 GPRS 运营商提供的 DDN 专线，与 GPRS 网络相连。数据传输到监测中心后对接收的数据进行还原处理。

3. GPRS 通信方式的优越性

GPRS 无线通信方式具有以下优越性。

（1）通信的可靠性。GPRS 终端设备由通信口、传输模块、一个短小的天线组成，工业级的站端设备完全能满足户外使用的要求。GPRS 自 2001 年运行至今，运营商投入了大量的人力、物力、财力进行运行维护，网络非常可靠。

目前，GPRS无线通信方式已在电力系统中大量应用，如配电变压器综合测试系统、负控系统。大量的实践表明，GPRS无线通信方式完全能满足可靠性的要求。

（2）通信的实时性和双向性。GPRS网络接入速度快，支持中、高速率数据传输，可提供9.05～171.2kbit/s的数据传输速率（每用户），能在0.5～1s之内恢复数据的重新传输。每个TDMA帧可分配1～8个无线接口时隙。时隙能为活动用户所共享，且向上链路和向下链路的分配是独立的。GPRS的设计使得它既能支持间歇的爆发式数据传输，又能支持偶尔的大量数据的传输。

GPRS每个终端设备仅采集电压、电流、开关分合位置，主站仅发送遥信、遥测、遥控、遥调指令，每次数据传输量在10kbit之内。GPRS网络传送速率理论上可达171.2kbit/s，目前GPRS实际数据传输速率在40kbit/s左右，能满足数据传输速率（不小于30kbit/s）的需求，并可根据系统的实际情况，通过GPRS运营商对APN专网内的TDMA帧多分配无线接口时隙，保证数据传输实时通畅。

由表7-2-2可知，GPRS在建设费用、施工难度、组网方式、扩充性等方面比光纤通信方式更具有优势。由于配电网点多面广，变化较频繁，对通信系统而言，方便的扩充性显得尤为必要。在这一点上，GPRS远远优于光纤通信。

表7-2-2　　GPRS通信与光纤通信比较

比较内容	传输方式		比较内容	传输方式	
	GPRS通信	光纤通信		GPRS通信	光纤通信
覆盖范围	全国	区域	误码率	较低	低
建设费用	一般	高	可靠性	较高	高
施工难度	低	高	实时性	较高	高
施工周期	短	长	维护成本	极低	较高
计费方式	流量	租赁	组网方式	灵活	一般
运行费用	较低	高	扩充性	好	不好
通信速率	较高	高	应用场合	分散、实时数据传输	较大数据实时传输

随着现代无线通信技术的发展，特别是3G/4G（第三代、第四代移动通信系统）网络的运行，无线通信能够提供更高的通信质量和数据传输速率。无线通信将在电力系统中得到更加广泛的应用。

五、微功率无线组网通信

微功率无线网络为链状网，以配变监测终端为主节点，最多可支持7级中继深度，每级节点至少包含3个故障指示器，共同组成1个监测点，分别安装于A、B、C三相线路上。为了防止因某相节点损坏而影响故障主动上报，同级的3个节点组成一个小组网络，并且为了保证网络异常情况下的可靠性，通信采用主频和备频两种频率，平时由A相和B相采用主频参与整个通信过程，C相采用备用频率，用于A相和B相均发送失败情况下及时上传故障异常信息。闲时A、B、C三相节点之间需要定时互相联络，及时更新网络状态。

微功率无线网络的通信管理，主要由组网、故障上报和闲时更新三部分内容。组网由主节点发起，一级级向外查找节点；故障上报由检测到故障的最远节点逐级往上报告，上报路径上的节点在收到下级节点的上报信息后，将各自节点的故障信息一并打包再往上报告，直至主节点；闲时更新也由主节点发起心跳查询，自诊断网络状况。

通信机制中，还应注意众多难题的处理，以保证可靠通信，如节点间发送接收的同步，故障异常上报时间的冲突避让，未成功组网的节点主动加入网络，主节点对各分支节点上报数据的管理等。

六、电力无线专网蜂窝组网

目前，我国配用电通信主要采用电力230MHz无线通信专网以及公网通信网络等，由于受频点数量少、传输容量有限、通道安全性等问题制约，无法满足智能电网中配用电业务宽带化、互动化、智能化需求，成为实现配用电系统智能化的主要瓶颈之一。国家电网公司成功研发的电力无线宽带通信系统基于230MHz电力无线通信专网，通过蜂窝方式重新组网，引入TD-LTE技术，并通过载波聚合技术将离散的频谱进行聚合，实现宽带传输。该系统单扇区通信速率达到1.76/0.711Mbit/s（上行/下行），无中继覆盖达到3km/30km（密集城区/郊区），单基站支持同时在线用户13320个，具备组网灵活、业务应用接口丰富、支持多种信息加密技术等特点，能够满足智能电网中智能用配电环节的信息采集、配电自动化、实时视频传输、应急通信等业务的实时、高可靠通信需求，将在配电监测、智能用电、电动汽车运营系统建设等方面发挥重要作用。该系统基于230MHz电力负荷管理专用无线通信频点，采用离散频频聚合及TD-LTE第四代移动通信的先进技术，构建电力宽带无线通信网络，无线蜂窝通信系统使用230MHz电力专用频点。一个微蜂窝覆盖半径可达到2～5km以上。

适用于地域开阔，阻挡物少，监控点密集的区域；大大降低智能电网建设和运维成本，同时为智能电网建设向更大区域的延伸铺平了道路；解决了配用电系统大范围、多测量点通信技术难题。其组网优势如下：

（1）支持大容量实时用户，特别适合配用电及农网自动化的数据采集业务需求。

1）大容量用户。每个扇区支持超过2000个用户；三扇区基站支持超过6000个用户。

2）实时在线。全部用户实时在线，共享资源；简化信令流程，减少系统开销。

（2）覆盖范围广。

1）230MHz频段具有天然覆盖远的优势。密集城区覆盖可达3km，乡村覆盖可达30km。

2）降低路损。在城市环境下，230MHz较1800MHz频段路损减少25dB，优势巨大。

（3）低成本建网。以杭州市为例，根据评估需3km覆盖半径的基站103个，而如果采用1.5km覆盖半径的基站（1400MHz、1800MHz系统），则需要410个，采用230MHz电力无线宽带系统能节省基站数量74.9%（实际应用中还不止），基站建设节约投资1.54亿元。

第三节　配电自动化对通信系统的要求

一、智能电网背景下的配电网通信系统的基本要求

要实现配电网的自动化与智能化，通信是一个关键环节。配电自动化系统需依靠有效的通信手段，将控制中心的命令准确地传送到众多的远方终端，并且将反映远方设备运行状况的数据信息收集到控制中心。由于配电网设备数量大、种类多、分布广，如何在满足供电可靠性的基础上，选择适合我国配电网现状并满足用户需求的可靠而经济的通信方式显得至关重要。Q/GDW 382—2009《配电自动化技术导则》给出了配电自动化通信系统的基本要求及常用的通信方式。

智能电网背景下的配用电网通信接入需要克服和避免现有通信方式的主要问题，以便满足以下基本要求：

(1) 稳定可靠，为现有业务提供实时性好的稳定通道。

(2) 带宽冗余，可满足日后不同业务带宽扩展要求。

(3) 支持多种业务接入，接口丰富。

(4) 统一管理，降低运维压力。

(5) 组网灵活，适应电网复杂的网络拓扑。

(6) 网络坚强，具有多种安全防护手段，确保通信可靠。

(7) 完善的链路保护机制，保证通道具有自愈能力。

(8) 能适应恶劣的户外环境，包括强电磁干扰、超低/超高温度、高湿度、雷击等。

二、配电自动化通信系统规划设计要求

配电自动化通信系统应根据配电自动化的实际需求，结合配电网改造工程较多、网架变动频繁的现状，兼顾其他应用系统的建设，统一规划设计，提高通信基础设施利用率。

(1) 配电通信系统的建设和改造应充分利用现有通信资源，完善配电通信基础设施，避免重复建设。在满足现有配电自动化系统需求的前提下，充分考虑业务综合应用和通信技术发展前景，统一规划、分步实施、适度超前。

(2) 对于配置有遥控功能的配电自动化区域应优先采用光纤专网通信方式，可以选用无源光网络等成熟通信技术。依赖通信实现故障自动隔离的馈线自动化区域采用光纤专网通信方式，满足实时响应需要；对于配置“两遥”或故障指示器的情形，可以采用其他有效的通信方式。

(3) 全面确保通信系统满足安全防护要求，必须遵循国家电网公司《中低压配电网自动化系统安全防护补充规定（试行）》（国家电网调〔2011〕168 号）标准，所有通信方式，包括光纤专网通信在内，对于遥控须使用认证加密技术进行安全防护。

三、骨干层通信网络与接入层通信网络的通信方式选择

1. 通信方式

通信方式主要包括光纤专网、配电线载波、无线专网和无线公网。其中：

(1) 光纤专网通信方式宜选择以太网无源光网络、工业以太网等光纤以太网技术。

(2) 配电线载波通信方式可选择电缆屏蔽层载波等技术。

(3) 无线专网通信方式宜选择符合国际标准、多厂家支持的宽带技术。

(4) 无线公网通信方式宜选择GPRS/CDMA/3G通信技术。

2. 骨干层通信网络和接入层通信网络

配电主站与配电子站之间的通信通道为骨干层通信网络，配电主站（子站）至配电终端的通信通道为接入层通信网络。其中：

(1) 骨干层通信网络原则上应采用光纤传输网，在条件不具备的特殊情况下，也可采用其他专网通信方式作为补充。骨干层网络宜具备路由迂回能力和较高的生存性。

(2) 接入层通信网络应因地制宜，可综合采用光纤专网、配电线载波、无线等多种通信方式。采用多种通信方式时应实现多种方式的统一接入、统一接口规范和统一管理，并支持以太网和标准串行通信接口。

配电自动化的通信系统应根据实施区域具体情况选择适宜的通信方式，实现规范接入。

配电自动化骨干通信网应优先采用光传输网络，并充分利用光传输网络链路层和业务层的保护功能，形成具有动态路由迂回能力的IP网络，与其他应用系统共享通信网络时，骨干通信网应具备支持虚拟专网（VPN）的能力。

四、10kV通信接入网通信方式选择

Q/GDW 625—2011《配电自动化建设与改造标准化设计技术规定》进一步给出了配电自动化对通信系统的要求、配电自动化骨干通信网的要求以及配电自动化对10kV通信接入网的要求。

10kV通信接入网可采用光纤专网、电力线通信、无线通信等多种通信方式，并应同步考虑通信网络管理系统的建设、扩容和改造，实现对配电通信系统的统一管理。

1. 光纤专网

(1) 配电通信光缆的芯数应满足设计要求并作适当预留。

(2) 光纤专网应具备相应的检测和管理功能，业务端口应便于配电终端的接入。

(3) 光缆路由的设计应当满足配电自动化规划布局的要求，兼顾其他业务的扩展应用，对于沟道和隧道敷设的光缆应充分考虑防水、防火措施。

2. 电力线通信

(1) 对于光纤通信难以覆盖的区域，可采用电缆屏蔽层载波通信方式。

(2) 在确保传输性能的情况下，应优先采用便于施工和减少线路停电的耦合方式。

3. 无线公网通信

无线公网通信方式应符合相关安全防护和可靠性规定要求，采用可靠的安全隔离和认证措施，支持用户优先级管理，并宜以专线方式建立与运营商间高可靠性的网络连接。

4. 微功率（短距离）无线通信

(1) 微功率（短距离）无线通信覆盖范围较小，可用于其他通信方式难以覆盖的配电自动化终端的本地组网，并利用其他通信方式作为远程信道完成配电自动化终端的网络接入。

(2) 微功率（短距离）无线通信使用的频段和发射功率应符合国家无线电管理的有关

频率划分和功率限制的规定。

(3) 微功率（短距离）无线通信接入应符合相关安全防护规定要求。

主要通信方式下的技术指标，详见表 7-3-1 和表 7-3-2。

表 7-3-1　　配电自动化系统指标

模拟量	遥测越限由终端传递到主站		—
	遥测越限由终端传递到主站	光纤通信方式	<2s
		载波通信方式	<3s
		无线通信方式	<30s
状态量	遥信变位由终端传递到主站		—
	遥信变位由终端传递到主站	载波通信方式	<3s
		无线通信方式	<30s
		光纤通信方式	<2s
遥控	命令选择、执行或撤销传输时间	载波通信方式	≤60s
		光纤通信方式	≤6s

表 7-3-2　　配网自动化系统中各个子应用采用的通信方式及规约

序号	需　　求	推荐模式	推　荐　规　约
1	架空馈线自动化	光纤通信/配电载波	IEC 870-5-101（光纤自愈环） IEC 870-5-104（光纤以太网）
2	电缆线路配电自动化	基于屏蔽层的载波通信	IEC 870-5-101（光纤自愈环） IEC 870-5-104（光纤以太网）
3	负荷管理系统	GPRS/CDMA	Q/GDW 130—2005《电力负荷管理系统数据传输规约》
4	开闭所配电自动化	光纤通信	IEC 870-5-101（光纤自愈环） IEC 870-5-104（光纤以太网）
5	配变监测系统（用电管理）	GPRS/CDMA	Q/GDW 130—2005《电力负荷管理系统数据传输规约》
6	配电抄表系统	GPRS/CDMA 配电载波	IEC 870-5-102

第四节　多种配电通信方式的综合应用

一、多种配电通信方式综合应用典型案例

Q/GDW 382—2009《配电自动化技术导则》给出了配电自动化通信系统多种配电通信方式综合应用的典型案例，如图 7-4-1 所示。

图 7-4-1 中，通信系统由配电网通信综合接入平台、骨干层通信网络、接入层通信网络以及配电网通信综合网管系统等组成。

1. 配电网通信综合接入平台

在配电主站端配置配网通信综合接入平台，实现多种通信方式统一接入、统一接口规范和统一管理，配电主站按照统一接口规范连接到配电网通信综合接入平台。另外，配电

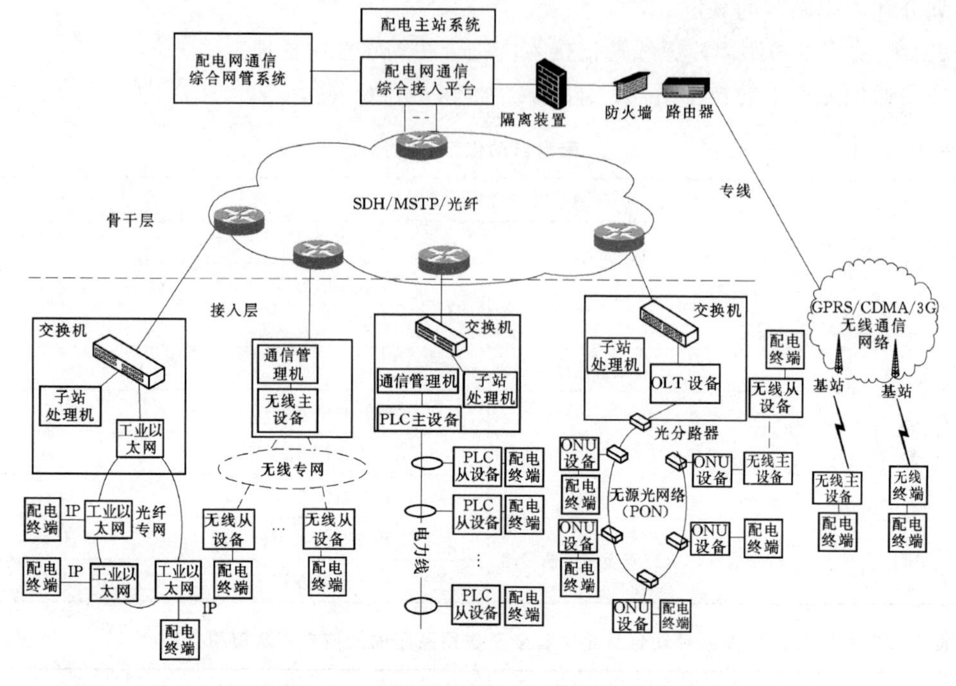

图 7-4-1　多种配电通信方式综合应用示意图

网通信综合接入平台也可以供其他配电网业务系统使用，避免每个配电网业务系统单独建设通信系统，有利于配电网通信系统的管理与维护。

2. 骨干层通信网络

骨干层通信网络实现配电主站和配电子站之间的通信，一般采用光纤传输网方式，配电子站汇集的信息通过 IP 方式接入 SDH/MSTP 通信网络或直接承载在光纤网上。在满足有关信息安全标准的前提下，可采用 IP 虚拟专网方式实现骨干层通信网络。

3. 接入层通信网络

接入层通信网络实现配电主站（子站）和配电终端之间的通信。

(1) 光纤专网（EPON）。配电子站和配电终端的通信采用 EPON 技术组网，EPON 网络由 OLT、ODN 和 ONU 组成，ONU 设备配置在配电终端处，通过以太网接口或串口与配电终端连接；OLT 设备一般配置在变电站内，负责将所连接 EPON 网络的数据信息综合，并接入骨干层通信网络。

(2) 光纤专网（工业以太网）。配电子站和配电终端的通信采用工业以太网通信方式时，工业以太网从站设备和配电终端通过以太网接口连接；工业以太网主站设备一般配置在变电站内，负责收集工业以太网自愈环上所有站点数据，并接入骨干层通信网络。

(3) 配电线载波通信组网。按照标准规定，配电线载波通信组网采用一主多从组网方式，一台主载波机可带多台从载波机，组成一个逻辑载波网络，主载波机通过通信管理机将信息接入骨干层通信网络。通信管理机接入多台主载波机时，必须具备串口服务器基本功能和在线监控载波机工作状态的网管协议，同时支持多种配电自动化协议转换能力。

(4) 无线专网。采用无线专网通信方式时，一般将无线基站建设在变电站中，负责接

入附近的配电终端信息；每台配电终端应配置相应的无线通信模块，实现与基站通信。变电站中通信管理机将无线基站的信息接入，进行协议转换，再接入至骨干层通信网络。

（5）无线公网。采用无线公网方式时，每台配电终端均应配置GPRS/CDMA/3G无线通信模块，实现无线公网的接入。无线公网运营商通过专线将汇总的配电终端数据信息经路由器和防火墙接入配网通信综合接入平台。

二、微功率无线通信

1. 微功率无线通信技术分类

（1）单频无线点对点透传。

（2）跳频无线点对点透传。

（3）单频无线网络。

（4）跳频无线网络。

2. 无线网络方案

（1）组网、路由技术方案：

1）免现场设置、全智能、自动路由组网方式。

2）无需额外增加中继设备。

3）无路由级数限制的全路由方式。

4）可按台变组网，也可实现跨台变组网。

（2）数据通信流程：

1）自上而下的集中器查询、通信节点应答方式。

2）自下而上的通信节点主动上报至集中器和后台系统（用于实时突发数据和事件）。

（3）通信模块形式、功能、接口：

1）用于表计和集中器的可热插拔无线通信模块。

2）可嵌入表计和集中器的无线通信模块。

3）用于表计集中安装环境的无线采集器。

4）可满足三相多功能表大数据量传输要求的无线通信模块（用于社区周边三相供电用户）。

5）无线模块：兼容TTL电平的三线制异步串行接口。

6）无线采集器：RS485接口。

（4）典型的应用组网方案：

1）无线方案一（单表模式）。设备组成：集中器＋网络电能表（带无线通信信道）。

2）无线方案二（采集器模式、或称半无线模式）。设备组成：集中器＋无线采集器＋电能表（带RS485接口）。

3）无线方案三（混装模式）。设备组成：集中器＋无线采集器＋电能表（带RS485接口）＋网络电能表（带无线通信信道）。

三、光纤专网（EPON）

配电子站和配电终端的通信采用EPON技术组网，EPON网络由OLT、ODN和

ONU组成，ONU设备配置在配电终端处，通过以太网接口或串口与配电终端连接；OLT设备一般配置在变电站内，负责将所连接EPON网络的数据信息综合，并接入骨干层通信网络。EPON网络可以很好地工作于野外环境，对雷电、电磁波等干扰具有天然免疫能力；OLT放置于高压变电所机房，沿变电站敷设光缆，采用总线型接入方式，通过分光器就近接入各变电站。当增加变电站时，可以就近从分光器引出分支光路接入，无需额外增加设备；对于可靠性要求高的接入环境，可以采用手拉手网络，实现全光路保护。EPON作为全IP化宽带光纤接入系统，可以有星形、F形、一字形等多种组网方式，能很好地满足电力系统接入需求。

1. 基于EPON通信配电自动化方案描述

根据配电网的光纤布放主要呈链形或部分星形结构，配电网自动化通信EPON技术解决方案如图7-4-2所示。

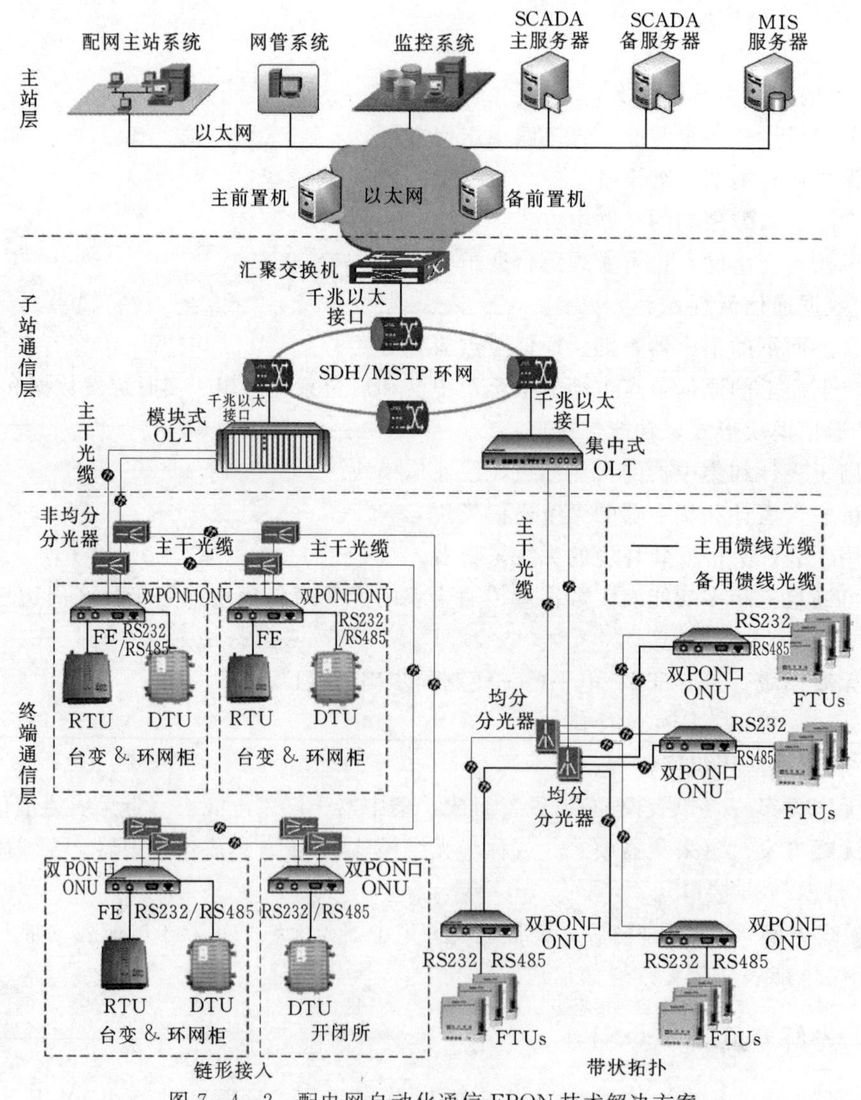

图7-4-2　配电网自动化通信EPON技术解决方案

在各 110kV、35kV 变电站放置 OLT 设备，汇聚其子站供电区域内所有 ONU，采集配电网自动化监控终端（FTU、DTU、环网柜、台变等）的实时工作数据，实现终端与子站的通信；并通过 OLT 的 1000M 接口接入 SDH/MSTP 调度传输网，实现子站与主站的通信。

ONU 通过无源分光器连接在主干光纤上，相互之间不受影响独立工作。任何一个 ONU 设备失效后完全不影响其他 ONU 设备的正常运行；在任何接入点分支光缆出现问题的情况下，不影响整个 EPON 系统的正常运作，无故障点的配电终端仍和主站系统保持正常通信，其网络具有抗多点故障失效性。图 7－4－3 所示为采用“手拉手”网络实现全光路保护方案。

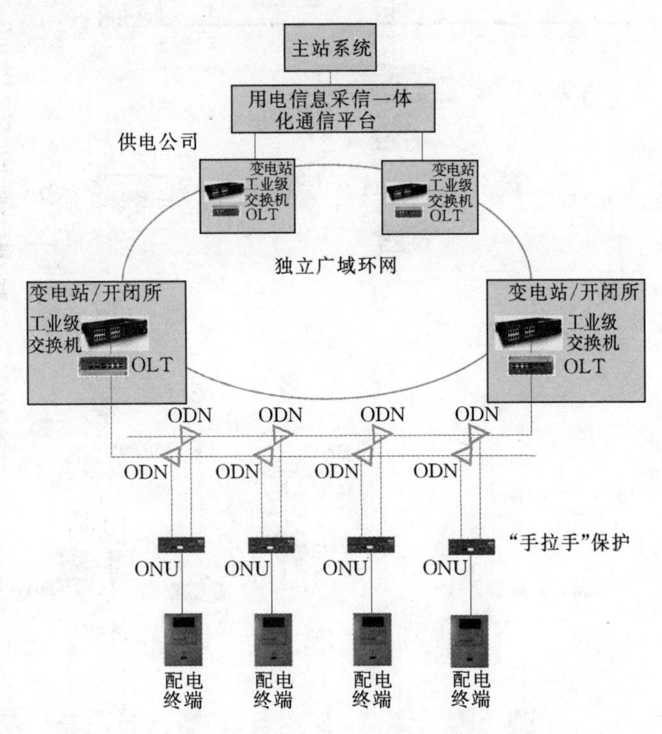

图 7－4－3　采用“手拉手”网络实现全光路保护方案

2. 电力远程集中抄表通信 EPON 技术解决方案

用电信息采集系统是智能电网建设中用电环节的重要组成部分，数字化、自动化、互动化的用电环节以及各项营销业务需要来自用电信息采集系统的有力支撑。

利用原有电力配网中电力线的管道，沿着配电电力线铺设光纤，在城区供电所机房部署 OLT 设备，借助以往的 MSTP/IP 通道形成环形组网，最大限度保证每一个采集器的通信可靠性。可以在每一个城区供电所集中汇聚各个采集终端的信息。目前采集终端的业务主要以串行数据为主，同时也需要传输以太数据，通过 ONU 提供的 RS232/RS485 接口和以太网接口在实现无缝接入抄表的同时，也减少潜在的故障点。

ONU 通过无源分光器连接在主干光纤上，相互之间不受影响独立工作。任何一个 ONU 设备失效后完全不影响其他 ONU 设备的正常运行；在任何接入点分支光缆出现问题

题的情况下，不影响整个 EPON 系统的正常运作，无故障点的集中器仍能够正常采集用户电表信息。网络具有抗多点故障失效性。

目前集中抄表多采用无线方式，从安全性和实时性上来说不能满足集抄项目的要求。抄表设备有着节点多、地理分散、拓扑呈辐射状的特点，因此比较适合使用点到多点的无源分光设备作为传输通道。图 7-4-4 所示为电力远程集中抄表通信 EPON 技术解决方案。

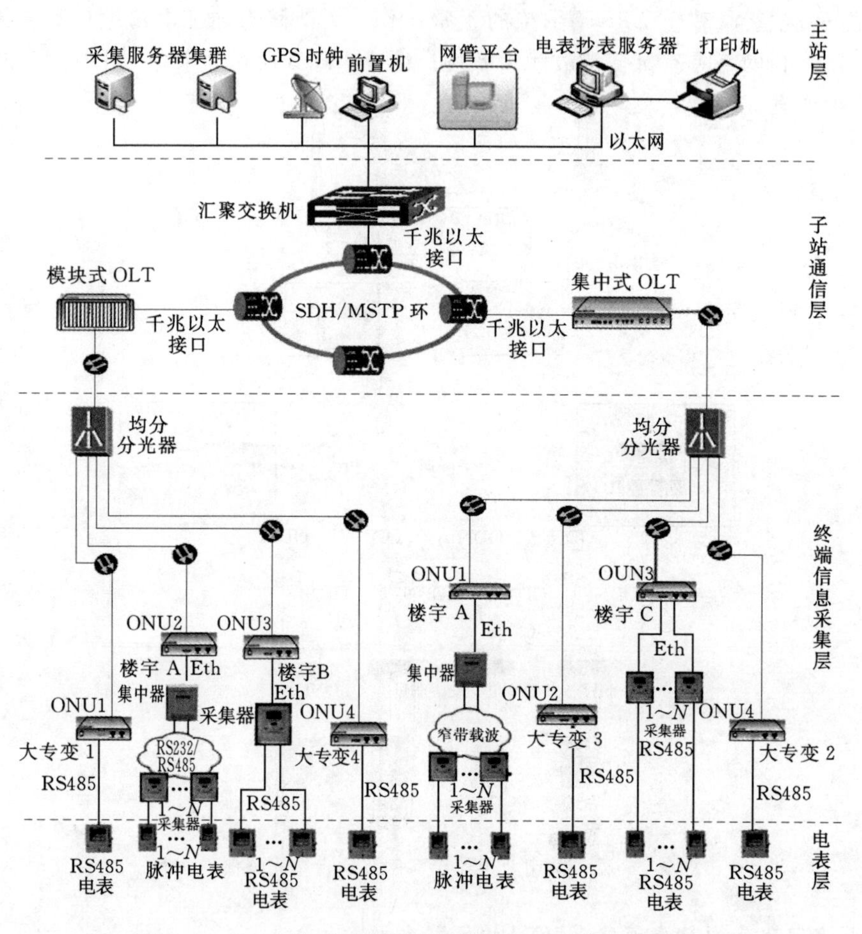

图 7-4-4 电力远程集中抄表通信 EPON 技术解决方案

基于 EPON 解决方案的劣势如下：

(1) 传输距离和 OLT 所带节点数限制：20km/32 个，10km/64 个。

(2) 保护通道上节点数限制：采用一种分光器只能接 10～13 个节点，采用两种分光器可以接 15～18 个节点。

(3) 分光器的安装不固定。

四、光纤专网（工业以太网）

配电子站和配电终端的通信采用工业以太网通信方式时，工业以太网从站设备和配电

终端通过以太网接口连接；工业以太网主站设备一般配置在变电站内，负责收集工业以太网自愈环上所有站点数据，并接入骨干层通信网络。

1. 典型组网方式

典型的工业以太网的一个重要优势是通过环网冗余的方式来加强网络的稳定性和可靠性。典型的智能配电网组网方式如图 7－4－5 所示。

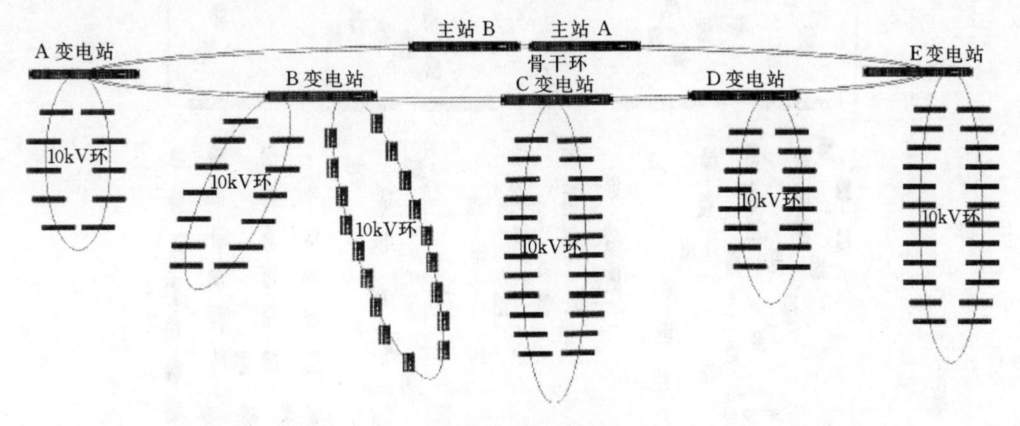

图 7－4－5　典型的智能配电网组网方式

（1）由于智能配电网的通信网络需要覆盖主要的城区，分布广泛，数量庞大，而且地域分散，网络结构规划要十分清晰，采用三层结构（接入层、汇聚层、核心层）的方式对网络进行规划，不仅可以限制广播范围的影响，在逻辑层次上也更容易管理；还需要精心规划各设备的管理地址、互联地址、业务地址等。

（2）在实际的智能配电网通信网络建设过程中，由于光缆的电力特征，网络拓扑在实际应用中比较复杂。需要工业以太网交换机能够根据电力光缆的实际情况进行灵活的组网。例如环形和链形混搭的结构，或能不断扩充的拓扑，交换机厂商应能提供足够的技术应对方案。这就要求链路保护的技术应该支持多种拓扑类型，如环形、环间耦合、链形冗余等。

（3）由于智能配电网随时间推移不断发生变化，不断产生新的配电网网点，或者是对旧的配电网网点进行改变和迁移。这就需要已经建设完成的通信网络能够支持平滑迁移，增补、删减和改变原有的拓扑结构方便并且不会对业务造成影响。

2. 实际应用方式

在实际的应用中，智能配电网的通信网络往往建设成如图 7－4－6 所示的组网结构。

核心层由变电站之间的三层工业以太千兆光环网组成，结构简单稳定，覆盖城市的主要节点。由于在变电站一层已经具有几张电力通信专网，需要考虑到三层交换机的路由功能，同时要能与其他的交换或者通信设备兼容。

汇聚层由于实际电力光缆的局限性，需要在一个变电站支持多个以上的相切环，在变电站和变电站之间又需要通过链路的方式进行联接，这种结构还需要支持冗余保护。为了保证智能配电网通信系统的稳定性，环网冗余的时间需要在 50ms 以内。

接入层首先要考虑实际的配电网网点的分布情况，可以通过相切环、耦合环、相交

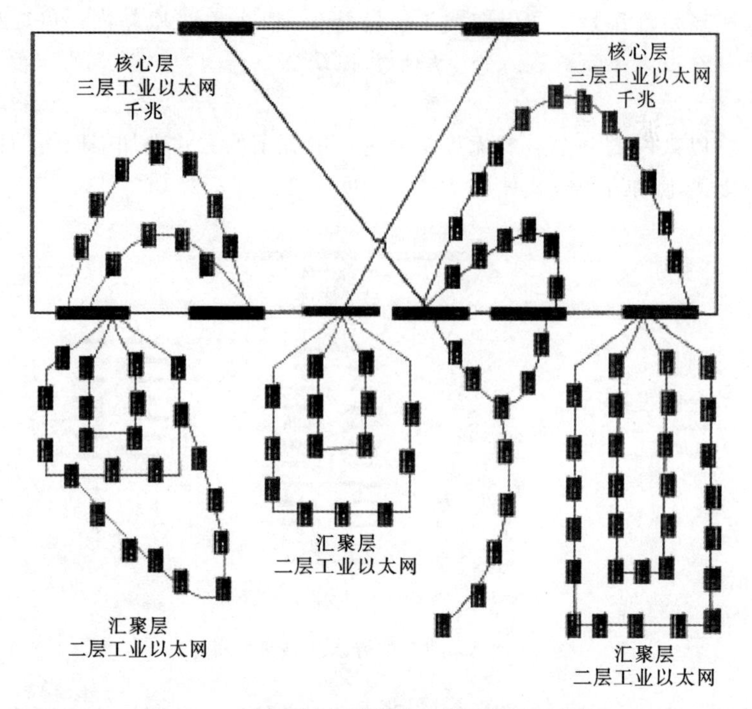

图 7-4-6 实际应用中的通信网络组网结构

环、双归环、链路等多种网络结构方式灵活接入。并且在建设完成后，由于配电网网点的变化，在原有的环路或者链路上增加或者删除节点，都可以灵活支持。交换机可以通过光缆、双绞线等多种介质组网，设备的各个端口都可以自动组网，无需运维人员进行复杂的配置，并且网络结构发生改变的时候网管软件自动更新拓扑。

综上所述，智能配电网的通信网络建设是一个不断变化的过程，需要考虑到现有光缆资源的基础，提供一个可靠的通信网络的同时，还需要重点考虑组网的灵活性和弹性。只有在前期充分规划、考虑到智能配电网通信网络的特性，并详细规划和设计的基础上，才能在建设后期避免建设的随意性和不确定性，给智能配电网的应用提供坚强、可靠和灵活的通信通道。

3. 基于工业以太网交换机解决方案的优势

(1) 保护倒换时间 50～200ms。

(2) 传输距离无限制，可达 10km。

(3) 自愈环上节点数可达 50 个。

(4) 安装简单，无需分光器。

4. 基于工业以太网交换机解决方案的劣势

(1) 拓扑结构单一，只能采用环网结构，实现难度大。

(2) 骨干层和接入层都采用工业以太网交换机，建网成本巨大。

(3) 环上节点太多，导致安全性下降，任意两个以上节点故障都会导致环瘫痪。

(4) 符合配电网停电检修的要求。

(5) 符合城市配电网需要经常改动的要求。

当交换机环网中存在多个节点的多条链路全部中断时，整个环上其他节点依然可以正常通信，但两个断点之间的节点通信已经中断，从整个环网中消失。

五、配电线载波通信组网

1. 载波通信组网方案的基础

(1) 电力线是电网公司特有的、庞大的资源，坚固，路由合理。

(2) 10kV的电力线是空的（高电压等级线路有一些载波机在工作），20kHz～1MHz频带可以用（窄带）。

(3) 数字调制技术（信道编码技术）在发展。

(4) 技术平台在发展（超大规模集成电路，CPU的速度等），为配网载波机的发展提供了支持。

(5) 多接口：支持RS232、RS485、Ethernet接口。

(6) 高速率：链路最高传输速率为500kbit/s，支持视频传输。

(7) 高可用性：采用OFDM和独有的纠错技术，能够自适应线路变化，保证在强噪声干扰下的可靠数据传输。

(8) 灵活的中继功能。

(9) 多种产品形态：体积小，采用模块化设计和多种产品形态，满足各种现场的应用需要。

2. 中压耦合方式

耦合技术对载波信号在中压电网中的传输至关重要。在没有阻波器的电力线上，阻抗匹配的要求难以实现，耦合技术将采用牺牲匹配性能，适合路侧宽范围阻抗。中压耦合技术分为电容耦合和电感耦合两种方式。

(1) 电容耦合方式。如图7-4-7所示，电容耦合既可采用相地耦合方式，也可采用相相耦合方式，后者成本较高，但可靠性更高。当发生单相接地故障时，相相耦合方式可以退化为相地耦合方式继续工作。一般建议相地耦合方式用于监测，而相相耦合方式用于控制。同样，电容耦合方式也可以应用于电缆系统，只是电缆的特性阻抗很低，在结合滤波器的匹配方面需要有特殊的措施。

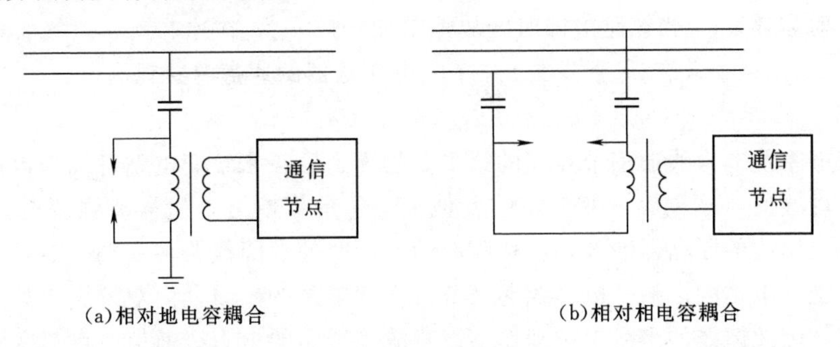

图7-4-7　电容耦合方式

(2) 电感耦合方式。电感耦合器利用电缆线路固有的屏蔽层进行载波高频信号的传输，并获得成功。该耦合方案具有以下突出优点：

1）高频通信信号与工频电气量传输通道分离。

2）通道无高压。

3）通信设备维护的安全性大大提高。

4）耦合设备的成本降低。

5）可以与电容耦合相结合改善电缆与架空线路的混合传输。

6）安装非常方便。

电感耦合器一般安装在地下电缆沟内，如变电站的电缆出线处、电缆的分接箱内、箱式配电变压器内、开闭所内等。按照安装方法，电感耦合又分为串入式耦合和套入式耦合两种。前者是将电感耦合器串接在电缆屏蔽层的接地线中，后者是将电感耦合器套在电缆上。电感耦合器在混合线路上的应用如图 7-4-8 所示。

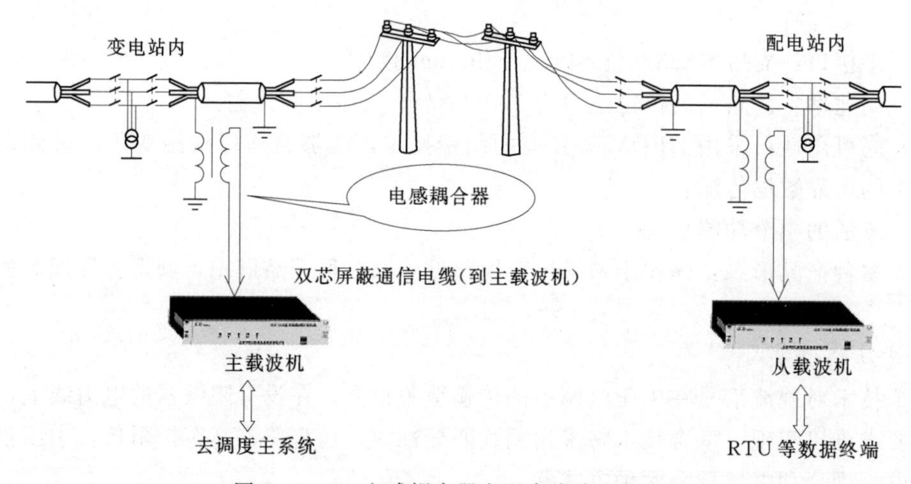

图 7-4-8 电感耦合器在混合线路上的应用

3. 中压电网各类衰耗的估算

中压电力线通信的通道衰耗包括通道两端通信节点的终端衰耗 a_{zd}，由于分支线路无阻波器带来的分支衰耗 a_{fz}，变电站的介入衰耗 a_{bdz}，配电 10kV/0.4kV 变压器带来的泄漏衰耗 a_{byq}，载波通信存在桥路的桥路衰耗 a_{ql}，输电线路自身的线路衰耗 a_{tl}，不同传输介质间的折射衰耗 a_{tl}，当线路故障时的故障附加衰耗 a_{gz}，在冰、雪、霜气候条件下的天气附加衰耗 a_{tq}。对于含有 m 个分支、n 个配电变压器的通道总衰耗为

$$a_{\Sigma}=2a_{zd}+a_{bdz}+ma_{fz}+na_{byq}+a_{ql}+a_{tl}+a_{gz}+a_{tq}$$

中压配电系统电力线通信节点间的最主要的通道衰耗来自变电站母线，包括变压器的杂散电容、母线的对地电容、变电站的其他馈线等的影响。这里需要强调的是故障发生后，故障馈线出线的断路器断开，在切除故障的同时使故障线路与变电站断开，此时的通信衰耗将不受变电站的影响。电力线通信节点在变电站的出线处由双绞线或其他介质与通信主站相连，因此馈线的出线保护动作不影响故障线路的电力线通信节点与变电站内的通信主站的通信。通道衰耗分类及大小见表 7-4-1。

4. 基于 PLC 宽窄带载波融合解决方案的优、劣势

(1) 基于 PLC 宽窄带载波融合解决方案的优势：

表 7-4-1　　　　通道衰耗分类及大小

分　类	衰耗	备注	分　类	衰耗	备注
发送、接收端的终端衰耗	1.5dB		电缆的折射	7.7dB	
10kV/0.4kV 配电变压器的泄漏	2dB		变电站母线	10～20dB	
架空线	0.1～0.2dB/km 0.4～0.8dB/km		特殊天气	0～13dB	冰雪等

1）投资小，建网速度快，无需改变原有线路。

2）既有宽带系统高速、准确的优点，也有窄带系统成本低、安装方便的优势。

（2）基于 PLC 宽窄带载波融合解决方案的劣势：

1）载波信道干扰严重、时变衰减大、阻抗变化大。

2）存在通信盲区。

3）传输速率、可靠性、损耗、传输时延都存在问题。

4）不能穿越配变。

5）不能为配电自动化系统提供高速、稳定、可靠的通信链路。

六、GPRS 通信组网

1. 整体组网方案

整个网络可以分为智能配电终端（包含无线通信模块）、移动公网以及配电自动化主站系统三个部分。主站系统包括 GPRS 服务器。配电终端通过 GPRS 无线通信模块拨入 GPRS 网络，通过移动专网穿过防火墙后同 GPRS 通信服务器进行通信。而 GPRS 通信服务器经网络隔离装置，将从智能终端采集的数据信息传输给主站系统，如图 7-4-9 所示。利用运营商至供电公司机房光纤 VPN 专线与配电自动化主站通信服务器连接，实现配电自动化一遥、二遥、三遥终端的非实时数据、故障报文的上行传输。GPRS 终端应用 IP 地址绑定和隧道技术，构建配电网 GPRS 专用通信网，保证专网专用和快速的数据交换以及网络安全、可靠。

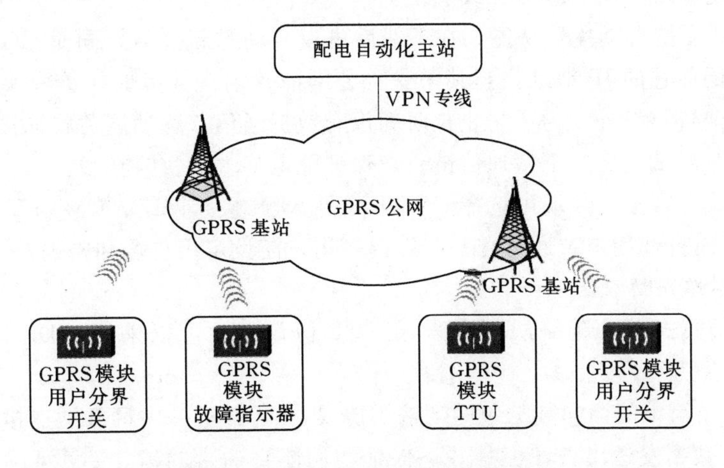

图 7-4-9　GPRS 通信整体组网方案

2. GPRS 服务器

根据《电力二次系统安全防护规定》（电监会 5 号令），电力二次系统安全防护工作应当坚持安全分区、网络专用、横向隔离、纵向认证的原则，保障电力监控系统和电力调度数据网络的安全。配电自动化系统从属于实时控制区（安全Ⅰ区），不能直接与公共网络相连。受此约束，配电自动化系统前置机不能直接与 GPRS 网络相连，因此，在配电自动化系统之外，增加 GPRS 服务器，作为 FIU 与配电前置系统之间的中继。

公网前置机实现公网数据接收处理，并以文本文件的格式通过反向物理隔离装置传入安全Ⅰ区。安全Ⅰ区解析文件形成实时数据。系统采取了特定的数据处理措施，能保证数据在通过反向物理隔离装置情况下的实时性要求。

公网前置服务器布置成为 GPRS 服务器应用，作为一个独立应用布置在Ⅲ区，通过正反向隔离与实时系统连接。这样配电自动化主站系统可以分为三个较为独立的子系统：Ⅰ区实时系统、Ⅲ区 Web 系统、Ⅲ区 GPRS 系统；由于物理隔离的存在，各个子系统均需要有自己的数据库。对于整个系统而言，数据维护均在Ⅰ区实时系统中完成，Ⅲ区 Web 和 GPRS 系统自动同步，即只维护一套模型。但是与Ⅲ区 Web 系统不同的是，Ⅲ区 GPRS 仅仅负责前置 GPRS 接入，因此，同步策略与 Web 系统不同，对于商用库同步部分，仅仅同步模型数据，不同步采样和告警数据，这样可以解决数据库容量问题。

3. 配电终端的接入

配电终端（FTU 等）可通过内置 GPRS 无线传输模块，或者通过串口同外置 GPRS 无线传输模块进行连接。GPRS 无线传输模块是专门用于将串口数据通过 GPRS 网络进行传送的 GPRS 无线设备。配电终端都是通过这种外置的无线通信模块进行通信，这种方式实现简单，便于调试。

GPRS 模块具有一个嵌入式操作系统，内部封装了 PPP 拨号协议以及 TCP/IP 协议。它具备 GPRS 拨号上网功能，并且提供串口数据到 TCP/IP 数据包的双向转换功能。也就是说，从串口收到的数据可以转换成 TCP/IP 数据包进行发送，从网络收到的 TCP/IP 数据包也可以发送到串口。这样，配电设备就不需要改变其设计，只要外挂或内置一个 GPRS 模块，就可以实现 GPRS 无线通信。

GPRS 模块支持自动拨号功能，在下线后可以自动重新拨号。同时，GPRS 模块内可以配置两个公网前置的 IP 地址，当其中一台公网前置出现故障时，该模块能自动链接到另外一台公网前置。另外，为了防止长时间没有数据通信，移动网关将连接断开，公网前置定时发送链路测试报文，维持通信链路，保证配电终端的实时在线。

在接入方式上，配电终端可选择 CMNET 和 APN 接入网络，CMNET 通常用于公众用户，APN 针对行业用户，通常在一个组内，用户需设定用户名和密码，安全性更好。

4. GPRS 链路层协议

GPRS 通信模式下，链路层可以采用 TCP 协议，也可以采用 UDP 协议。UDP 和 TCP 模式各有优劣。

UDP 是一个简单的面向数据包的运输层协议，UDP 不提供可靠性连接，它把应用程序传给 IP 层的数据发送出去，但是并不保证它们能到达目的地。TCP 和 UDP 都使用相同的网络层（IP）。

TCP提供一种面向连接的、可靠的字节流服务。面向连接意味着两个使用TCP的应用（通常是一个客户和一个服务器）在彼此交换数据之前必须先建立一个TCP连接。TCP传输协议数据发送必须经过接收方确认，并且有超时重传等保障机制，这是TCP传输有一定保障的根本原因。

UDP与TCP提供不同的传输方式与不同的传输质量，TCP以增加网络开销的方式提供传输保障。在GPRS网络实际测试时，当网络正常情况下，从GPRS DTU→GPRS网络→互联网→用户数据中心这个通路上，UDP传输有效性大于85%，TCP传输有效性约等于100%。在行业应用中，需要仔细分析行业应用特点，根据需要选择UDP或TCP协议。

5. 采用加密保护的GPRS组网

通信系统应满足安全防护要求，遵循国家电网公司《中低压配电网自动化系统安全防护补充规定（试行）》（国家电网调〔2011〕168号），所有通信方式，对于遥控须使用认证加密技术进行安全防护，全面确保通信系统满足安全防护要求。采用无线公网通信方式应符合相关安全防护和可靠性规定要求。采用加密技术安全保护的公网GPRS组网示意图，如图7-4-10所示。

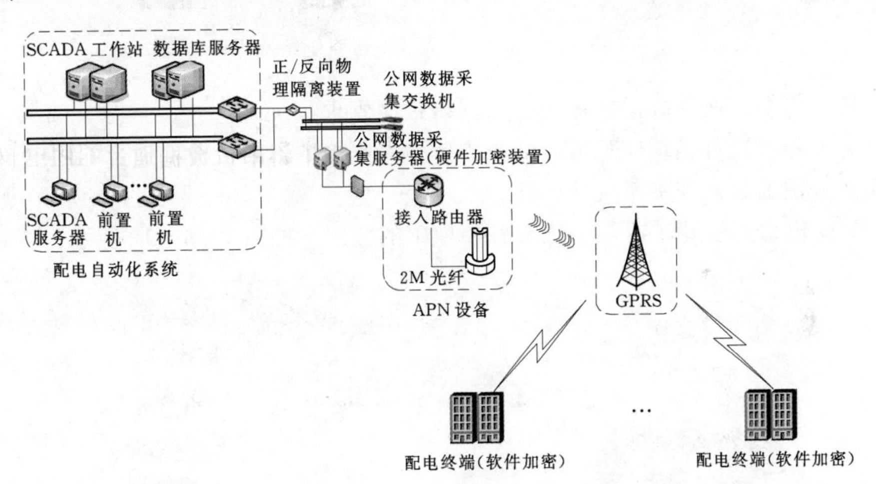

图7-4-10　采用加密技术安全保护的公网GPRS组网示意图

七、230MHz电力无线宽带通信系统

新型230MHz电力无线宽带通信系统是采用TD-LTE核心技术开发出的针对电力通信网络应用的无线宽带通信系统，系统的设计出于安全性考虑，与公网进行了隔离，具有以数据传送为主、业务流量可准确预估、实际网络利用率高、确保重点用户的优先级和海量终端实时在线等特点，提供了更高的带宽，可以满足智能电网对数据带宽的要求，具备传输视频的数据能力。230MHz无线宽带系统组网应用如图7-4-11所示。

图中，eOMC为网络管理中心，EPC为核心交换网，eBBU为基带处理单元。终端模块：采集数据汇聚与上传，控制信息下传。系统各个组成部分如下：

（1）接入设备：提供无线信号覆盖，终端无线接入控制。

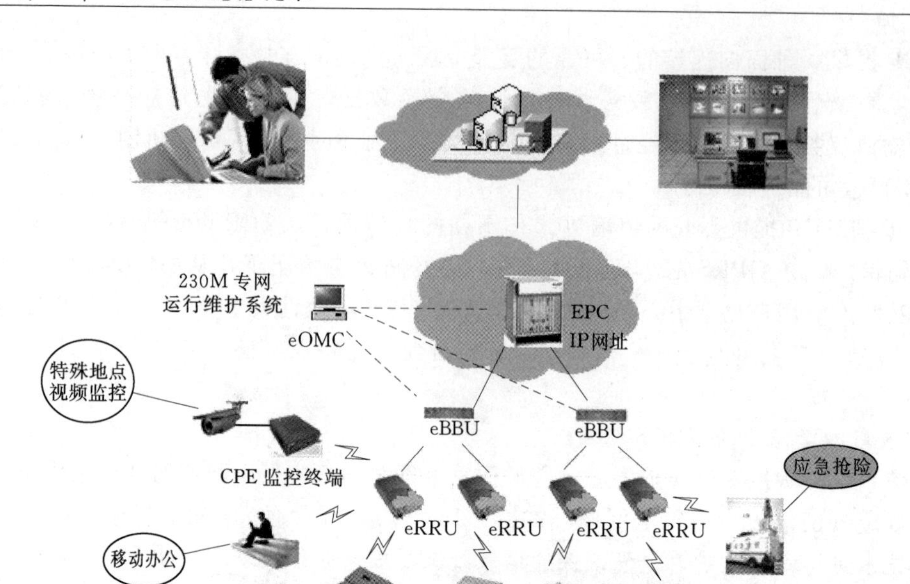

图 7-4-11　230MHz 无线宽带系统组网应用

（2）核心网络：业务数据传输，接入网络控制管理。

（3）方案特点：可实现广覆盖、低成本、多点采集数据的传输，适合配用电及农村地区大范围、分散的数据采集系统的传输。

230MHz 电力无线宽带通信系统在各领域中的应用，如图 7-4-12 所示。

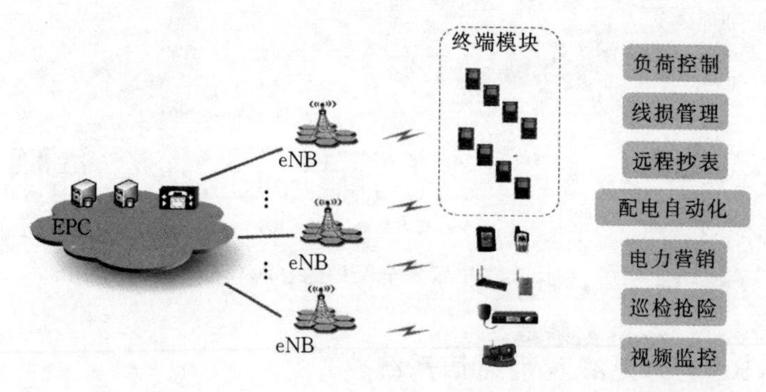

图 7-4-12　230MHz 电力无线宽带通信系统在各领域中的应用

第五节　通信系统配置原则及设计方案

一、配电网通信系统设计原则

配电网通信选择要根据电力系统配电网自动化的特点，满足 Q/GDW 382—2009《配电自动化技术导则》、Q/GDW625—2011《配电自动化建设与改造标准化设计技术规定》

标准，形成一整套综合通信解决方案。

配电通信网的设计需要根据各种配电网业务的需要，结合通信技术的发展，合理选择技术成熟、经济、安全、实用的通信方式。随着智能配电网建设进一步深化，对通信信息量的实时性、可靠性将提出更为严格的要求，应优先选择具有以太网技术和光纤技术的通信方式。考虑到 EPON 网络拓扑具有多样性、高速率、适用于 IP 业务、无源光器件、保护多样性、终端设备成熟等优点，将会对未来配电网业务应用具有更强的适应性。配电通信网在难于实现光纤专网覆盖的区域，且设备在不需要三遥的情况下，租用公网无线通道实现配电自动化设备的通信。配电网通信系统设计原则如下：

(1) 配电自动化通信系统应和配电自动化系统应用功能紧密结合，将多种通信方式合理搭配，以取得最佳的性价比，满足配电自动化系统的整体性能指标要求。

(2) 配电自动化通信系统的设计应具有先进性、实用性、可靠性、可扩展性。

(3) 主干通信网的设计应和配电自动化计算机网络系统相结合；拓扑结构应路径最短、涵盖配电终端范围最大，具有较好的扩展性；应具有较高的通信速率和较低的误码率。

(4) 非主干通信网的设计应和配电自动化站端系统相结合，在满足配电自动化整体性能指标和通信可靠性的基础上适当提高通信速率。

二、配电网通信方式选择原则

各种有线、无线通信方式种类繁多，且拥有各自的特性。在现场设计实施过程中，通信方式的选用应遵循“先进性、实用性、可行性、可扩展性”的原则，因地制宜地优化选择多种通信方式的建设方案。

(1) 根据重要性选择：实时监控设备的通信（如馈线自动化的通道），要求可靠、快速，可以考虑光纤通信；实时监测设备的通信（如集中抄表、负荷控制等），一般只要求定时采集，在通信速率和可靠性方面大大降低要求，可以选择低价的通信方式，如无线扩频、电力载波或电话专线。

(2) 配电控制中心（主站）至配电控制分中心（子站）之间的通信为配电自动化的总动脉，在容量、速率上有较高的要求，宜采用直通的高速以太网。

(3) 在市区主要道路设计多个环网作为通信主干道连接至配电控制中心（主站）或配电控制分中心（子站）。主干道的通信为配电自动化的主动脉，宜采用光纤双环自愈网，同时串接沿线的各厂站终端设备。

(4) 在郊区由于配电设备分散、距离长，架设有线通信不经济，可根据地形配以无线扩频或电力线载波。

(5) 主干道上光 Modem 分支的通信连接着分散的终端设备，可采用光 Modem 辐射型式，选用光纤、双绞线、电力载波、无线扩频等方式。

(6) 集中抄表器至各抄表终端可充分利用低压配电线路载波。

(7) 负荷管理（控制）主要面对分布广泛的客户，实时监测客户运行情况和传递部分电业局的信息，速率和可靠性要求大为降低，其通信优先采用无线扩频或中压配电线路载波。

三、配电网通信的层次结构

以上这些通信方式特点分明，各有优势和适用的场合。没有一种通信方式能同时满足不同规模的配电自动化的需要；另外，配电自动化通信系统对带宽和可靠性的要求是随层次的上升而增加。为此，通常需要根据配电网的具体情况，在不同层次上采用不同的通信方式，即采用混合通信系统。混合通信系统的优点在于能够为不同的网络结构提供最合适的通信方式。

现有的配电自动化通信系统一般都根据当地的实际情况采用多种通信方式并存的混合模式，同时依据配网规模的大小，选择与配电自动化系统的模式相适应的结构，通信系统的拓扑结构可以采用点对点结构、星形结构及环形结构等。

通信系统一般可以分为三个层次，如图 7-5-1 所示。

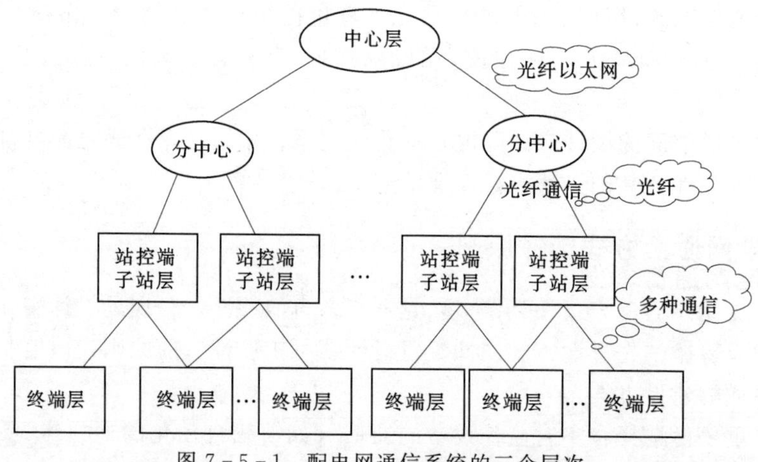

图 7-5-1　配电网通信系统的三个层次

第一层次为配电自动化主站至二级子站之间，通信上为点对点或环形连接。现有系统一般采用光缆，网络交换机直接建立在光纤之上或经光端机的以太网口，采用基于 TCP/IP 的局域网连接方式。

第二层次为配电自动化二级子站与设备层 FTU 之间，通信物理路由采用星形或环形。

第三层次为设备层 FTU 之间的连接及 FTU 与配电采集装置 TTU 之间的通信连接。

四、配电网通信遵循的标准及规范

配电网通信遵循的标准及规范如表 7-5-1 所示。

表 7-5-1　　配电网通信遵循的标准及规范

YD/T 1475—2006	接入网技术要求——基于以太网方式的无源光网络（EPON）
YD/T 1771—2008	接入网技术要求——EPON 系统互通性
IEEE 802.3ah	采用以太网协议连接服务供应商与用户的标准规格
YD/T 1082—2000	接入网设备过电压过电流防护及基本环境适应性技术条件

续表

GB 9254—1998	信息技术设备的无线电骚扰限值和测量方法
GB/T 17618—1998	信息技术设备抗扰度限值和测量方法
ITU-T G.983	基于无源光网络的宽带光接入系统（BPON）
ITU-T Y.1291（2004）	分组网络支持 QoS 的结构框架
ITU-T Y.1730（2004）	以太网 OAM 功能需求
GB/T 17626.2—2006	静电放电抗扰度试验
GB/T 17626.3—2006	射频电磁场辐射抗扰度试验
GB/T 17626.6—2008	射频场感应的传导骚扰抗扰度
GB/T 17626.8—2006	工频磁场抗扰度试验
EN 61000-6-2—2005	工业环境抗扰度通用标准
IEC 61850-3—2002	变电站通信网络和系统　第3部分：总体要求
IEEE 1613—2003	变电站通信网络设备 IEEE 标准环境和测试要求
IEC 61800-3—2004	变频调速系统 EMC 要求和规定的测试方法
CT2.0/2.1	中国电信 EPON 设备技术要求

五、配电网通信举例

工业以太网、EPON 和无线的综合配电自动化通信系统，可实现电力配网的遥控、遥信、遥测功能，完全符合国家电网公司关于 DL/T 1406—2015《配电自动化技术导则》等标准的要求，无疑是配电自动化系统通信的最佳方案。特别是选择为电力用户量身定做的智能配用电一体化通信综合平台，实现了多种技术、多厂家设备与配网资源的统一管理。

图 7-5-2 所示的通信系统融合了现有各种通信技术，包括 EPON、工业以太网交换机、4G 无线等通信方式，可以满足不同用户的各种需求。

1. 该方案的特点

（1）全线的整体解决方案，满足光纤、无线等多种需要。

（2）适合电力系统接入点分散、环境复杂、接入点扩容变化大的特点，支持支路的随时扩展。

（3）支持冗余，网络自愈时间小于 50ms。

（4）工业级产品，灵活的传输媒介，工作温度范围：−40～75℃，可安装于机架、墙壁、柱上。

（5）强大、完善的远程网络管理系统。

2. 该系统对设备的需求

（1）所有设备符合 IEC 61850-3 认证或者 IEEE 1613 标准中对电磁免疫和环境条件的要求。

（2）可靠的网络结构，具有线路冗余能力。

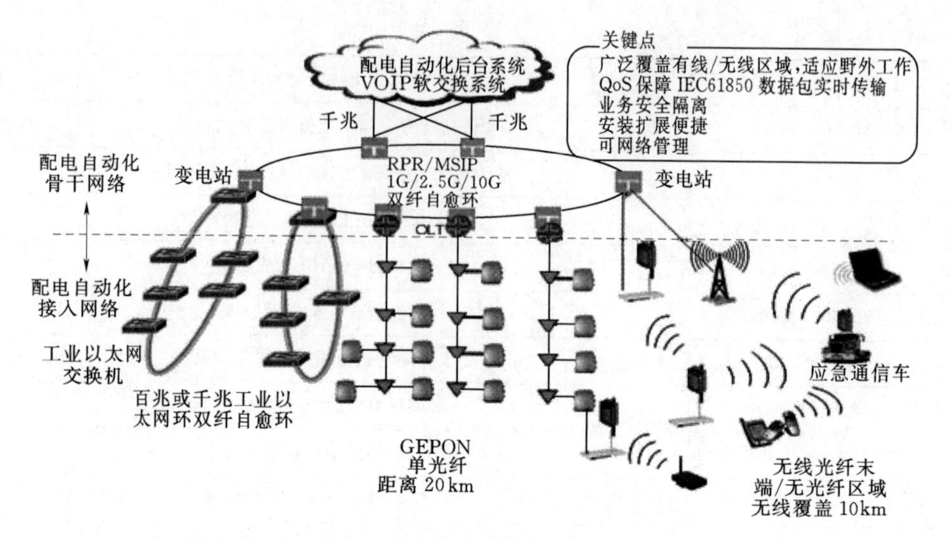

图 7-5-2　融合了现有各种通信技术的配电网通信系统

(3) 适应野外工作、安装快速简便。

(4) 多种业务接入能力，提供以太网 (RJ45)、串口 (RS232/RS485)。

(5) 设备稳定可靠、低故障率。

3. 该方案网络架构说明

在配电自动化系统中，配电网络可划分为三个层次：核心层、接入层和配电终端层。

(1) 核心层由配网主站系统、配电通信综合网管系统和 SDH、RPR/MSTP 或以太网环等光纤环网组成。

(2) 接入层由 10kV 开关站通过快速以太网环构建的光纤自愈环网、10kV 开关站内的中心 OLT、无线接入系统和基站组成。

(3) 10kV 开关站以下的配电终端层则由配电房/柜、箱式变电站、柱上开关之间 EPON 网络远端设备（分光器、ONU）或 4G 无线 CPE、配电终端组成；在光纤无法到达的区域采用 4G 无线实现。

4. 该方案组网特点

(1) 35kV 变电站/所以下 10kV 开关站的互联采用快速以太网光纤自愈环网构建，其优势在于：

1) 可以实现高密度 OLT 卡与交换机的紧密结合，实现核心交换机＋大容量 OLT。

2) 交换机支持丰富的 L2/L3 层协议，支持 IP 路由；强大灵活的三层交换功能，方便灵活扩展业务。

3) 减少设备及设备之间的互联，节省投资。

4) 交换机支持单环/多环、星形等多种结构。

5) 环路距离可以达到上百千米（单段距离可以达到 70km)，覆盖更大区域。

6) 快速以太网环的保护倒换时间可以达到 50ms。

(2) 配电房/柜、箱式变电站、柱上开关、集抄数据采集器等采用 EPON 接入，发挥 EPON 技术点对多点的优势，可以实现分布式的以太网功能，同时具有比 SDH、工业以太网更低的成本优势，是配电网络配电终端接入最经济、最稳定的通信方式。

(3) 对于受资金、线缆敷设、设备维护治理、地理条件等方面限制，无法实行光网络覆盖的区域采用无线技术实现。与光纤接入方式比较，在材料与施工成本方面，无线具有较明显的成本优势，在非视距场合尤其突出，与传统微波通信比较，可以实现其所不能实现的多点对多点的组网通信。尤其是在电力应急通信方面，对自然灾害、突发事件等需临时架设应急系统的场合，无线机站的架设简单快捷，覆盖范围大，为现场应急指挥系统提供可靠通信手段。

(4) 对于新建设或原有 SDH 无法升级到 RPR/MSTP 的变电站，可以直接配置带 L2/L3 层功能而且支持 OLT 功能的中高端交换机组建快速以太网环，将 EPON 网络的 OLT 设备以板卡的形式插入交换机，通过统一网管平台进行管理，同时避免背靠背电缆连接的不可靠带来的风险。

(5) 多业务的接入，可提供 2M 电接口、话路接口、RS232/RS485 终端接口业务的综合接入，也可通过终端服务器实现 RS232/RS485 等相似业务的统一管理。

5. 该方案的优越性

(1) 主站与子站之间，可选用单模光缆，实施配电网自动化的电力局，大多在调度中心与变电所之间已建立单模光纤通信网络，配电自动化系统主站与子站之间的通信可以借用这个通道，以节省再次铺设通信线路的投资，而且主站与子站之间的通信距离相对较远，中间又没有中级装置，单模光纤的传输距离，完全可满足要求。

(2) 子站与主要开闭所、环网柜之间，使用多模光纤和工业以太网交换机组成光纤环网。工业级以太网交换机传输能力强、稳定性高、可扩展性强、网络结构清晰，接入的结点数量不受限制，可在多个子站、开闭所和环网柜之间组成大型骨干环网，为今后应用扩展提供支持。开闭所和环网柜的 DTU 直接和工业以太网交换机连接。使用自愈双网络，可以保证通信网络故障时不至于导致整个网络通信的崩溃。对于新建的 20kV 配电网络，可采用电缆复合光缆。

(3) FTU 和 TTU 采用 EPON 的方式接入，可满足柱上开关的三遥要求和未来用户端互动应用的发展。EPON 系统由光线路终端 OLT、光网络单元 ONU 和光分配网络 ODN 组成。OLT 和工业以太网交换机连接，作为 EPON 系统源端；光网络采用多模光纤，建设树形网络，直接铺设到柱上开关和配电房内；FTU 和 TTU 通过 ODN 连入 EPON 系统。

(4) 对于 TTU 的数据处理，还有另外一种方式，即将 TTU 的数据通过配电载波送到子站，但配电网自动化的网络重构及线路故障时会对配电载波通信有一定影响。部分 TTU 由于其距离 FTU 较远，采用光纤、有线等方式上送数据经济性较差，则可通过 GPRS/GSM 通信网络直接与Ⅲ区主站连接，上送数据。

(5) 配电通信网的光缆类型选择上应充分考虑光缆的运行条件，因地制宜选择光缆类型，首选 ADSS 光缆和普通阻燃光缆。架空部分采用 ADSS 光缆，管道部分采用普通阻燃光缆，管道部分加穿硅胶套管。配电通信网光缆的容量上充分考虑日益增长的通信需求，为今后系统扩容预留通信资源，此次工程主干采用 48 芯光缆，支线采用 24 芯光缆。

第六节 智能配电网对通信的要求

一、智能电网对电力通信网的新挑战

电力通信网作为支撑智能电网发展的重要基础设施，保证了各类电力业务的安全性、实时性、准确性和可靠性要求。

从发展趋势看，未来智能电网的大量应用将集中在配电网侧，应采用先进、可靠、稳定、高效的新兴通信技术及系统，丰富配电网侧的通信接入方式，从简单的业务需求被动满足转变为业务需求主动引领，提供更泛在的终端接入能力、面向多样化业务的强大承载能力、差异化安全隔离能力及更高效灵活的运营管理能力。

（1）电力通信网络是支撑智能电网发展的基础平台。智能电网的发展强调多种能源、信息的互连，通信网络将作为网络信息总线，承担着智能电网源、网、荷、储各个环节的信息采集、网络控制的承载，为智能电网基础设施与各类能源服务平台提供，安全、可靠、高效的信息传送通道，实现电力生产、输送、消费各环节的信息流、能量流及业务流的贯通，促进电力系统整体高效协调运行。图 7-6-1 给出了电力通信网在智能电网中的定位。

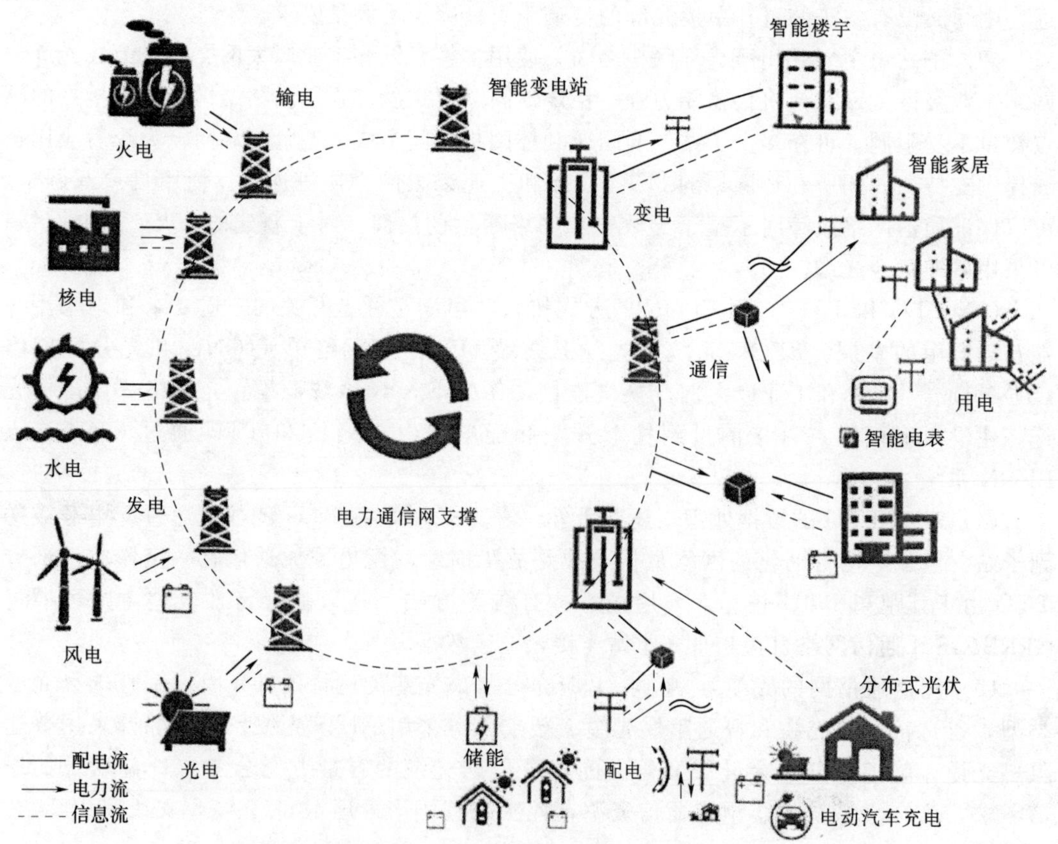

图 7-6-1 电力通信网在智能电网中的定位

（2）通信网络需要从被动的需求满足，转变为主动的需求引领。目前业务系统通信需求均基于设备的生产控制为主，未兼顾人、车、物等综合的管理场景需求。随着智能电网的发展，通信的需求及业务类型具有多样性、复杂性及未知性等特点，通信网络需适度超前，提前储备，提前满足未来多元化的业务承载需求，如智能化移动作业、巡检机器人、数字化仓储物流、综合用能优化服务、电能质量在线监测、能源间协调、源/网/荷/储互动、双向互动充电桩等。面向智能电网通信网整体功能需求如图7-6-2所示。

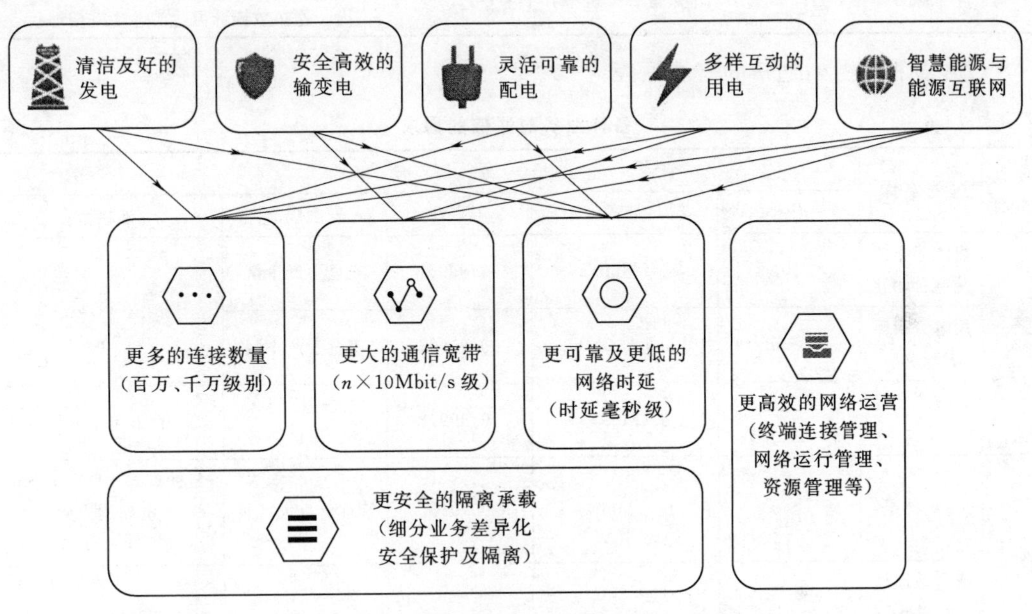

图7-6-2　面向智能电网通信网整体功能需求

（3）通信网络需具备更强大的承载能力。

（4）通信网作为统一的通信平台，实现业务的集约化承载，进一步促进智能电网的数据共享及业务发展。通信网络需尽可能多地解决各类业务的接入需求，最大限度地利用电网自身资源，通过统一的通信平台，提供可靠、安全的通信通道，提高网络效率。

二、智能配电网各典型业务场景对通信的要求

（1）智能配电网将业务场景分成控制类和采集类两种，各业务通信的特点见表7-6-1。

表7-6-1　　各种业务通信的特点

业务类型	典型场景	当前通信特点	未来通信趋势
控制类	智能分布式配电自动化、用电负荷需求侧响应、分布式能源	（1）连接模式：子站/主站模式，主站集中，星形连接为主。 （2）时延要求：秒级	（1）连接模式：分布式点对点连接与子站主站模式并存，主站下沉，本地就近控制。 （2）时延要求：毫秒级

续表

业务类型	典型场景	当前通信特点	未来通信趋势
采集类	高级计量、智能电网大视频应用（包括变电站巡检机器人、输电线路无人机巡检、配电房视频综合监控、移动式现场施工作业管控、应急现场自组网综合应用等）	（1）采集频次：月、天、小时级。 （2）采集内容：基础数据、图像为主，单终端码率为100kbit/s级。 （3）采集范围：电力一次设备，配网计量一般采用集抄方式，连接数量百个每平方千米	（1）采集频次：分钟级，准实时。 （2）采集内容：视频化、高清化，带宽在4～100Mbit/s不等。 （3）采集范围：近期扩展到电力二次设备及各类环控、物联网、多媒体场景，连接数量预计至少翻1倍；中远期若产业驱动将下沉至用户，并深入到户内，连接数预计可达10～100倍

（2）各种业务对通信的需求见表7-6-2。

表7-6-2　各种业务对通信的需求

<table>
<tr><th rowspan="2">业务类别</th><th rowspan="2">业务名称</th><th colspan="5">通信需求</th></tr>
<tr><th>时延</th><th>带宽</th><th>可靠性</th><th>安全隔离</th><th>连接数</th></tr>
<tr><td rowspan="3">控制类</td><td>智能分布式配电自动化</td><td>≤10ms</td><td>≥2Mbit/s</td><td>99.999%</td><td>安全生产Ⅰ区</td><td rowspan="2">10X个/km²</td></tr>
<tr><td>用电负荷需求侧响应</td><td>≤50ms</td><td>10kbit/s～2Mbit/s</td><td>99.999%</td><td>安全生产Ⅰ区</td></tr>
<tr><td>分布式能源调控</td><td>采集类≤3s
控制类≤1s</td><td>≥2Mbit/s</td><td>99.999%</td><td>综合包含Ⅰ、Ⅱ、Ⅲ区业务</td><td>百万至千万级</td></tr>
<tr><td rowspan="6">采集类</td><td>高级计量</td><td>≤3s</td><td>1～2Mbit/s</td><td>99.9%</td><td>管理信息大区Ⅲ</td><td>集抄模式100X个/km²，下沉到用户后翻50～100倍</td></tr>
<tr><td>变电站巡检机器人</td><td rowspan="5">≤200ms</td><td rowspan="2">4～10Mbit/s</td><td rowspan="5">99.9%</td><td rowspan="5">管理信息大区Ⅲ</td><td rowspan="2">集中在局部区域1～2个</td></tr>
<tr><td>输电线路无人机巡检</td></tr>
<tr><td>配电房视频综合监控</td><td rowspan="3">20～100Mbit/s</td><td rowspan="3">局部区域内5～10个</td></tr>
<tr><td>移动现场施工作业管控</td></tr>
<tr><td>应急现场自组网综合应用</td></tr>
</table>

第七节　5G切片技术在配电网中的应用

一、5G切片技术在配电网的业务场景分析

5G的三大应用场景——eMBB（增强型移动宽带）、mMTC（海量机器类通信）、uRLC（超高可靠与低时延通信），可满足智能电网配/用电环节各类的监控、信息交互。切片技术是5G网络商业部署的基础特性，可以实现从云、核心网、传输、接入到终端的

端到端的网络切片功能，满足行业用户在安全隔离、有保障的服务等级协议（Service-Level Agreement，SLA）Qos、按需定制、端到端可控等方面的要求。5G网络切片匹配智能电网不同业务场景需求见表7-7-1。

表7-7-1　**5G网络切片匹配智能电网不同业务场景需求**

业务场景	通信时延要求	可靠性要求	带宽要求	终端量级要求	业务隔离要求	业务优先级	切片类型
智能配电分布式配电自动化	高	高	低	中	高	高	uRLLC
毫秒级精准负荷控制	高	高	中低	中	高	中高	uRLLC
低压用电信息采集	低	中	中	高	低	中	mMTC
分布式电源	中高	高	低	高	中	中低	mMTC（上行）+uRLLC（下行）
视频监控（机器人、无人巡检）	中	中	高	高	高	中	eMBB

相比4G以人为中心的移动宽带网络，5G网络将实现真正的“万物互联”，而网络切片的“定制型、隔离和专用性、分级SLA、统一平台”的特性，将更好满足“行业专网”的需求。采用5G公网+切片技术则可以在满足广域覆盖、低时延高可靠、高带宽的同时，满足行业所需的安全隔离及QoS保障。网络切片功能如图7-7-1所示。

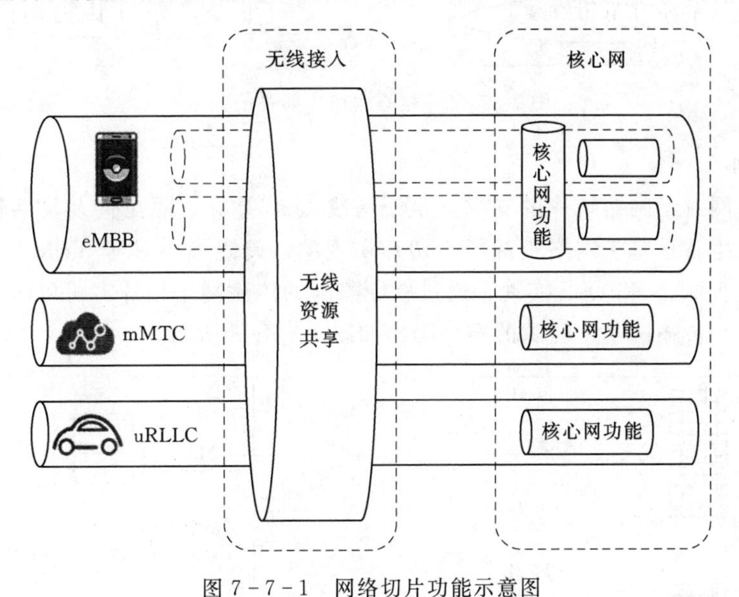

图7-7-1　网络切片功能示意图

二、5G切片技术的可行性

3G PP标准定了切片的总体架构，可满足资源保障、安全性、可靠性/可用性等多方面的隔离诉求。

网络端到端的切片包括核心网、传输网及无线接入网的网络功能切片，并采用切片端到端的管理及SLAN保障技术，满足“行业”专业的要求。

1. 核心网

5G 核心网将基于虚拟化部署和服务化架构，能够灵活地支持网络功能定制化、切片隔离、基于切片的资源分配。核心网的隔离有物理隔离和逻辑隔离两大类方案：物理隔离即设置专用的物理服务器，具有极高的安全需求，可将服务器部署在不同的地理位置；逻辑隔离即行业应用与运营商业务共享影响服务器，区分虚拟机。实际实施过程中，可根据行业需求灵活选用方案。核心网切片部署如图 7-7-2 所示。

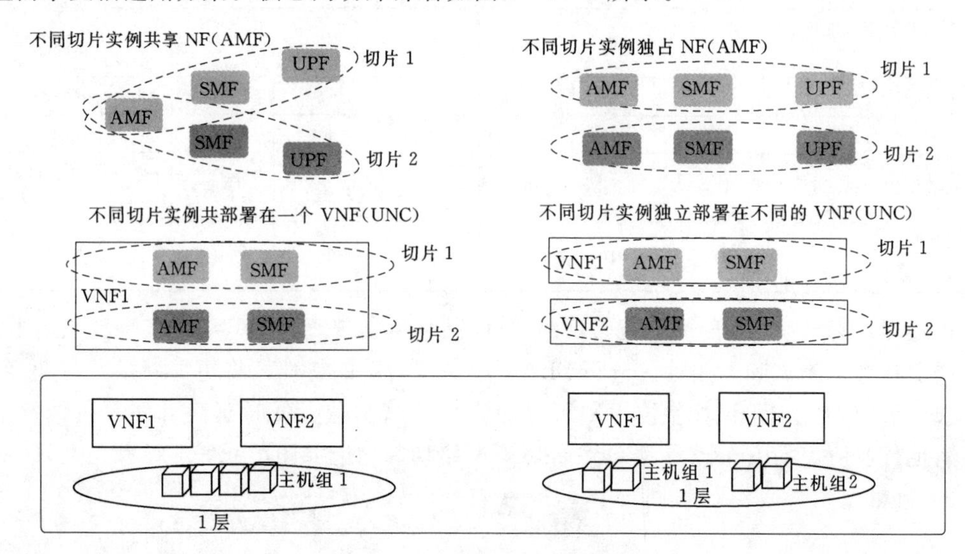

图 7-7-2　核心网切片部署示意图

2. 传输网

承载传输网对于网络切片的支撑立足于解决 QoS 差异、隔离性及灵活性需求，对于承载传输，天生就是基于网络资源层面切片实现的。硬隔离可基于 TDM 时隙较差实现，软隔离可基于 VLAN 和 QoS 实现，通过软硬隔离的传输网络切片，可以满足电力行业的安全保障需求。传输网基于时隙的物理隔离如图 7-7-3 所示。

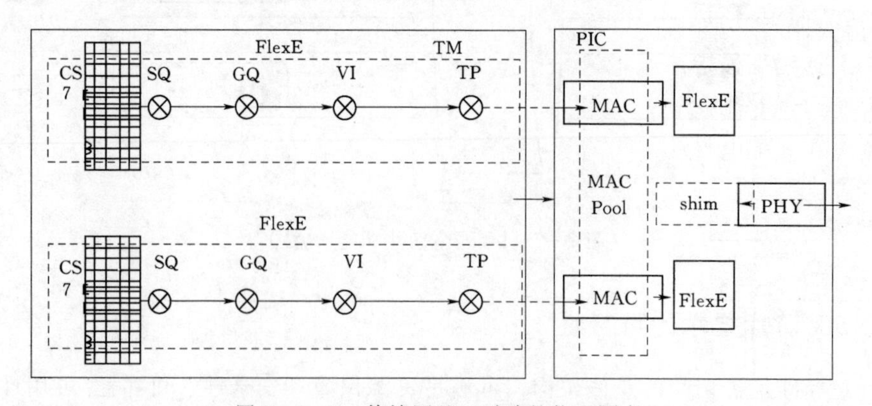

图 7-7-3　传输网基于时隙的物理隔离

3. 无线接入网

5G 无线接入网可根据空口频谱资源、时隙等进行区别调度，从而实现切片功能，实

现资源隔离和灵活资源调度的目的。针对电力业务网络切片中可能存在的高保障类业务，可以通过优先接纳、负载控制等技术，优先保障电力高优先级业务，避免其他切片中的业务影响电力业务的性能表现。

4. 黑客问题

uRLLC 低时延云是由运营商提供的私有云，不是在传统的 IDC 机房内，而是在附着在下层 BBU 网元上，不对外部公众开放，黑客无法通过外网攻击控制客户端的操作。

泛在电力物联网将电力用户及其设备、电网企业及其设备、发电企业及其设备、供应商及其设备、电力客户及其设备，以及人和物连接起来，产生共享数据，为用户、电网、发电、供应商和政府社会服务；以电网为枢纽，发挥平台和共享作用，为全行业和更多市场主体发展创造更大机遇，提供价值服务。

三、5G 切换技术的应用

电力网络切片业务主要用于解决 10kV 以下的配用电终端接入需求，利用 5G 的广域覆盖性能以及切片功能，满足电力行业用户对于接入的泛在性、安全性的要求，主要满足三大类业务。

(1) 业务切片 1 (uRLLC)：配电自动化。

1) 时延不大于 10ms，支持电网 50ms 内恢复故障。

2) 硬件级资源隔离，满足安全生产要求。

3) 配电终端间实时事件通知。

(2) 业务切片 2 (mMTC)：智能超标、信息采集。

1) 带宽 1～2Mbit/s 信令节省。

2) 集抄模式数百个每平方千米，下沉到户。

(3) 业务切片 3 (eMBB)：无人机/视频巡检。

1) 时延不大于 200ms，带宽 20～100Mbit/s。

2) 管理区域信息安全要求。

基于 5G 切片功能，本产品可实现智能配电、精确负荷控制、高质量数据采集、高清视频监控、远程工程指导等功能。

1. 功能 1：智能分布式配电自动化

智能分布式配电自动化如图 7-7-4 所示。

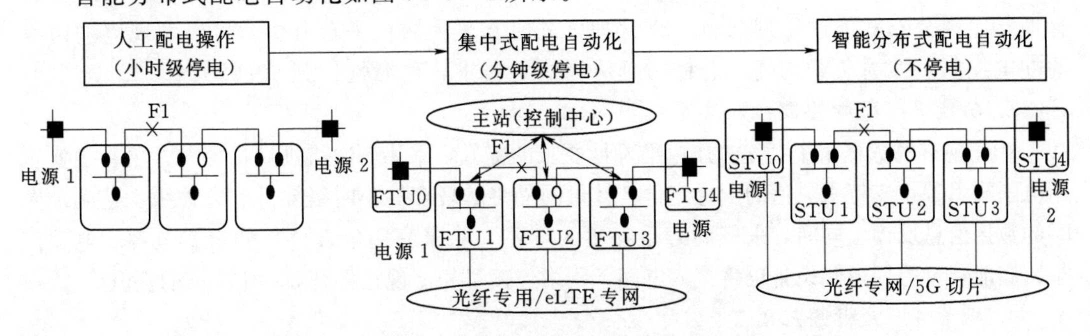

图 7-7-4　智能分布式配电自动化示意图

人工配电场景，需要人工故障排除；集中式配电自动化，需要主站远程定位、隔离和恢复供电，网络时延需求小于 100ms，当前主要使用光纤/4G 专网，但成本高，工程复杂，建设周期长；智能分布式配电自动化，相关 STU 在电源 1 断路前完成自动故障定位、隔离及恢复，网络时延需求小于 10ms 需求，eLTE 专网无法满足，光纤专网可满足要求但建设成本高，建设周期长，通过 5G 切片技术，可满足高安全隔离性、超低时延、广覆盖需求，且总建维成本低，建设周期短。

2. 功能 2：精准负荷控制

精准负荷功能如图 7-7-5 所示。

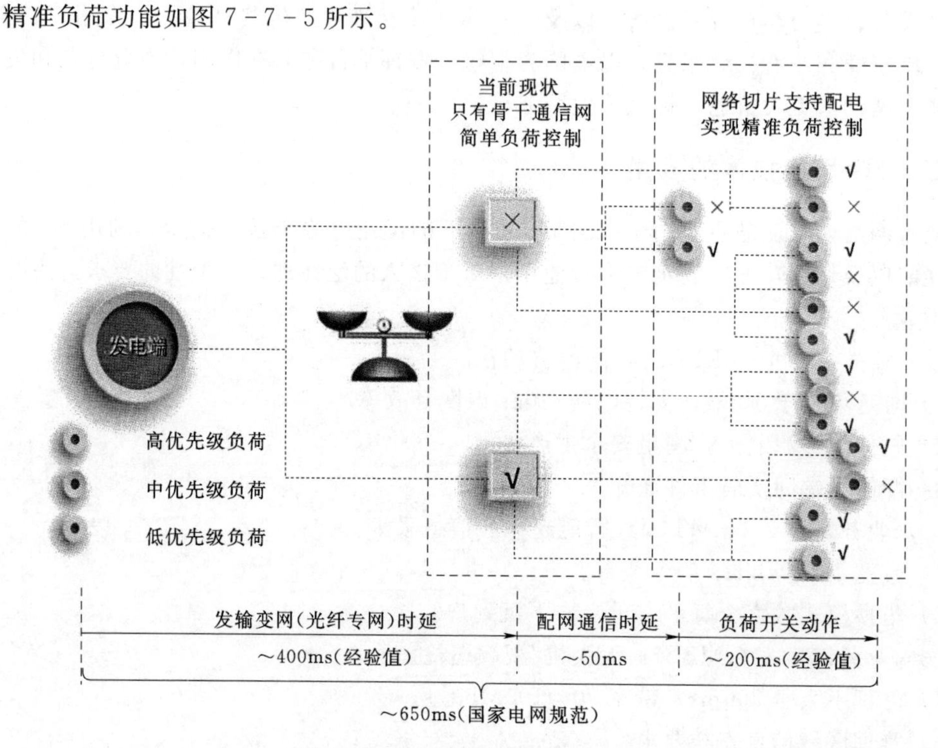

图 7-7-5　精准负荷功能示意图

当前的电力通信网在发输变利用光线专网进行负荷控制，但缺乏对配电网的控制，切除负荷的手段粗暴，只能通过切断整条配电线路进行控制。利用光纤或建立 4G 专网则建设成本高，工程实施周期长。利用 5G 无线公网+切片技术，快速实现对配电网络的智能管理，实现分布式能源管理与自动化管理，同时基于大数据平台分析，可以实现电网边缘的配电控制，实时负载均衡，总体时延可以满足要求，可靠性达到 99.999%。

3. 功能 3：高质量数据采集系统

相比现有的数据采集，随着用电准确性要求的提升，采集频次将进一步提升，更有效实现用电削峰填谷，支持更灵活的阶梯定价，计量间隔将从现在的小时级提升到分钟级，达到准实时的数据信息反馈。同时，采集内容也将更为丰富，除家庭用电以外，分布式电源、电动汽车、储能装置等用户侧设备也将接入电网，网络连接量相比现在将有 50～100 倍的提升。

4. 场景 4：大视频应用

采集内容将由原来的简单数据化转变为视频化、高清化，尤其在巡检机器人、输电线

路无人机在线监测、应用现场自组网、移动场景下的现场作业管控等综合应用等场景，将出现大量的移动场景下高清视的回传需求，局部带宽达到100Mb/s。

通过端到端的应用切片+5G公网，实现快速的电力各类物联接入，解决配用电终端各类数据需求。对于低时延高可靠的配电、监控等场景，可部署专用移动边缘计算（Mobile Edge Computing，MEC）服务器，本地用户面数据的快速转发，达到进一步降低时延的要求，产品架构和切片管理如图7-7-6和图7-7-7所示。

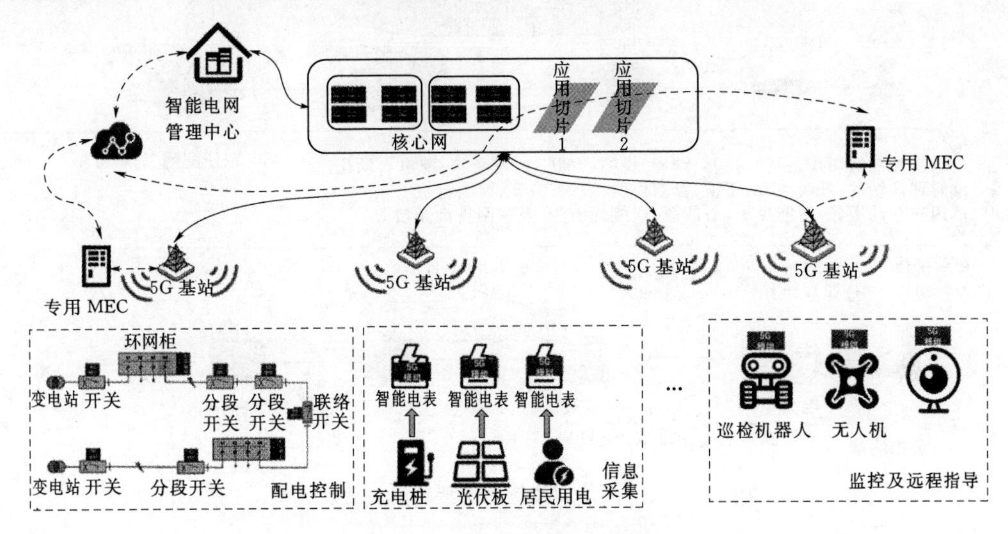

图7-7-6　产品架构示意图

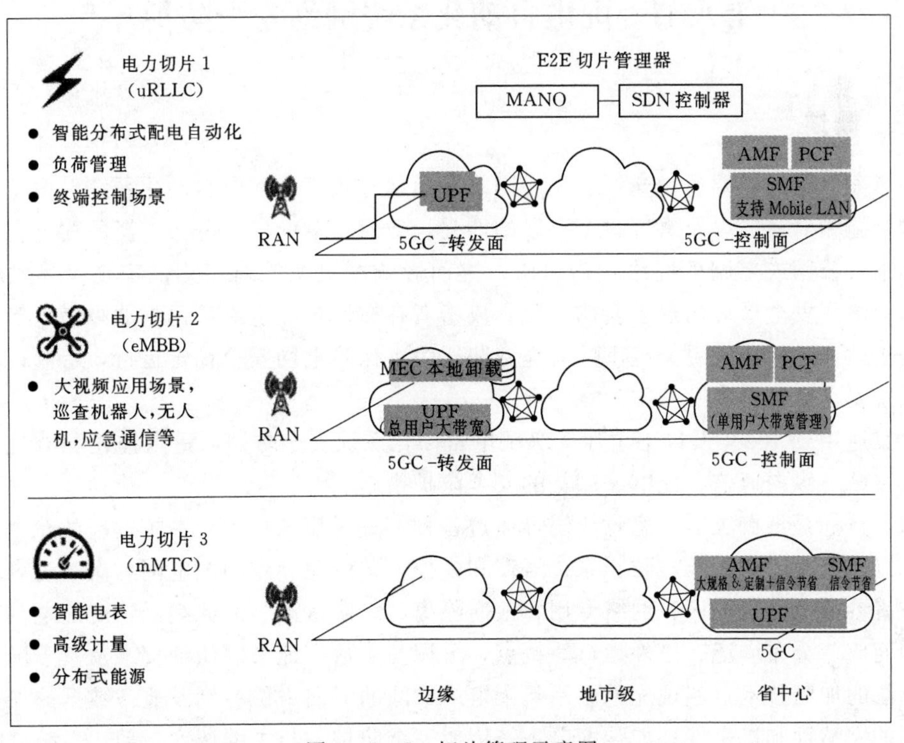

图7-7-7　切片管理示意图

切片是5G网络的典型特性，不同切片可以共享基础设施资源，但相互隔离、互不影响，可以根据行业用户需求对网络功能进行定制，要求网络架构提供非常高的灵活性。一个UE可以同时接入多个不同的切片，实现多类应用接入和管理需求。网络切片应用于智能电力管理系统如图7-7-8。

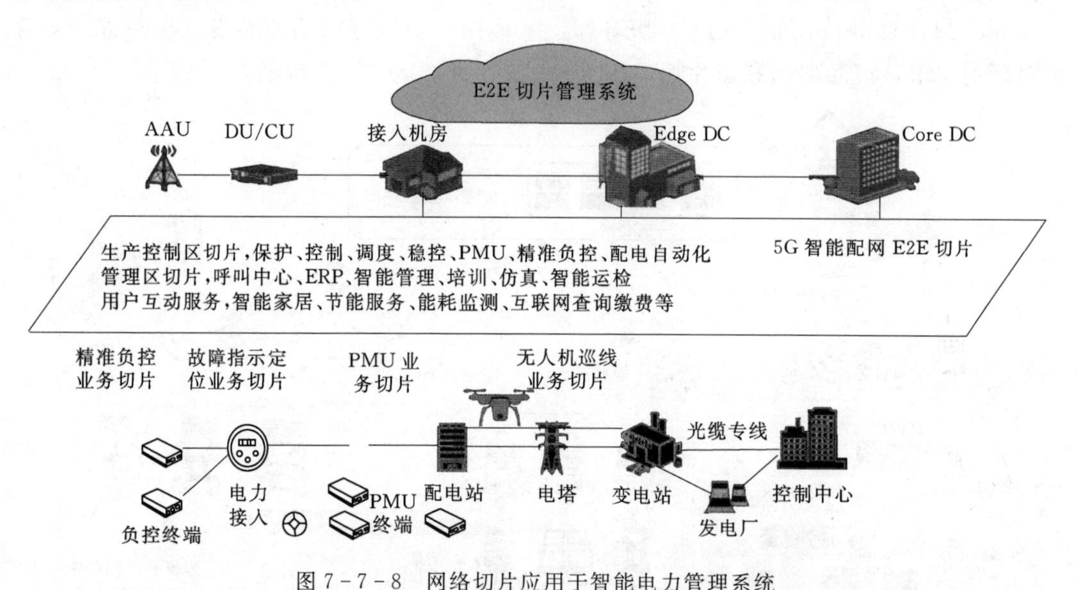

图7-7-8 网络切片应用于智能电力管理系统

第八节 配电自动化系统网络安全防护

一、概述

现场配电终端主要通过光纤、无线网络等通信方式接入配电自动化系统，由于目前安全防护措施相对薄弱以及黑客攻击手段的增强，致使点多面广、分布广泛的配电自动化系统面临来自公网或专网的网络攻击风险，进而影响配电系统对用户的安全可靠供电，同时，当前国际安全形势出现了新的变化，攻击者存在通过配电终端误报故障信息等方式迂回攻击主站，进而造成更大范围的安全威胁。为了保障电网安全稳定运行，特制订配电自动化系统安全防护方案。

方案适用于10kV及以下电压等级配电自动化系统安全防护，重点描述配电自动化系统配电主站、纵向通信、配电终端等的安全防护措施。

防护目标是抵御黑客、恶意代码等通过各种形式对配电自动化系统发起的恶意破坏和攻击，以及其他非法操作，防止系统瘫痪和失控，并由此导致的配电网一次系统事故。

方案参照“安全分区、网络专用、横向隔离、纵向认证”的原则，针对配电自动化系统点多面广、分布广泛、户外运行等特点，采用基于数字证书的认证技术及基于国产商用密码算法的加密技术，实现配电主站与配电终端间的双向身份鉴别及业务数据的加密，确保数据的完整性和机密性；加强配电主站边界安全防护，与主网调度自动化系统之间采用

横向单向安全隔离装置，接入生产控制大区的配电终端均通过安全接入区接入配电主站；加强配电终端服务和端口管理、密码管理、运维管控、内嵌安全芯片等措施，提高终端的防护水平。

二、安全防护方案

配电主站生产控制大区采集应用部分与配电终端的通信方式原则上以电力光纤通信为主，对于不具备电力光纤通信条件的末梢配电终端，采用无线专网通信方式；配电主站管理信息大区采集应用部分与配电终端的通信方式原则上以无线公网通信为主。无论采用哪种通信方式，都应采用基于数字证书的认证技术及基于国产商用密码算法的加密技术进行安全防护，配电自动化系统整体安全防护方案如图7-8-1所示。

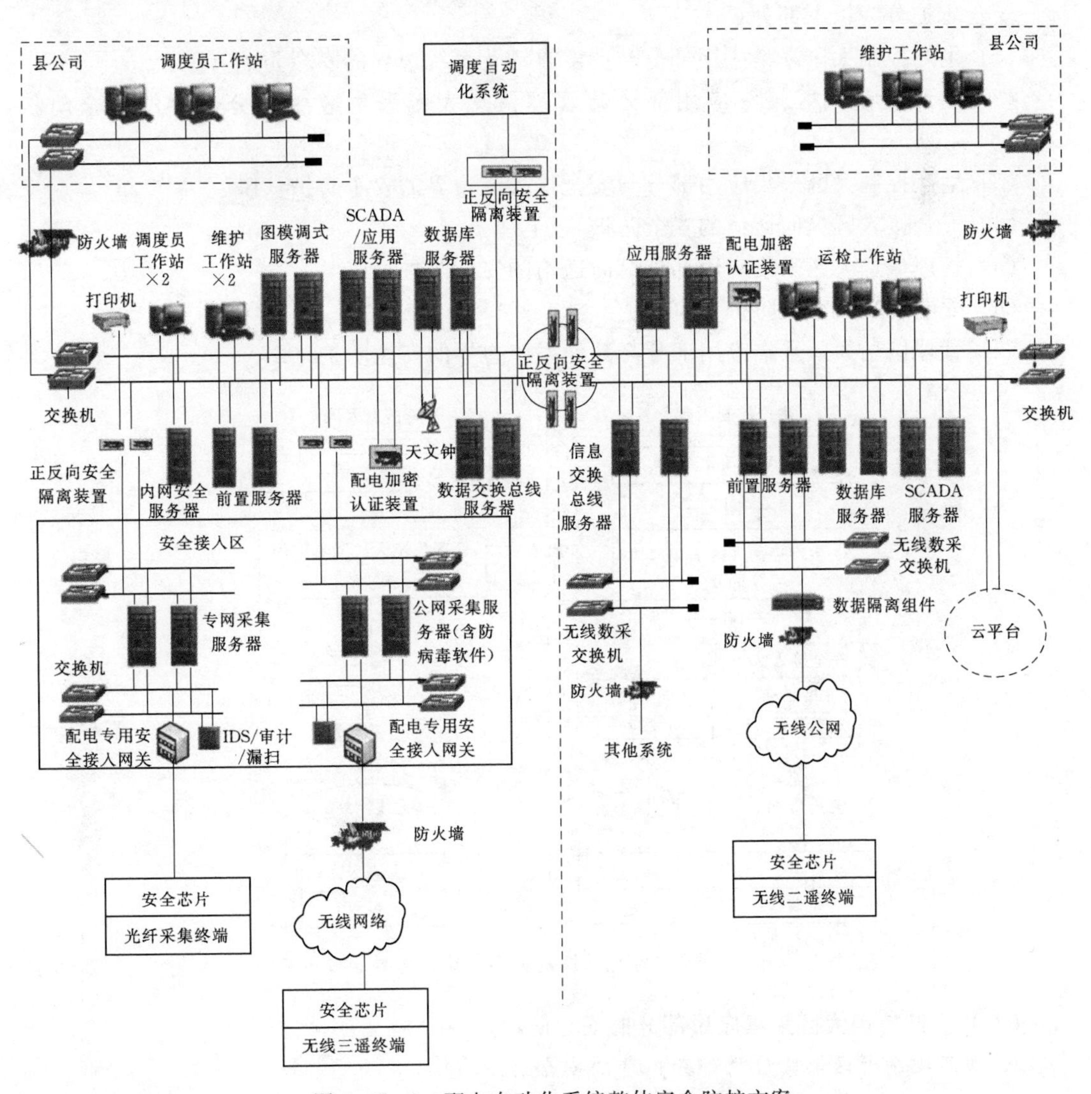

图7-8-1　配电自动化系统整体安全防护方案

(1) 当采用 EPON、GPON 或光以太网络等技术时应使用独立纤芯或波长。

(2) 当采用 230MHz 等电力无线专网时，应采用相应安全防护措施。

(3) 当采用 GPRS/CDMA 等公共无线网络时，应当启用公网自身提供的安全措施，包括：

1) 采用 APN+VPN 或 VPDN 技术实现无线虚拟专有通道。

2) 通过认证服务器对接入终端进行身份认证和地址分配。

3) 在主站系统和公共网络采用有线专线+GRE 等手段。

三、系统典型结构及边界

配电自动化系统的典型结构及边界划分如图 7-8-2 所示。按照配电自动化系统的结构，安全防护分为以下部分：

(1) 生产控制大区采集应用部分与调度自动化系统边界的安全防护（B1）。

(2) 生产控制大区采集应用部分与管理信息大区采集应用部分边界的安全防护（B2）。

(3) 生产控制大区采集应用部分与安全接入区边界的安全防护（B3）。

(4) 安全接入区纵向通信的安全防护（B4）。

(5) 管理信息大区采集应用部分纵向通信的安全防护（B5）。

(6) 配电终端的安全防护（B6）。

(7) 管理信息大区采集应用部分与其他系统边界的安全防护（B7）。

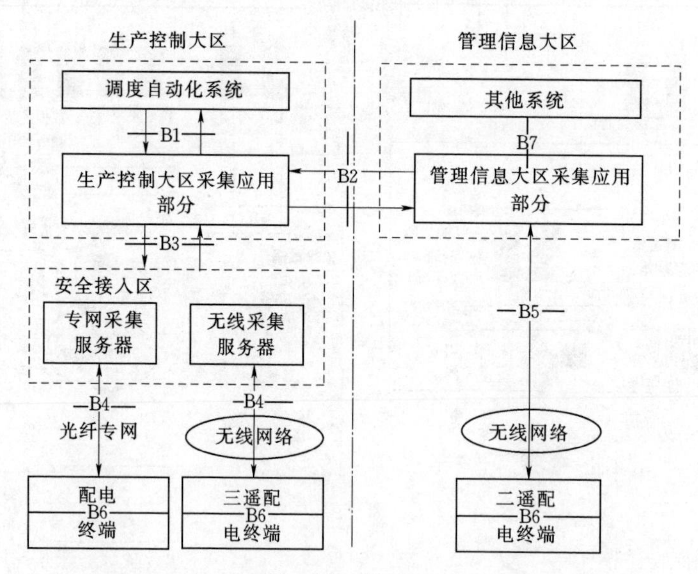

图 7-8-2 配电自动化系统的典型结构及边界划分示意图

(一) 生产控制大区采集应用部分的安全防护

1. 生产控制大区采集应用部分内部的安全防护

无论采用何种通信方式，生产控制大区采集应用部分主机应采用经国家指定部门认证的安全加固的操作系统，采用用户名/强口令、动态口令、物理设备、生物识别、数字证

书中的两种或两种以上组合方式，实现用户身份认证及账号管理。

生产控制大区采集应用部分应配置配电加密认证装置，对下行控制命令、远程参数设置等报文采用国产商用非对称密码算法（SM2、SM3）进行签名操作，实现配电终端对配电主站的身份鉴别与报文完整性保护；对配电终端与主站之间的业务数据采用国产商用对称密码算法（SM1）进行加解密操作，保障业务数据的安全性。

2. 生产控制大区采集应用部分与调度自动化系统边界的安全防护（B1）

生产控制大区采集应用部分与调度自动化系统边界应部署电力专用横向单向安全隔离装置（部署正、反向隔离装置）。

3. 生产控制大区采集应用部分与管理信息大区采集应用部分边界的安全防护（B2）

生产控制大区采集应用部分与管理信息大区采集应用部分边界应部署电力专用横向单向安全隔离装置（部署正、反向隔离装置）。

4. 生产控制大区采集应用部分与安全接入区边界的安全防护（B3）

生产控制大区采集应用部分与安全接入区边界应部署电力专用横向单向安全隔离装置（部署正、反向隔离装置）。

（二）安全接入区纵向通信的安全防护（B4）

安全接入区部署的采集服务器，必须采用经国家指定部门认证的安全加固操作系统，采用用户名/强口令、动态口令、物理设备、生物识别、数字证书等至少一种措施，实现用户身份认证及账号管理。

（1）当采用专用通信网络时，相关的安全防护措施包括：

1）应当使用独立纤芯（或波长），保证网络隔离通信安全。

2）应在安全接入区配置配电安全接入网关，采用国产商用非对称密码算法实现配电安全接入网关与配电终端的双向身份认证。

（2）当采用无线专网时，相关安全防护措施包括：

1）应启用无线网络自身提供的链路接入安全措施。

2）应在安全接入区配置配电安全接入网关，采用国产商用非对称密码算法实现配电安全接入网关与配电终端的双向身份认证。

3）应配置硬件防火墙，实现无线网络与安全接入区的隔离。

（三）管理信息大区采集应用部分纵向通信的安全防护（B5）

配电终端主要通过公共无线网络接入管理信息大区采集应用部分，首先应启用公网自身提供的安全措施；采用硬件防火墙＋数据隔离组件＋配电加密认证装置的防护方案，如图 7－8－3 所示。

硬件防火墙采取访问控制措施，对应用层数据流进行有效地监视和控制。数据隔离组件提供双向访问控制、网络安全隔离、内网资源保护、数据交换管理、数据内容过滤等功能，实现边界安全隔离，防止非法链接穿透内网直接进行访问。配电加密认证装置对远程参数设置、远程版本升级等信息采用国产商用非对称密码算法进行签名操作，实现配电终端对配电主站的身份鉴别与报文完整性保护；对配电终端与主站之间的业务数据采用国产商用对称密码算法进行加解密操作，保障业务数据的安全性。

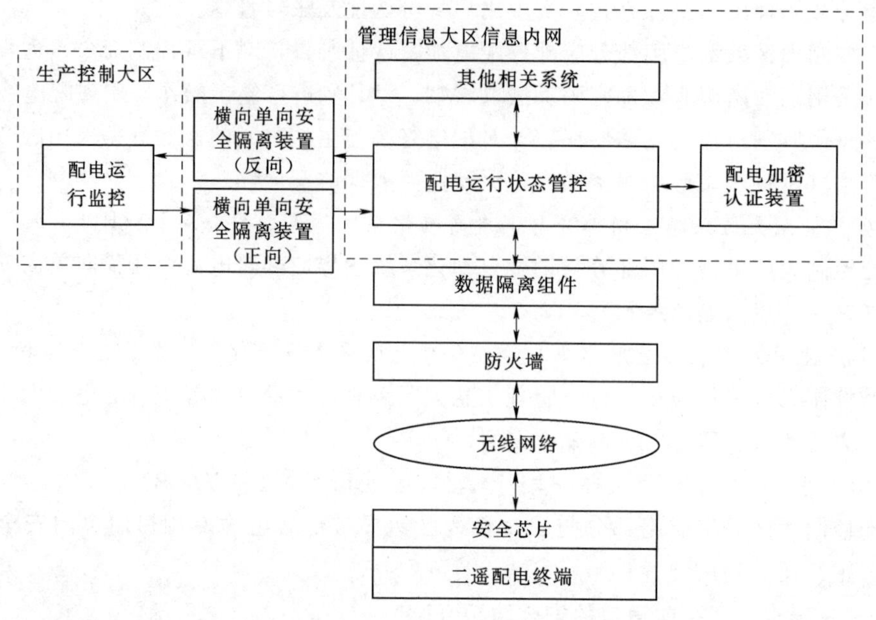

图7-8-3　硬件防火墙＋数据隔离组件＋配电加密认证装置的防护方案

（四）配电终端的安全防护（B6）

配电终端设备应具有防窃、防火、防破坏等物理安全防护措施。

1. 接入生产控制大区采集应用部分的配电终端

接入生产控制大区采集应用部分的配电终端通过内嵌一颗安全芯片，实现通信链路保护、双重身份认证、数据加密。

（1）接入生产控制大区采集应用部分的配电终端，内嵌支持国产商用密码算法的安全芯片，采用国产商用非密码算法在配电终端和配电安全接入网关之间建立 VPN 专用通道，实现配电终端与配电安全接入网关的双向身份认证，保证链路通信安全。

（2）利用内嵌的安全芯片，实现配电终端与配电主站之间基于国产非对称密码算法的双向身份鉴别，对来源于主站系统的控制命令、远程参数设置采取安全鉴别和数据完整性验证措施。

（3）配电终端与主站之间的业务数据采用基于国产对称密码算法的加密措施，确保数据的保密性和完整性。

（4）对存量配电终端进行升级改造，可通过在配电终端外串接内嵌安全芯片的配电加密盒，满足（1）和（2）的安全防护强度要求。

可以在配电终端设备上配置启动和停止远程命令执行的硬压板和软压板。硬压板是物理开关，打开后仅允许当地手动控制，闭合后可以接受远方控制；软压板是终端系统内的逻辑控制开关，在硬压板闭合状态下，主站通过一对一发报文启动和停止远程控制命令的处理和执行。

2. 接入管理信息大区采集应用部分的配电终端

接入管理信息大区采集应用部分的二遥配电终端通过内嵌一颗安全芯片，实现双向的身份认证、数据加密。

（1）利用内嵌的安全芯片，实现配电终端与配电主站之间基于国产非对称密码算法的双向身份鉴别，对来源于配电主站的远程参数设置和远程升级指令采取安全鉴别和数据完整性验证措施。

（2）配电终端与主站之间的业务数据应采取基于国产对称密码算法的数据加密和数据完整性验证，确保传输数据保密性和完整性。

（3）对存量配电终端进行升级改造，可通过在终端外串接内嵌安全芯片的配电加密盒，满足二遥配电终端的安全防护强度要求。

3. 现场运维终端

现场运维终端包括现场运维手持设备和现场配置终端等设备。现场运维终端仅可通过串口对配电终端进行现场维护，且应当采用严格的访问控制措施；终端应采用基于国产非对称密码算法的单向身份认证技术，实现对现场运维终端的身份鉴别，并通过对称密钥保证传输数据的完整性。

（五）管理信息大区采集应用部分与其他系统边界的安全防护（B7）

管理信息大区采集应用部分与不同等级安全域之间的边界，应采用硬件防火墙等设备实现横向域间安全防护。

第八章　调、配一体化主站系统

第一节　配电主站系统

一、配电主站系统建设应遵循的技术原则

配电主站系统利用现代电子技术、通信技术、计算机及网络技术，将配电网的在线数据和离线数据、历史数据和实时数据、配电网数据和用户数据、电网结构和地理图形进行信息集成，构成完整的自动化系统，实现配电系统正常运行时的监测、保护、控制，事故状态下的快速故障定位、故障区隔离和非故障区的恢复供电，提供基于GIS的配电工作管理、设备管理以及故障投诉电话管理，实现配电管理的自动化和现代化。配电主站是配电自动化系统的核心。

配电主站应构建在标准、通用的软硬件基础平台上，具备安全、可靠、可用和可扩展性，根据本地区的配电网规模、实际需求和配电自动化的应用等基础情况，选取配电主站的规模，按集成型主站建设。配电主站系统建设应遵循以下技术原则。

1. 标准性

(1) 遵循相关国际和国内标准，包括软硬件平台、通信协议、数据库以及应用程序接口等标准。

(2) 系统适应配电网统一设备命名和编码的需求。

(3) 系统遵循IEC 61970和IEC 61968标准，并支持M语言、E语言以及G语言的数据导入、导出。

(4) 系统平台所有接口采用标准化设计，方便第三方厂家在此平台的开发和功能集成。

2. 可靠性

(1) 系统提供保证数据安全的措施，重要的设备、软件功能和数据应具有冗余备份，任何冗余服务器切换时保证信息不丢失，并为系统故障的隔离和排除提供快捷的技术手段。

(2) 系统的重要单元或单元的重要部件为冗余配置，保证整个系统功能的可用性不受单个故障的影响。

(3) 系统能够隔离故障，切除故障，不影响其他各节点的正常运行，并保证故障恢复过程快速而平稳。

(4) 系统所选的硬件设备符合现代工业标准，在国内计算机领域占主流的标准产品，所有设备具有可靠的质量保证和完善的售后服务保证。

(5) 系统软件开发遵循软件工程的方法，经过充分测试，程序运行稳定可靠，选择可

靠和安全的系统软件版本作为系统软件平台。

(6) 系统具有方便可靠的备份与恢复手段。

3. 通用性

(1) 系统具有开放系统的体系结构，符合 POSIX100 标准和 IEC 61970 信息模型与 API（应用程序编程接口）接口标准，保证与相关系统的互联、互通、互操作，能实现第三方应用软件的方便接入。数据库应基于 CIM（公共信息模型）模型或建立系统内模型和 CIM 之间的映射关系。

(2) 系统遵循国际标准，满足开放性要求，选用通用的或者标准化的软硬件产品，包括计算机产品、网络设备、操作系统、网络协议、商用数据库等均遵循国际标准和电力行业标准。

(3) 系统采用开放式体系结构，提供开放式环境，能支持多种硬件平台，支撑平台应采用国际标准开发，所有功能模块之间的接口标准应统一，支持用户应用软件程序的开发，保证能和其他系统互联和集成一体，或者很方便地实现与其他系统间的接口。

4. 扩展性

(1) 系统容量可扩充，可在线增加配电终端、量测点数、采样历史数据等。

(2) 系统节点可扩充，可在线增加服务器和工作站等节点，满足配网分布式数据采集以及分区域监控等需求。

(3) 系统功能可扩充，可在线增加新的软件功能模块，包括集成第三方系统的应用服务，满足配电网监控与运行管理业务不断发展的要求。

5. 安全性

系统安全必须满足《电力二次系统安全防护总体方案》(电监安全〔2006〕34 号) 和《关于加强配电网自动化系统安全防护工作的通知》(国家电网调〔2011〕168 号) 的有关规定。

6. 可用性

根据具体情况选择合适的功能来建设，使用户能够很好地使用系统功能。

7. 可维护性

系统具备较高可维护性，包括硬件系统、软件系统、运行参数三个方面，主要表现在：

(1) 系统所选设备应是符合现代国际标准、工业标准的通用产品，便于维护。

(2) 系统具备图模库一体化技术，方便系统维护人员画图、建模、建库，保证三者数据的同步性和一致性。

(3) 在数据库、画面、进程管理、多机通信等方面提供 API 功能，支持第三方软件开发。对公用程序及函数提供接口调用说明。对用户提供全部系统编译、链接的工具，以保证在软件修改和新模块增加时用户能独立生成可运行的完整系统。

(4) 系统具备简便、易用的维护诊断工具，使系统维护人员可以迅速、准确地确定异常和故障发生的位置和发生的原因。

二、配电主站系统结构

图 8-1-1 给出了配电主站系统总体架构图，其主要功能包括：完成静态数据建模及

实时数据采集，实现主网模型 EMS 系统导入及配网模型从 PMS 系统导入，构建包括配电网与主网在内的完整的电网模型，为相关分析应用打下基础。在此基础上实现配电网运行监控、馈线自动化、配网高级应用分析、配电仿真，以及智能化的配网应用等功能。综合可视化将配电网涉及的设备资源信息、空间地理信息以及在此基础上开展的实时调度信息、运行维护信息、用电客户需求、应用分析结果等数字资源进行可视化展现，支撑调控一体化建设。配电自动化主站系统通过信息交换总线，遵循 IEC 61970 和 IEC 61968 标准，实现与其他系统的业务及数据交互，实现各个应用系统之间紧密的纵向和横向信息集成。

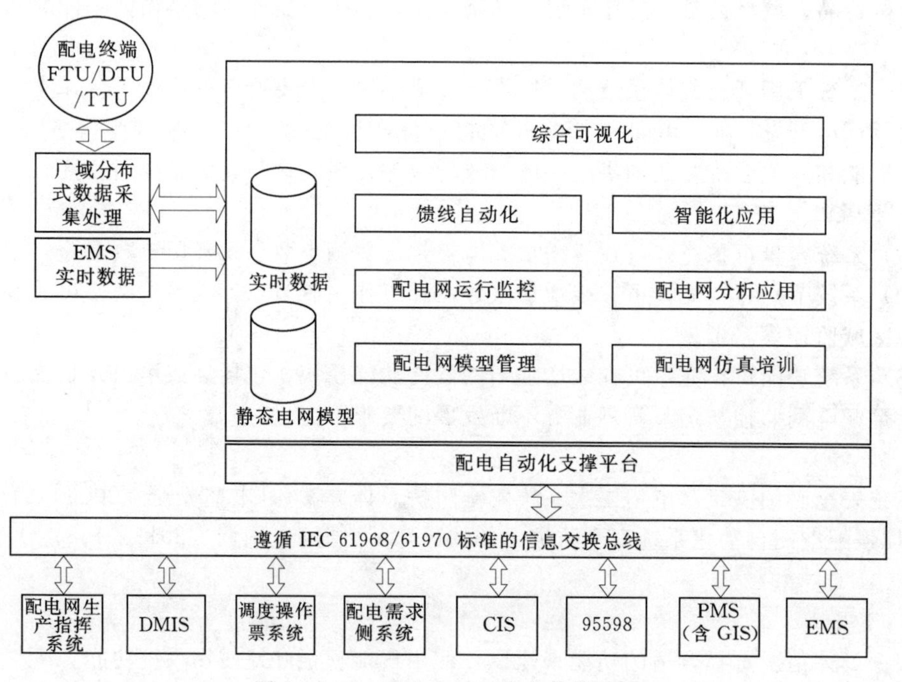

图 8-1-1　配电主站系统总体架构图

对于县域配电自动化系统一般采用“主站＋配电终端”的两层结构，系统软件结构设计采用分层、分布式架构模式，遵从全开放式系统解决方案。配电自动化系统架构如图 8-1-2 所示。

三、系统功能

（一）应用支撑平台功能

系统应用支撑平台作为运行基础，为应用层软件提供一个统一、标准、容错、高可用率的运行环境，提供标准的用户开发环境。

1. 操作系统

操作系统能够提供实时的、多任务的和多用户的运行环境，并能有效地利用 CPU 及外设资源。提供高优先级过程可以中断低优先级过程的机制，能够监视高分辨率时钟和定时唤醒相应的进程，能够响应和处理各种硬件和软件的中断请求，并能够自动安排其优先级。

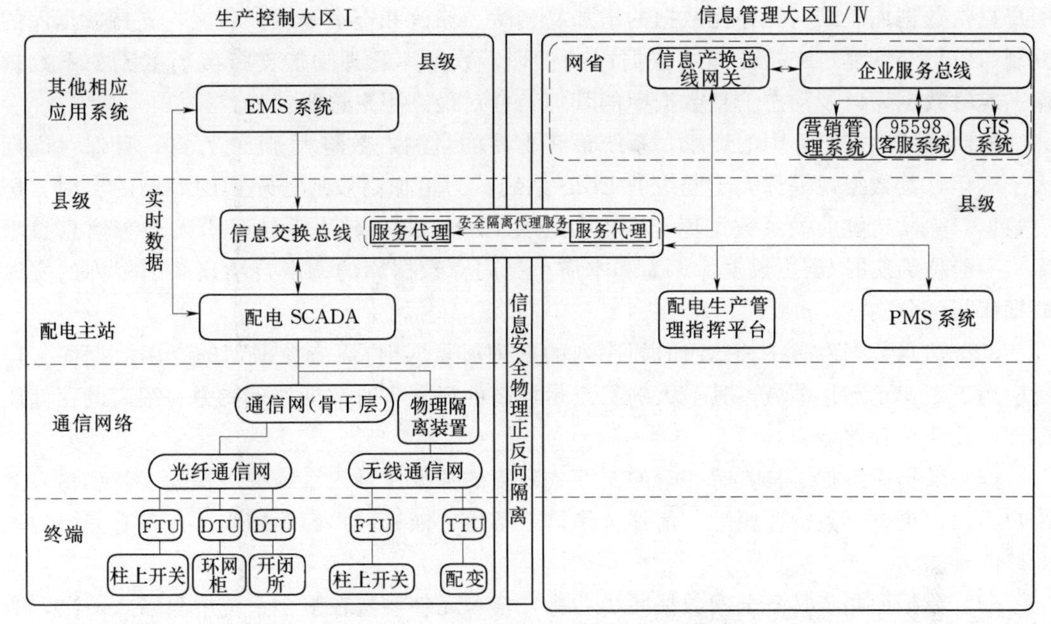

图8-1-2　配电自动化系统架构示意图

2. 集成平台

集成平台基于已成熟的行业技术标准，在异构分布环境（操作系统、网络、数据库）下提供透明、一致的信息访问和交互手段，对其上运行的应用进行管理，为应用提供服务，并支持电力控制中心环境下应用系统的集成。集成平台提供统一的共享数据机制和设施，支持应用间协同工作，提供二次开发的框架。

(1) 中间件。系统采用基本中间件、图形中间件技术，有效屏蔽异构系统的差别，提供统一的访问接口，满足各种不同操作系统平台的运行需求。

(2) 关系数据库软件。存储电网静态模型及相关设备参数。

(3) 实时数据库。专门用来提供高效的实时数据存取，实现系统的监视、控制和电网分析。

3. 系统运行管理

提供分布式的系统运行管理功能，实现对整个系统中的设备、应用功能及权限等进行分布化管理和控制，以维护系统的完整性和可用性，提高系统运行效率。

(1) 节点状态监视，动态监视服务器CPU负载率、内存使用率、网络流量和硬盘剩余空间等信息。

(2) 软硬件功能管理，对整个主站系统中硬件设备、软件功能的运行状态等进行管理。

(3) 状态异常报警，对于硬件设备或软件功能运行异常的节点进行报警。

(4) 在线、离线诊断测试工具，提供完整的在线和离线诊断测试手段，以维护系统的完整性和可用性，提高系统运行效率。

(5) 提供冗余管理、应用管理、网络管理等功能。

4. 数据库管理

数据库管理功能提供使用方便、界面友好的数据库模型维护工具和数据维护工具，向用户提供数据库表结构和存储数据的增加、删除、修改和查询等维护功能，支持数据库的复制、备份与恢复，支持分布式数据库的管理。数据库管理功能支持市场主流关系数据库、实时数据库以及动态信息数据库的管理，并对最终用户透明。

按照系统性能指标中的要求，系统最终支持的量测点数将大于 50 万点，且保存周期大于 3 年，其数据规模远大于同级的 EMS 系统。为更加高效地处理如此海量的实时、历史数据，除了传统的关系数据库和实时数据库以外，对于较大系统可引入动态信息数据库（一般称为实时/历史数据库，为和本质上是内存数据库的调度自动化系统俗称的实时数据库相区分）。

动态信息数据库是一种基于时间序列的处理海量实时/历史数据库的专用数据库，广泛应用于工业自动化领域。其最大的特点是极高的海量实时数据处理能力、很高的存储压缩比以及变化存储能力。

（1）数据库维护工具具有完善的交互式环境的数据库录入、维护、检索工具和良好的用户界面，可进行数据库删除、清零、拷贝、备份、恢复、扩容等操作，并具有完备的数据修改日志。

（2）数据库同步具备全网数据同步功能，任一元件参数在整个系统中只输入一次，数据和备份数据保持一致。

（3）多数据集可以建立多种数据集，用于各种场景如训练、测试、计算等。

（4）离线文件保存支持将在线数据库保存为离线的文件和将离线的文件转化为在线数据库的功能。

（5）具备可恢复性，主站系统故障消失后，数据库能够迅速恢复到故障前的状态。

（6）带时标的实时数据处理，在全系统能够统一对时及规约支持的前提下，可以利用数据采集装置的时标而非主站时标来标识每一个变化的遥测和遥信，更加准确地反映现场的实际变化。

5. 数据备份与恢复

系统提供数据的安全备份和恢复机制，保证数据的完整性和可恢复性。

（1）全数据备份能将数据库中所有信息备份。

（2）模型数据备份能单独指定所需的模型数据进行备份。

（3）历史数据备份能指定时间段对历史采样数据进行备份。

（4）设定自动备份周期，对数据库进行自动备份。

（5）全库恢复能依据全数据库备份文件进行全库恢复。

（6）模型数据恢复能依据模型数据备份文件进行模型数据恢复。

（7）历史数据恢复能依据历史数据备份文件进行历史数据恢复。

（8）对于系统中所有主机的操作系统、应用程序和业务数据，必须能以“增量”方式持续备份到该备份系统中，保证在系统崩溃后重新启动时，所有的操作系统、应用程序和业务数据能迅速恢复到故障前的指定时段。

6. 权限管理

权限管理功能为各类应用提供使用和维护权限控制手段，是实现安全访问管理的重要工具。权限管理功能为各类应用提供用户管理和角色管理，通过用户与角色的实例化对

应，实现多层级、多粒度的权限控制；提供对责任区的支持，实现用户与责任区的关联控制；提供界面友好的权限管理工具，方便对用户的权限设置和管理。

7. 告警管理

系统可以根据责任区及用户权限对各类事件、事故进行告警服务，告警信息分类、分流显示和处理。事件/事故时可用不同的告警形式和方法，告警记录保存入库。提供丰富的告警动作，包括语音报警、音响报警、推画面报警、打印报警、中文短消息报警、需人工确认报警、登录告警库等。新增告警行为用户可以自定义。告警分流可以根据责任区及权限对报警信息进行分类、分流；告警定义可根据调度员责任及工作权限范围设置事项及告警内容，告警限值及告警死区均可设置和修改；画面调用可通过告警窗中的提示信息调用相应画面；告警信息可存储、打印，告警信息可长期保存并可按指定条件查询、打印。

8. 报表

报表管理功能为系统的各个应用提供报表编制、管理和查询的机制，方便各类应用实现报表功能，具有报表变更和扩充等管理功能，支持跨年数据、年数据、季度数据、月数据、日数据、时段数据的同表定义、查询和统计。

9. CASE 管理

CASE 管理功能是系统实现应用场景数据存储和管理的公共工具，便于应用使用特定环境下的完整数据开展分析和研究。其功能包括 CASE 的存储触发、存储管理、查询、浏览、检验和比较功能，并具有 CASE 匹配、一致性及完整性校验功能。

10. Web 功能

按照国家电网公司《全国电力二次系统安全防护总体框架》的要求，系统在安全Ⅲ区建立标准的 Web 站点，便于部分非Ⅰ区系统的用户在保证Ⅰ区系统安全的前提下，根据不同授权级别，利用浏览器工具通过访问 Web 服务器获得系统发布的部分信息。安全 Web 方案包括实时系统与 Web 子系统的数据传送和 Web 信息发布两个主要方面。

（二）模型管理

配电主站系统模型范围覆盖主网以及配网，包括 10kV 配电网图模数据及 EMS 系统上级电网图模数据。依据图模维护的唯一性原则，配电主站系统模型管理总体思路为：10kV 配电网图模信息从 PMS 系统获取，主网模型从 EMS 获取，在配电主站系统完成主、配电网模型的拼接以及模型动态变化管理功能，构建完整的配电网分析应用模型。配电主站系统与相关系统的图模交换全部通过信息交换总线实现。

配电主站系统模型管理总体流程如图 8－1－3 所示。

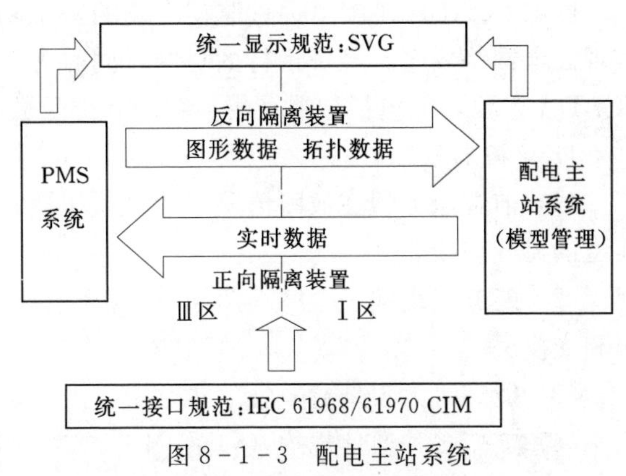

图 8－1－3　配电主站系统模型管理总体流程

1. 10kV 配网图模转换流程

在 PMS 系统框架内，建立与其他服务平台（特别是电网资源管理）紧密耦合的电网 GIS 服务平台，包括对空间数据的管理、电网图形数据的管理、电网特殊区域管理、空间数据分析服务、电网拓扑分析服务、电网图形操作服务及各类专业高级分析服务。而配电 GIS 内部不维护电网模型，所有的电网模型统一由 PMS 系统维护，PMS 系统提供电网模型的服务接口，配电 GIS 调用该接口。因此 10kV 配电网图模数据在 PMS 系统维护，PMS 系统按照 CIM/SVG 格式导出配电网的模型以及相关图形，配电主站系统中不再维护 10kV 的图模，而是通过信息交换总线接收 PMS 导出的图模信息，并转换到配电主站系统中。

2. 上级电网模型数据转换流程

地调 EMS 系统维护有完整的上级电网的图形和模型信息，EMS 系统按照 CIM/SVG 格式导出上级电网的模型以及相关图形，配电主站系统通过信息交换总线接收 EMS 导出的上级电网图模信息。

3. 电网数据模型拼接

配电主站系统通过信息交换总线获取 10kV 配网图模数据和主网图模数据，然后在图模库一体化平台上实现馈线模型与站内模型拼接，在配电主站系统中可以得到从 10kV 到 220kV 完整的电网网络模型，为配电网调度的指挥管理提供完整的电网模型及拓扑资料。

4. 配电网络模型动态变化处理机制

针对配电网建设和改造频繁的情况，配电网络模型动态变化处理机制（又称红黑图机制）解决现实模型（黑图）和未来模型（红图）的实时切换和调度问题。

(1) 能够用红黑图机制反映配电网模型的动态变化过程和追忆。

(2) 实现用黑图、黑拓扑及黑模型反映现实模型，红图、红拓扑及红模型反映未来模型。

(3) 设立实时、黑图模拟操作和红图模拟操作三个模式。模式之间可以随意切换，以满足对现实和未来模型的运行方式研究需要以及图形开票的需要。

(4) 实现投运、未运行、退役全过程的设备生命周期管理。

(5) 设备由红图到黑图（或由黑图到红图），配电自动化主站系统与 PMS 系统通过流程确认机制，保证两个系统的设备状态一致性。

(6) 支持红图投运、设备投运操作方式。

(三) 配电 SCADA 功能

配电 SCADA 是配电运行监控系统的基础功能，实时监视和分析配电网的运行状况，实现配电网络安全、经济运行的目的，同时为各级管理人员提供生产管理决策依据。配电 SCADA 主要功能包括数据采集、数据处理及数据记录、事件与事故处理等。

1. 数据采集

(1) 前置服务器在故障情况下能自动切换，且做到切换过程中不丢失数据，实现主备通道的无缝切换。

(2) 能够实现同一个终端两个不同 IP 地址的自动连接切换，能够实现各类数据的采集和交换。

(3) 能满足大数据量采集的实时响应需要，支持数据采集负载均衡处理。

(4) 支持多种通信规约（包括 DL/T 634《远动设备及系统》或其他国内标准、国际标准规约）、多种应用、多类型的数据采集和交换。

(5) 支持多种通信方式（如光纤、无线等）的信息接入和转发功能。

(6) 具备错误检测功能，能对接收的数据进行错误条件检查并进行相应处理。

(7) 具备通信通道运行工况监视、统计、报警和管理功能，具备通信终端在线监视功能。

2. 数据处理及数据记录

系统提供模拟量处理、状态量处理、非实测数据处理、点多源数据处理、数据质量码、平衡率计算、统计计算等功能。

(1) 模拟量处理，能处理一次设备（线路、变压器、母线、开关等）的有功、无功、电流、电压值以及主变挡位等模拟值。

(2) 状态量处理，能处理包括开关位置、隔离开关、接地开关位置、保护状态以及远方控制投退信号等其他各种信号量在内的状态量。

(3) 非实测数据可由人工输入也可由计算得到，以质量码标注，并与实测数据具备相同的数据处理功能。

(4) 点多源数据处理，同一测点的多源数据在满足合理性校验经判断选优后将最优结果放入实时数据库，提供给其他应用功能使用。

(5) 数据质量码，能对所有模拟量和状态量配置数据质量码，以反映数据的质量状况。图形界面应能根据质量码以相应的颜色显示数据。

(6) 统计计算，能根据调度运行的需要，对各类数据进行统计，提供统计结果。

系统提供SOE、周期采样、变化存储等功能。

(1) SOE，能以毫秒级精度记录所有电网开关设备、继电保护信号的状态、动作顺序及动作时间，形成动作顺序表。SOE记录包括记录时间、动作时间、区域名、事件内容和设备名。能根据事件类型、线路、设备类型、动作时间等条件对SOE记录分类检索、显示和打印输出。

(2) 周期采样，能对系统内所有实测数据和非实测数据进行周期采样。支持批量定义采样点及人工选择定义采样点。采样周期可选择。

(3) 变化存储，支持变化量测即存储的能力，完整记录设备运行的历史变化轨迹。能对系统内所有实测数据和非实测数据进行变化存储。支持批量定义存储点及人工选择定义存储点。

3. 事件与事故处理

系统具备以下多项功能，实现事件与事故处理：

(1) 越限报警处理功能。对模拟量可分别设置报警上、下限，有效上、下限，当数据越限时可生成报警记录。

(2) 遥信变位报警功能。开关、通道状态等遥信产生变位时产生报警记录。

(3) 报警提示。在人机工作站的报警窗口显示实时报警，并提供事件查询窗口，在画面上以特殊颜色显示关联遥测和遥信，用户亦可定义自动弹出关联画面或语音报警。

(4) SOE处理功能。接收终端单元发送的SOE信息并存储入历史事件库。

(5) 支持全息历史反演和事故反演。

4. 人机界面

人机接口符合 X－Windows 和 OSF/Motif 等国际标准。支持全图形、高分辨率、多窗口、快速响应的图形显示。图形画面采用浮点坐标体系，支持平滑移动、无级缩放、无限漫游。系统支持用户定义的画面分层显示，支持将地理背景作为画面的一层，支持将多个缩放等级的图形无缝的融合到一个画面中，画面显示自动删繁；支持报警窗口自动弹出功能。

采用多屏显示、图形多窗口、无级缩放、漫游、拖拽、分层分级显示等，调度工作站支持一机双屏。

5. 操作与控制

操作与控制包括人工置数、标识牌操作、闭解锁操作、远方控制与调节功能。

(1) 人工置数的数据类型包括状态量、模拟值、计算量；人工置数的数据应进行有效性检查。

(2) 提供多种自定义标识牌功能，通过人机界面对一个对象设置标识牌或清除标识牌，在执行远方控制操作前应先检查对象的标识牌，所有的标识牌操作应进行存档记录。

(3) 闭解锁操作，用于禁止对所选对象进行特定的处理。

(4) 控制类型包括断路器、隔离开关、负荷开关的分合；投/切无功补偿装置；按照单设备控制、序列控制、解/合环控制。

(5) 系统支持单席操作/双席操作、支持普通操作/快捷操作的方式。在控制的过程中采取严格的控制流程、选点自动撤销、安全措施等。

(6) 系统提供多种类型的远方控制自动防误闭锁功能，包括基于预定义规则的常规防误闭锁和基于拓扑分析的防误闭锁功能。

6. 分区分流

应用信息的分流技术对所有的实时信息（全遥信、遥信变位、全遥测、变化遥测、厂站工况、越限信息以及各种告警信息）进行有效的分流和分层处理，减轻网上的报文流量，提高响应速度，提高整个系统的性能和信息吞吐量。

每个中心监控站只处理该责任区域内需要处理的信息，告警信息窗只显示和该责任区域相关的告警信息，遥控、置数、封锁、挂牌等调度员操作只对责任区域内的设备有效，起到了各个工作站节点之间信息分层和安全有效隔离的作用。

7. 系统多态

系统具备实时态、测试态、研究态等多种运行方式的功能，可以进行终端信息的调试和系统功能的调试，而不会对正常的系统功能产生影响，并且可以在实时运行状态、测试态、研究态间进行相互切换。

8. 网络拓扑

完成和网络拓扑相关的一些分析和计算，包括全网的电气拓扑分析、线路着色、电源点追踪、供电区域着色、负荷转供等与拓扑相关的应用。

9. 防误闭锁

在传统五防/防误技术的基础上，还应提供基于拓扑的五防功能，具备基于网络拓扑的系统级防误闭锁功能，为调控操作的安全提供良好的保障机制。

10. 系统时钟和对时

为整个网络系统提供时钟源。支持多种时钟源、终端对时、人工对时，具有安全保护措施，并可人工设置系统时间。主站可对各种终端设备进行对时。

11. 打印

打印各类报表、图形、数据的功能。包括定时和召唤打印各种实时和历史报表、批量打印报表、各类电网图形及统计信息打印等功能。

12. Web 发布浏览

把配电主站图形数据、实时数据、报表数据以 Web 形式实时发布到内部网上，根据相应权限方便浏览配电网的实时运行状态。自动实现与Ⅰ区配电 SCADA 数据和图形的同步。

(四) 基于地理背景的 SCADA

系统提供基于地理背景的配电 SCADA 功能。具备在基于地图背景的全域图、地理单线图、单线接线图、环网接线图上灵活选择进行开关分/合控制，自动安全检查，并显示最新状态及影响的结果。

由于配电网设备的地理分布广、线路多、设备类型多、供电网络和供电方式动态灵活多变，在配电网异常情况下，方便调度人员通过地图背景快速定位故障，并指导抢修。

系统具备能够自动生成基于地图背景的全域图、地理单线图、单线接线图、环网接线图等功能。

(五) 配电网分析应用

对配电网运行状态进行有效分析，实现智能配电网的优化运行。

1. 网络建模

网络建模实现对主网模型与配网模型数据准确、完整、高效的描述，准确描述配电网模型中的所有电气元件及其连接关系和参数。

2. 拓扑分析

拓扑分析通过分析配电网各个电气元件的连接关系和运行方式，确定实时网络结构。拓扑分析作为配网分析应用软件的公共模块，既可作为一个独立的应用，也可为其他应用提供初步分析结果，为进一步分析应用奠定基础。

3. 负荷特性分析

负荷特性分析综合 FTU/DTU/TTU 实时数据和用电信息采集、负荷管理系统等系统中的准实时数据，补全配网数据，进行综合分析，实现配网全网状态可观测。

4. 状态估计

状态估计利用实时量测的冗余性，应用估计算法来检测与剔除坏数据，提高数据精度，保持数据的一致性，实现配电网不良量测数据的辨识，并通过负荷估计及其他相容性分析方法进行一定的数据修复和补充。

5. 潮流计算

潮流计算根据配电网络指定运行状态下的拓扑结构、变电站母线电压（即馈线出口电压）、负荷类设备的运行功率等数据，计算整个配电网络的节点电压以及支路电流、功率分布。

对于配电自动化覆盖区域由于实时数据采集较全，可进行精确潮流计算；对于自动化尚未覆盖或未完全覆盖区域，可利用用电信息采集、负荷管理系统的准实时数据，利用状态估计尽量补全数据，进行潮流估算。

6. 合环潮流分析计算

合环操作将引起原供电电源区域的潮流变化，为了保证电网运行的安全性，有必要进行合环潮流计算。合环潮流分析计算通过对合环操作的精确模拟计算，给出开关合环时的最大冲击电流、稳态合环电流，以检验合环操作相关支路的潮流及其有功、无功、电流的数值以及母线电压是否越限，给出合环操作安全校验结果及操作建议。

7. 运行方式及负荷校验

运行方式及负荷校验在实现配电网模型动态管理的基础上，结合配网实时、准实时数据，实现对配电设备异动流程的安全性校验，具体包括设备过载校验、$N-1$ 校验等。

8. 线损分析

线损分析依据实时或准实时的覆盖全电压等级的电能量综合数据采集及分析结果，实现实时或准实时线损计算功能，将线损计算分析结果应用于降损决策，掌握配电网的电能损耗，同时为配网经济运行分析提供数据支撑。

9. 经济运行分析

通过综合分析配电网网架结构和用电负荷等信息，生成配电网络优化方案，并通过改变配网运行方式等相关措施，达到降低配电网网损的目的。

（六）配电网仿真功能

配电网仿真能够在所有配调工作站上运行，能够给操作人员提供具有真实感的仿真环境，起到运行模拟仿真、调度员仿真培训等作用。配电网仿真操作不影响系统的正常监控，主要功能包括控制操作仿真、运行方式模拟、故障仿真。

1. 控制操作仿真功能

能够模拟对变电站、开闭所、环网柜、开关等的控制操作，提供与实时监视及控制相同的操作界面。

模拟状态下，在所有计算机上都可以任意拉合开关并进行停电范围分析，通过对停电区域的跟踪，分析导致区域停电的设备故障，直观反映模拟电网的情况。

2. 运行方式模拟

模拟过负荷情况下操作方案。通过配电自动化系统的智能自愈功能，根据线路的过负荷以及预测过负荷等情况，进行运行方式调整计算，模拟事故的手动/自动处理方式。

3. 故障仿真

仿真软件能模拟任意地点的各类故障和系统的状态变化，为实际运行方式提供参考方案。

在模拟研究模式下，可人为设置假想故障，系统自动演示故障的处理过程，包括故障定位、隔离过程及主站的恢复策略的预演等。

具备馈线自动化技术的仿真测试环境，提供一次配网、故障、算法、结果匹配等环节的仿真。

（七）馈线自动化功能

配电网故障停电时，主站系统通过对配电 SCADA 采集的信息进行分析，判定出故障区段，进行故障隔离，根据配电网的运行状态和必要的约束判断条件生成网络重构方案，

调度人员可根据实际条件选择手动、半自动或自动方式进行故障隔离并恢复供电。

系统能够处理发生的各种配电网故障，并具有同时处理在短时间内多个地点发生故障的能力，快速恢复供电。

1. 故障定位、隔离及非故障区段的恢复

（1）故障定位。系统根据配电终端传送的故障信息，快速定位故障区段，并在配调工作站上自动推图，以醒目方式显示故障发生点及相关信息。

（2）故障区段隔离。对于瞬时故障，若变电站出线开关重合成功，恢复供电，则不启动故障处理，只报警和记录相关事项。对于永久性故障，若变电站出线开关重合不成功，则启动故障处理。

系统根据故障定位结果确定隔离方案，故障隔离方案可以自动进行或经调度员确认后进行。

（3）非故障区段恢复供电。故障处理过程可选择自动方式或人机交互方式进行，执行过程中允许单步执行，也可在连续执行时人工暂停执行。在故障处理过程中，完成常规的遥控执行之后应查询该开关的状态，以判断该开关是否正确执行，若该开关未动作则停止自动执行，并提示系统运行人员，以示警告。

可自动设计非故障区段的恢复供电方案，并能避免恢复过程导致其他线路的过负荷；在具备多个备用电源的情况下，能根据各个电源点的负载能力，对恢复区域进行拆分恢复供电。

2. 多重事故的处理

系统具备多重故障同时处理的功能，且各故障处理相互之间不受影响。系统根据故障优先级划分，可以按优先级进行处理。系统对事故的处理支持分项目、分区间进行管理；针对多重事故，系统从整个供电网络的预备力、变压器的预备力、连接点的电压降、联络点的预备力、线路分段开关的预备力等综合考虑，做出最优的供电恢复方案。

3. 故障处理安全约束

系统可灵活设置故障处理闭锁条件，避免保护调试、设备检修等人为操作的影响。故障处理过程中具备必要的安全闭锁措施（如通信故障闭锁、设备状态异常闭锁等），保证故障处理过程不受其他操作干扰。

4. 故障处理控制方式

对于不具备遥控条件的设备，系统通过分析采集遥测、遥信数据，判定故障区段，并给出故障隔离和非故障区段的恢复方案，通过人工介入的方式进行故障处理，达到提高处理故障速度的目的。

对于具备遥测、遥信、遥控条件的设备，系统在判定出故障区段后，调度员可以选择远方遥控设备的方式进行故障隔离和非故障区段的恢复，或采用系统自动闭环处理的方式进行控制处理。

对于单辐射线路故障隔离，则通过设备与变电站出口断路器重合闸配合完成，故障前段供电恢复由主站遥控出口断路器重合闸完成。

5. 馈线自动化模式

馈线自动化功能根据采集到的配电终端故障信息，监视配电线路的运行状况，及时发现线路故障，迅速诊断出故障区间并将故障区间隔离，快速恢复对非故障区间的供电。主站馈线自动化功能将按照下面五种模式设计：

（1）集中型全自动。主站根据各配电终端检测到的故障报警，结合变电站、开闭所等的继电保护信号、开关跳闸等故障信息，启动故障处理程序，确定故障类型和发生位置。采用声光、语音、打印事件等报警形式，并在自动推出的配电网单线图上，通过网络动态拓扑着色的方式明确地表示出故障区段，根据需要，主站可提供事故隔离和恢复供电的一个或两个以上的操作预案，辅助调度员进行遥控操作，达到快速隔离故障和恢复供电的目的。

（2）智能分布式。配电终端之间通过相互间通信确定故障区域，然后快速实现故障区域的精确隔离、恢复非故障停电区域供电的功能，事后配电终端将故障处理的结果上报给配电主站。配电主站不参与协调与控制，仅实现故障信息的显示和保存。

（3）集中型＋智能分布式。配电终端之间通过相互间通信确定故障区域，然后快速实现故障区域的精确隔离，配电终端再将故障定位和隔离的结果上报给配电主站，配电主站根据终端上报的故障信息来恢复非故障区域的供电。

（4）电压-时间型。设备通过变电站一次重合（重合时间为 1s）配合，“电压-时间型”分段开关就地完成故障区段的判定及隔离。故障区段隔离后主站系统遥控变电站出线开关和联络开关合闸，完成非故障区段的恢复供电。

（5）控制权转移。主站系统通过与 EMS 系统交互操作，实现馈线自动化对变电站 10kV 出口开关的控制。

（八）智能化应用功能

在配电自动化信息完备的基础上，智能化应用功能实现分布式电源/储能/微网接入与控制、配电网自愈化控制、智能监视预警等功能。

1. 分布式电源/储能/微网接入与控制技术

配电自动化主站系统提供分布式电源接入与运行控制模块，实现对分布式电源运行监测与控制功能，实现对分布式电源运行情况、运行数据的动态监视，为分布式电源运行规律的统计分析提供切实有效的数据积累和技术手段。

（1）分布式电源接入及监视控制。分布式发电一般是指发电功率在数千瓦至 50MW 的小型化、模块化、分散式、布置在用户附近为用户供电的连接到配电网系统的小型发电系统。现有研究和实践已表明，将分布式发电供能系统以微网的形式接入大电网并网运行，与大电网互为支撑，是发挥分布式发电供能系统效能的最有效方式。微网是指由分布式电源、储能装置、能量变换装置、相关负荷和监控、保护装置汇集而成的小型发配电系统，是一个能够实现自我控制、保护和管理的自治系统，既可以与大电网并网运行，也可以孤立运行。

微网是分布式发电的重要形式之一，微网既可以通过配电网与大型电力网并联运行，形成一个大型电网与小型电网的联合运行系统，也可以独立地为当地负荷提供电力需求，其灵活运行模式大大提高了负荷侧的供电可靠性。同时，微网通过单点接入电网，可以减少大量小功率分布式电源接入电网后对传统电网的影响。另外，微网将分散的不同类型的小型发电源（分布式电源）组合起来供电，能够使小型电源获得更高的利用效率。

合理的微网控制策略是保证微网在不同的运行模式之间顺利切换的关键，微网控制策略主要有主从控制和对等控制策略两种。从目前国内外实用化的微网技术看，基于主从控制策略的微网系统已经逐步商业化，而基于对等控制策略的微网系统，仍处于广泛研究中。

利用有线、无线 GPRS/CDMA 等信号传输方式，分布式电源测控终端与调控一体化主站进行数据通信，实现分布式电源运行监测数据接入以及对分布式电源测控终端的控制。

分布式电源并网监测信息可能包括：有功和无功输出、发电量、功率因数；并网点的电压和频率、注入配电网的电流、断路器开关状态等。

以风能实时监测、太阳辐射度监测和分布式能源发电出力等数据为基础，对分布式能源发电运行情况进行监视，计算实时资源分布并对发电能力进行评估，对风电场、光伏电站出力剧烈波动等极端情况提供报警。

主站系统还可具备对分布式电源并网逆变系统的控制功能。

（2）研究分布式能源调度运行控制机制。随着青岛分布式发电技术的应用逐步深入，需研究分布式电源/储能/微网接入、运行、退出的互动管理功能，深入研究故障情况下的分布式电源孤岛解列运行、故障恢复过程控制。

2. 配电网自愈化控制

智能化电网的显著特点是改变传统电网事故后被动控制为主动预防控制，这是控制技术的一次飞跃性进展。自愈控制技术是智能化电网新技术的一个发展方向，是一项综合电力系统控制、保护与在线监测等技术的集成创新技术。

配电网自愈化控制以数据采集为基础，自动诊断配电网当前所处的运行状态，运用智能方法进行控制策略决策，实现对继电保护、开关、安全自动装置和自动调节装置的自动控制，在期望时间内促使配电网转向更好的运行状态，赋予城市电网自愈能力，使配电网能够顺利渡过紧急情况，及时恢复供电，运行时满足安全约束，具有较高的经济性，对于负荷变化等扰动具有很强的适应能力。

为了提高配电网的可靠性，自愈控制研究对象不仅仅是 10kV 配电线路，配电网的定义要扩展到 110kV、35kV 系统和变电站 10kV 母线，以及直接接入以上电压等级的分布式电源。配电网与分布电源的一体化所组成的城市高压配电网协同控制才可能在电网紧急情况下或自然灾害发生情况下，保证重要用户的连续供电。

配电网自愈控制主要包括正常情况下的配电网风险评估及校正控制，以及故障情况下的故障定位、隔离和恢复重构。配电网自愈主要包括以下几个方面的功能：

（1）研究配电网快速仿真以及安全风险评估机理。研究配电网快速仿真建模技术，建立配电网风险评估及安全性评价模型，研究配电网紧急状态、恢复状态、异常状态、警戒状态和安全状态等状态划分及分析评价机制，为实现配电网自愈控制提供理论基础和分析模型依据。

（2）校正控制措施。配电网自愈控制措施包括预防控制、校正控制、城网恢复控制和城网紧急控制。控制目标是保证在发生故障时继电保护能正确动作，保持一定的安全裕度，满足 $N-1$ 准则。提供紧急状态报警及辅助决策功能，给出多种重构方案及相应的安全、经济指标，辅助用户进行科学决策。

（3）研究大面积停电配电网紧急控制。研究故障相关信息的融合方法，研究故障信息漏报、误报和错报条件下配电网容错故障定位方法，研究非确定性故障定位和开关拒动条件下的自适应故障恢复方法，研究紧急情况下配电网大面积断电，研究多级电压协调的配电网快速恢复策略，研究大批量负荷转移的安全操作步骤和应急措施。

3. 智能监视预警

智能监视预警包括单个设备预警、系统预警等功能。

(1) 单个设备预警。实现配电线路运行电流、电压等信息的监测及预警；实现对小电流接地的监视报警，并提出选线控制方案；包括重载配变运行电流、电压、无功、三相不平衡等信息的监测预警，并设定一个临界值，等监测数值超过临界值时，系统发出报警信息。

(2) 系统预警。以稳定可靠的配电自动化系统和完备信息为基础，根据综合采集到的实时、准实时数据源，采用综合数据分析技术，主动分析配电网的运行状态，评估配网安全运行水平，快速发现配电网运行的动态薄弱环节，准确捕捉监控要点。

(3) 故障信息整合与过滤。配电网故障发生时，大量的事件信息直接涌入调控中心，信息若不经处理直接显示，调度人员势必被海量信息淹没，而很难做出正确的判断。故障信息整合与过滤对故障信息进行关联度分析，进行有效的信息筛选、智能化的信息分析处理，采用简洁有效的展示手段呈现给调度员监控要点。

(九) 综合可视化展现

综合可视化将配电网涉及的设备资源信息、空间地理信息以及在此基础上开展的实时调度信息、运行维护信息、用电客户需求、应用分析结果等数字资源进行一体化的统筹整合、分析、优化，通过先进的图形技术，进行基于地理背景图的可视化展现，能够更加满足运行人员监视、控制的需要，支撑调控一体化建设。综合可视化实现的内容包括配电网运行监视预警可视化、故障处理/自愈可视化、停电信息可视化、通信网络及终端状态可视化。

1. 配电网运行监视预警可视化

配电网运行监视预警可视化仅显示调度员最为关心的多侧面电网薄弱信息，是对电网薄弱信息的整合展示，展示手段需要直观、明了。正常的电网可视化信息不需要展示，薄弱环节的可视化信息可以叠加，调度员通过该模式能够全面掌握电网的薄弱环节。

配电网运行监视预警可视化内容包括：

(1) 线路及变配电站数据可视化。潮流断面的显示：可视化潮流的大小和方向，以及沿地理接线图标注出潮流，使调度员清楚地看到各个地区负荷分配状态。线路负载率的显示：线路传输容量、线路功率分布因子等，无功流向，变配电站母线的电压、功角等数值以文本信息的方法显示节点数据，反映出系统的整体情况和电压越限情况。

(2) 负荷数据可视化。区域负荷密度、用电特性等。

(3) 电能质量可视化。电网频率趋势、电压偏差趋势、电能质量可视化等。

2. 故障处理/自愈可视化

当配电网出现事故时，在智能可视化模式中，可以基于地理接线图通过醒目的事故图标对事故进行可视化展示。具体包括：

(1) 故障可视化定位。对具体的故障地点进行可视化定位，可以使调度员非常直观迅速地捕捉到当前的电网事故信息，更加针对性地进行事故的恢复处理。可视化故障定位的故障点信息来源于故障定位功能的分析结果。

(2) 故障恢复方案可视化。事故后的可视化故障恢复方案可以基于地理接线图进行展示，可视化过程中的恢复路径信息、恢复步骤、隔离步骤由馈线自动化软件功能提供，直观展示恢复方案中的恢复步骤、原供负载、转供负载、负载率以及隔离步骤。

3. 停电信息可视化

综合显示各类停电信息，实现基于地理图的停电信息可视化发布，实现故障停电和计划停电影响的范围在地理图上可视化展现，为抢修指挥和恢复供电的辅助决策提供可视化展示手段。

4. 通信网络及终端状态可视化

配电自动化通信网络各节点状态的可视化，配电采集终端状态的可视化。

第二节　配电主站的硬件体系结构

配电主站构建在标准、通用的软硬件基础平台上，具备可靠性、可用性、扩展性和安全性。根据各地区（城市）的配电网规模、重要性要求、配电自动化应用基础等情况，合理选择和配置软硬件，所选硬件能在 UNIX、LINUX 等主流操作系统环境下稳定运行。

配电主站规模分类应遵循以下原则：

（1）对主站系统实时信息接入量小于 10 万点的区域为小型主站，推荐设计选用“基本功能”构建系统，实现完整的配电 SCADA 功能和馈线故障处理功能。

（2）对主站系统实时信息接入量在 10 万～50 万点的区域中型主站，推荐设计选用“基本功能＋扩展功能中的配电应用功能”构建系统。

（3）对实时信息接入量大于 50 万点的区域为大型主站，推荐设计选用“基本功能＋扩展功能中的配电应用功能、部分智能化功能”构建系统，实现部分智能化应用，为配电网安全、经济运行提供辅助决策。

配电主站硬件包括数据库服务器、SCADA 服务器、前置服务器、无线公网采集服务器、接口服务器、应用服务器、主磁盘阵列、Web 服务器以及调度员工作站、维护工作站、二次安全防护装置、局域网络设备、对时装置及相关外设等。系统按照标准性、可靠性、可用性、安全性、扩展性、先进性原则进行建设。

一、小型配电主站硬件体系

小型配电主站在生产控制大区配置 2 台数据库服务器，2 台 SCADA 服务器（兼前置服务器和配网应用服务器），1 台接口适配服务器和 1 台磁盘阵列：在管理信息大区配置 2 台无线公网采集服务器，1 台 Web 发布服务器和 1 台接口服务器，二次安全防护装置及相关网络设备。小型配电主站系统硬件体系如图 8-2-1 所示。

小型配电主站屏柜配置如图 8-2-2 所示。

对于小型配电主站原则上只配置基本功能，如有对扩展功能有一定需求，可满足该功能的使用原则情况下，可以适应选配。

二、中型配电主站硬件体系

中型配电主站在生产控制大区配置 2 台数据库服务器，2 台 SCADA 服务器，2 台前置服务器，1 台配网应用服务器，1 台接口适配服务器和 1 台磁盘阵列；在管理信息大区

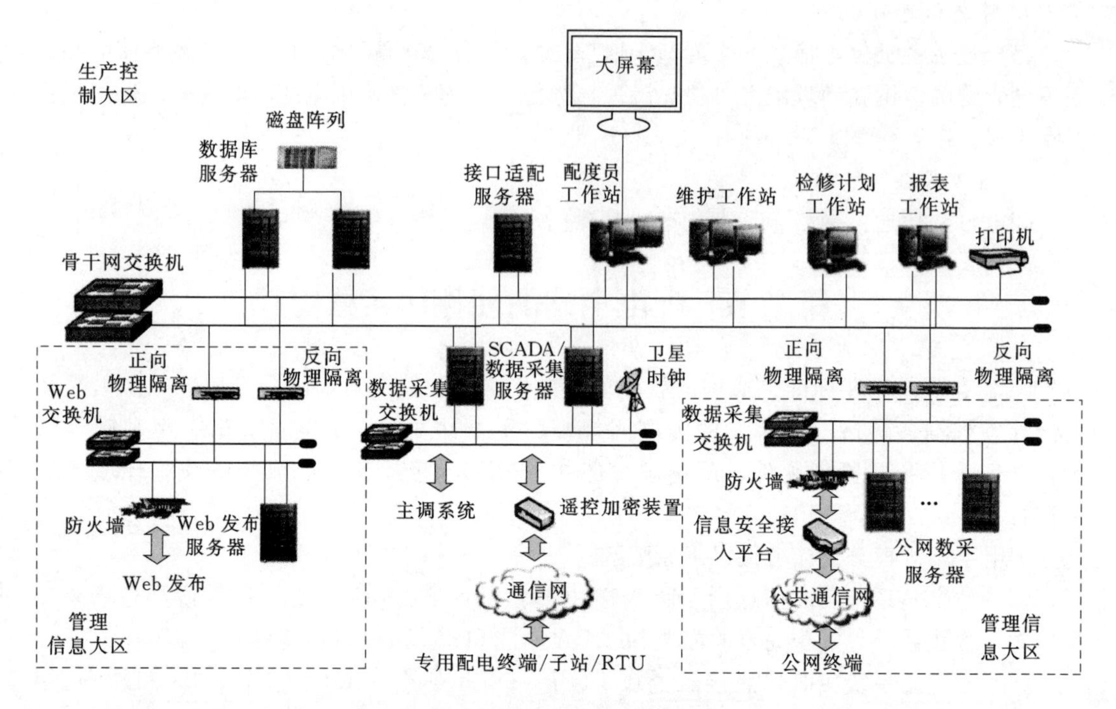

图 8-2-1　小型配电主站系统硬件体系

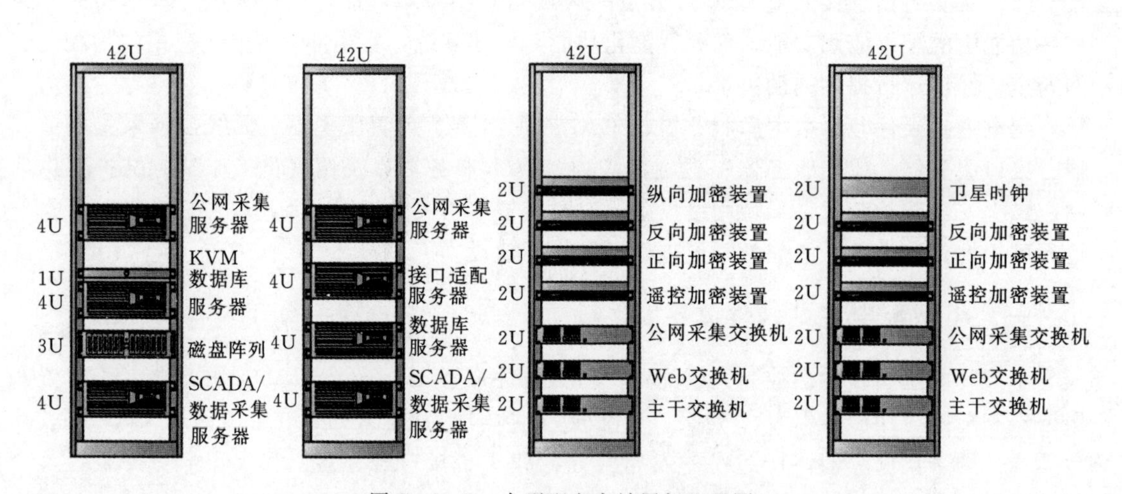

图 8-2-2　小型配电主站屏柜配置图

配置 2 台无线公网采集服务器，1 台接口适配服务器，1 台 Web 发布服务器，二次安全防护装置及相关网络设备。

对于中型配电主站原则上除配置基本功能外，可选配扩展功能。但对部分扩展功能应满足该功能的使用原则的情况下，可以适当选配。

中型配电主站系统架构如图 8-2-3 所示。

中型配电主站服务器、通信屏柜配置如图 8-2-4 和图 8-2-5 所示。

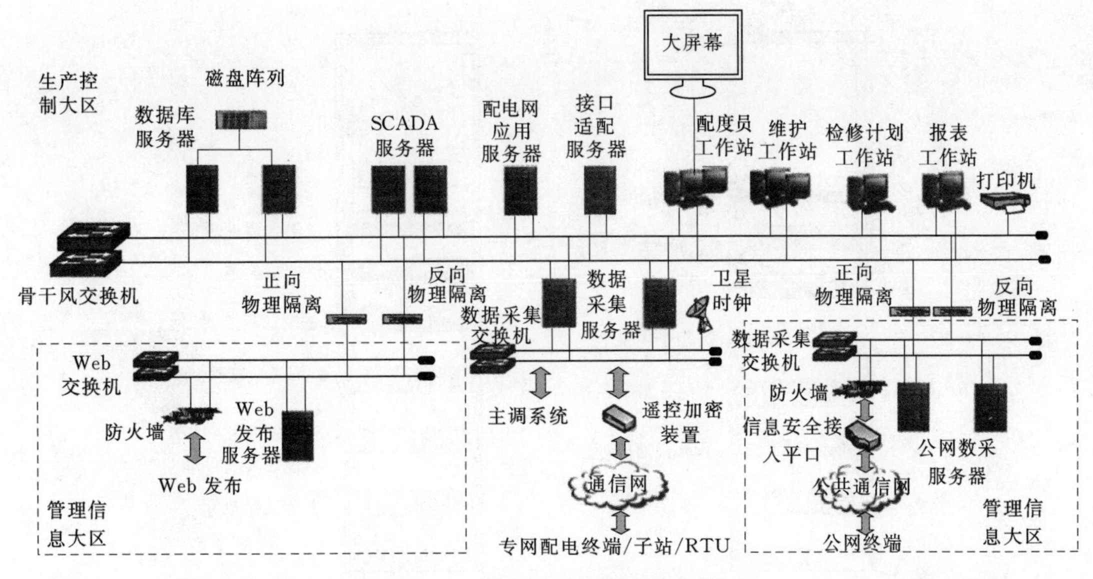

图 8-2-3　中型配电主站系统架构图

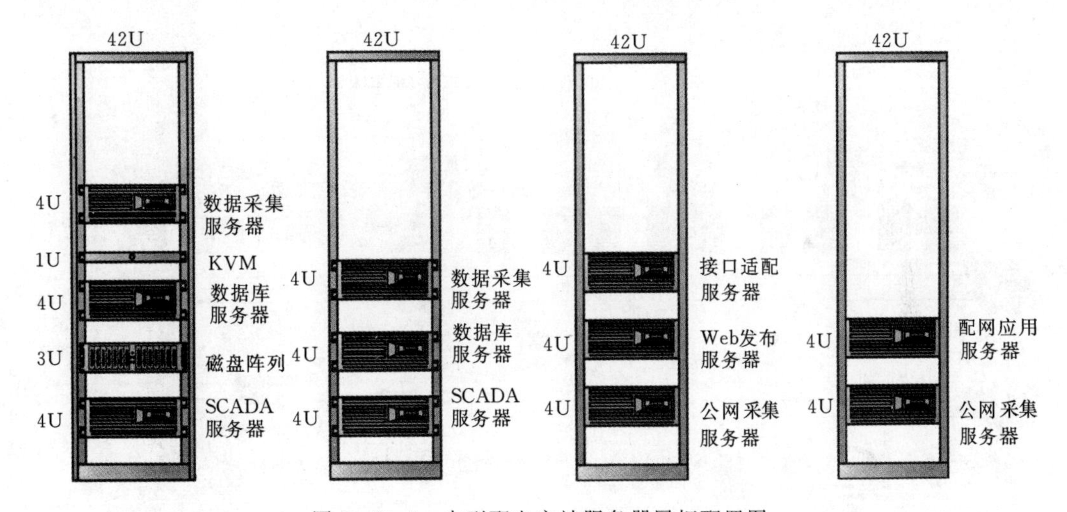

图 8-2-4　中型配电主站服务器屏柜配置图

三、大型配电主站硬件体系

大型配电主站在生产控制大区配置 2 台数据库服务器，2 台 SCADA 服务器，2 台前置服务器，2 台配电网应用服务器，1 台接口适配服务器和 1 台磁盘阵列；在管理信息大区配置 2 台无线公网采集服务器，1 台接口适配服务器，2 台 Web 发布服务器和 1 台磁盘阵列，二次安全防护装置及相关网络设备。大型配电主站系统架构如图 8-2-6 所示。

大型配电主站服务器、通信屏柜配置如图 8-2-7 和图 8-2-8 所示。

对于大型配电主站，原则上除配置基本功能外，可选配扩展功能。但对部分扩展功能

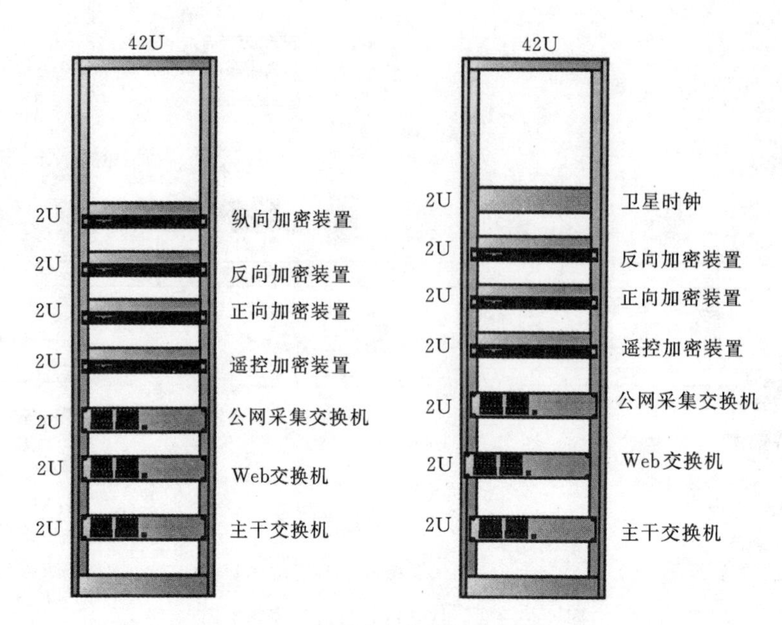

图 8-2-5　中型配电主站通信屏柜配置图

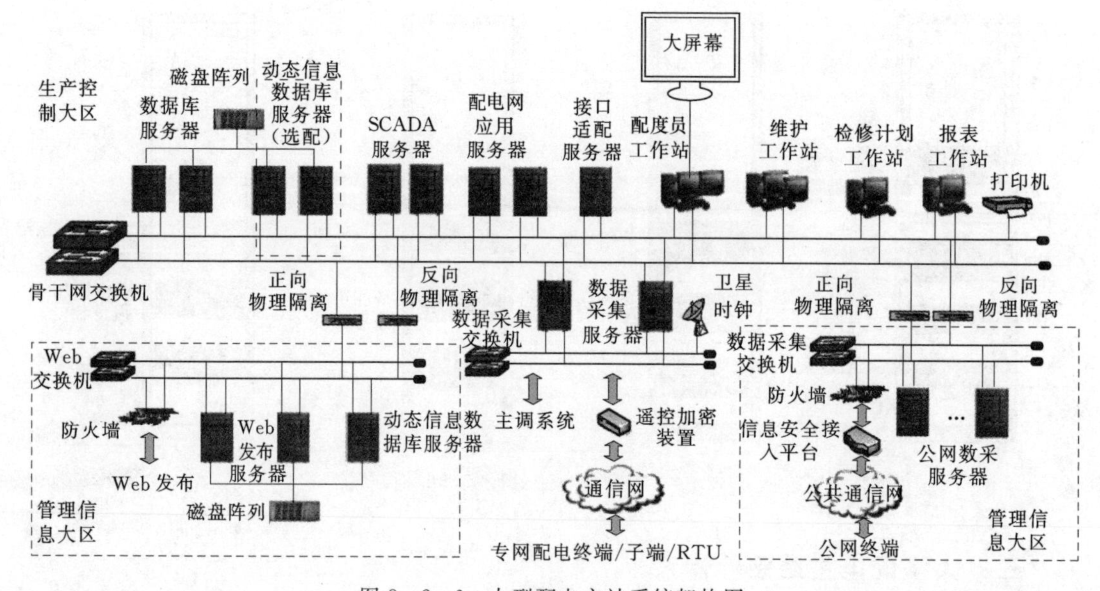

图 8-2-6　大型配电主站系统架构图

在满足该功能的使用原则的情况下，可以适当选配。

各型配电主站核心硬件配置见表 8-2-1。

四、配电主站机房

1. 环境

涉及温度、湿度、含尘浓度、空调等满足信息设备的使用要求，并根据信息机房的等

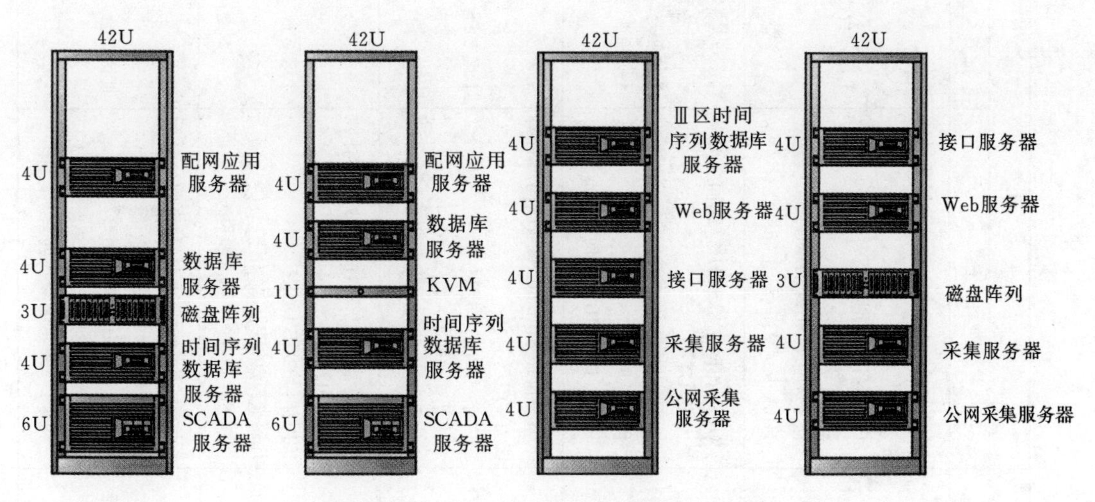

图 8－2－7　大型配电主站服务器屏柜配置图

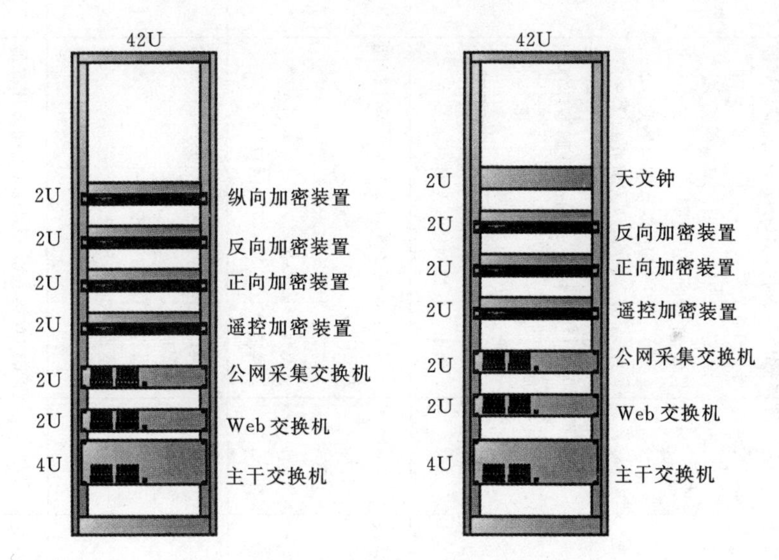

图 8－2－8　大型配电主站通信屏柜配置图

级普照各种机房管理的标准执行。

2. 防雷及接地

信息机房的防雷和接地设计应满足人身安全及电子信息系统正常运行的要求，并应符合现行国家标准 GB 50057—2010《建筑物防雷设计规范》和 GB 50343—2012《建筑物电子信息系统防雷技术规范》的有关规定。

3. 机房布线

（1）主机房、辅助区、支持区和行政管理区应根据功能要求划分成若干工作区，工作区内信息点的数量应根据机房等级和用户需求进行配置。

（2）承担信息业务的传输介质应采用光缆或六类及以上等级的对绞电缆，传输介质各组成部分的等级应保持一致，并应采用冗余配置。

表 8-2-1　　各型配电主站核心硬件配置表

设备类型	小型		中型		大型	
	性能	部署	性能	部署	性能	部署
数据库服务器	CPU：4 核 3.6GHz（或同等计算能力 CPU） 内存：8GB DDR3 硬盘：300GB×2 网卡：1000MB 以太网口×4 HBA 卡：4Gbit/s 光纤接口卡×2	Ⅰ区 2 台	GPU：8 核 3.6GHz（或同等计算能力 CPU） 内存：16GB DDR3 硬盘：300GB×2 网卡：1000MB 以太网口×4 HBA 卡：4Gbit/s 光纤接口卡×2	Ⅰ区 2 台	CPU：16 核 3.6GHz（或同等计算能力 CPU） 内存：32GB DDR3 硬盘：300GB×2 网卡：1000MB 以太网口×4 HBA 卡：4Gbit/s 光纤接口卡×2	Ⅰ区 2 台
时间序列数据库服务器			CPU：8 核 3.6GHz（或同等计算能力 CPU） 内存：16GB DDR3 硬盘：300GB×2 网卡：1000MB 以太网口×2	Ⅰ区 2 台	CPU：16 核 3.6GHz（或同等计算能力 CPU） 内存：32GB DDR3 硬盘：300GB×2 网卡：1000MB 以太网口×2	Ⅰ区 2 台
SCADA 服务器	CPU：8 核 3.6GHz（或同等计算能力 CPU） 内存：16GB DDR3 硬盘：300GB×2 网卡：1000MB 以太网口×4	Ⅰ区 2 台	CPU：8 核 3.6GHz（或同等计算能力 CPU） 内存：16GB DDR3 硬盘：300GB×2 网卡：1000MB 以太网口×2	Ⅰ区 2 台	CPU：16 核 3.6GHz（或同等计算能力 CPU） 内存：32GB DDR3 硬盘：300GB×2 网卡：1000MB 以太网口×2	Ⅰ区 2 台
前置服务器		与 SCADA 服务器合并	CPU：8 核 3.6GHz（或同等计算能力 CPU） 内存：16GB DDR3 硬盘：300GB×2 网卡：1000MB 以太网口×4	Ⅰ区 2 台	CPU：16 核 3.6GHz（或同等计算能力 CPU） 内存：32GB DDR3 硬盘：300GB×2 网卡：1000MB 以太网口×4	Ⅰ区 2 台
无线公网采集服务器	CPU：4 核 3.6GHz（或同等计算能力 CPU） 内存：8GB DDR3 硬盘：300GB×2 网卡：1000MB 以太网口×4	Ⅲ区 2 台	CPU：8 核 3.6GHz（或同等计算能力 CPU） 内存：16GB DDR3 硬盘：300GB×2 网卡：1000MB 以太网口×4	Ⅲ区 2 台	CPU：16 核 3.6GHz（或同等计算能力 CPU） 内存：32GB DDR3 硬盘：300GB×2 网卡：1000MB 以太网口×4	Ⅲ区 2 台

续表

设备类型	小型		中型		大型	
	性能	部署	性能	部署	性能	部署
接口适配服务器	PC服务器 CPU：4核2.66GHz 内存：4GB DDR2-667 ECC RAM 硬盘：500GB×2 网卡：1000MB网口×2	Ⅰ区1台，Ⅲ区1台	PC服务器 CPU：2.66GHz\12MB CPU×2 内存：4GB DDR2-667 ECC RAM 硬盘：500GB×2 网卡：1000MB网口×2	Ⅰ区1台，Ⅲ区1台	PC服务器 CPU：2.66GHz\12MB CPU×2 内存：8GB DDR2-667 ECC RAM 硬盘：500GB×2 网卡：1000MB网口×2	Ⅰ区1台，Ⅲ区1台
配网应用服务器		与SCADA服务器合并	CPU：4核3.6GHz（或同等计算能力CPU） 内存：8GB DDR3 硬盘：300GB×2 网卡：1000MB以太网口×2	Ⅰ区1台	CPU：16核3.6GHz（或同等计算能力CPU） 内存：32GB DDR3 硬盘：300GB×2 网卡：1000MB以太网口×2	Ⅰ区2台
Web发布服务器	CPU：4核3.6GHz（或同等计算能力CPU） 内存：8GB DDR3 硬盘：300GB×6 网卡：1000MB以太网口×4	Ⅲ区1台	CPU：8核3.6GHz（或同等计算能力CPU） 内存：16GB DDR3 硬盘：300GB×2 网卡：1000MB以太网口×4	Ⅲ区1台	CPU：16核3.6GHz（或同等计算能力CPU） 内存：32GB DDR3 硬盘：300GB×2 网卡：1000MB以太网口×4 HBA：4Gbit/s光纤接口卡×2	Ⅲ区2台
时间序列数据库服务器			CPU：8核3.6GHz（或同等计算能力CPU） 内存：16GB DDR3 硬盘：300GB×2 网卡：1000MB以太网口×2	Ⅲ区1台	CPU：16核3.6GHz（或同等计算能力CPU） 内存：32GB DDR3 硬盘：300GB×2 网卡：1000MB以太网口×2	Ⅲ区2台
磁盘阵列	双控制器（4GB Cache） 硬盘：300GB×8	Ⅰ区1台	双控制器（4GB Cache） 硬盘：300GB×8	Ⅰ区1台	双控制器（4GB Cache） 硬盘：600GB×8	Ⅰ区1台，Ⅲ区1台
机柜		4台		6台		6～8台
正向物理隔离		2台		2台		2台

续表

设备类型	小型		中型		大型	
	性能	部署	性能	部署	性能	部署
反向物理隔离		2台				
纵向加密装置		Ⅰ区1台		Ⅰ区1台		Ⅰ区2台
遥控加密装置		Ⅰ区2台， Ⅲ区2台		Ⅰ区2台， Ⅲ区2台		Ⅰ区2台， Ⅲ区2台
卫星时钟	支持北斗和GPS	1台	支持北斗和GPS	1台	支持北斗和GPS	1台
防火墙		2台		2台		2台
KVM及延长设备		1套		1套		1套
骨干交换机	24个10/100/1000MB以太网口(160Gbit/s，65.5Mpps，256MB DRAM，128MB Flash，可配光模块) 冗余电源	2台	24个10/100/1000MB以太网口(160Gbit/s，65.5Mpps，256MB DRAM，128MB Flash，可配光模块) 冗余电源	2台	48个10/100/1000M固定LAN端口 4个多模千兆光模块 支持VLAN TRUNK 双交流电源	2台
Ⅲ区交换机	24个10/100/1000M固定LAN端口 4个多模千兆光模块 支持VLAN TRUNK 双交流电源	2台	24个10/100/1000M固定LAN端口 4个多模千兆光模块 支持VLAN TRUNK 双交流电源	2台	24个10/100/1000M固定LAN端口 4个多模千兆光模块 支持VLAN TRUNK 双交流电源	2台
数据采集交换机	24个10/100/1000MB以太网口(160Gbit/s，65.5Mpps，256MB DRAM，128MB Flash，可配光模块) 冗余电源	2台	24个10/100/1000MB以太网口(160Gbit/s，65.5Mpps，256MB DRAM，128MB Flash，可配光模块) 冗余电源	2台	24个10/100/1000MB以太网口(160Gbit/s，65.5Mpps，256MB DRAM，128MB Flash，可配光模块) 冗余电源	2台
Web交换机	24个10/100/1000MB以太网口(160Gbit/s，65.5Mpps，256MB DRAM，128MB Flash，可配光模块) 冗余电源	2台	24个10/100/1000MB以太网口(160Gbit/s，65.5Mpps，256MB DRAM，128MB Flash，可配光模块) 冗余电源	2台	24个10/100/1000MB以太网口(160Gbit/s，65.5Mpps，256MB DRAM，128MB Flash，可配光模块) 冗余电源	2台
远程交换机(根据实际情况选配)	24个10/100/1000MB以太网口(160Gbit/s，65.5Mpps，256MB DRAM，128MB Flash，可配光模块) 冗余电源	2台(根据实际情况选配)	24个10/100/1000MB以太网口(160Gbit/s，65.5Mpps，256MB DRAM，128MB Flash，可配光模块) 冗余电源	2台(根据实际情况选配)	24个10/100/1000MB以太网口(160Gbit/s，65.5Mpps，256MB DRAM，12MB Flash，可配光模块) 冗余电源	2台(根据实际情况选配)

续表

设备类型	小型		中型		大型	
	性能	部署	性能	部署	性能	部署
调度员工作站	CPU：4核3.0GHz 内存：4GB DDR3 硬盘：250GB 显卡：显卡×2（双屏） 声卡、音箱 网卡：10/100/1000MB以太网口×2 键盘、鼠标 单电源 显示器：2台	2台	CPU：4核3.6GHz 内存：4GB DDR3 硬盘：250GB 显卡：显卡×2（双屏） 声卡、音箱 网卡：10/100/1000MB以太网口×2 键盘、鼠标 单电源 显示器：2台	3台	CPU：8核3.0GHz 内存：4GB DDR3 硬盘：250GB 显卡：显卡×2（双屏） 声卡、音箱 网卡：10/100/1000MB以太网口×2 键盘、鼠标 单电源 显示器：2台	3台
维护工作站	CPU：4核3.0GHz 内存：4GB DDR3 硬盘：250GB 显卡：显卡×1 声卡、音箱 网卡：10/100/1000MB以太网口×2 键盘、鼠标 单电源 显示器：1台	2台	CPU：4核3.0GHz 内存：4GB DDR3 硬盘：250GB 显卡：显卡×1 声卡、音箱 网卡：10/100/1000MB以太网口×2 键盘、鼠标 单电源 显示器：1台	2台	CPU：4核3.0GHz 内存：4GB DDR3 硬盘：250GB 显卡：显卡×1 声卡、音箱 网卡：10/100/1000MB以太网口×2 键盘、鼠标 单电源 显示器：1台	2台
报表工作站	CPU：4核3.0GHz 内存：4GB DDR3 硬盘：250GB 显卡：显卡×1 声卡、音箱 网卡：10/100/1000MB以太网口×2 键盘、鼠标 单电源	2台	CPU：4核3.0GHz 内存：4GB DDR3 硬盘：250GB 显卡：显卡×1 声卡、音箱 网卡：10/100/1000MB以太网口×2 键盘、鼠标 单电源	2台	CPU：4核3.0GHz 内存：4GB DDR3 硬盘：250GB 显卡：显卡×1 声卡、音箱 网卡：10/100/1000MB以太网口×2 键盘、鼠标 单电源	2台
图像转换工作站	和维护工作站合并		CPU：4核3.0GHz 内存：4GB DDR3 硬盘：250GB 显卡：显卡×1 声卡、音箱 网卡：10/100/1000MB以太网口×2 键盘、鼠标 单电源 显示器：1台	1台	CPU：4核3.0GHz 内存：4GB DDR3 硬盘：250GB 显卡：显卡×1 声卡、音箱 网卡：10/100/1000MB以太网口×2 键盘、鼠标 单电源 显示器：1台	2台

(3) 当主机房内的机柜或机架成行排列或按功能区域划分时，宜在主配线架和机柜或机架之间设置配线列头柜。

(4) 机房宜采用电子配线设备对布线系统进行实时智能管理。

(5) 主机房走线宜采用在静电地板下面设置线架或管槽单独走线，需要采用机房上方走线的应固定好上方走线槽，电力线和信号线应单独铺设，走线要求整齐、美观、安全。

4. 屏柜

机房内通道与设备间的距离应符合下列规定：

(1) 用于搬运设备的通道净宽不应小于 1.5m。

(2) 面对面布置的机柜或机架正面之间的距离不宜小于 1.2m。

(3) 背对背布置的机柜或机架背面之间的距离不宜小于 1m。

(4) 当需要在机柜侧面维修测试时，机柜与机柜、机柜与墙之间的距离不宜小于 1.2m。

(5) 成行排列的机柜，其长度超过 6m 时，两端应设有出口通道：当两个出口通道之间的距离超过 15m 时，在两个出 H 通道之间还应增加出口通道。出口通道的宽度不宜小于 1m，局部可为 0.8m。

5. UPS 电源

(1) 机房 UPS 应使用封闭式免维护蓄电池。若使用半封闭式或开启式蓄电池时，应设专用房间和专用空调。房间墙壁、地板表面应做防腐蚀处理，并设置防爆灯、防爆开关和排风装置。

(2) 机房应采用多台 UPS 联网供电，并具有接入综合监控系统功能。UPS 提供的后备电源时间不得少于 2h。

(3) 机房可根据具体情况，采用多台或单台 UPS 供电，但 UPS 设备的负荷不得超过额定输出的 70%。UPS 提供的后备电源时间不得少于 1h。

第三节 配电主站软件体系

配电主站软件体系如图 8-3-1 所示。主站系统包括硬件层、操作系统层、平台层和应用层。其中应用层包括基本功能和扩展功能。

配电自动化系统主站功能组成如图 8-3-2 所示。基本功能是指系统建设时均应配置的功能，扩展功能是指系统建设时可根据自身配网实际和运行管理需要进行选配的功能。

(1) 光纤通信方式配电终端接入生产控制大区，无线通信方式二遥配电终端以及其他配电采集装置接入管理信息大区。

(2) 配电运行监控应用部署在生产控制大区，从管理信息大区调取所需实时数据、历史数据及分析结果。

(3) 配电运行状态管控应用部署在管理信息大区，接收从生产控制大区推送的实时数据及分析结果。

(4) 生产控制大区与管理信息大区基于统一支撑平台，通过协同管控机制实现权限、责任区、告警定义等的分区维护、统一管理，并保证管理信息大区不向生产控制大区发送

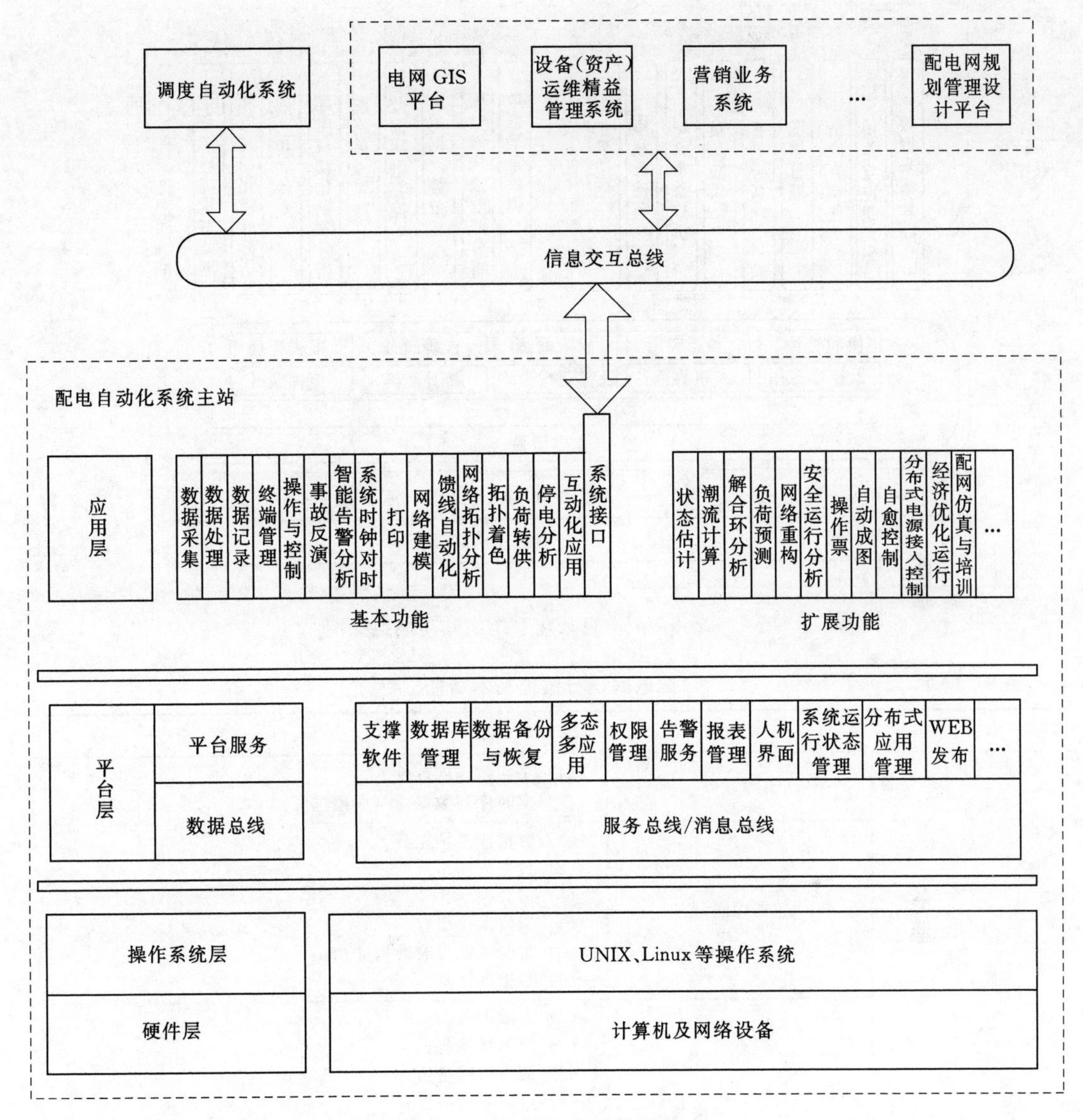

图 8-3-1　配电主站软件体系

权限修改、遥控等操作性指令。

(5) 外部系统通过信息交换总线与配电主站实现信息交互。

(6) 硬件采用物理计算机或虚拟化资源，操作系统采用 UNIX、Linux 等。

一、配电网运行监控

(一) 基本功能

配电网运行监控基本功能见表 8-3-1。

(二) 扩展功能

配电网运行监控扩展功能见表 8-3-2。

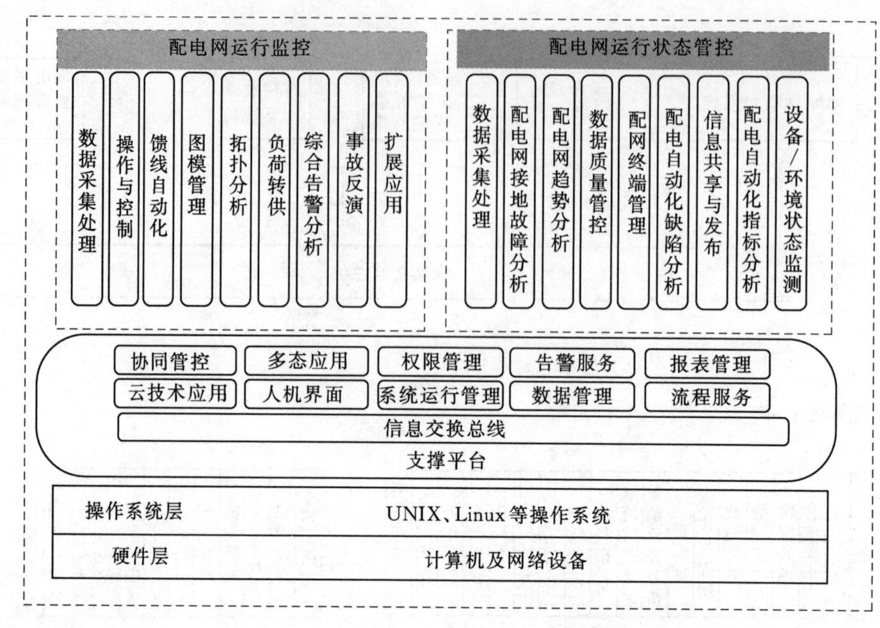

图 8-3-2 配电自动化系统主站功能组成图

表 8-3-1 **配电网运行监控基本功能**

主 站 功 能		
平台服务	支撑软件	(1) 关系数据库软件。 (2) 实时序列数据库（大型选配）
	数据库管理	(1) 数据库维护工具。 (2) 数据库同步。 (3) 多数据集。 (4) 离线文件保存。 (5) 带时标的实时数据处理。 (6) 数据库恢复
	数据备份与恢复	(1) 全数据备份。 (2) 模型数据备份。 (3) 历史数据备份。 (4) 定时自动备份。 (5) 全库恢复。 (6) 模型数据恢复。 (7) 历史数据恢复。 (8) 数据导出
	多态多应用	(1) 具备实时态、研究态、未来态等应用场景。 (2) 各态下可灵活配置相关应用。 (3) 多态之间可相互切换
	权限管理	(1) 层次权限管理。 (2) 权限绑定。 (3) 权限配置
	告警服务	(1) 语音动作。 (2) 告警分流。 (3) 告警定义。 (4) 画面调用。 (5) 告警信息存储、打印

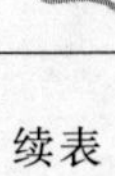

续表

主　站　功　能		
平台服务	报表功能	(1) 支持实时监测数据及其他应用数据。 (2) 报表设置，生成、修改、浏览、打印。 (3) 按日、月、年生成各种类型报表。 (4) 定时统计生成报表
	人机界面	(1) 界面操作。 (2) 图形显示。 (3) 交互操作画面。 (4) 数据设置、过滤、闭锁。 (5) 多屏显示、图形多窗口、无级缩放、漫游、拖拽分层分级显示。 (6) 设备快速查询和定位。 (7) 国家标准一级字库汉字及矢量汉字。 (8) 人机界面应遵循相关规范，支持相关授权单位远程浏览
	运行状态管理	(1) 节点状态监视。 (2) 软硬件功能管理。 (3) 状态异常报警。 (4) 在线、离线诊断工具。 (5) 冗余管理、应用管理、网络管理
	分布式应用管理	(1) 模型维护一体化。 (2) 前置分布式采集。 (3) SCADA 分布式处理。 (4) 系统分布式互备
	WEB	(1) 网上发布。 (2) 报表浏览。 (3) 权限限制
配电 SCADA 功能	数据采集	(1) 满足配电网实时监控需要。 (2) 各类数据的采集和交换。 (3) 广域分布式数据采集。 (4) 大数据量采集。 (5) 支持多种通信规约。 (6) 支持多种通信方式。 (7) 错误检测功能。 (8) 符合国家电力监管委员会电力二次系统安全防护规定。 (9) 支持公网采集
	数据处理	(1) 模拟量处理。 (2) 状态量处理。 (3) 非实测数据处理。 (4) 数据质量码。 (5) 统计计算
	数据记录	(1) SOE。 (2) 周期采样。 (3) 变化存储
	终端管理	(1) 运行工况监视分析、在线率实时统计。 (2) 自动接入、参数远程设置。 (3) 运行工况统计。 (4) 通信通道流量统计及异常报警

续表

主站功能		
配电 SCADA 功能	操作与控制	(1) 人工置数。 (2) 标识牌操作。 (3) 闭锁和解锁操作。 (4) 远方控制与调节。 (5) 防误闭锁
	全息历史/事故反常	(1) 事故反演的启动和处理。 (2) 事故反演。 (3) 全息历史反演
	智能告警分析	(1) 告警信息分类。 (2) 告警信息综合与压缩。 (3) 告警智能推理。 (4) 信息分区监管及分级通告。 (5) 告警智能显示
	系统时钟和对时	(1) 北斗或 GPS 时钟对时。 (2) 对时安全。 (3) 终端对时
模型/图形管理	网络建模	(1) 图库一体化自建模。 (2) 外部系统信息导入建模。 (3) 全网模型拼接
	模型校验	(1) 单条馈线拓扑校验。 (2) 变电站、全网拓扑校验。 (3) 校验结果可观测
	设备异动及红黑图管理	(1) 多态模型切换、比较，同步和维护。 (2) 多态模型的分区维护统一管理。 (3) 投运、未运行、退役全过程设备生命周期管理。 (4) 红图到黑图（或由黑图到红图）流程确认机制
馈线自动化	馈线故障定位、隔离及恢复	(1) 故障定位、隔离及非故障区域的供电恢复。 (2) 故障处理安全约束。 (3) 故障处理控制方式。 (4) 主站集中式与就地分布式故障处理的配合。 (5) 支持并发处理多个故障。 (6) 故障处理信息查询。 (7) 支持分布式电源接入的故障处理。 (8) 信息不健全情况下的容错故障处理。 (9) 支持人工预设、调整、优化处理方案等辅助功能
拓扑分析	网络拓扑分析	(1) 适用于任何形式的配电网络接线方式。 (2) 电气岛分析。 (3) 电源点分析。 (4) 支持人工设置运行状。 (5) 支持设备挂牌、临时跳接对网络拓扑的影响。 (6) 支持多态网络模型拓扑分析
	拓扑着色	(1) 电网运行状态着色。 (2) 供电范围及供电路径着色。 (3) 动态电源着色。 (4) 负荷转供着色。 (5) 故障指示着色。 (6) 变电站供电范围着色

续表

主站功能		
拓扑分析	负荷转供	（1）负荷信息统计。 （2）转供策略分析。 （3）转供策略模拟。 （4）转供策略执行
	停电分析	（1）停电信息分类。 （2）停电信息统计。 （3）停电范围分析。 （4）停电信息查询。 （5）停电信息发布
系统交互应用	系统接口软件	（1）与GIS系统接口。 （2）与调度自动化系统接口。 （3）与设备（资产）运维精益管理系统接口。 （4）与营销管理系统接口。 （5）与抢修指挥平台接口
	交互总线接口适配软件	
	互动化应用	（1）与调度自动化、电网GIS平台、设备（资产）运维精益管理系统、营销业务等系统的互动，支撑实现中低压设备异动管理，构建完整的配网应用电网模型，并支持实现设备信息的查询及统计分析。 （2）与调度自动化、营销业务系统等的互动，实现配电网停电分析。 （3）与营销业务系统的互动，实现配变及负荷的运行监视及分析管理

表8-3-2　配电网运行监控扩展功能

主站功能		适用条件
自动成图	（1）配电网CIM模型识别以及SVG图形生成和导出。 （2）多类图形的自动生成。 （3）自动化布局增量变化。 （4）对自动生成的衍生电气图进行编辑和修改	（1）供电公司目前已经有GIS系统。 （2）GIS系统不具备导出图形或导出图形无法直接使用且在GIS系统内无法优化
操作票	（1）智能识别设备状态。 （2）图形开票。 （3）开票、操作预演、执行自动模拟。 （4）安全防误校核。 （5）统计功能	供电公司目前没有统一的操作票功能
状态估计	（1）计算各类量测的估计值。 （2）配电网不良量测数据的辨识。 （3）人工调整量测的权重系数。 （4）多启动方式。 （5）状态估计分析结果快速获取	（1）地市级以上公司配置。 （2）中型以上主站必配。 （3）完整的拓扑模型。 （4）配电网每条馈线为辐射状供电，联络开关必须断开，不同的线路不能构成一个电气岛。 （5）终端量测数据准确率在90%以上。 （6）二遥覆盖率在95%以上

续表

主站功能		适用条件
潮流计算	(1) 实时态、研究态电网模型潮流计算。 (2) 精确潮流计算和潮流估算。 (3) 进行馈线电流越限、母线电压越限分析	(1) 地市级以上公司配置。 (2) 中型以上主站必配。 (3) 完整的拓扑模型。 (4) 配网每条馈线为辐射状供电，联络开关必须断开，不同的线路不能构成一个电气岛。 (5) 终端量测数据准确率在90%以上。 (6) 二遥覆盖率在95%以上
解合环分析	(1) 实时态、研究态电网模型合环分析。 (2) 合环路径自动搜索。 (3) 合环稳态电流值、环路等值阻抗、合环电流时域特性、合环最大冲击电流值计算。 (4) 合环操作影响分析。 (5) 合环前后潮流比较	(1) 地市级以上公司配置。 (2) 具备合环线路。 (3) 完整的拓扑模型。 (4) 配网每条馈线为辐射状供电，联络开关必须断开，不同的线路不能构成一个电气岛。 (5) 终端量测数据准确率在90%以上。 (6) 二遥覆盖率在95%以上
负荷预测	(1) 支持自动启动和人工启动负荷预测。 (2) 多日期类型负荷预测。 (3) 考虑气象对负荷预测的影响。 (4) 多预测模式对比分析。 (5) 计划检修、负荷转供、限电等特殊情况分析	地市级以上公司配置
网络重构	(1) 支持实时态、研究态下的计算。 (2) 提高供电能力。 (3) 降低网损	地市级以上公司配置
安全运行分析	(1) 单电源线路分析预警。 (2) 重载、过载线路或配变分析预警。 (3) 重要用户安全运行风险预警	地市级以上公司配置
自愈控制	(1) 风险预警。 (2) 校正控制，包括预防控制、校正控制、恢复控制、紧急控制等。 (3) 容错故障定位。 (4) 配电网大面积停电情况下的多级电压协调、恢复功能。 (5) 大批量负荷紧急转移的多区域配合操作控制	地市以上公司大型系统配置
分布式电源接入控制应用	(1) 公共连接点、并网点的模拟量、状态量及其他数据的采集。 (2) 对采集数据进行计算分析、数据备份、越限告警、合理性检查和处理。 (3) 控制分布式电源的投入/退出。 (4) 隔离故障区域内的分布式电源	配电自动化系统覆盖区域内已有分布式电源或近期内已有规划建设分布式电源
经济优化运行	(1) 分布式电源接入条件下的经济运行分析。 (2) 负荷不确定性条件下对配电网电压无功协调优化控制。 (3) 在实时量测信息不完备下的配电网电压无功优化控制。 (4) 配电设备利用率综合分析与评价。 (5) 基于能效分析的优化协调运行	地市以上公司大型系统配置
仿真培训	(1) 调度员预操作仿真。 (2) 系统运行参数及功能可用性校验仿真。 (3) 学员培训。 (4) 培训管理	地市级以上供电公司配置 大型主站必备

二、配电运行状态管控功能

(一) 基本功能

1. 配电网数据采集

2. 配电接地故障分析

当配电线路发生单相接地故障时，系统应根据配电终端暂态录波的信息对接地故障进行判断和分析，具体要求包括但不限于：

(1) 故障录波数据采集和处理。

1) 支持主动召唤、接收和保存故障录波信息。

2) 支持以 COMTRADE 标准格式读入录波数据。

(2) 故障录波信息分析与展现。

1) 支持故障录波中采集到的三相电压、三相电流、零序电压、零序电流等电气量波形的展现。

2) 支持以选定设备为单位的多曲线信息叠加显示。

(3) 线路单相接地定位分析。

1) 支持依据录波信息进行单点零序电压和零序电流的幅值和相角分析计算。

2) 支持同线路多点间及同母线多线路间的故障录波信息对比分析。

3) 支持综合线路 10kV 母线电压、厂站接地选线信息、配电终端故障录波等多源信息，对单相接地进行选线分析以及故障区段定位分析判断。

(4) 地理位置定位。

1) 支持基于故障在线监测装置地理信息坐标的故障精确定位。

2) 支持基于地理图、单线图的配电网单线接地故障分析结果展示。

(5) 单相接地故障处理。

1) 支持基于配电自动化遥控操作的单相接地选线和故障定位操作。

2) 支持自动和交互操作两种单相接地故障处理模式。

3) 能够对操作过程进行实时监视分析与决策。

4) 支持故障定位分析结果向在线监测装置下发。

(6) 历史数据应用。

1) 支持不同配电线路日常运行情况下的零序电流扰动水平分析统计，按时段、区域优化设定零序电流越限阈值。

2) 支持复杂情况下的单相故障处理结果统计分析，归纳同类型线路的单相接地故障分析特征量，为特定类型的故障处理提供判定依据。

3) 可提供基于历史数据分析相关结果的实时在线分析预警，匹配实时运行数据中可能存在的单相接地特征量。

3. 配电网运行趋势分析

配电网运行趋势分析利用配电自动化数据，对配电网运行进行趋势分析，实现提前预警，具体要求包括但不限于：

(1) 支持对配变、线路重载、过载趋势分析与预警。

（2）支持重要用户丢失电源或电源重载等安全运行预警。

（3）支持配电网运行方式调整时的供电安全分析与预警。

（4）支持综合环境监测数据，进行设备异常趋势分析与告警。

4. 数据质量管控

数据质量管控对采集到的实时数据和历史数据的质量进行分析处理，具体要求包括但不限于：

（1）实时数据质量管控。

1）支持设备电流、电压、有功功率、无功功率、电量合理性校验。

2）支持母线量测不平衡检查。

3）支持设备状态遥测、遥信一致性校核。

4）支持馈线遥测一致性检查。

（2）历史数据质量管控。

1）支持历史数据完整性校验功能。

2）支持历史数据补招及补全功能。

5. 配电终端管理

终端管理实现配电终端的综合监视与管理，具体要求包括但不限于：

（1）配电终端参数远程调阅及设定。

1）支持终端运行参数的单个或批量远程调阅与设定，包括零漂、变化阈值（死区）重过载报警限值、保护定值等运行参数。

2）支持终端信息的单个或批量远程调阅，包括终端类型及出厂型号、终端ID号、嵌入式系统名称及版本号、硬件版本号、软件版本号、通信参数及二次变比等。

3）配电终端参数远程调阅及设定应符合Q/GDW 11813—2018《配电自动化终端参数配置规范》要求。

（2）配电终端历史数据查询与处理。

1）支持配电终端遥信、遥测、遥控等历史数据的调阅、处理及展示。

2）支持配电终端故障录波数据的调阅、处理及展示处理功能。

3）支持配电终端软件远程升级功能。

（3）配电终端蓄电池远程管理。

1）支持配电终端蓄电池信息监视与分析。

2）支持配电终端蓄电池远程活化。

（4）配电终端运行工况监视及统计分析。

1）支持配电终端运行工况实时监视。

2）应支持配电终端运行工况统计功能，包括实时在线率、历史在线率统计，终端月停运时间、停运次数统计。

3）应支持根据配电终端通信方式、所属厂家进行分类统计分析。

4）应支持配电终端状态感知和信息的收集、处理和展示，包括终端自检、板卡异常、终端运行日志及周边环境信息等。

（5）应具备终端通信通道流量统计及异常报警等功能。

6. 配电自动化缺陷分析

配电自动化缺陷分析具体要求包括但不限于：

(1) 应支持配电自动化缺陷分类及自动分析告警。

(2) 应具备与 PMS2.0 缺陷管理数据交互与处理功能。

(3) 应具备针对已消除缺陷自动校验功能。

7. 设备（环境）状态监测

设备（环境）状态监测具体要求包括但不限于：

(1) 应支持配电站房、配电电缆、架空线路、配电开关、配电变压器等设备电气、环境、通道等状态的在线监测。

(2) 应支持配电网运行态势和设备状态感知，为配电设备的综合评价及辅助决策提供数据支撑。

(3) 应支持配电设备状态评估及异常告警。

8. 配电网供电能力分析评估

利用配电自动化运行数据，结合已有配电网模型及参数，对配电网供电能力进行评估分析，具体包括但不限于：

(1) 支持对配电网网架供电能力薄弱环节分析。

(2) 支持对配电网负荷分布统计分析，对负荷区域分布、时段分布、区域负荷密度、负荷增长率等数据的分析计算。

(3) 支持线路和设备重载、过载、季节性用电特性分析与预警。

(4) 支持线路在线 $N-1$ 分析。

9. 信息共享与发布

信息发布与共享具体要求包括但不限于：

(1) 信息共享与发布支持的数据应至少包含以下类型：

1) 配电网模型。

2) 系统各类接线图。

3) 配电网实时运行数据。

4) 配电网历史采样数据。

5) 故障处理等应用分析结果。

6) 电网分析等应用分析计算服务。

7) 系统各类报表。

8) 配电主站运行工况。

(2) 系统发布与共享应进行严格的权限限制，限制不同人员的数据访问范围，保证数据的安全性。

(3) 支持配电网实时运行状态、历史数据、统计分析结果、故障分析结果等信息 Web 发布功能，具体要求内容但不限于：

1) 支持各类画面浏览，支持对配电网图形的画面显示功能，包含全图显示、纵横比例显示、全图放大缩小、区域放大、图形拖放等功能。

2) 支持数据查询，支持配电网实时数据及历史数据的查询、统计，支持对故障信息的查询、统计、分析。

3）支持报表浏览，发布功能应当包含报表生成功能，当对指定厂站、馈线、开关站、环网柜、配网设备等电力设备进行报表操作时，应当能够及时根据指定的报表格式生成相应的系统报表。

4）支持终端运维管理，支持在对终端实时运行工况、报文等运维信息的查询、统计、分析，支持对配电终端进行参数远程设置等管理。

5）支持地理图上的电网及设备操作与显示，地理图应实现免维护。

（4）应支持基于服务的数据订阅/发布机制，接口遵循 IEC 61970/61968 标准的数据格式规范及服务规范。

（5）配电自动化运行分析，具体要求包括但不限于：

1）支持终端台账信息统计分析。

2）支持主站在线率统计分析。

3）支持配电终端覆盖率统计分析。

4）支持终端在线率统计分析。

5）支持遥信动作正确率统计分析。

6）支持遥控正确率、遥控使用率统计分析。

7）支持终端缺陷率、终端消缺及时率统计分析。

（二）扩展功能

可根据实际系统选择设立。

三、信息交互

配电主站通过标准化的接口适配器完成与电网调度控制系统、PS2.0、一体化电量与线损管理系统、国网配电自动化指标分析系统等系统信息交互，具体要求包括但不限于以下三条。

（一）与电网调度控制系统交互

1. 图模信息交互

（1）配电主站需从电网调度控制系统获取高压配电网（包括 35kV、110kV、220kV 等）的网络拓扑、变电站图形、相关一次设备参数，以及一次设备所关联的保护信息。

（2）配电主站与电网调度控制系统之间图模信息的数据交互格式应遵循 Q/GDW 624—2011《电力系统图形描述规范》和 GB/T 30149—2013《电网设备模型描述规范》标准，采用 CIM/E/CIM/G 数据格式予以实现。

2. 实时监测数据交互

（1）配电主站可通过电网调度控制系统数据转发或直接采集方式获取变电站 10kV/20kV 电压等级相关设备的量测及状态等信息，支持电网调度控制系统标识牌信息同步。

（2）配电主站与电网调度控制系统之间实时数据交互，应通过正反向物理隔离装置安全设备连接，应采用 E 语言格式的数据传输。

（3）配电主站应通过安全接入区实现变电站信息直接采集。

3. 计算数据交互

（1）配电主站从电网调度控制系统获取端口阻抗、潮流计算、状态估计等计算结果，为配电网解合环计算等分析应用提供支撑。

（2）配电主站应支持相关调度技术支持系统的远程调阅，配电主站的画面远程调阅应遵循 Q/GDW 624—2011《电力系统图形描述规范》、GB/T 30149—2013《电网设备模型描述规范》、DL/T 476—2012《电力系统实时数据通信应用层协议》规范。

（二）与一体化电量与线损管理系统信息交互

配电主站应通过海量数据平台，数据交互采用 E 语言格式，向一体化电量与线损管理系统交互相关数据，支撑一体化电量与线损管理相关业务功能应用。

（1）支持提供配网运行负荷、电压、电流和遥信变位等数据。

（2）支持提供配网运行日冻结电量、月冻结电量数据。

（3）支持提供配网运行有功电量、无功电量、日冻结电量、月冻结电量、遥信变位时刻冻结电量。

第四节　综 合 数 据 平 台

一、综合数据平台在集成中的作用

综合数据平台是一个分层多框架平台体系，其构成如图 8-4-1 所示，在层次上，从上至下，分为语义模型层、应用服务层、基础总线层。其中，基础总线层以企业服务总线（ESB）技术为核心，结合应用服务层中的各种业务或应用服务，构成了面向服务架构（SOA）的基础框架。基础总线层物理上包括基于 IEC 61968 的信息交换总线 SQ186 信息服务总线两条总线，这两者服务的对象各有侧重，分别面向跨越安全Ⅰ/Ⅲ区的实时/生产应用、面向安全Ⅲ区的信息应用，上述两个总线采用 SOA 技术，完全可以实现总线之间基于流程和服务的互联。

图 8-4-1　综合数据平台体系构成框图

信息交换总线物理上分为两段，安全Ⅰ/Ⅱ区和安全Ⅲ/Ⅳ区，主要完成配网生产/运行相关的应用系统之间的服务共享（信息交换），明确数据提供方的服务端所提供消息的方式（主动发送或请求/应答），实现机制和相关以IEC 61970、IEC 61968为核心的消息格式，明确作为数据请求方的客户端所请求消息的实现机制和相关以IEC 61970、IEC 61968为核心的消息格式。信息交换总线和SG 186的信息交互，如图8－4－2所示。

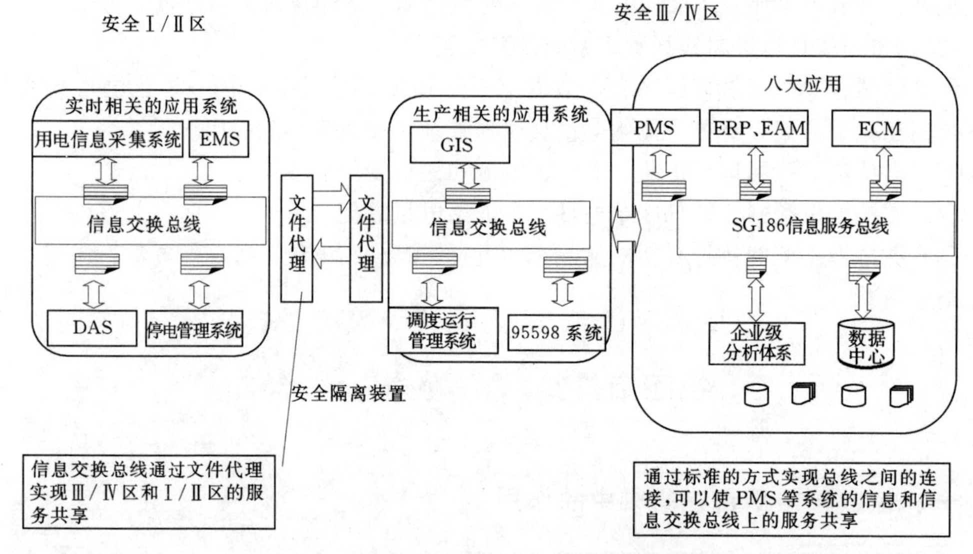

图8－4－2　信息交换总线和SG 186的信息交互

二、数据交互

1. 交互接口

与配电自动化系统有数据交互需求的系统包括安全防护Ⅰ区的调度自动化系统、Ⅲ区的GIS系统、配电生产管理系统（MIS）、营销自动化系统等。

配电自动化系统与其他系统的数据交互逻辑如图8－4－3所示。

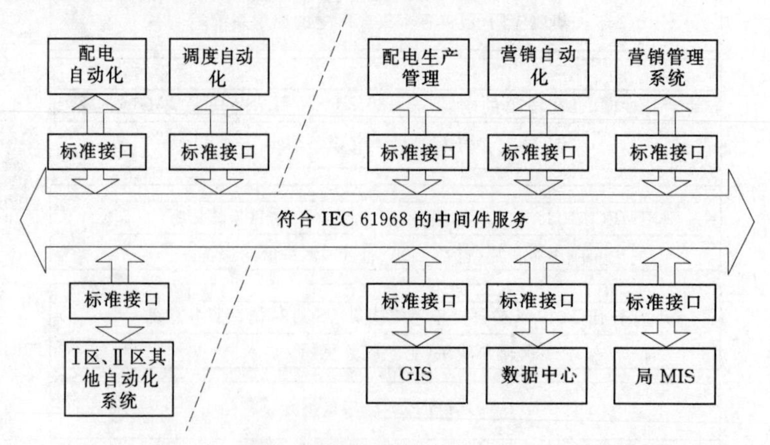

图8－4－3　配电自动化系统与其他系统数据交互逻辑图

2. 交互要求

配电自动化系统与其他系统的数据交互应满足以下要求：

(1) 信息交互通过基于消息机制的总线方式完成配电自动化系统与其他应用系统之间的信息交换和服务共享。

(2) 信息交互应遵循电气图形、拓扑模型和数据的来源及维护唯一性、设备编码统一性、描述一致性的原则。

(3) 在满足电力二次系统安全防护规定的前提下，信息交互总线应具有通过正/反向物理隔离装置跨越生产控制大区和管理信息大区实现信息交互的能力。

(4) 中间件服务宜遵循 IEC 61968 标准，采用 SOA 技术，实现相关模型、图形和数据的发布与订阅。

(5) 具备 CIM XML/RDF 格式的电网全模型和差异模型的导入导出功能，具备基于 XML 的 SVG 图形格式、GML 格式文件的导入导出功能。

3. 交互内容

配电自动化主站与相关系统交互的主要数据类型及其流向如图 8-4-4 所示。

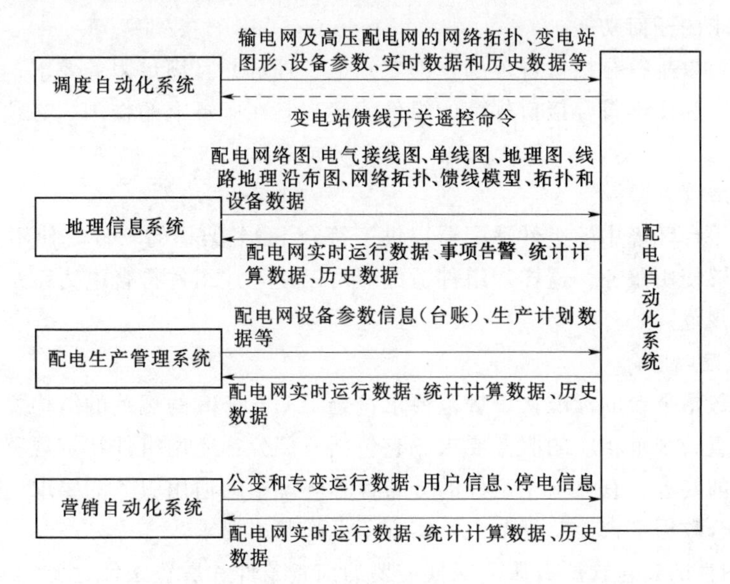

图 8-4-4　配电自动化主站与相关系统交互的主要数据类型及其流向图

三、综合数据平台的运行框架

参考 IEC 61968 的标准接口框架，综合数据平台的运行框架分为七个层次，具体如图 8-4-5 所示。

1. 组件

(1) 组件间的信息交换可以是一块数据或是一个功能的执行结果（指该功能可以远方调用），也被称为服务交换，包括服务的调用方和服务的提供方。例如，组件可以是传统的过程性应用（也称为旧的应用）或用最新技术建立的完全面向对象的应用。而且，组件可以分布在网络上（局域网 LAN、内部网、企业专用广域网 WAN 甚至是公用互联网）。

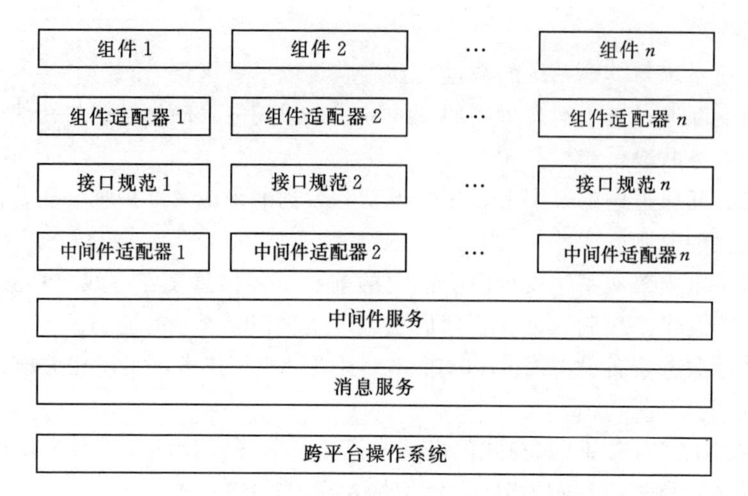

图 8-4-5　综合数据平台运行框架的七个层次

这使得与调度相关的应用可以灵活部署在各个地方。组件的范围是没有限制的，它可以完成调度业务要求的任何功能。

（2）组件可以是符合接口规范的，即它知道、理解并且满足服务要求；也可以是不符合接口规范的。为使不符合接口规范的组件能实现它在服务上的作用，必须先使它符合接口规范。

2. 组件适配器

综合数据平台环境中的组件适配器提供了符合 SOA 架构的软件，使不符合接口规范的软件应用能够使用服务。这样，组件适配器可以使上述组件符合电力系统现有及未来标准定义的接口规范。

3. 接口规范

（1）综合数据平台的标准接口规范要求符合 IEC 61968 的规范的结构要求，并针对调度应用需求，重新规范相应的服务要求。它包括三部分：应用组件特定规范、有关调度应用的特定服务的要求、有关基于组件的分布计算环境中的通用服务的要求。

（2）在综合数据平台接口规范中，实现了下列基本要求：

1）是说明性的，包含所有服务交换需要的前置条件和后置条件、属性、方法和参数。这些服务交换是接口规范的一部分。

2）与编程语言无关。

3）强调接口与实现分离。

4）独立于中间件。

（3）应用组件接口规范目前采用国际标准的 XML Schema 描述，为各种调度管理及应用服务提供专用支持接口。

调度管理要求的通用分布计算服务应是：

1）时间服务。使分散的组件具有相同的时间，并且精度可以设置。

2）发布和订阅消息服务。可在非耦合的（匿名的）组件实例间进行同步或异步的消息传递。

3）请求或应答消息服务。可在耦合的、已标识的组件实例间进行可靠的同步的消息传递。

4. 中间件适配器

综合数据平台的中间件适配器是符合接口规范的软件。它扩充现有的中间件服务，使企业应用之间软件基础架构支持需要的服务。因而，中间件适配器仅通过必要的扩充，就能使所用的中间件服务集符合 IEB 及以后系列标准中一个或多个接口规范。在这样的环境下，中间件服务不只表现为单一的接口，而是表现为为组件提供一组相应服务的接口集。

例如，厂商的每个组件可能在内部使用适合特定业务功能要求的任意的中间件（或不用中间件）。不能假设任意两个组件总以同一种中间件服务来实现，所以需要一个中间件适配器作为中间件“网关”，将一个组件产生的符合综合数据平台的信息交换通过已实现的中间件服务传给上层的其他组件（可能以其他中间件为基础）。

5. 中间件服务

（1）服务之间的信息交换可以在同一进程中（进程内）、同一机器的进程之间（本地）以及远方的机器之间（远程）进行。对象请求代理通常支持不同的通信模式，例如同步和异步的交互。订阅指周期的或事件驱动时读取或修改对象的能力。消息包含比当前消息中间件更多的特性，例如存储转发，消息持久化和可靠传送。

（2）中间件服务应提供一组 API 以使接口协议集中的前几层能够满足以下要求：

1）在网络中透明地定位，并与其他应用或服务交互。

2）独立于通信协议子集的服务。

3）是可靠的和可用的。

4）容量可缩放，功能不损失。

5）需要时，提供支持事务对事务（business - to - business，B2B）的能力。例如，J2EE 中的 JMS 为生命周期和注册提供一些基本的中间件服务。

6. 消息服务

为集成两个组件，需要在它们之间建立连接。由于网络不止一种，不同资源使用不同协议，例如 JMS 传输和 HTTP。要连接几个组件，集成系统必须以对组件透明的方式协调网络和协议的差异。

7. 跨平台操作系统

（1）由于服务以硬件和软件标准平台为基础，必须适应来自不同厂商的不同硬件和操作系统平台。这意味着如果一个组件只能运行于一种特定的硬件环境（处理器、操作系统、语言和编译器），就不可能不经修改就运行于另一种硬件环境。

（2）综合数据平台标准的硬件环境（处理器、I/O、操作系统、GUI、编译器和工具）要求如下：

1）应支持多个本地进程的并行运行，无论这是由单处理器还是多处理器硬件实现的。

2）应支持并行运行的进程之间的通信。

3）所有其他硬件环境的细节应被接口协议集的其他层屏蔽。

第五节　配电网指挥系统

一、概述

1. 配电网指挥系统的组成和功能

配电网指挥系统以统一的配电网模型为基础，集成目前现有的配电网管理和营销管理相关系统的信息；采用一体化的技术支撑平台和数据采集平台，整合或改造配电自动化的各类相关应用；在配电网生产管理系统（MIS）、配电网地理信息系统（GIS）、配电自动化系统的基础上，开发面向配电网运行监视、生产指挥调度、停电管理、故障抢修、现场作业管理、辅助决策等主要功能，其组成和功能详见图 8－5－1。

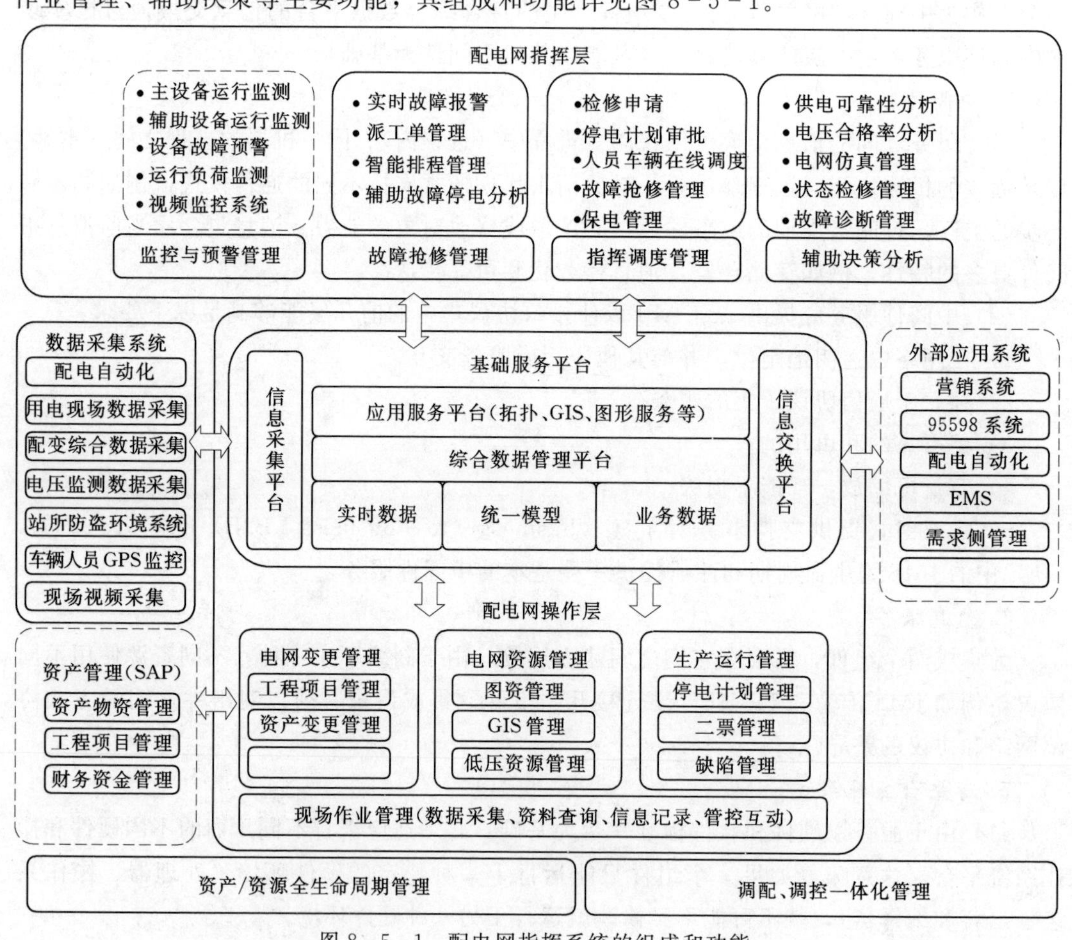

图 8－5－1　配电网指挥系统的组成和功能

2. 建立配电网指挥系统的重大意义

配电网指挥系统的建立，对现阶段的配电网管理有着重大的意义，符合国家电网公司对配电网管理的总体要求——“以覆盖全部配电设备为基本考虑、以信息资源综合利用为重要手段、以生产指挥/配电网调度为应用主体、以提高配电自动化水平和管理水平为

主要目的”。

3. 配电网指挥系统的设计目标

配电网指挥系统的设计目标是在确保配电网安全运行的前提下，以配电自动化为基础，以配电网调控一体化智能技术支持系统为手段，优化配电网运行、检修、抢修等配套机制，跨区域调配抢修资源，实现配电网调度、监视和控制的统一集中管理，提升配电网故障异常应急响应速度，提高配电网供电可靠性。

4. 配电网指挥系统的定位

配电网指挥系统的基本定位是部署在Ⅲ区的准实时应用系统，也可以上移到Ⅱ区，与配电网调度构成调配一体化系统的模式，两种模式的主要差异在于各系统间数据交换的模式和对生产 MIS/GIS 的功能定位上。一般而言，配电网生产指挥系统采用在Ⅲ区部署的模式。

在本系统结构中，各平台的功能定位描述如下：

（1）信息采集平台。

1）配电网实时数据采集平台：主要面向 FTU/DTU 的数据采集，包含较高的实时性和准确性要求。

2）配电网准实时数据采集系统：主要面向配网配变监测、站所环境防盗、设备状态监测、低压侧和用户状态数据的采集，数据的实时性要求不高，主要是面向管理类的数据，对电网调度不会产生安全问题。

3）主网数据采集平台：主要是配电网调度采集的变电侧的电网数据，包括与市调的实时数据接口。

（2）信息交换平台。

1）95598 系统：提供客户的停电和故障报告，发布停电预告和电网故障信息。

2）营销系统：提供用户的基本信息，在具有在线集抄系统的条件下，可提供用户的状态数据。

3）配电自动化系统：从生产管理系统（PMS）获取配电设备（含低压设备）、中压配电网的馈线电气单线图、网络拓扑等。

4）需求侧管理：提供电流、电压、用电量等电量信息。

5）EMS 系统：提供各种实时数据信息。

（3）综合数据管理平台。

1）主要指全局的实时数据库，包括为Ⅲ区配网管理提供主网和配网的实时数据。

2）是各应用系统实时类的数据交换平台，包括营销采集的用户状态数据，部分在线监测系统采集的数据。

（4）应用服务平台。

1）提供全局的流程定义、监控、引擎等服务。

2）提供全局 GIS 访问服务。

3）提供全局的图形访问及交互服务。

4）提供全网图形服务。

5）提供全局组织机构、权限服务。

6）提供统一数据转化/计算服务。

7）提供全局的告警判断服务。

二、整体架构

配电网指挥系统整体架构如图 8-5-2 所示。配电网指挥系统检测并分析调度自动化及各种配电设备监控系统的数据，实现故障的快速定位；和配电工程管理系统接口，实现设备台账及图形的实时更新，并将最新图形推送到配网自动化系统，保证图模的一致性；和配电网运行管理模块接口，通过故障缺陷管理及计划管理模块，串联起配电相关各项业务；配电网辅助决策模块，通过对配电网各种数据的综合查询分析，为管理人员提供决策依据。

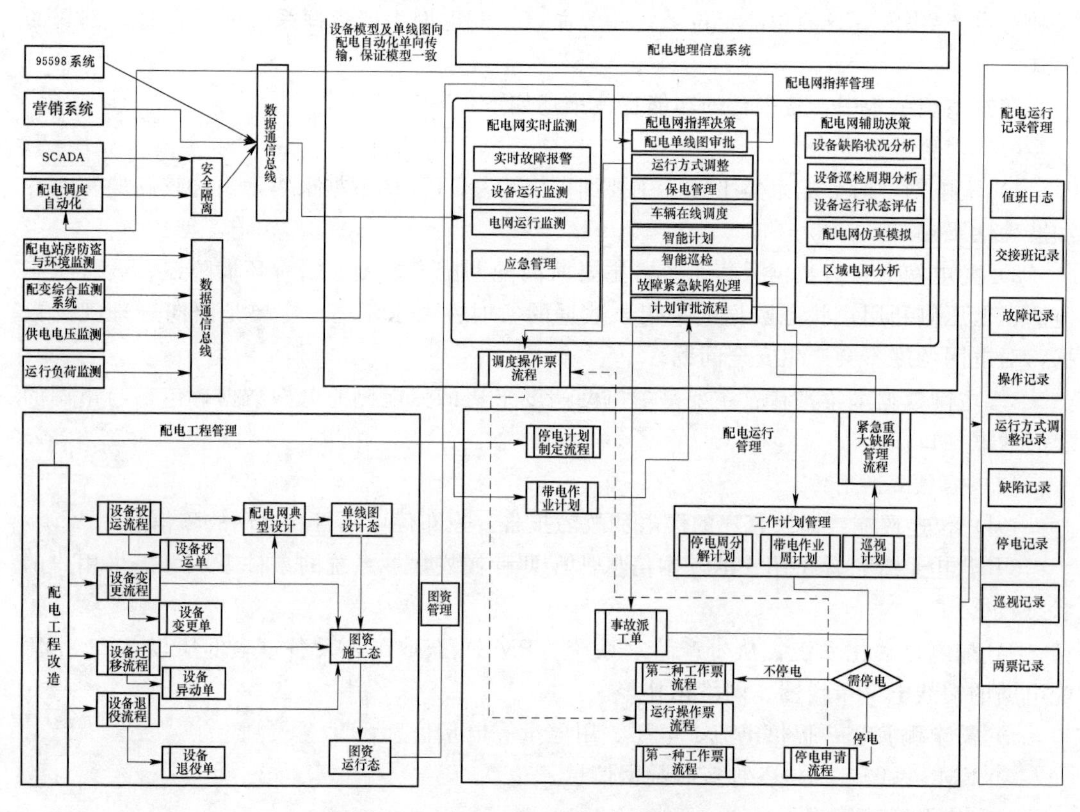

图 8-5-2　配电网指挥系统整体架构图

配电网指挥系统将建立一个平台级的集中监控环境，具有大屏幕显示、视频会议、可视化中控等功能，形成“电子沙盘”，实现面向实时的故障处理和统一协同调度指挥；以空间地理分布为线索、以生产管理信息为支撑、以专家分析模型为方法，融合卫星定位技术（GPS）、手持工业终端（PDA）形成配电网生产管理支持平台，实现与自动化系统、生产管理系统、营销管理系统等的互联，提高配电运行管理的智能化和标准化水平，提高供电企业的各项经济技术指标。

1. 配电网综合监视

配电网综合监视以配电 GIS 为展现平台，实现设备运行监测、环境运行监测、设备故障预警、视频监控系统等方面的综合监测，对设备异常运行动态进行预警，实现状态检修，实现对配电站所远程巡视、远程操作监护。

2. 故障抢修管理

集成来自配电自动化系统的故障信息、分析结果、95598客户报告，分类、分等级显示，对于重要的告警信息，还可以进一步采用短信的方式及时发送给相关设备主人，及时处理。

结合配电自动化系统馈线自动化故障定位、隔离及恢复方案分析结果，进行智能排程管理，对当前执行的计划性任务进行调整，合理分配人力、车辆、备品备件等生产资源，保证以最大的效益、最短的时间实施故障抢修，并实现与PMS计划管理的有序调整。

3. 配电网工作管理

包括配电工区人员动态安排、车辆在线调度、移动作业管理、智能巡视管理等功能。

(1) 人员动态安排：工区中心值班人员根据工区人员的当前位置、工作任务和执行情况，进行人员动态安排，在紧急情况下也可直接下达工作任务单，调整其工作任务安排。

(2) 车辆在线调度：能够实时显示抢修车辆的当前位置及运动轨迹，有抢修事件发生时，可根据事故的地点、性质，以及各抢修车辆的当前位置、工作状态分析最适合前去抢修的车辆，并推荐车辆赶往事故地点的最优路径，为抢修工作的指挥决策提供支持，并实现对抢修车辆的实时监控管理。

(3) 移动作业管理：工作人员可以通过移动终端获取工作任务，实现电子工作票功能；可在工作现场查看生产计划、工作任务提示、缺陷信息、设备台账信息、标准化作业电子导则等相关信息，现场工作人员通过移动终端填写工作记录。

(4) 智能巡视管理：基于PDA的智能巡视管理子系统，结合GIS和GPS技术，实现用电用户电子档案、数码照片档案、地理信息定位数据的统一整合，实现了对巡视工作的立体化管理。同时将抄表人员的手工抄表工作和日常低压台区的设备数据采集、缺陷管理、用户用电信息等工作结合起来，提高整体的工作效率。

4. 辅助决策分析

主要包括供电可靠性分析、电压合格率分析和管理、运行方式管理等功能。

(1) 供电可靠性分析：依赖配电网PMS提供的配电网拓扑数据、配电监测记录的停电数据、智能营销系统记录的用户停电数据，结合配电网调度记录的故障事件和调度操作指令，可准确的分析用户的供电可靠性，同时也为提高供电可靠性提供有效的依据。供电可靠性的分析主要包括统计和分析供电服务质量指标、统计和分析故障停电指标、统计和分析预安排停电指标、统计和分析外部影响停电指标等。

(2) 电压合格率分析和管理：对各电压监测点的电压值进行统计，进行上、下限的设置，在地理图上标出各电压监测点的位置，为电压监测点的设置提供参考方案，对系统无功补偿装置的设置与运行情况进行分析。运行单位负责所管辖配变范围内的无功电压管理和调整，确定所辖10kV以下配电变压器分头位置，并建立配变分接开关位置台账，及时更新。对电压合格率达不到目标考核要求的监测点进行分析，采取改善电压质量的有效措施。此外，还通过小区配电室内的无功补偿设备来提高用户侧的电压合格率。

（3）运行方式管理：根据网络拓扑结构，调用配电网潮流计算程序，计算线路和配变是否过载，电压等各项指标是否偏离允许值。

三、配电网指挥系统发展特点

我国的配电管理将具有“各种模式并存、通信方式多样、接口标准统一”的发展特点，要提高配电自动化系统运行管理的智能化水平，系统必须具备高度的整合能力。

1. 设备模型的整合

各配电网应用系统管理的设备都是整个配电网模型中的一个子集，都应该从配电生产管理系统的核心电网模型中继承，然后建立与采集数据的关系，从而实现围绕电网模型管理相关应用数据的目标。

保证应用系统与配电网模型的协调统一，减少差异性。

2. 采集平台的统一

各实时应用子系统，其数据采集的基本方法和原理都是一致的，只是通信方式、规约不同，系统整合的目标是构建一个统一、通用的数据采集平台，从而实现设备数据采集的集中管理，为上端的应用系统在实时数据层面上提供统一的服务，而不需要像传统的方式在应用系统之间传递数据。

从坚强智能电网的发展规划来看，对于智能配电网规约也必须有明确的要求，过渡阶段可能会存在规约多样化的过程，但是从长远规划来看，对于新的配电网项目，规约最好是统一的。以减少后期的维护管理。

3. 应用界面的整合

各应用系统的应用功能界面统一以控件的方式嵌入配电生产管理系统，当然为了达到这个目标，需要统一基本权限管理、应用服务支撑平台等系统级的服务。

应加强指挥系统的整合能力，对于不同的子系统，继续完善，首先要满足指挥系统的要求，同时也不影响子系统的维护管理，通过分配权限管理来实现。

4. 配电网规范化营销管理是新形势下的必然选择

只有基础营销管理工作做好了，才能提高营销管理水平，树立优质服务的形象，实现降本增效，最终实现经济效益与社会效益的双丰收。

四、配网指挥系统实例

1. 设计理念

本系统的设计理念是“业务为导向，数据为中心，技术保障支持”，为实现系统的业务与数据分离的基本要求，使得应用系统必须具有松散耦合性、重组性以及与平台无关等特性，从业务、数据和技术三个维度对系统进行设计。

（1）业务维度。

1）配电网运行监测：电网运行监测、设备运行监测、辅助设备运行监测、设备故障预警、运行负荷监测等。

2）故障实施处理：实时报警、故障处理预案、统一指挥调度、故障处理评估等。

3）配电工作管理：智能巡检、保点管理、生产指挥、应急指挥、智能计划等。

4）辅助决策分析：设备健康状态分析、设备巡检周期分析、设备运行状态评估。

（2）数据维度。

1）实时信息：EMS、DSCADA、DA（FA、SA）等。

2）准实时信息：用电现场管理终端、配变检测终端、各类智能采集终端、客户报修电话（TCM）、外勤巡视汇报（MC）。

3）非实时信息：基础资料（电网模型、设备信息、客户信息、GIS、人员信息）、停电计划、操作票、气象数据等。

（3）技术维度。

1）综合数据采集技术：光纤通信技术、载波通信技术、3G/GPRS/CDMA技术、WSN技术、多规约支持技术、负载均衡技术等。

2）信息集成总线技术：IEC 61850应用集成技术、多源CIM模型整合技术。

3）可视化工作平台：配电GIS技术、用户交互技术。

配电网实时生产指挥中心由配电网实时生产指挥系统、配电网准实时数据采集平台和配电网数据集成交换服务三部分构成，配电网实时生产指挥系统实例如图8-5-3所示。

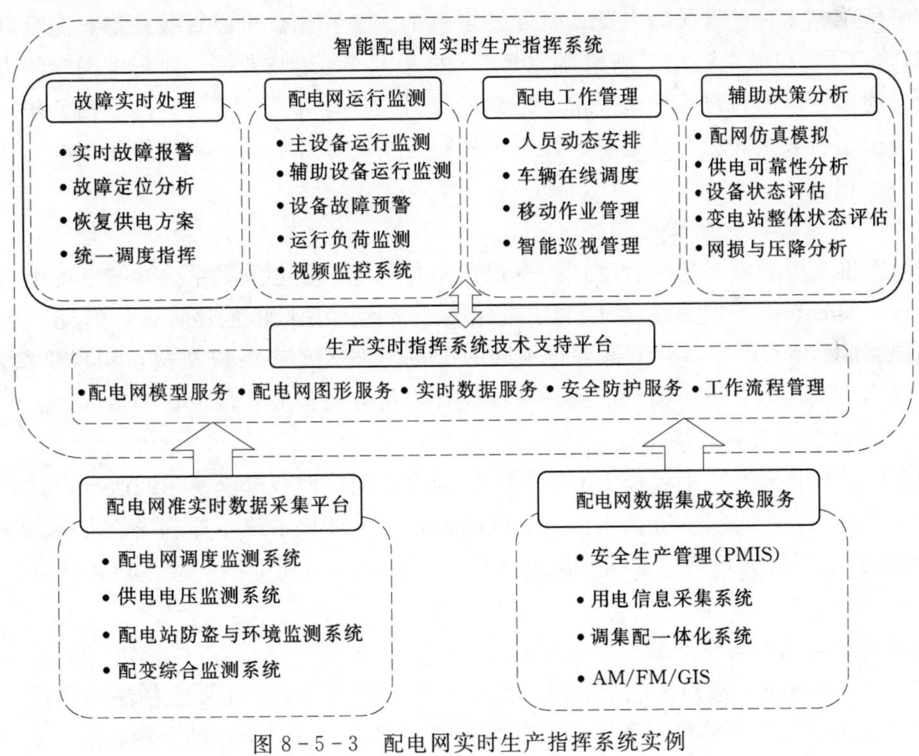

图8-5-3　配电网实时生产指挥系统实例

2. 配电网实时生产指挥系统

配电网实时生产指挥系统是指挥中心的业务核心，由实时指挥系统技术支持平台和四大业务应用模块构成。

（1）实时指挥系统技术支持平台融合EMS/MIS/GIS技术，为上层业务模块提供配网综合模型服务、GIS配电网图形服务、实时数据服务、安全防护服务和工作流管理。

（2）配电网运行监测以GIS地理信息为背景，实时展示电网全景情况，模拟建立“指挥沙盘”，动用各种可视化的表现手段直观显示电网运行的状态、设备状态，停电区域，故障区域，抢修车辆人员位置，工作任务执行进度。

（3）故障实时处理通过对各类设备的在线监测，及时捕获设备故障并实时告警，利用DPAS进行故障影响范围分析和生成最优恢复方案，统一调度指挥工作资源，第一时间通知客户并尽快消除故障。

（4）配电工作管理建立在配网GIS、高级分析、实时数据的基础之上，改进原有的定期巡检和计算检修模式，实现智能巡检和状态检修；综合考虑保电、停电和检修安排，以专家分析模型为方法形成智能工作计划；融合卫星定位技术（GPS）、手持工业终端（PDA）等技术，使得数据在设备和作业人员之间能够及时有效地流动，推进现场工作的效率和准确性。

（5）辅助决策分析建立智能电网模型，研究综合采集到的实时、准实时数据源，进行综合数据分析技术，主动分析配电网的运行状态、快速发现配电网运行的薄弱环节，准确捕捉监控要点；实现提高可靠性、降低成本、提高收益和效率、优化运行的目标。

（6）配电网中一些开关以及配变低压侧电流的大小和相位可以直接获得，充分利用这些FTU和TTU以及馈线出口断路器上RTU的上传三相运行数据，对配电网馈线进行合理的数学建模，为实现准确快速了解，准确的实时线损计算，使系统内的线损分布一目了然，有利于运行人员轻松方便地进行配电网线损分析与计算，为进一步优化配电网系统提供了有力依据。

3. 配电网准实时数据采集平台

配电网准实时数据采集平台采用统一通信平台、统一核心采集系统和统一配电网数据模型设计，负责对配变监测终端TTU、电压统计装置、小水电终端、SOG智能开关和电压无功控制装置VQC等多类设备进行采集；采用分布式动态系统架构，实现负载均衡，支持大规模终端接入；采用灵活的规约可配设计，可方便扩展其他设备的接入。

4. 配电网信息集成交换平台

配电网信息集成交换平台按IEC 61968标准实现配电网数据交换中间服务，建立数据交换内、外总线，内总线负责接入安全Ⅱ区的调集配一体化系统，外总线负责接入安全生产管理PMIS、营销管理信息系统和用电信息采集系统，为配电网实时生产指挥系统提供数据来源。

5. 县局配电网实时生产指挥中心组网方式

图8-5-4给出了县局配电网实时生产指挥中心组网方式。主要包括主站数据库服务器、Web应用服务器、接口服务器、采集服务器、网络设备、工作站及附属设备。

（1）数据服务器一般配置1～2台的高性能服务器，根据要求可配置磁盘阵列，数据库选用高性能商用关系数据库。

（2）Web应用服务器一般配置1～2台较高档的机器，可选用任意平台，如条件允许可做成分布式或者集群方式。

（3）采集服务器负责所有的通信方式，可包括PSTN、中国移动短消息SMS、CSD、GPRS、中国联通CDMA、采用TCP/IP协议的网络（光纤）的数据来源，可根据需要互

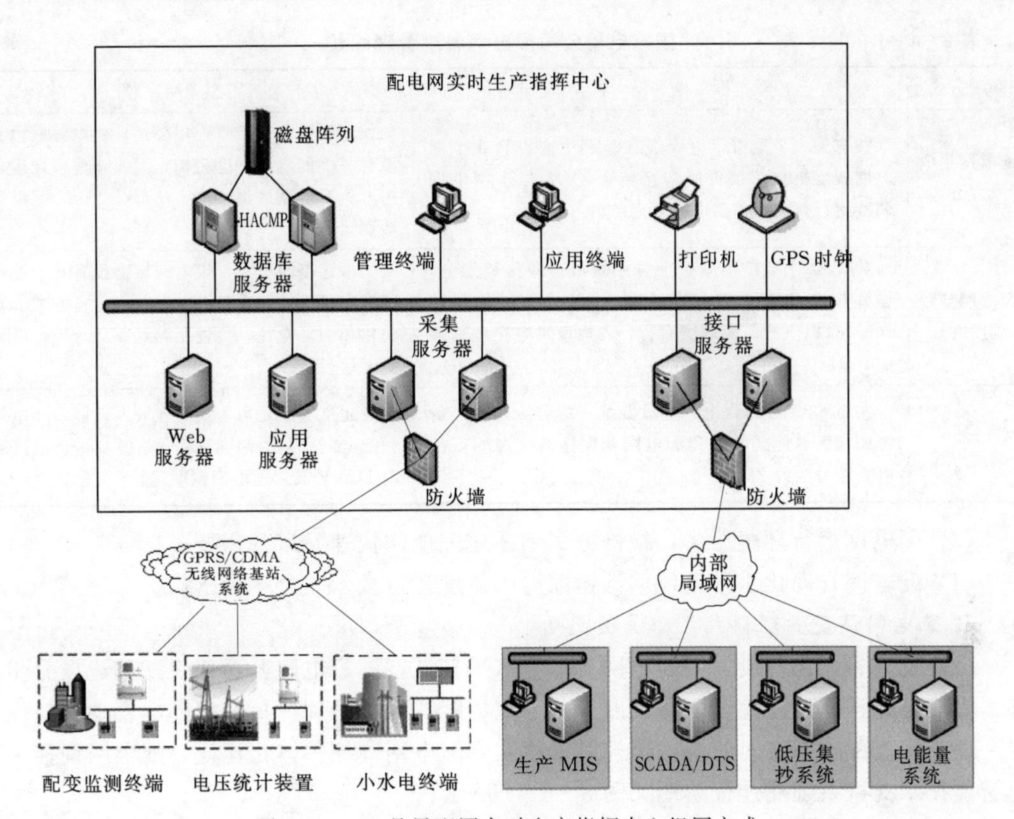

图 8-5-4　县局配网实时生产指挥中心组网方式

为主备配置或并行负载均衡。

（4）接口服务器负责部署数据集成总线，根据需要接入系统的数据和规模进行动态配置，一般配置 1～2 台较高档的机器。

（5）工作站可选用任意 PC 机器或手提电脑。

（6）附属设备包括 GPS 时钟、打印机和短信告警装置等。

第六节　调控一体化系统方案

一、国家电网公司调控一体化系统

1. 配电网调度管理情况分析

国家电网公司大部分单位采取依托地区电网调度自动化系统设置工作站方式，结合纸质图纸、模拟图板或相关配电信息系统单线图进行配网调度，基本不具备运行监视和控制功能。少数单位应用功能相对完善的配网自动化系统和基于 GIS 的配电网信息系统，进行配电网的调度、监视和控制。国家电网公司配电网调度管理现状见表 8-6-1。

2. 配电网存在的问题

（1）管理模式不统一、制度标准体系不完善。

（2）网架结构薄弱，规划实施困难。

表 8-6-1 国家电网公司配电网调度管理现状

调度方式	机构设置	典型单位
配电网集中调度方式	共有184个地市供电企业在地调中心设置1个配电网调度机构，负责所辖区域10kV及以下配电网调度运行，占地市供电企业总数的67.9%	如浙江杭州、宁夏银川公司，供电区域内只设有一个配电网调度机构，隶属于地区调度机构，负责所辖区域10kV及部分35kV配电网调度运行
配电网分散调度方式	共有24个地市供电企业按照城市行政区域划分，设置有91个配电网调度机构，分别负责所辖区域10kV及以下配电网调度运行，占地市供电企业总数的8.9%	如福建厦门公司，供电区域内设有6个配电网调度机构，均设置继电保护、运行方式、自动化和调度专业，负责所辖区域10kV配电网调度运行
地配合一调度方式	共有63个地市供电企业设置统一的调度机构，负责所辖区域地区电网和配电网调度运行，占地市供电企业总数的23.3%	如北京城区公司，供电区域内设置地区电网和配电网合一的调度机构，统一负责供电区域内110kV及以下电网调度运行

(3) 配电网运行环境恶劣，检修方式不适应配电网快速发展的需要。

(4) 配电网自动化水平整体偏低，配电网调度运行技术支持手段落后。

3. 配电网调度管理模式几个关键问题

(1) 配控一体化建设。因配电网自动化水平较低，国家电网公司建议配调建设分步实施：先成立配调，建立健全配调制度规范，完成配调人员培训，再根据配电自动化建设情况，逐步实现配电网实时监视、监控，最终实现配电网调控一体化建设。配电网调控一体化智能技术支持系统功能框架图如图8-6-1所示。

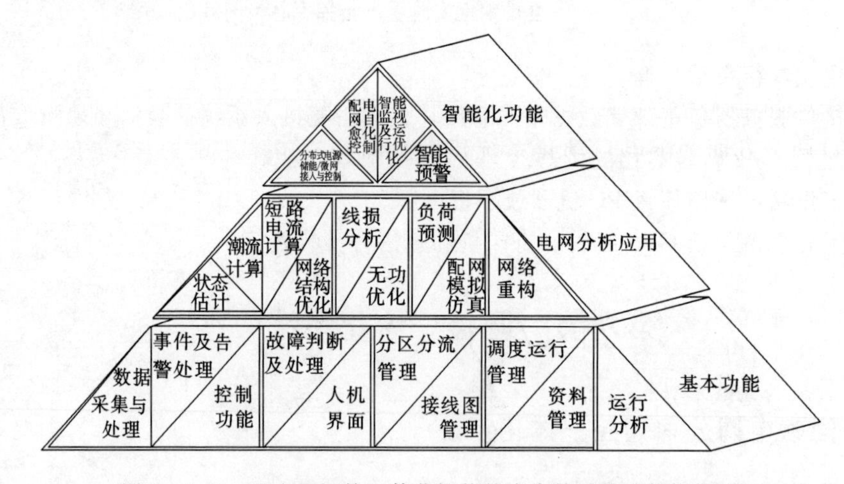

图 8-6-1 配电网调控一体化智能技术支持系统功能框架图

(2) 配调的管理部门。配电网调度管理模式对比见表8-6-2。

(3) 地调、配调管辖范围划分。建立配调后，建议变电站站内10kV开关间隔及以外设备均归配调管辖，变电站10kV母线及以上归地调管辖。

在这种划分方式下，10kV线路正常停送电或事故处理时，配调可以及时转移负荷，而不必向地调申请。

(4) 县级调控一体化。未设立调度机构的供电公司，可以仍由地调统一管理。如地市

表 8-6-2　配电网调度管理模式对比

	模式一：归地调管理	模式二：归检修部门管理	模式三：归营销部门管理
优点	城区配电网属地区电网一部分，能有效保证地调对地区电网统一管理，地区电网调度和配调调度易于分工协作，有益于电网安全稳定运行。国网公司统计的配调机构，除调配未分开的方式，归口地调管理的占 88.5%，其他未明确归口管理部门	停电检修安排便捷	有利于提高优质服务水平
缺点	配电网运行直接关系到用户可靠供电，对调度机构优质服务水平需提出更高要求	运行、检修隶属同一部门，不利于精益化管理，易存在管理死区，不利于提高优质服务水平。如检修工作未能如期完成，无法进行有效考核	营销部门是直接与用户沟通的一线部门，重在一部三中心建设，而配电网更倾向于电网运行生产，对营销部门安全生产技术水平提出更高要求

注　国家电网公司当前推荐采用模式一。

公司成立了配调，根据调度管辖范围划分分属地调调度和配调管理；其他县级调度机构基于人力资源效能因素，建议采用“调控中心＋运维操作站”模式。

二、调控一体化系统分析

配电网调度在执行原有调度业务范围的同时，还将负责对所辖范围内的变电站、开闭所、线路联络开关的各类信息进行监视；对站内 10kV 开关以及配电自动化线路开关进行远方倒闸操作；对开关事故变位信息进行监视并快速反应处理，遥控隔离故障，迅速恢复非故障区域的供电。通过配电自动化系统的建设，实现调度指挥、配电网运行监控、配电网事故应急的工作融合。配电调控一体化建设包括技术支撑手段建设以及管理建设两个方面。配电自动化系统建设是调控一体化建设的重要内容，也是重要技术支撑系统和手段。

调控一体化技术支撑包括调度技术支撑和配电工区技术支撑两个方面的建设。配电自动化主站系统按照调控一体化要求进行建设，是调控一体化建设的重要技术支撑平台，在此基础上可考虑扩展实现拓扑防误、智能监视预警、综合可视化展现等调控一体化高级功能。同时通过配电设备改造、通信系统建设，为调控一体化建设提供基本技术支撑手段。配电运行工区设备运检模式通过建设配电网生产指挥子系统，进一步提高配电网的精益化管理水平和服务质量。配电网生产指挥子系统基于 PMS 构建，与配电自动化系统构成互补的应用功能，主体是面向配电网运行工区的各级岗位，同时也在配电网调度部署工作站。

调控一体化的核心要求是电网模型的一体化和图形的一体化。图形承载了统一完整的电网模型、电网设备和实时与准实时数据，并向外部应用提供图形服务，种类包括单线图、地理图和网络图。图形之间可以互相联动。图 8-6-2 为三图联动示意图，展现了联动的整个过程。

图形联动极大地减少了电网图纸、资料的维护工作，实现了电网的拼接、拆分和抽象，保证了电网图纸、资料的一致性，兼顾了效率和美观实用。

三、配电网调控一体化管理建设

1. 流程梳理

配电网调控一体化主要包括配电网的运行监控、配电网事故处理、配电网停电检修、配电网方式变更等方面的业务，其事故处理及停电检修业务流程如图 8-6-3 所示。

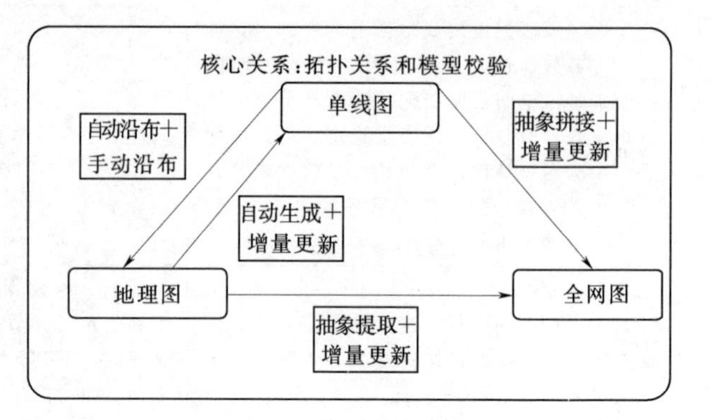

图 8-6-2　三图联动示意图

2. 岗位职责调整

(1) 调度中心配调岗位管辖范围及职责。负责变电站 10kV 母线及 10kV 线路开关以及 10kV 开闭站、小区配电室、柱上联络及分支开关等变、配电设备的调度指挥、运行监视、方式调整、开关遥控工作。

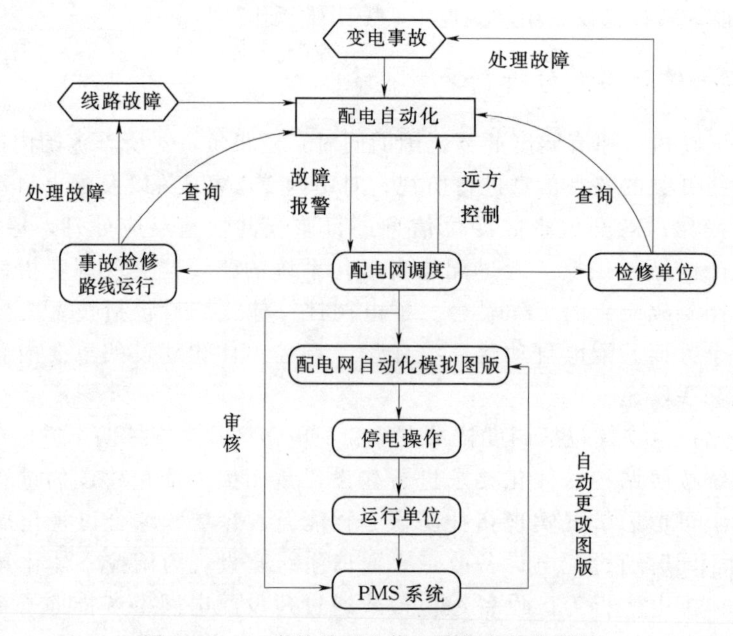

图 8-6-3　事故处理及停电检修业务流程图

(2) 自动化运维职责。负责配电自动化主站系统（含信息交换总线）的运行维护，确保配电自动化主站系统数据传输正常、图形修改正确以及设备资料的台账管理。

(3) 线路运行工区的职责。在配电自动化系统投运以后，运行工区负责配电自动化终端的安装及维护工作，在接到配调值班员的命令后，及时处理配电自动化系统设备本身的故障及配网事故。

四、配电网调控一体化标准制度建设

为配合调控一体化管理模式创新，拟制定如下标准制度：

（1）配电网调度运行管理规程。

（2）配电网停送电管理办法。

（3）配电网调度中心运行工作管理规定。

（4）配电网调度中心重要客户供电中断事故紧急处理预案。

（5）配电网调度中心配电抢修管理规定。

（6）配电网调度中心新投运配电设施自动化遥控送电管理规定。

第七节　配电自动化系统实时数据

一、配电数据采集和处理

1. 数据采集

（1）应实现以下各类数据的采集和交换，包括但不限于：

1）电力系统运行的实时量测，如一次设备（馈线段、母线、开关等）的有功、无功、电流、电压值以及等模拟量，开关位置、隔离开关、接地开关位置以及远方控制投退信号等其他各种开关量和多状态的数字量。

2）过流保护、零序保护等二次设备数据。

3）电网一次设备、二次设备状态信息数据。

4）控制数据，包括受控设备的量测值、状态信号和闭锁信号等。

5）配电终端上传的数据，包括实时数据、历史数据、故障录波、日志文件、配置参数等，支持数据类型应满足 Q/GDW 11815—2018《配电自动化终端技术规范》和 Q/GDW 514—2010《配电自动化终端/子站功能规范》等规范要求。

6）卫星时钟、直流电源、UPS 或其他计算机系统传送来的数据及人工设定的数据。

7）配电站房、配电电缆、架空线路、配电开关、配电变压器等设备电气、环境通道等状态数据。

8）电量数据。

（2）广域分布式数据采集，支持数据采集应用分布在广域范围内的不同位置，通过统筹协调工作共同完成多区域一体化的数据采集任务并在全系统共享。

（3）大数据量采集，应能满足大数据量采集的实时响应需要，支持数据采集负载均衡处理。

（4）应支持 DL/T 634《远动设备及系统》标准（IEC 60870）的 104、101 通信规约或符合 DL/T 860《电力自动化通信网络和系统》标准（IEC 61850）的协议。

（5）具备错误检测功能，能对接收的数据进行错误条件检查并进行相应处理。

（6）支持光纤、无线等通信方式，数据采集应满足以下要求：

1）数据采集应满足国家发展和改革委员会令 2014 年第 14 号《电力监控系统安全防护规定》的要求，应在安全接入区采用专用服务器，专用服务器支持主备、负载均衡处理。

2）无线公网数据采集应支持无线通信方式配电终端低功耗、低效据流量等相关应用要求。

2. 数据处理

数据处理应具备模拟量处理、状态量处理、非实测数据处理、数据质量码、统计计算等功能，具体如下：

(1) 模拟量处理。应能处理一次设备（馈线段、母线、开关等）的有功、无功、电流、电压值等模拟量。对模拟量的处理应实现以下功能：

1）提供数据有效性检查和数据过滤。

2）提供零漂处理功能，且模拟量的零漂参数可设置。

3）提供限值检查功能，并支持不同时段使用不同限值。

4）提供数据变化率的限值检查功能，当模拟量在指定时间段内的变化超过指定阀值时，给出告警。

5）支持人工输入数据。

6）可以自动设置数据质量标签。

7）按用户要求定义并统计某些量的实时最大值、最小值和平均值，以及发生的时间。

8）可支持量测数据变化采样。

9）进行工程单位转换。

10）支持配电终端历史数据、故障录波、故障事件、日志文件、相磁场强度等解析。

11）支持对配电终端运行参数的处理。

12）支持对配电终端上送的电压越限、负荷越限等告警量处理。

(2) 状态量处理。应能处理包括开关位置、隔离开关，接地开关位置、保护状态以及远方控制投退信号等其他各种信号量在内的状态量。状态量的处理应完成以下功能：

1）状态量用1位二进制数表示，1表示合闸（动作/投入），0表示分闸（复归/退出）。

2）支持双位通信处理，对非法状态可做可疑标识。

3）支持误信处理，对抖动通信的状态做可疑标识。

4）支持检修状态处理，对状态为检修的遥信变化不做报警。

5）支持人工设定状态量。

6）所有人工设置的状态量应能自动列表显示，并能调出相应接线图。

7）支持保护信号的动作计时处理，当保护动作后一段时间内未复归，则报超时告警。

8）支持保护信号的动作计次处理，当一段时间内保护动作次数超过限值，则报超次告警。

(3) 非实测数据处理。非实测数据可出人工输入也可由计算得到，以质量码标注，并与实测数据具备相同的数据处理功能。

(4) 数据质量码。应对所有模拟量和状态量配置数据质量码，以反映数据的质量状况。图形界面应能根据数据质量码以相应的颜色显示数据。计算量的数据质量码由相关计算元素的质量码获得。数据质量码至少应包括以下类别：

1）未初始化数据。

2）不合理数据。

3）计算数据。

4）实测数据。

5）采集中断数据。

6）人工数据。

7）坏数据。

8）可疑数据。

9）采集闭锁数据。

10）控制闭锁数据。

11）替代数据。

12）不刷新数据。

13）越限数据。

（5）统计计算。支持统计计算，应能根据调度运行的需要，对各类数据进行统计、具备灵活定制计算公式，提供统计结果，主要的统计功能应包括：

1）数值统计，包括最大值、最小值、平均值、总加值、三相不平衡率，统计时段包括年、月、日、时等。

2）极值统计，包括极大值、极小值，统计时段包括年、月、日、时等。

3）次数统计，包括开关变位次数、保护动作次数、遥控次数、馈线故障处理启动次数等。

3. 数据记录

数据记录应提供SOE、周期采样、数据存储等功能。

（1）SOE。

1）应能以毫秒级精度记录所有电网开关设备、继电保护信号的状态、动作顺序及动作时间，形成动作顺序表。

2）记录应包括记录时间、动作时间、区域名、事件内容和设备名。

3）应能根据事件类型、线路、设备类型、动作时间等条件对SOE记录分类检索、显示和打印输出。

4）具备事件记录分类定义和显示能力。

（2）周期采样。

1）应能对系统内所有实测数据和非实测数据进行周期采样。

2）支持批量定义采样点及人工选择定义采样点。

3）采样周期可选择。

（3）数据存储。

1）应能对系统内所有实测数据和非实测数据进行存储。

2）支持批量定义存储点及人工选择定义存储点。

3）应能对终端上送的历史数据、故障录波、故障事件、终端日志进行存储。

二、配电自动化系统实时数据

配电自动化系统实时数据接入点测算包括系统实时采集数据，以及通过信息交互获取变电站、配电变压器实时数据两部分共同构成。实时信息量的大小决定了配电主站的规模分类。

1. 配电实时数据接入点测算方法

配电实时数据接入点测算方法的有关信号见表 8-7-1～表 8-7-9。

表 8-7-1　　开关站典型遥信表（以二进八出为例，共 60 点遥信）

序号	设备名	信号名称
1	进线开关	断路器位置信号
2		母线隔离开关或小车位置
3		开关异常信号（SF_6 气体报警信号与开关未储能信号取或）
4	出线保护合并信号	故障动作信号（过流、速断、零流）
5		重合闸动作信号
6	出线开关	断路器位置信号
7		母线隔离开关或小车位置
8		开关异常信号（SF_6 气体报警信号与开关未储能信号取或）
9	10kV 母线分段开关	断路器位置信号
10		母线隔离开关或小车位置
11		开关异常信号（SF_6 气体报警信号与开关未储能信号取或）
12	配变保护合并信号	故障动作信号（过流、速断、零流）
13		配变温度或瓦斯告警信号
14	配变低压开关	断路器位置信号
15	公共信号	站内事故总信号
16		站内通信故障总信号
17		站内直流异常信号
18		微机保护装置异常信号
19		Ⅰ段母线接地信号
20		Ⅱ段母线接地信号
21		备自投投退信号
22		遥控投入/解除信号

表 8-7-2　　开关站遥测表（以二进八出为例，共 37 点遥测）

序号	设备名	信号名称
1	进线开关	A 相电流
2		B 相电流/零序电流
3		C 相电流

续表

序号	设备名	信号名称
4	10kV分段开关	A相电流
5		B相电流/零序电流
6		C相电流
7	出线开关	B相电流
8	配变高压开关	B相电流
9	10kV母线	U_{ca}线电压
10		零序电压
11	配变低压开关	A相电流
12		B相电流
13		C相电流
14		功率因数
15	380V母线	A相电压
16		B相电压
17		C相电压
18	直流母线	电压
19	交流母线	U_{ca}线电压

表8-7-3　　开关站遥控表（以二进八出为例，共12点遥控）

序号	设备名	信号名称
1	进线开关	断路器位置
2	10kV分段	断路器位置
3	配变高压开关	断路器位置
4	公共信号	遥控软压板

表8-7-4　　环网开关箱遥信表（以二进四出为例，共11点遥信）

序号	设备名	信号名称
1	进线开关	断路器位置信号
2	10kV分段开关	断路器位置信号
3	出线开关	断路器位置信号
4	配变高压开关	断路器位置信号
5	配变低压开关	断路器位置信号
6	公共信号	遥控投入/解除信号
7		10kV出线三相故障信号

表 8-7-5　环网开关箱遥信表（以二进四出为例，共 13 点遥信）

序号	设备名	信号名称
1	进线开关	B 相电流
2	10kV 分段开关	B 相电流
3	出线开关	B 相电流
4	配变高压开关	B 相电流
5	配变低压开关	B 相电流
6		U_{ca}线电压
7		功率因数

表 8-7-6　环网开关箱遥控表（以二进四出为例，共 8 点遥控）

序号	设备名	信号名称
1	进线开关	断路器位置
2	出线开关	断路器位置
3	10kV 分段	断路器位置
4	配变高压开关	断路器位置
5	公共信号	遥控软压板

表 8-7-7　箱式变电站遥信表（以一进四出为例，共 9 点遥信）

序号	设备名	信号名称
1	进线开关	开关位置信号
2	出线开关	开关位置信号
3	配变高压开关	开关位置信号
4	配变低压开关	开关位置信号
5	公共信号	10kV 出线三相故障信号
6		遥控投入/解除信号

表 8-7-8　箱式变电站遥测表（以一进四出为例，共 7 点遥测）

序号	设备名	信号名称
1	配变低压开关	A 相电流
2		B 相电流
3		C 相电流
4		A 相电压
5		B 相电压
6		C 相电压
7		功率因数

表 8-7-9　　箱式变电站遥控表（以一进四出为例，共 6 点遥控）

序号	设备名	信号名称
1	进线开关	开关位置
2	出线开关	开关位置
3	配变高压开关	开关位置
4	公共信号	遥控软压板

配电实时数据接入点测算见表 8-7-10。

表 8-7-10　　配电实时数据接入点测算表

项　目	遥信	遥测	遥控	总量
开关站（二进八出）	60	37	12	109
环网开关箱遥信表（二进四出）	11	13	8	32
箱式变电站遥信表（一进四出）	9	7	6	22

2. 变电站实时数据接入点测算方法

变电站实时数据接入点测算方法的有关信号见表 8-7-11～表 8-7-17。

表 8-7-11　　母线典型遥测表（以 10kV 母线为例，共 7 点遥测）

序号	设备名	信号名称
1	10kV Ⅰ段母线	A 相电压 U_a
2		B 相电压 U_b
3		C 相电压 U_c
4		线电压 U_{ab}
5		线电压 U_{bc}
6		线电压 U_{ca}
7		零序电压 $3U_0$

表 8-7-12　主变低压侧开关间隔遥测表（以主变 10kV 侧为例，共 5 点遥测）

序号	设备名	信号名称
1	主变低压侧开关	A 相电流 I_a
2		B 相电流 I_b
3		C 相电流 I_c
4		有功功率 P
5		无功功率 Q

表 8-7-13　主变低压侧隔离开关间隔遥信表（以主变 10kV 侧为例，共 6 点遥信）

序号	设备名	信号名称
1	主变低压侧开关	断路器位置
2		主变侧隔离开关位置
3		母线侧隔离开关位置

续表

序号	设备名	信号名称
4	10kV 分段开关	断路器位置
5		Ⅰ段母线侧隔离开关位置
6		Ⅱ段母线侧隔离开关位置

表 8-7-14　主变低压侧手车开关间隔遥信表（以主变 10kV 侧为例，共 5 点遥信）

序号	设备名	信号名称
1	主变低压侧开关	断路器位置
2		手车位置
3	10kV 分段开关	断路器位置
4		手车位置
5		提升柜手车位置

表 8-7-15　出线开关间隔遥信表（以 10kV 出线开关间隔为例，共 12 点遥信）

序号	设备名	信号名称
1	10kV 出线开关	断路器位置
2		母线侧隔离开关位置/断路器手车位置
3		线路离隔离开关位置
4		旁母隔离开关位置
5		线路侧接地隔离开关位置
6	保保护信号	过流信号
7		速断信号
8		远方/就地信号
9		控制回路断线
10		弹簧未储能
11		重合闸信号
12		事故总信号

表 8-7-16　出线开关遥测表（以 10kV 出线开关间隔为例，共 6 点遥测）

序号	设备名	信号名称
1	10kV 出线开关	A 相电流 I_a
2		B 相电流 I_b
3		C 相电流 I_c
4		有功功率 P
5		无功功率 Q
6		功率因数

表 8-7-17　　出线开关遥控表（以 10kV 出线开关间隔为例，共 1 点遥控）

序号	设备名	信号名称
1	10kV 出线开关	断路器位置

变电站实时数据接入点测算见表 8-7-18。

表 8-7-18　　变电站实时数据接入点测算表

项目	遥信	遥测	遥控	总量
母线	0	7	0	7
主变低压侧开关	6/5	5	0	11/10
10kV 出线开关	12	6	1	19

3. 配变实时数据接入点测算方法

配变实时数据接入点测算方法有关数据见表 8-7-19 和表 8-7-20。

表 8-7-19　　公变典型遥测表（共 7 点遥测）

序号	设备名	信号名称
1	公变	线电压 U_{ab}
2		A 相电流 I_a
3		有功功率 P
4		无功功率 Q
5		电量

表 8-7-20　　专变典型遥测表（共 5 点遥测）

序号	设备名	信号名称
1	专变	线电压 U_{ab}
2		A 相电流 I_a
3		有功功率 P
4		无功功率 Q
5		电量

配变实时数据接入点测算见表 8-7-21。

表 8-7-21　　配变实时数据接入点测算表

项目	遥信	遥测	遥控	总量
公变	0	5	0	5
专变	0	5	0	5

第八节　配电自动化系统验收测试方案

配电自动化性能指标见表 8-8-1。

表 8-8-1　　配电自动化性能指标

内　容			指　标
容量要求	系统最小接入实时信息容量		＞500000
	可接入终端数		≥30000
	可接入控制量		≥64000
	历史数据保存周期		≥3 年
	可接入子站数		≥50
	可接入工作站数		≥40
冗余性	冗余配置节点切换时间		＜5s
	冷备用设备接替值班设备的切换时间		＜5min
可用性	系统年可用率		≥99.9%
	系统运行寿命		＞10 年
可靠性	系统中关键设备 MTBF		＞17000h
	由于偶发性故障而发生自动热启动的平均次数		＜1 次/3600h
计算机资源利用率	任何服务器在任意 10s 内，CPU 平均负荷率		＜35%
	任何用户工作站在任意 10s 内，CPU 平均负荷率		＜35%
网络负载	在任何情况下，系统骨干网在任意 5min 内，平均负载率		＜20%
	双网以分流方式运行时，每一网络的负载率		＜15%
	单网运行情况下网络负载率		＜30%
信息处理	遥信正确率		≥99.9%
	遥控正确率		100%
实时性	遥信/遥测上送主站的信息传送时间	光纤通信方式	＜2s
		载波通信方式	＜35s
		无线通信方式	＜60s
	遥控从确认执行到命令送出主站系统的间隔时间		＜2s
	系统时间与标准时间日误差		≤1s
	画面实时数据刷新周期		1～10s 可调
	信息跨越正向物理隔离时的数据传输时延		＜3s
	信息跨越反向物理隔离时的数据传输时延		＜20s

配电自动化系统验收测试通常可以包括：安装（升级）、启动与关机、功能测试（正例、重要算法、边界、时序、反例、错误处理）、性能测试（正常的负载、容量变化）、压力测试（临界的负载、容量变化）、配置测试、平台测试、安全性测试、恢复测试（在出现掉电、硬件故障或切换、网络故障等情况时，系统是否能够正常运行）、可靠性测试等。

一、配电自动化系统测试内容

配电自动化系统测试系统指标、功能指标、平台服务系统、配电 SCADA 功能、配电网高级应用功能、智能终端通信系统、运行指标、监测指标等见表 8-8-2～表 8-8-10。

表 8-8-2　　配电自动化系统测试系统指标

项目	评价项目及要求	测试实际状态（值）	查证方法
安全性	安全分区、纵向认证措施及操作与控制是否符合二次系统安全防护要求		现场测试
冗余性	热备切换时间不大于 20s；冷备切换时间不大于 5min		现场测试
可用性	主站系统设备年可用率不小于 99.9%		查文件资料
计算机资源负载率	CPU 平均负载率（任意 5min 内）不大于 40%；备用空间（根区）不大于 20%（或是 10G）		现场测试
系统节点分布	可接入工作站数不小于 40；可接入分布式数据采集的片区数不小于 6 片区		查文件资料
Ⅰ、Ⅱ区数据同步	信息跨越正向物理隔离时的数据传输时延小于 3s 信息跨越反向物理隔离时的数据传输时延小于 20s		现场测试

表 8-8-3　　配电自动化系统功能指标

项目	评价项目及要求	测试实际状态（值）	查证方法
基本功能指标	（1）可接入实时数据容量不小于 200000。 （2）可接入终端数不小于 2000。 （3）可接入子站数不小于 50。 （4）可接入控制量不小于 6000。 （5）实时数据变化更新时延不大于 1s。 （6）主站遥控输出时延不大于 2s。 （7）SOE 等终端事项信息时标精度不大于 10ms。 （8）历史数据保存周期不小于 3 年。 （9）85%画面调用响应时间不大于 3s。 （10）事故推画面响应时间不大于 10s。 （11）单次网络拓扑着色时延不大于 2s		查资料、记录、现场测试
扩展功能指标	（1）馈线故障处理：系统并发处理馈线故障个数不小于 10 个。单个馈线故障处理耗时（不含系统通信时间）不大于 5s。 （2）状态估计，单次状态估计计算时间不大于 10s。 （3）潮流计算，单次潮流计算计算时间不大于 10s。 （4）负荷转供：单次转供策略分析耗时不大于 5s。 （5）负荷预测：负荷预测周期不大于 15min；单次负荷预测耗时不大于 15min。 （6）网络重构：单次网络重构耗时不大于 5s。 （7）系统互联：1 信息交互接口信息吞吐效率不小于 20kB；信息交互接口并发连接数不小于 5 个		查资料、记录、现场测试

表 8-8-4　　配电自动化系统平台服务系统

项目	评价项目及要求	测试实际状态（值）	查证方法
支撑软件	（1）关系数据库软件。 （2）动态信息数据库软件。 （3）中间件		查资料、在主站界面上操作和分析
数据库管理	（1）数据库维护工具。 （2）数据库同步。 （3）多数据集。 （4）离线文件保存。 （5）带时标的实时数据处理。 （6）数据库恢复		查资料、在主站界面上操作和分析
系统建模	（1）图模一体化网络建模工具。 （2）外部系统信息导入建模工具		查资料、在主站界面上操作和分析
多态多应用	（1）具备实时态、研究态、未来态等应用场景。 （2）各态下可灵活配置相关应用。 （3）多态之间可相互切换		查资料、在主站界间上操作和分析
多态模型管理	（1）多态模型的切换。 （2）各态模型之间的转换、比较及同步和维护。 （3）多态模型的分区维护统一管理。 （4）设备异动管理		
权限管理	（1）层次权限管理。 （2）权限绑定。 （3）权限配置		查资料、在主站界面上操作和分析
告警服务	（1）语音动作。 （2）告警分流。 （3）告警定义。 （4）画面调用。 （5）告警信息存储、打印		查资料，在主站界面上操作和分析
报表管理	（1）支持实时监测数据及其他应用数据。 （2）报表设置、生成、修改、浏览、打印。 （3）按班、日、月、季、年生成各种类型报表。 （4）定时统计生成报表		查资料、在主站界面上操作和分析
人机界面	（1）界面操作。 （2）图形显示。 （3）交互操作画面。 （4）数据设置、过滤、闭锁。 （5）多屏显示、图形多窗口、无级缩放、漫游、拖拽，分层分级显示。 （6）设备快速查询和定位。 （7）国家标准一、二级字库汉字及矢量汉字		查资料、在主站界面上操作和分析
系统运行状态管理	（1）节点状态监视。 （2）软硬件功能管理。 （3）状态异常报警。 （4）在线、离线诊断工具。 （5）冗余管理、应用管理、网络管理		

续表

项目	评价项目及要求	测试实际状态（值）	查证方法
Web发布	（1）含图形的网上发布。 （2）报表浏览。 （3）极限限制		用2台工作站进行测试

表8-8-5　配电自动化系统配电SCADA功能

项目	评价项目及要求	测试实际状态（值）	查证方法
数据采集	（1）满足配电网实时监控需要。 （2）各类数据的采集和交换。 （3）广域分布式数据采集。 （4）大数据量采集。 （5）支持多种通信规约。 （6）支持多种通信方式。 （7）错误检测功能。 （8）通信通道运行工况监视、统计、报警和管理。 （9）符合国家电力监管委员会电力二次系统安全防护规定		查资料、在主站界面上操作和分析
数据处理	（1）模拟量处理。 （2）状态量处理。 （3）非实测数据处理。 （4）多数据源处理。 （5）数据质量码。 （6）统计计算		查资料、在主站界面上操作和分析
数据记录	（1）SOE。 （2）周期采样。 （3）变化存储		查资料、在主站界面上操作和分析
操作与控制	（1）人工置数。 （2）标识牌操作。 （3）闭锁和解锁操作。 （4）远方控制与调节。 （5）防误闭锁		查资料，在主站界面上操作和分析，并进行现场抽测
网络拓扑着色	（1）电网运行状态着色。 （2）机电范围及供电路径着色。 （3）动态电源着色。 （4）负荷转供着色。 （5）故障指示着色		查资料、在主站界面上操作和分析
全息历史/事故反演	（1）事故反演的启动和处理。 （2）事故反演。 （3）全息历史反演		查资料、在主站界面上操作和分析
信息分流及分区	（1）责任区设置和管理。 （2）信息分流		查资料、在主站界面上操作和分析

续表

项目	评价项目及要求	测试实际状态（值）	查证方法
系统时钟和对时	（1）北斗或GPS时钟对时。 （2）对时安全。 （3）终端对时		查资料、在主站界面上操作和分析
打印	各种信息打印功能		查资料、在主站界面上操作和分析
系统开放性	系统可扩展		查资料、在主站界面上操作和分析

表8-8-6 配电自动化系统配电网高级应用功能

项目	评价项目及要求	测试实际状态（值）	查证方法
馈线故障处理	（1）故障定位、隔离及非故障区域的恢复。 （2）故障处理安全约束。 （3）故障处理控制方式。 （4）主站集中式与就地分布式故障处理的配合。 （5）故障处理信息查询		查资料、在主站界面上操作和分析
网络拓扑分析	（1）适用于任何形式的配电网络接线方式。 （2）电气岛分析。 （3）支持人工设置的运行状态。 （4）支持设备挂牌、投退役、临时跳接等操作对网络拓扑的影响。 （5）支持实时态、研究态、未来态网络模型的拓扑分析。 （6）计算网络模型的生成		查资料、在主站界面上操作和分析
状态估计	（1）计算各类量测的估计值。 （2）配电网不良量测数据的辨识。 （3）人工调整量测的权重系数。 （4）多启动方式。 （5）状态估计分析结果快速获取		查资料、在主站界面上操作和分析
潮流计算	（1）实时态、研究态和未来态电网模型潮流计算。 （2）多种负荷计算模型的潮流计算。 （3）精确潮流计算和潮流估算。 （4）计算结果提示告警。 （5）计算结果比对		查资料、在主站界面上操作和分析
解合环分析	（1）实时态、研究态、未来态电网模型合环分析。 （2）合环路径自动搜索。 （3）合环稳态电流值、环路等值阻抗、合环电流时域特性、合环最大冲击电流值计算。 （4）合环操作影响分析。 （5）合环前后潮流比较		查资料、在主站界面上操作和分析
负荷转供	（1）负荷信息统计。 （2）转供策略分析。 （3）转供策略模拟。 （4）转供策略执行		查资料、在主站界面上操作和分析

续表

项目	评价项目及要求	测试实际状态（值）	查证方法
负荷预测	（1）最优预测策略分析。 （2）支持自动启动和人工启动负荷预测。 （3）多日期类型负荷预测。 （4）分时气象负荷预测。 （5）多预测模式对比分析。 （6）计划检修、负荷转供、限电等特殊情况分析		查资料、在主站界面上操作和分析
网络重构	（1）提高供电能力。 （2）降低网损。 （3）动态调控		查资料、在主站界面上操作和分析
系统互联	（1）信息交互遵循 IEC 61968 标准。 （2）支持相关系统间互动化应用		查资料、在主站界面上操作和分析
分布式电源/储能/微网接入	（1）分布式电源/储能设备/微网接入、运行、退出的监视、控制等互动管理功能。 （2）分布式电源/储能装置/微网接入系统情况下的配网安全保护、独立运行、多电源运行机制分析等功能		查资料、在主站界面上操作和分析
配电网的自愈	（1）智能预警。 （2）校正控制。 （3）相关信息融合分析。 （4）配电网大面积停电情况下的多级电压协调，快速恢复功能。 （5）大批量负荷紧急转移的多区域配合操作控制		查资料、在主站界面上操作和分析
经济运行	（1）分布式电源接入条件下的经济运行分析。 （2）负荷不确定条件下对配电网电压无功协调优化控制。 （3）在实时量测信息不完备条件下的配电网电压无功协调优化控制。 （4）配电设备利用率综合分析与评价。 （5）配电网广域备用运行控制方法		查资料、在主站界面上操作和分析

表 8-8-7　　配电自动化系统智能终端/子站

项目	评价项目及要求	测试实际状态（值）	查证方法
模拟量	遥测综合误差不大于1%		查资料、记录、现场验证
	（1）遥测越限由终端传递到子站/主站。 （2）光纤通信方式小于 2s。 （3）载波通信方式小于 30s。 （4）无线通信方式小于 50s		查资料、记录、进行现场抽测
	遥测越限由子站传递到主站小于 5s		查资料、记录、进行现场抽测

续表

项目	评价项目及要求	测试实际状态（值）	查证方法
状态量	遥信正确率不小于99.9%		查资料、记录，进行现场抽测
	站内事件分辨率小于10ms		查资料、记录，进行现场抽测
	（1）遥信变位由终端传递到子站/主站。 （2）光纤通信方式小于2s。 （3）载波通信方式小于30s。 （4）无线通信方式小于50s		查资料、记录、进行现场抽测
遥控	遥控正确率100%		查资料、记录，现场验证
	遥控命令选择、执行或撤销传输时间不大于10s		查资料、记录，现场验证
设置	（1）设置定值及其他参数。 （2）当地、远方操作设置。 （3）时间设置、远方对时		在主站设置下载或在当地通过维护口设置
其他	子站、远方终端平均无故障时间不小于20000h		查资料、记录、现场验证
	系统可用率不小于99.9%		查资料、记录，现场验证
	配电自动化设备的耐压强度、抗电磁干扰、抗振动、防雷等满足DL/T 721—2013《配电自动化远方终端》要求		查资料、记录，现场验证
	户外终端的工作环境温度（－40～70℃）		查资料、记录、现场验证
	室内终端的工作环境温度（－25～65℃）		查资料、记录、现场验证
	户外终端的防护等级IP65		查资料、记录、现场验证
	室内终端的防护等级IP32		查资料、记录、现场验证

表8-8-8　　配电自动化系统通信系统

项目	评价项目及要求	测试实际状态（值）	查证方法
传输速率	（1）光纤专网不小于19200bit/s。 （2）其他方式不小于2400bit/s		查资料、记录、进行现场抽测
误码率	（1）光纤专网优于1×10^{-9}。 （2）其他方式优于1×10^{-5}		查资料、记录、进行现场抽测

续表

项目	评价项目及要求	测试实际状态（值）	查证方法
其他	串行口电气特性符合 EIA RS232/RS422/RS485 规定		查资料、记录，现场验证
	以太网接口为 10M/100M 自适应，符合 IEEE 8023 标准		查资料、记录、现场验证
	双工工作方式		查资料、记录、现场验证
	平均无故障时间不小于 20000h		查资料、记录验证
	环境温度、湿度、耐压强度、抗电磁干扰、抗振动、防雷等满足 GB/T 13729—2019《远方终端设备》和 DL/T 721—2013《配电自动化远方终端》对配电自动化设备的要求		查资料、记录、现场验证

表 8-8-9　配电自动化系统运行指标

项目	评价项目及要求	测试实际状态（值）	查证方法
模拟量	（1）遥测综合误差不大于 1%。 （2）遥测合格率不小于 98%		查资料、记录、现场遥测验证
状态量	遥信动作正确率（年）不小于 99%		查资料、记录验证
遥控	遥控正确率（年）不小于 99.99%		查资料、记录验证

表 8-8-10　配电网监测指标

项目	评价项目及要求	测试实际状态（值）	查证方法
配电网监测指标	（1）实现自动化 10kV 架空线路（条）数不小于规划阶段的 90%。 （2）实现自动化 10kV 电缆（条）数不小于规划阶段的 90%。 （3）实现自动化柱上开关（台）数不小于规划阶段的 80%。 （4）实现自动化开闭所（座）（包括环网柜）数不小于规划阶段的 90%。 （5）实现自动化公用变压器（台）（包括箱变）数不小于规划阶段的 50%。 （6）实现自动化部分配网容量（kVA）不小于规划阶段的 90%		查资料、在主站界面上操作和分析

二、配电自动化系统工厂验收测试方案

1. 工厂验收流程

配电自动化系统工厂验收流程如图 8-8-1 所示。

2. 配电自动化系统工厂验收测试方案

（1）模拟测试。在模拟的环境下，运用黑盒测试的方法，验证被测硬件是否满足需求

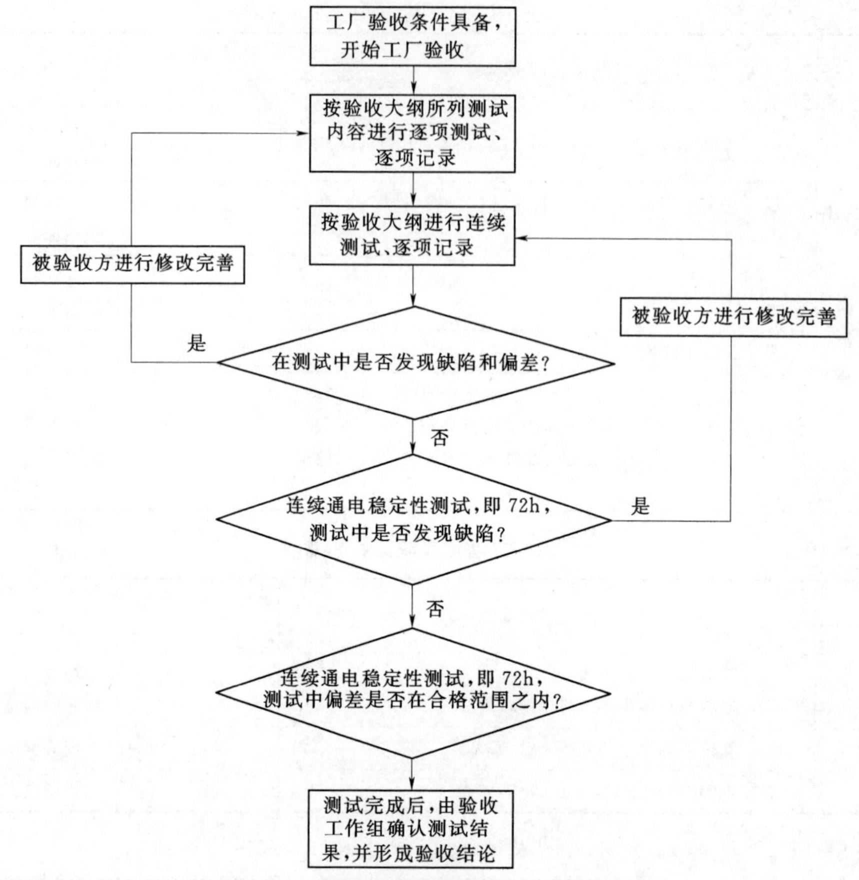

图8-8-1　配电自动化系统工厂验收流程图

规格说明书列出的需求，目的是通过与系统的需求相比较，发现所构建的系统与合同需求不符或矛盾的地方，检验系统硬件构成是否符合预期结果。

（2）界面测试。通过用户界面测试来核实用户与软件的交互。包括：人机界面、网络接入与控制、网络拓扑着色、数据记录、操作与控制、权限管理、Web发布等大量通过界面反映人机交互的功能。除此之外，界面测试还要确保界面功能内部的对象符合预期要求，并遵循公司或行业的标准。

（3）功能测试。在模拟的环境下，根据合同确认的功能和测试用例，逐项测试，检查产品是否达到用户要求的功能。

（4）压力测试。在模拟情况下通过确定一个系统的瓶颈或者不能接收的性能点，来获得系统能提供的最大服务级别。通过压力测试，确定在各种工作负载下系统的性能，目的是测试当变化的负载逐渐增加时，系统各项性能指标的变化情况。

（5）出厂前系统整体测试。出厂前采用测试算例对整个产品系统进行测试，目的是验证系统是否在模拟环境下满足技术合同要求。

（6）安全测试。系统应用的安全性：包括对数据或业务功能的访问，在预期的安全性情况下，操作者只能访问应用程序的特定功能、有限的数据，测试时，确定有不同权限的

用户类型，创建各用户类型并用各用户类型所特有的事务来核实其权限，最后修改用户类型并为相同的用户重新运行测试。

安全功能验证：

1）有效的密码是否接受，无效的密码是否拒绝。

2）系统对于无效用户或密码登录是否有提示。

3）用户是否会自动超时退出，超时的时间是否合理。

4）各级用户权限划分是否合理。

（7）互联测试。

三、配电自动化系统现场验收测试方案

1. 现场验收流程

配电自动化系统现场验收流程如图8-8-2所示。

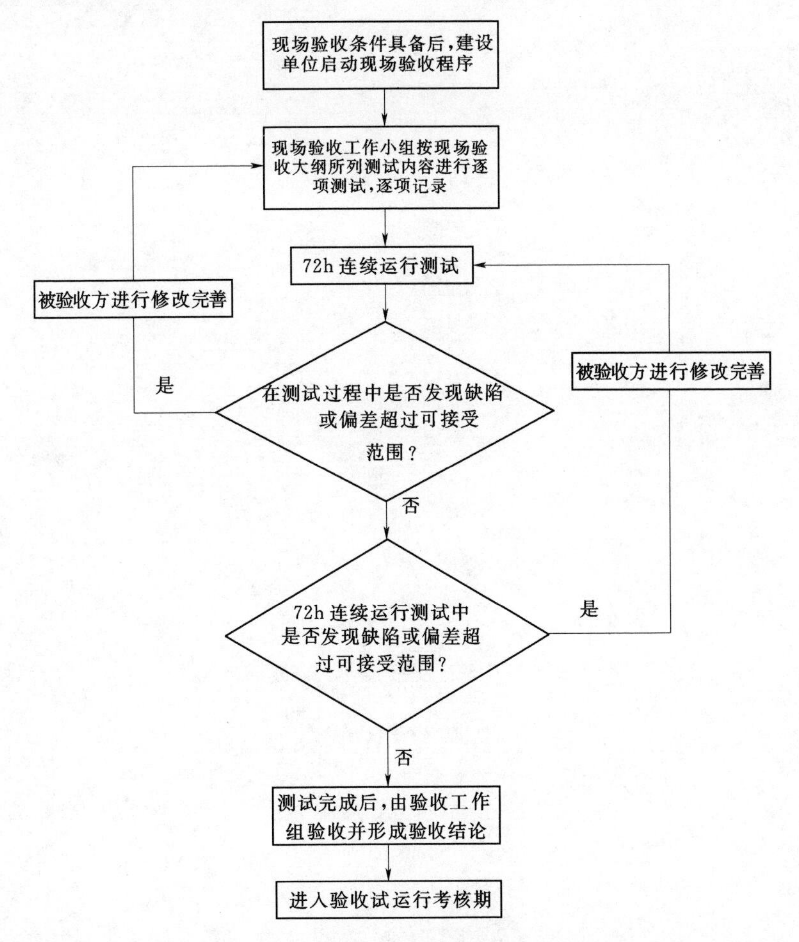

图8-8-2　配电自动化系统现场验收流程图

2. 配电自动化系统现场验收测试方案

（1）界面测试。同工厂验收的“界面测试”。

(2) 功能测试。在系统真实的环境下，根据合同确认的功能逐项测试，检查产品是否达到用户要求的功能。配电自动化主站的功能测试是在终端（子站）均已接入的情况下的测试，内容包括：数据采集、数据处理、系统建模、馈线故障处理、多态多应用、网络拓扑分析、多态模型管理、状态估计、潮流计算、告警服务、解合环分析、负荷转供、负荷预测、系统运行状态管理、网络重构、配电网调度运行支持应用等配电自动化技术合同认定的功能进行逐项测试。终端的功能测试在生产厂家进行。

(3) 系统确认测试。对上线系统进行全方位的整体测试。测试的对象不仅仅包括需要测试的产品系统的软件，还要包含软件所依赖的硬件、外设甚至包括某些数据、某些支持软件及其接口等。因此，必须将系统中的软件与各种依赖的资源结合起来，在系统实际运行环境下来进行测试，其中包括主站和终端的系统时钟和对时、分布式电源/储能/微电网控制接入、全息历史/事故反演、配电网的自愈、经济运行等。

(4) 系统安全测试。同工厂验收。

第九章　智能微电网

第一节　微电网概述

一、微电网的概念

微电网是指由分布式能源、能量变换装置、负荷、监控和保护装置等汇集而成的小型发配电系统，能在并网、孤岛运行两种模式间切换，是一个能够实现自我控制和管理的自治系统，系统容量一般为几千瓦至数兆瓦。微电网的构成如图 9-1-1 所示。

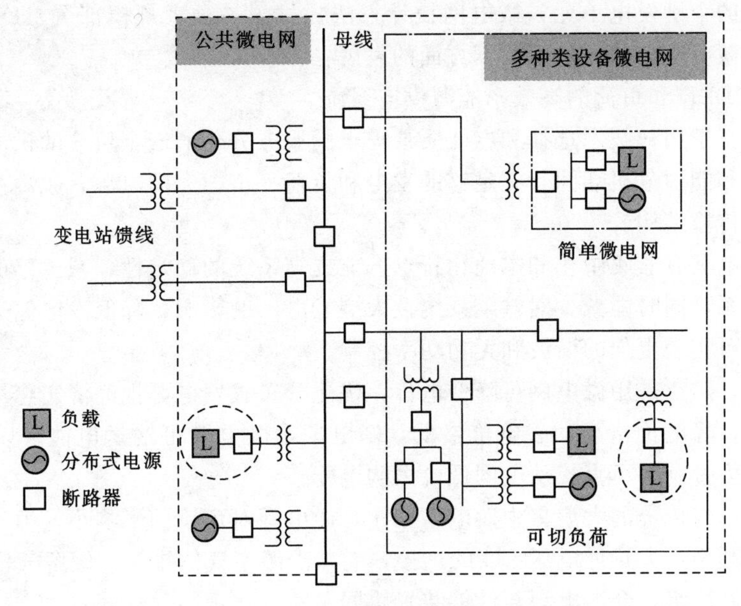

图 9-1-1　微电网结构示意图

微电网具有包容性、灵活性、定制性、经济性和自治性等特征。

(1) 包容性。表现为多种形式的分布式电源可以在微电网中兼容运行；各种先进的电力技术能够在微电网中得到应用；小型模块化装置可以在微电网中实现即插即用。

(2) 灵活性。具体包括：①控制灵活，通过控制方式的切换，即使在大电网出现问题的情况下也能保证对于重要负荷的供电；②组网灵活，对于电源的接入无特殊要求，可实现偏远地区、环境恶劣地区的组网与供电。

(3) 定制性。主要表现在消费者对于电能的需求方面，即对负荷进行等级的划分实现分级供电，使各级用户的电能需求都能得到满足，供电方式灵活；电力电子技术的发展与应用使得微电网在用户对电能质量敏感的情况下也可以实现稳定可靠的供电。

（4）经济性。主要表现在：微电网本身的特点有利于提高用户供电的稳定性，引导正确的电力消费观念，维护了用户的利益；可在孤岛方式下运行的特点延长了供电时间，能为发电方带来更多的经济收益；优化能源利用，提高运行效率和减少温室气体的排放，促进电网的清洁高效运行。

（5）自治性。在于其具有孤网运行的能力，能够在异常情况下脱离配电网运行、迅速恢复电压频率等的稳定，为负荷提供能量。微电网完善的控制、保护系统也对其安全运行提供了保证。

二、微电网的发展

随着新型技术的应用，尤其是电力电子接口和现代控制理论的发展，微电网出现了。微电网将发电机、负荷、储能装置及控制装置等结合，形成一个单一可控的单元，同时向用户供给电能和热能。基于微电网结构的电网调整能够方便大规模的分布式能源（DER）互联并接入中低压配电系统，提供一种充分利用 DER 发电单元的机制。相对于以前分别处理不同技术的个别发电单元，微电网设计方法提供了一种大规模部署、DER 自治控制的系统方法。微电网方法促进了以下方面的发展：

（1）基于 DER 和负荷的高效率能源供应系统。

（2）考虑基于用户技术选择和电能质量需求的服务分化的安全可靠的供电结构。

（3）停电和能源危机期间，有足够的发电和负荷平衡能力的电源，脱离主网，独立自治运行的能源传输结构。

微电网供电具有非集中化和本地化特点，能提高系统的稳定性，减少停电次数，达到更佳的供求关系，同时能减少对输电系统及大型发电厂的影响，降低发电储运消耗。通过电力电子技术可实现更佳的谐波和无功功率控制。

市场方面，广泛采用微电网可降低电价，优化分布式发电可把经济实惠最大限度地带给用户。例如，峰电价格高，谷电价格低，峰电期，微电网可输送电能，以缓解电力紧张；在电网电力过剩时可直接从电网低价采购电能。

环境方面，与传统的大型集中发电厂相比，微电网对环境的影响小。由于技术创新及可再生能源的利用，大量低电压 DG 的连接，能减少温室气体排放，缓解气候变化。在局部电网和微电网层级，众多电源与储能装置协同工作，实现高效运营。

运行方面，微电网的并网标准只针对微电网和大电网的公共连接点（Point of Common Coupling，PCC），而不针对具体的微电源，解决了配电网中分布式电源的大规模接入问题。微电网可以灵活地处理分布式电源的连接和断开，体现了“即插即用”的特征，为充分发挥分布式电源的优势提供了一个有效的途径。

微电网可以作为一个可定制的电源，以满足用户多样化的需求。例如，增加局部供电可靠性，降低馈线损耗，通过微电网储能元件对当地电压和频率提供支撑，或作为不可中断电源，提高电压下陷的校正。

投资方面，通过缩短发电厂与负载间的距离，提高系统的无功供应能力，从而改善电压分布特征，消除配电和输电瓶颈，降低在上层高压网络中的损耗，减少或至少延迟对新的输电项目和大规模电厂系统的投资。

可见，紧紧围绕全系统能量需求的设计理念和向用户提供多样化电能质量的供电理念是微电网的两个重要特征。

表 9-1-1 显示了配电系统规划的传统方法和基于分布式能源发电和微电网的新型规划方法的主要不同点。

表 9-1-1　　配电系统规划方法

项目	过　去	现　在	将　来
规划	传统方法	分布式能源系统	微电网
联合发电	集中式现场，后备发电	分布式 DER 在中低压网络渗透	分布式 DER 在高中压网络渗透
负荷	没有分类	基于电能质量需求和控制的负荷分类（如关键/非关键，可控/不可控负荷）	
配电网络	由变电站供电/无源网络	半有源网络	有源网络/双向功率交换
应急管理	基于切负荷的频率调节，强迫停电	切负荷，切 DER	孤岛自治运行，紧急 DRM，功率分享

三、分布式电源

分布式电源指功率不大（几十千瓦到几兆瓦），建设在负荷中心附近的清洁环保、经济、高效、可靠的自主智能发电形式。类型包括微型燃气轮机、光伏发电、风力发电、燃料电池、储能等。

1. 微型燃气轮机

微型燃气轮机（Microturbine，MT）是指功率在几百千瓦以内的以天然气、甲烷、汽油、柴油等为燃料的小型热动力装置，可同时提供电能和热能，也可应用于冷热电联供系统等。具有可靠性高、寿命长、低噪声、重量轻、体积小、低污染、控制灵活等优点。微型燃气轮机发电系统结构如图 9-1-2 所示，由微型燃气轮机、永磁同步发电机、AC-DC 整流器、DC-AC 逆变器、LC 滤波器、负荷等组成。其中，核心设备微型燃气轮机由径流式涡轮机械、燃烧室、板翘式回热器构成。

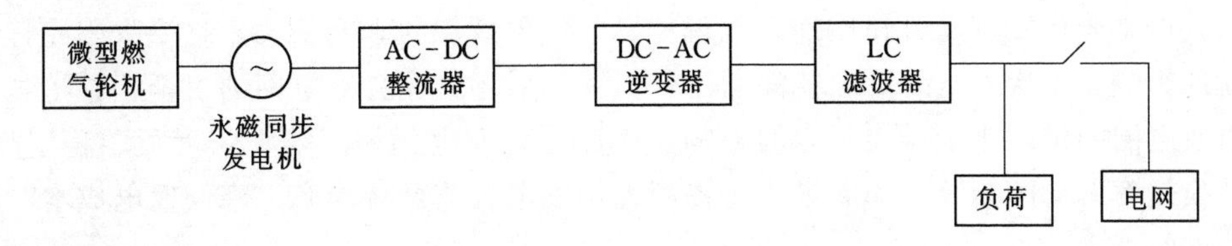

图 9-1-2　微型燃气轮机发电系统结构图

微型燃气轮机发电系统的工作原理为：从离心式空气压缩机出来的高压空气先在回热器内由涡轮排气预热，进入燃烧室，与燃料充分混合、燃烧；然后再由高温燃气驱动心式涡轮，直接带动永磁发电机发电（发电机转速可达 50000～120000r/min），产生的高频交流电流经过整流器和逆变器转化成工频交流电；再通过滤波器滤除高频谐波，输送到交流电网或直接供给负荷。回热器排出的高温尾气可通过溴化锂制冷机或热交换器满足冷、热负荷的需求，实现冷热电联供。一般微型燃气轮机发电效率可达30%，如果实行热电联产，效率可提高到75%。

微型燃气轮机主要有两种结构：一种是单轴结构，其微型燃气轮机与涡轮同轴相连，由于发电机转速较高，需通过电力电子变流装置进行整流逆变，将高频电流转换成工频交流电；另一种是分轴结构，分轴结构燃气轮机的燃气涡轮与动力涡轮采用不同的转轴，转速较低的动力涡轮通过变速齿轮与发电机相连，发电机不需要额外的变流装置，可直接并网运行。分轴结构和单轴结构各具特点，当微电网运行模式切换时，单轴结构调节性能优于分轴结构，可快速恢复频率，在较低负荷时，适当地配置两种不同结构的比例，使分轴微型燃气轮机用于承担基本负荷，而单轴微型燃气轮机用于微电网动态调节，有助于微电网安全、经济、可靠运行。通常考虑选用单轴结构，其具有结构紧凑、效率高、可靠性高等特点，具有广阔的应用前景。

2. 光伏发电

太阳能发电有热发电和光伏发电两种。光伏发电系统是利用半导体材料的光生伏打效应（半导体材料表面受到太阳光照射时，其内产生大量的电子-空穴对，在内电场作用下运行并产生直流电）将太阳能直接转换成电能的一种发电系统。是一种可再生、无污染的发电技术，具有安全可靠、无噪声、不受地域限制、维护简便等优点。光伏发电系统由光伏阵列、储能装置、控制器和逆变器构成。其中光伏阵列由光伏电池串并联组成，产生的电能通过逆变器、滤波器输送到电网，在此过程需要对逆变器和电能转换装置进行最大功率点追踪（Maximum Power Point Tracking，MPPT）控制和逆变控制。MTTP控制的作用是保证光伏阵列始终工作在输出功率最大的状态；逆变器控制的作用是保证逆变器输出的电流与电网电压同相并尽可能减小谐波输出。

光伏发电系统的运行方式主要分为离网运行和并网运行两种方式。离网运行方式是不连接公共电网的一种独立运行模式，主要应用于远离主电网的无电地区和一些特殊场所，如为边远农村、海岛、边防哨所等提供电能；并网运行方式即与公共电网相连接，共同为负荷供电，是光伏发电大规模商业化发展的必由之路，是组成电力工业的重要方向之一，也是当今世界光伏发电未来发展的主流趋势。

虽然光伏发电具有安全可靠、无污染、无噪声、不消耗化石能源、安装简单方便等诸多优点，但是光伏发电受时间周期、地理位置、气象条件的影响很大，且受太阳光日夜交替变化的影响，光伏发电装置只能间歇工作，并网后还可能会对电网的安全、稳定、经济运行以及电网的供电质量造成一定的影响。因此光伏发电仍属于能量密度低、稳定性差、能量转换效率偏低的能源，仍需进一步提高光伏发电的能量转换率，降低发电成本，减少对主电网的冲击。

3. 风力发电

大自然拥有极其丰富的风力资源，风能是典型的可再生能源。风力发电（Wind Power）是通过传动装置将风能转化为机械能，再通过发电机将机械能转化为电能的过程。其具有建设周期短、污染小、单机容量大、环境友好等优点。风电机组主要包括风力机、发电机、变速传动装置、储能装置以及相应的控制装置等。其中风力机和发电机的功率和速度控制是风力发电的关键技术。

风力机是将风能转化成机械能的装置，它主要由塔架、风轮和迎风装置等组成。

发电机是将机械能转化为电能的装置，发电机在并网时必须输出恒定频率（50Hz）的电能。按转速不同可分为恒速和变速两种，其中变速需利用变频器来实现；按拓扑结构可分为交-直-交型、交-交型、矩阵型三种；按变频器容量不同可分为部分容量和全部容量型。变速传动装置可将低速的风轮转速转换成较高的发电机转速。

风力发电的工作原理为：风力带动风轮旋转，将风能转化为机械能，再通过齿轮箱将较低的风轮转速转换成较高的发电机转速，促使发电机将机械能转化为电能，供用户使用。

风力发电系统的运行方式有离网型和并网型两种。离网型的单机容量小（约为0.1～5kW，一般不超过10kW），主要采用直流发电系统并配合储能装置独立运行；并网型的单机容量大（可达兆瓦级），且由多台风电机组构成风力发电机群（风电场），集中向电网输送电能。另外，中型风电机组（几十千瓦到几百千瓦）可并网运行，也可与其他分布式电源结合（如风电-柴油机发电、风电-水电互补等）形成微网。并网型风力发电的频率应与电网频率保持相同。

风电作为一种清洁绿色能源，具有改善生态环境、优化能源结构、促进社会和经济可持续发展等优势，是未来电力能源发展的一个趋势。但是风能是一种低密度能源，受外界影响较大，稳定性比较差，控制技术是提高风电高效运行的关键，因此需要更多的研究来改善风电稳定性差的特点，提高利用率，提高供电质量和电网稳定性。

4. 燃料电池

燃料电池（Fuel Cell，FC）是一种等温进行，并直接将储存在燃料和氧化剂中的化学能高效、环境友好地转化为电能的发电装置。按电解质的不同，燃料电池一般分为磷酸燃料电池（PAFC）、碱性燃料电池（AFC）、质子交换膜燃料电池（PEMFC）、熔融碳酸盐燃料电池（MCFC）和固体氧化物燃料电池（SOFC）等。燃料电池的发电原理与化学电源类似，主要有阴极、阳极、电解质和外部电路四部分组成，两电极表面涂有催化剂，电极提供电子转移的场所，阳极进行氧化反应过程，阴极进行还原反应过程，导电粒子在电解质内迁移，电子通过外电路做功构成电回路。它的燃料和氧化剂不是储存在电池内的。而是储存在电池外的储存罐中。在电池发电的过程中，要连续不断地送入燃料和氧化剂，排出反应物，同时产生反应热。

燃料电池的发电过程不必经过热机过程而直接将化学能转化为电能，不受卡诺循环限制，具有较高的能量转化效率，理论上发电效率可达85%～90%，实际上受各种极化限制，目前能量转化效率为40%～60%，并且具有环境污染小、比能量高、噪声低、易扩建、可灵活调节、可靠性高等优点，是继火电、水电、核电之后的第四种连续发电方式，是一种具有巨大竞争力的发电技术。

5. 储能

近年来，储能技术发展迅速，主要分为机械储能、电化学储能、电磁储能三类。其中，机械储能主要包括抽水蓄能、压缩空气储能、飞轮储能；电化学储能主要包括各种蓄电池储能；电磁储能主要有超级电容器储能、超导磁储能等。几种常见的储能方式特性对比见表9-1-2。

表 9-1-2　　几种常见的储能方式特性对比

储能方式	能量密度 /[(W·h)/kg]	功率密度 /(W/kg)	可充放电次数	效率 /%	响应时间
飞轮储能	5～50	180～1800	10^6	90～95	ms
超导储能	<1	1000	10^6	90	1～5ms
蓄电池储能	30～200	100～700	10^3	80～85	ms～s
超级电容器储能	2～10	7000～18000	$>10^6$	>95	ms

微电网对接入其中的储能装置的要求包括：①响应速度快，因为微电网中的新能源波动、离/并网模式切换等都对微电网的稳定运行造成很大的威胁，为了保证微电网的暂态过程稳定，需要储能装置的快速响应；②功率密度大，因为在系统功率发生较大波动时，为了保证系统稳定，需要储能装置提供或者吸收差额功率；③能量密度大，因为新能源发电过程不可控，功率流动变化比较大，需要储能装有较大的容量。从表 9-1-2 中可以看出各种储能技术在能量密度、功率密度和响应速度等方面表现各不相同，很少有哪一种储能技术可以完全满足系统的各种要求。因此需要复合储能装置的进一步研究和应用。

四、分布式能源系统的作用

（1）节约成本。可定制 DER 来满足消费者的用电需求，并且运营商能够响应市场价格信号来指导本地电力供给和消费，以实现最低的总能源成本。

（2）节能增效。DER 与其他传统节能措施相结合，可显著提高系统效率。通过在建筑楼宇、工厂和电网层级集成实时数据监控和多点控制，可显著提高资产利用率和工厂效率，确保按需提供电力、制冷、供暖和照明。

（3）排放和污染减少。DER 包括可再生能源以及低碳技术和控制系统，并能集成到电网，降低系统的碳排放强度和对本地环境的影响。在地方层面，空气质量差可能引起严重的公共卫生问题。对矿石燃料的继续依赖是造成重大空气质量问题的主要原因之一。依赖于清洁能源生产或混合系统的 DER 对空气质量的影响减小，有助于保持更环保、更清洁的生态系统。

（4）建筑开发审批许可。为获得建筑新开发许可证，许多城市的开发商还需满足严格的可持续发展标准。而将 DER 集成到建筑楼宇设计中，可以更有效地实现其节能增效，空气质量和碳排放目标。而组成 DER 系统一部分的增强控制系统也将有助于减少虚拟楼宇和实际楼宇之间的“性能差距”。

（5）供应安全稳定。在设计本地、分布式和可控 DER 发电和储能解决方案时，可为终端用户提供本地恢复力，甚至可完全独立于电网来供电，从而也可为电网运营商带来好处。当基础设施接近其使用极限时，DER 可以管理用电需求来减少峰值负荷，并保持电能质量，避免停电风险，延迟对主要电网加强投资的需求。

（6）提高电网恢复力。人口快速增长正在推动具有大量能源需求的日益密集的城市化。这些趋势加上大规模的环境变化，使得提高电网恢复力、应对突发事件成为城市的当务之急。而 DER 正是应对这些问题的最佳解决方案，可将能源储存在受影响区城内，以备不时之需。

（7）电网的补充。使用独立 DER 解决方案可在电网扩建经济上不可行的地区实现完全离网。离网电气化可确保经济发展，促进经济增长。以后时机成熟，该离网还可接入公共电网。

第二节　微电网系统及结构

一、微电网结构

微电网系统由部分低压（≤1kV）或者中压（通常 1～69kV）配电系统和由单个或者多个 DER 服务的集群负荷组成。在微电网内部，以对当地负荷产生尽量小的干扰为目的，为局部区域提供热冷电。从运行的角度看，微电网可能与当地电力系统有一个耦合点，在物理结构上与主网相连，而其运行和控制模式可能在依赖主网（Grid-Dependent，GD）模式和不依赖主网模式（Grid-Independent，GI）之间转换，其取决于微电网和主干网之间的功率交换。从电网的角度看，微电网是电力和能源市场中的净电源或者净负荷。任何时候，微电网都置于电力系统中，其需要良好的规划以避免产生不可预期的问题。微电网概念为实现分布式电源的运行提供了一种新方式。小型孤立的电力系统虽然并不完全符合上面的定义，但也可被认为是微网。它们运用相似的技术并且使人们更清楚电力系统如何向当前尚未发展或者并不存在的方向发展。

表 9-2-1 是基于微电网应用、所有制结构、负荷类型的微电网结构的一般分类及其特征。其中包括了电力系统微电网、单一或者是多场址的工业/商业微电网和偏远微电网三类。三类微电网的应用、主要驱动力、各自优点以及运行方式见表 9-2-1。

表 9-2-1　　微电网结构的一般分类及其特征

		电力系统微电网		工业/商业微电网		偏远微电网
		城市电网	农村馈线	多场址	单场址	
应用		闹市区	计划孤岛	工业园区，大学校园和购物中心	商业楼或者居民楼	偏远社区和地理孤岛
主要驱动力		停电管理，可再生能源整合		电能质量，可靠性和能源效益提高		偏远地区电气化和燃料消耗的减少
优点		温室气体减少混合供电阻塞管理延迟升级辅助服务		改善电能质量服务水平分化热电冷联供需求侧管理		供电可用度可再生能源整合温室气体减少需求侧管理
运行方式：依赖主网（GD），自治运行（GI），计划孤岛（IG）		GD，GI，IG		GD，GI，IG		IG
向 GI 和 IG 过渡	故障	故障（临近馈线或者变电站）		主网故障，电能质量问题		—
	预设	维修		能源价格（高峰期），电力系统维修		—

二、微电网设计原则

1. 微电网系统配置举例

包含光伏发电、风力发电、铅酸蓄电池储能系统、氢燃料电池发电系统、V2G充发电设施及各类负荷的智能微电网系统，还装设抑制谐波的有源滤波器。

2. 微电网实用化设计原则

考虑电源进线模式、微电网运行组合模式多样性、微电网的控制难度及控制策略，以及微电网运行的实用化水平。

3. 新能源就地最大限度消纳原则

一方面需保障并网情况下新能源发电的就地消纳，提高新能源利用效率和经济性；另一方面需实现离网运行模式下微电网内部新能源发电最大限度的消纳和负荷平衡。

4. 重要负荷供电可靠性最高原则

在外部电源全部消失后微电网能够实现对应急负荷/重要负荷的持续供电，改善用户侧的电能质量（提升电压合格率、改善功率因数等）。只要控制策略准确得当，重要负荷的可靠率将得到极大提升，理论供电可靠率可达到100%。

5. 储能电池使用效能最佳原则

提高储能电池的使用寿命和兼顾新能源发电最大限度消纳。储能电池的使用寿命与运行温度、充放电功率和充放电深度紧密相关。

三、微电网技术原则

在微电网设计原则的指导下，通过对微电网具体运行技术指标的设计，能够保证微电网运行最佳状态。针对技术指标，需遵照如下技术原则。

1. 并/离网切换时间尽可能短原则

目前，国内外关于无缝切换时间没有给出明确的定义，工程实践中无缝切换时间大约在100ms。微电网无缝切换时间主要取决于并网开关动作时间、储能逆变器模式切换时间及网络通信等。

2. 控制策略简单可靠原则

不同的微电网设计方案，会给微电网带来不同的运行模式，需要相应的运行策略与之匹配。而控制策略的简单可靠，对提高微电网运行的安全性至关重要。

3. 孤岛运行抗扰动能力强原则

无论是计划性孤岛还是非计划性孤岛，微电网都应具备快速建立孤岛稳定运行的能力，对于孤岛情况下的轻微故障，微电网应具备一定的低电压穿越能力，能够将系统快速重新建立稳定。

基于以上微电网设计原则和技术原则，通过选择适当的微电网控制模式和控制策略，实现微电网的可靠运行。

四、微电网系统

微电网是一种新型能源网络化供应与管理技术，能给可再生能源系统的接入提供便

利、实现需求侧管理及现有能源的最大化利用。微电网技术为大规模应用分布式电源提供了一种有效实用的方法，它综合运用了新型电力电子技术、分布式发电技术、可再生能源发电技术和储能技术。微电网解决了分布式电源大规模接入产生的问题，充分发挥了分布式电源的各项优势，典型微电网系统如图 9-2-1 所示。

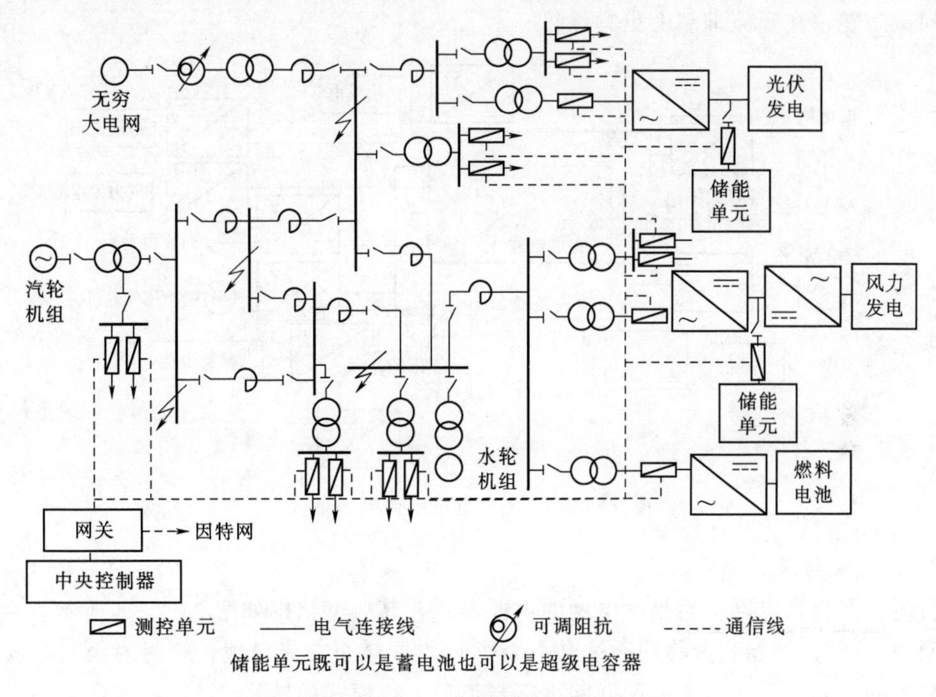

图 9-2-1　多能源微电网系统

1. 直流微电网

直流微电网结构如图 9-2-2 所示，其特征是系统中的分布式发电（DG）、储能装置、负荷等均通过电力电子变换装置连接至直流母线，直流网络再通过逆变装置连接至外部交流电网。直流微电网通过电力电子变换装置可以向不同电压等级的交流、直流负荷提供电能，DG 和负荷的波动可由储能装置在直流侧补偿。

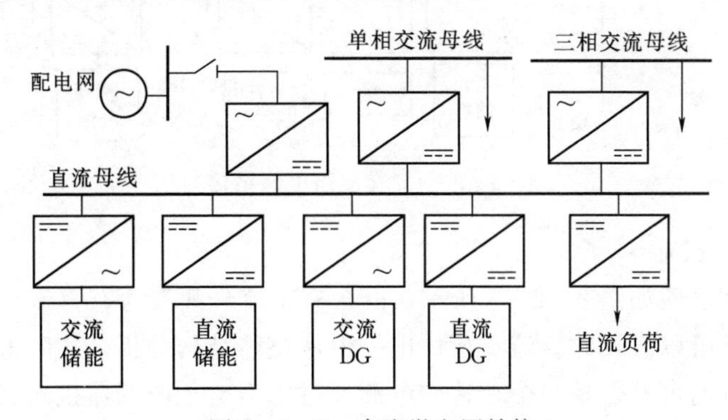

图 9-2-2　直流微电网结构

考虑到 DG 的特点以及用户对不同等级电能质量的需求，2 个或多个直流微电网也可以形成双回或多回路供电方式，如图9-2-3所示，直流馈线1上接有间歇性特征比较明显的DG，用于向一般负荷供电，直流馈线2连接运行特性比较平稳的DG以及储能装置，向重要负荷供电。相比于交流微电网，直流微电网由于各DG与直流母线之间仅存在一级电压变换装置，降低了系统建设成本，在控制上更易实现；同时，由于无需考虑各DG之间的同步问题，在环流抑制上更具优势。

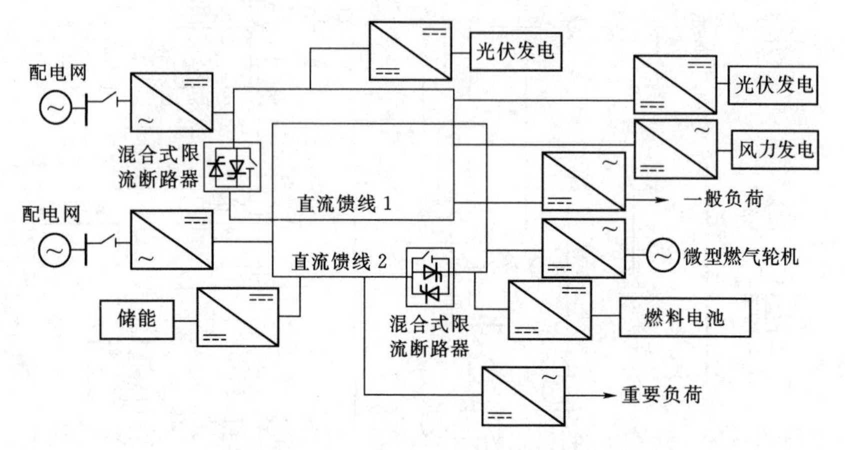

图9-2-3　多直流馈线微电网结构

2. 交流微电网

目前，交流微电网仍然是微电网的主要形式，其典型结构如图9-2-4所示。在交流微电网中，DG、储能装置等均通过电力电子装置连接至交流母线，通过对公共连接点端口处开关的控制，可实现微电网并网运行与孤岛运行模式的转换。

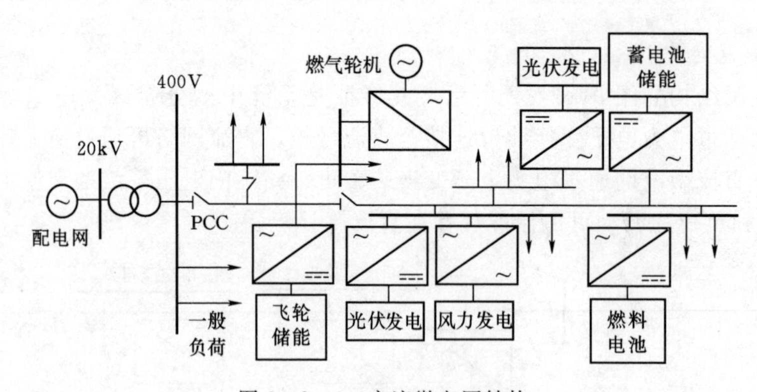

图9-2-4　交流微电网结构

3. 交直流混合微电网

交直流混合微电网如图9-2-5所示，既含有交流母线又含有直流母线，既可以直接向交流负荷供电又可以直接向直流负荷供电。但从整体结构分析，实际上仍可看作是交流微电网，直流微电网可看作是一个独特的电源通过电力电子逆变器接入交流母线。

4. 简单结构微电网试验平台

所谓简单结构微电网，是指系统中DG的类型和数量较少、控制和运行比较简单的微

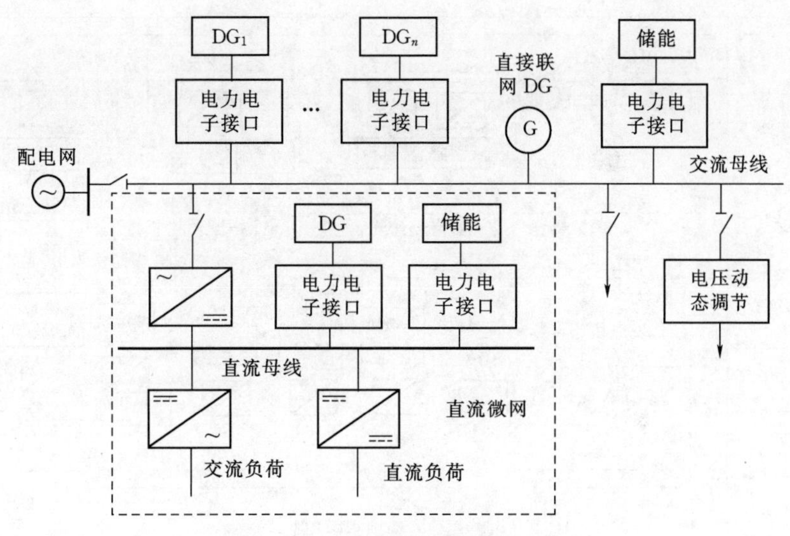

图 9-2-5 交直流混合微电网结构

电网，其典型结构如图 9-2-6 所示。事实上，这种简单结构的微电网系统在实际中应用很多，例如：DG 为微型燃气轮机的冷热电联供（CCHP）系统，在向用户提供电能的同时，还满足用户供热和供冷的需求。但与传统的 CCHP 系统不同，当形成微电网后，系统必须能够具备并网和孤网运行两种模式，并且可在两种模式间灵活切换这可以在保证能源有效利用的同时，提高用户的供电可靠性。

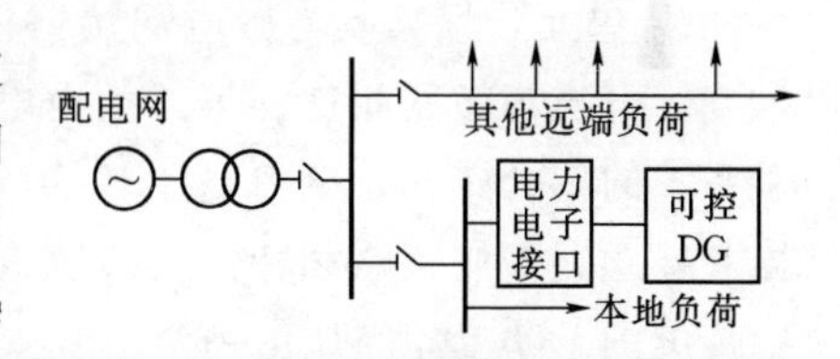

图 9-2-6 简单结构的微电网结构

5. 复杂结构微电网试验平台

所谓复杂结构微电网，是指系统中 DG 类型多、DG 接入系统的形式多样、运行和控制相对复杂的微电网。图 9-2-7 给出了可称为复杂结构的德国 DeMotec 微电网实验系统，系统通过 175kVA 和 400kVA 的变压器与外部电网相连，系统中的 80kVA 和 15kVA 的电源用于模拟与之相连的其他微电网，DG 包括光伏、风机、柴油机、微燃机等多种类型，储能装置采用蓄电池储能。在这一微电网中，按照电气特性和位置的不同，将 DG 和储能装置组成了三种类型的小型微电网嵌入系统中：①三相光伏-蓄电池-柴油机微电网；②单相光伏-蓄电池带负荷微电网；③单相光伏-蓄电池不带负荷微电网。该微电网存在一个上层控制器，与底层的各 DG、储能装置和负荷之间通过 INTERBUS 总线通信，可以实现网络结构重组。

在复杂结构微电网中含有多种不同电气特性的 DG，具有结构上的灵活多样性。但对控制提出了相对较高的要求，需要保证微电网在不同运行模式下安全、稳定运行。此类微电网实验系统还包括法国 ARMINES 微网、西班牙 Labein 微网、意大利 CESI 微电网等。

五、DER

DER 包括 DG 和分布式储能（DS），通常在中低压水平和主微电网相连。

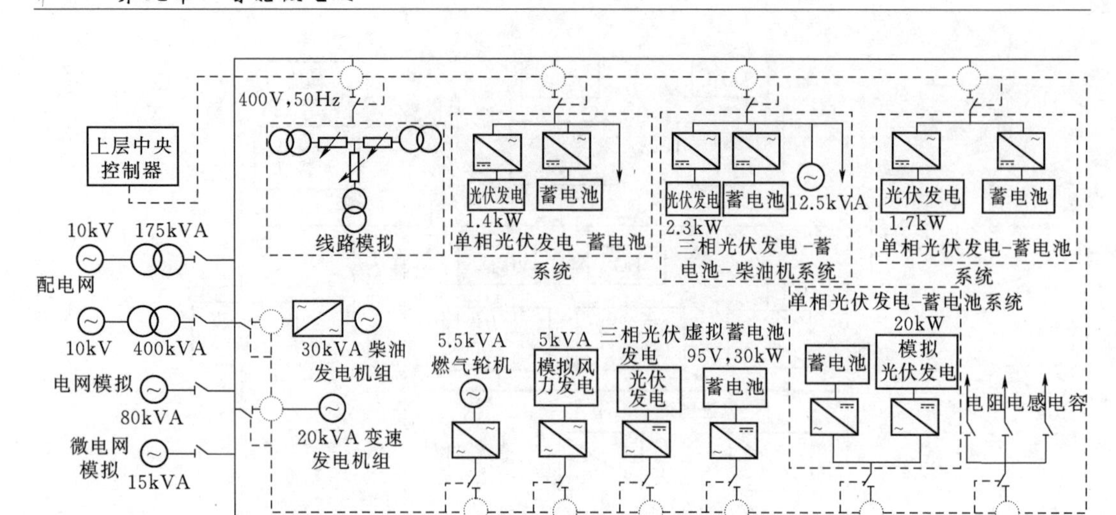

图 9-2-7　DeMotec 微电网结构

DER 单元，根据其与微电网接口的不同分为两类：第一类包括传统的旋转单元，其通过旋转电机与微网相连；第二类由电力电子耦合单元组成，其利用电力电子转换器作为与主系统的耦合媒介。电力电了转换器，作为大部分类型的 DG 和 DS 单元的接口媒介，其控制概念、控制策略和特性与传统的旋转电机有很大的不同。

传统的 DG 单元（如由一个往复式内燃机驱动的同步发电机或者是固定风速驱动的异步发电机）的旋转机械，主要功能是：①把一次能源转换为电能；②作为电源和微电网之间的接口。

而对于一个电力电了耦合的 DC 单元，耦合转换器的功能如下：①能提供转换和控制功能，如电压/频率控制；②作为电源与微电网之间的接口媒介（具有变频及稳压作用）。

电源侧输入接口转换器的功率可以是固定频率或者是变化频率的交流或直流电。转换器的微电网侧是 50Hz 或 60Hz 的交流电。

DG 单元是安装在用户点附近的小型电源。典型的 DG 技术包括光伏（PV）、风电、燃料电池、微型燃气轮机和往复式内燃机发电机。这些系统的原料可能是化石燃料或者可再生能源。

当微电网中的发电与负荷不能精确匹配时，可将 DS 技术应用于微电网。DS 为微电网满足功率和能源需求提供了一个桥梁。根据额定能源容量能覆盖负荷额定功率的时间来定义存储容量。存储容量还可以根据能源密度需求来分类（如中期或者长期需要），或者根据功率密度需求来分类（如短期或者超短期需要）。

用于微电网的能源存储包括电池、超级电容器和飞轮。电池以化学能的形式存储能量。许多电池通过双变换器与电力系统相连，允许能量存储或者从电池吸取能量。超级电容器是一种能够提供高功率密度以及极高循环容量的储能设备。近年来，由于飞轮系统较快的反应特性（与电化学储能设备相比较），其作为一种在网络功率中断时支撑关键负荷的可行手段而受到极大关注。

表 9-2-2 给出了常见 DER 一次能源、接口/逆变和潮流控制。

表 9-2-2　　　　常见 DER 一次能源、接口/逆变和潮流控制

常见 DER	一次能源（PES）	接口/逆变	潮流控制
传统的 DG	往复式内燃机小水轮机 固定风速的风电机组	同步发电机 异步发电机	AVR 和调速控制（$+P$，$\pm Q$） 汽轮机的失速控制和桨距角控制（$+P$，$-Q$）
非传统的 DG	变速风电机组微型燃气轮机	电力电子转换器（AC-DC-AC 转换器）	风轮机速度和 DC 母线电压控制（$+P$，$\pm Q$）
	太阳能 PV 燃料电池	电力电子转换器（DC-DC-AC 转换器）	MPPT 和直流母线电压控制（$+P$，$\pm Q$）
长期储能（DS）	电池储能	电力电子转换器（DC-DC-AC 转换器）	充电状态或者输出电压/频率控制（$\pm P$，$\pm Q$）
短期储能（DS）	超级电容器	电力电子转换器（DC-DC-AC 转换器）	充电状态（$\pm P$，$\pm Q$）
	飞轮	电力电子转换器（AC-DC-AC 转换器）	速度控制（$\pm P$，$\pm Q$）

根据潮流控制，DER 单元可以是发电单元，也可以是不可调度发电单元。一个可调度 DG 发电单元的输出功率可以通过监控系统提供的设置点实现外部控制。相反，不可调度 DG 单元的功率输出通常由自身一次能源的最优运行条件决定。例如，不可调度风电机组单元的功率输出随风的条件发生变化，通常是基于 MPPT 运行，以从风源吸取最大功率。基于可再生能源的 DG 单元通常都是不可调度单元，为获得最大输出功率，通常采取 MPPT 控制策略用以获得所有变化条件下的最大功率。图 9-2-8 显示了一个电力电子接口的 DER 单元的 3 种常见结构。

图 9-2-8（a）是不可调度 DG，光伏阵列通过转换器系统与主微电网相连，其结构也代表了，与 PV 阵列类似的一次能源即具有不可调度自然特性的 DG 单元，例如风力发电。相似地，如果图 9-2-8（a）的 PV 阵列被储能电池所取代，它就组成了一个电力电子耦合的 DS 单元。图 9-2-8 是一个混合的电力电子耦合 DER 单元，虽然 PV 阵列提供不可调度的功率，但是可以控制储能系统使发电单元输出可调度的功率。图 9-2-8（b）示意了基于风力的不可调度 DG 单元也能转换为可调度的混合 DER 单元。图 9-2-8（c）是一个电力电子耦合的发电机组 DG 单元，其与电容器储能单元相耦合。这个发电机组是反应较慢的不可调度 DG 单元，其通过一个 AC-DC-AC 转换器系统与主微电网耦合。电容器储能单元通过一个 DC-DC 转换器与系统的 DC 母线相

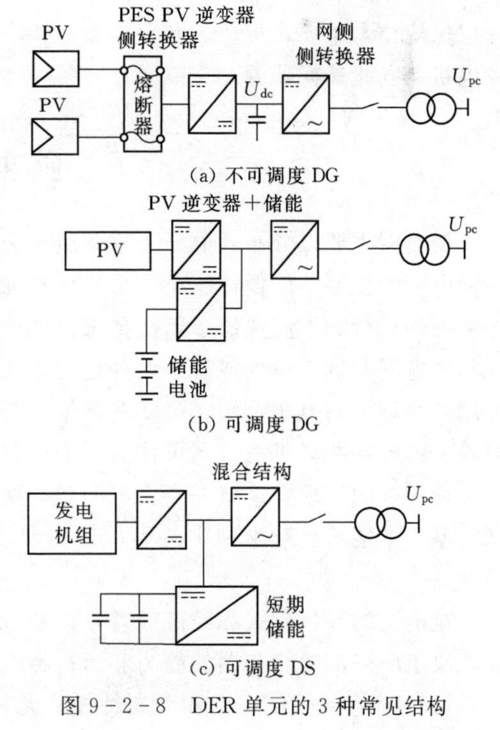

图 9-2-8　DER 单元的 3 种常见结构

连，为反应较慢的发电机组启动或者是加速/减速期间提供短期的功率潮流。

电力电子耦合的DER单元有一个显著的特点，即具有通过接口转换器快速反应的固有能力。接口转换器的另一个特点是限制DER单元的短路电流，使其小于额定电流的200%，从而减小了故障电流。相对于传统的DG单元，一个电力电子耦合的DG单元在微电网暂态过程中没有任何的惯性，所以没有维持微电网频率的固有能力。转换器快速控制也有助于频率调节。图9-2-8接口转换器系统的另一个特点是有助于一次能源和配电系统之间一定程度的电气解耦，从而减缓两个子系统之间的动态相互作用。

六、互联开关

互联开关是微电网和配电网络的连接点。这个领域的新技术巩固了各种功率转换功能（如电源开关、继电保护、计量和通信）。传统上，这些功能都是由继电器、硬件和电力系统的其他组件整合到带有数字信号处理器的单一系统中实现的。通过TA和TV测量开关两侧——大电网和微电网——的网络状态，以决定其运行条件，如图9-2-9所示。一般情况下，互联开关的设计应满足网络互联标准（IEE 1547）以减少自定义工程、位点专一审批过程并降低成本。为达到最大限度的适用性和功能性，其控制的设计也保持技术中立，可用于断路器和更快的以半导体为基础的静态开关，适用于带有传统发电机和电能转换器的DG单元。

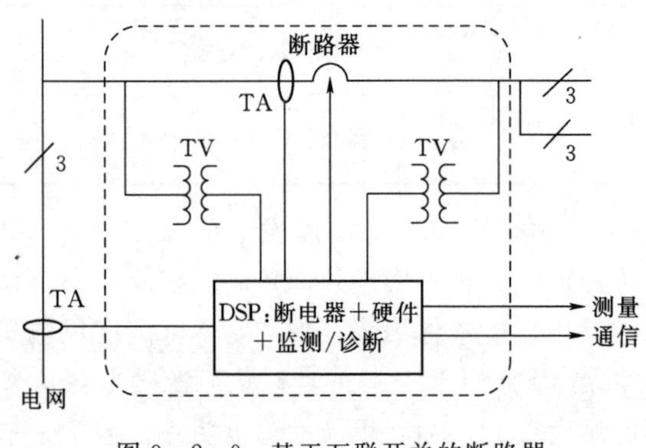

图9-2-9　基于互联开关的断路器

第三节　微电网的控制

微电网主要以分布式电源为主，由于分布式电源的容量一般不大，但数目众多，从而使微电网的控制不能像传统电网那样由电网调度中心统一控制以及进行处理故障，这就对微电网的运行和控制提出了新的要求。如：根据电网需求或者电网故障情况，能够自主实现与主电网并列、解列或者是两种运行方式的过渡转换运行，同时实现电网有功和无功的控制以及频率、电压控制，可实现微电网与主电网的协调优化运行以及对主电网的安全支撑等。微电网相对于主电网可作为一个可控的模块化单元，其可对内部负荷提供电能，满足负荷用户的需求，这就需要良好的微电网控制和管理能力。微电网的运行控制应该能够做到基于本地信息对电网中的事故作出快速、独立的响应，而不用接受传统电网的统一调度。

微电网的环境效益和经济效益，以及微电网在电力系统中的可接受度和可扩展度，主要取决于所采取的控制器的能力和运行特点。主要原因如下：

(1) DER单元的稳态和动态特性，尤其是电力电子耦合单元，与传统的大汽轮发电机单元有所不同。

(2) 由于单相负荷和单相 DER 单元的出现，微电网自身受到单相不平衡程度的影响比较严重。

(3) 微电网供电的一个显著特点是可能形成“不可控”电源，如风力发电单元。

(4) 短期和长期的储能单元在微电网控制中起到非常重要的作用。

(5) 经济性往往对微电网有一定的限定，必须随时容纳 DER 单元和负荷的接入和断开，并同时保证微电网稳定运行。

(6) 微电网为一些负荷提供高电能质量或者优质服务。

(7) 除了电能，微电网往往负责所有或者部分负荷的热供应。

一、微电网控制的主要目标

(1) 可对微电源出口电压进行调节，保证电压稳定性。

(2) 孤网运行时，确保微电源能够快速响应，满足用户的电力需求。

(3) 根据故障情况或系统需求，可实现平滑自主地与主电网并网、解列或者两种运行方式的过渡转化。

(4) 调节微电网的馈线潮流，对有功和无功进行独立解耦控制。

微电网控制系统必须保证在并网和孤网运行方式下，系统都能安全稳定运行。当与电网隔离时，控制系统必须有能力控制局部电压和频率，提供或者吸收电源和负荷之间的暂时功率差额，保护微电网。

孤网运行方式下，微电网频率控制具有挑战性。大系统的频率响应基于旋转体，其被认为是系统固有稳定性的要素。根反，微电网本质上是以转换器为主的网络，具有很小的旋转体（像飞轮储能通过转换器进行耦合）或者根本没有直接相连的旋转体。由于微型燃气轮机和燃料电池对控制信号有较缓慢的响应特性，并且几乎是没有惯性的，孤网运行需要技术支持并且提出了负荷跟踪问题。转换器控制系统必须相对应地提供原先与旋转体直接相连时所能得到的响应特性。而频率控制策略应该以一种合作的方式，通过频率下垂控制、储能设备响应、切负荷方案等，根据微源的容量改变它们的输出有功。

对局部可靠性和稳定性，恰当的电压调节是必要的。没有有效的局部电压控制，分布式电源高渗透率的系统可能会产生电压和无功偏移或振荡。电压控制要求电源之间没有大的无功电流流动。由于电压控制本质上是一个局部问题，并网和孤网两种运行方式下，电压调节问题没有区别。在并网运行方式下，DG 单元以局部电压支撑的形式提供辅助服务。对于现代电力电子接口，与有功-频率下垂控制器相类似，其采用电压-无功下垂控制器，为局部无功需求提供了一种解决方案。

二、微电网控制策略

微电网内 DER 单元的控制策略选择依赖于可能的运行场景所需求的功能，同时也由系统和与其他 DER 单元相互作用的性质所决定。一个 DER 单元的主要控制功能是电压、频率控制或者有功、无功控制。表 9－3－1 提供了 DER 单元的分类和控制策略。

表 9-3-1　　DER单元的分类和控制策略

分　类	网络跟随控制	微电网形成控制
非交互式控制方法	功率输出（有/没有 MPPT）	电压、频率控制
交互式控制方法	电力调度有功和无功支撑	负荷分享（下垂控制）

每一类又分为非交互式和交互式控制策略。当PC点不需要直接进行电压控制或者频率控制时，采用的是网络跟随控制方法。同时，如果单元的功率输出控制与其他单元或者负荷（不可调度的DER单元）控制是相互独立的，则构成了非交互式控制策略。非交互式控制策略的例子是光伏PV单元的MPPT控制。交互式控制策略是基于精确的有功、无功设定值作为输入指令。功率设定值的确定则是基于功率调度策略、负荷或者馈线的有功、无功补偿。

在与大电网隔离的情况下，非交互式微电网形成控制，是一种明确的依赖于可调度单元电压、频率控制的运行方式。在这种控制策略下，DER单元设法实现微电网的有功、无功平衡，调节电压并稳定自治微电网的频率。如果两个或者是更多的DG单元分享负荷需求的同时，对微电网负荷的变动作出响应，则采用的是通过改变DER单元的电压和频率的交互式控制策略。

三、微电网中DG的控制方法

微电网中DG的控制方法主要有：PQ控制、Vf控制和下垂控制。

1. PQ控制

PQ控制也就是恒功率控制，通常在并网运行状态下采用PQ控制，控制的目的是不考虑其对微电网频率和电压的调节作用，使分布式电源输出的有功和无功功率能够实时跟踪参考信号，而频率和电压支撑由大电网提供。

对于光伏发电和风力发电等分布式电源，其出力受环境影响较大，输出功率具有间歇性，采用PQ控制策略可以保证可再生能源的充分利用。

PQ控制有以下方法：

(1) 第一种方法是分别控制有功功率和无功功率，通过给定微电源原动机的有功功率参考值来控制微电源发出的有功功率，直接给定微电源的无功功率参考值来控制其发出的无功功率，如图9-3-1所示。

从图9-3-1可知，控制原动机发出的有功功率，有功功率参考值为P_{setpoint}，在原动机自身功率调节器的作用下跟踪输出的有功功率，通过在逆变器直流侧的电压PI1控制器来保持母线电压恒定，从而实现微电源的有功输出调节。

(2) 第二种方法是直接通过逆变器控制有功功率和无功功率。逆变器的输出功率就是微电源输出的功率，实现该种控制的具体方法是：通过锁相环得到交流侧的三相电压和电流，经过Park变换得到dq0分量，微电源输出的有功功率和无功功率为

$$\left.\begin{aligned}P_{\text{ref}}&=u_{\text{d}}i_{\text{d}}+u_{\text{q}}i_{\text{q}}=u_{\text{d}}i_{\text{d}}\\Q_{\text{ref}}&=-u_{\text{d}}i_{\text{d}}+u_{\text{q}}i_{\text{q}}=-u_{\text{d}}i_{\text{d}}\end{aligned}\right\}\tag{9-3-1}$$

通过式（9-3-1）计算得到dq轴的电流值，把它作为电流环参考值，与实际的电流

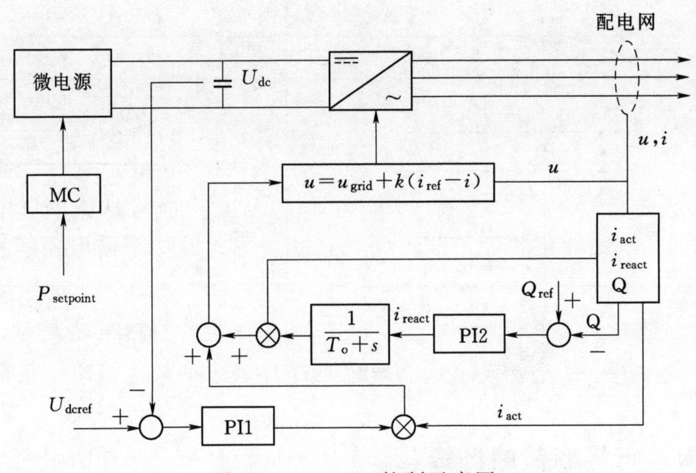

图 9-3-1　PQ 控制示意图

值做差，然后通过 PI 控制器。得到滤波电感参数后，设置 dq 轴电压参考分量，通过 Park 反变换，得到三相交流分量，通过 PWM 输出给逆变器。

2. Vf 控制

Vf 控制通过控制微电源逆变器的输出量，使逆变器输出的电压和频率为参考量，以保证微电网在孤岛运行时的电压和频率的稳定，使负荷功率能够很好地跟踪变化特性。通过设定电压和频率的参考值，再通过 PI 调节器对电压和频率进行跟踪，作为恒压、恒频电源使用。其控制示意图如图 9-3-2 所示。

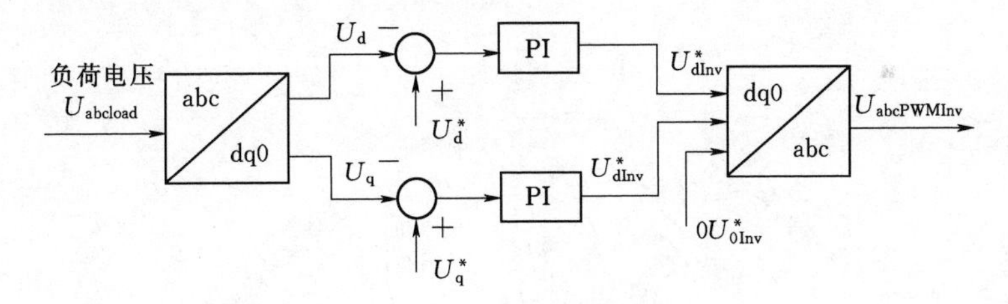

图 9-3-2　控制示意图

从图 9-3-2 中可以看出，电源在进行 Vf 控制时只采集逆变器端口的电压信息，可通过调节逆变器来调节电压值，频率采用恒定值 50Hz。

3. 下垂控制

下垂控制主要是指电力电子逆变器的控制方式，其与传统电力系统的一次调频类似，利用有功-频率和无功-电压呈线性关系的特性对系统的电压和频率进行调节。目前主要有两种下垂控制方法：一种是传统的对有功-频率（$P-f$）和无功-电压（$Q-U$）进行下垂控制；另一种是对有功-电压（$P-U$）和无功-频率（Q-f）进行反下垂控制。

如图 9-3-3 所示，下垂控制中有功-频率（$P-f$）和无功-电压（$Q-U$）呈线性关系，当微电源输出有功、无功增加时，运行点由 A 点移动到 B 点，达到一个新的稳定运行状态，该控制方法不需要各微源之间通信联系就可以实施控制，所以一般采取对微电源接口进行逆变器控制。

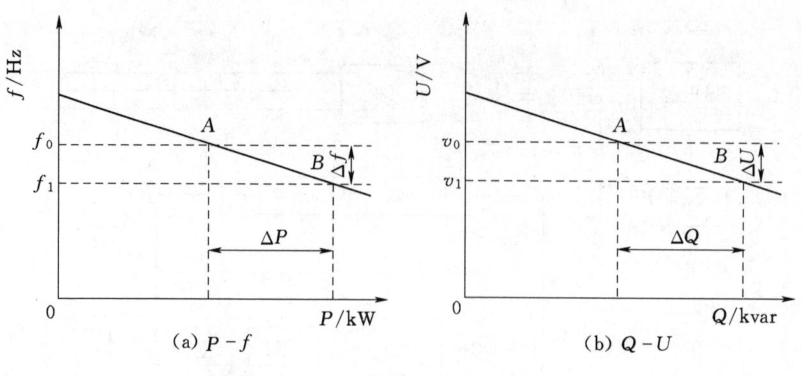

图 9-3-3　频率、电压下垂特性

四、微电网运行控制策略选择

考虑到微电网可能运行的工作情况，选择图 9-3-4 的微电网运行控制策略架构，定义 7 种微电网运行状态，即并网状态、并/离网切换、离网状态、离/并网切换、停机状态、故障状态及功率闭锁状态。这 7 种运行状态分别配备相应的运行控制策略，并且在一定条件下，运行状态间可以相互转换，从而达到控制智能微电网可靠运行的作用。

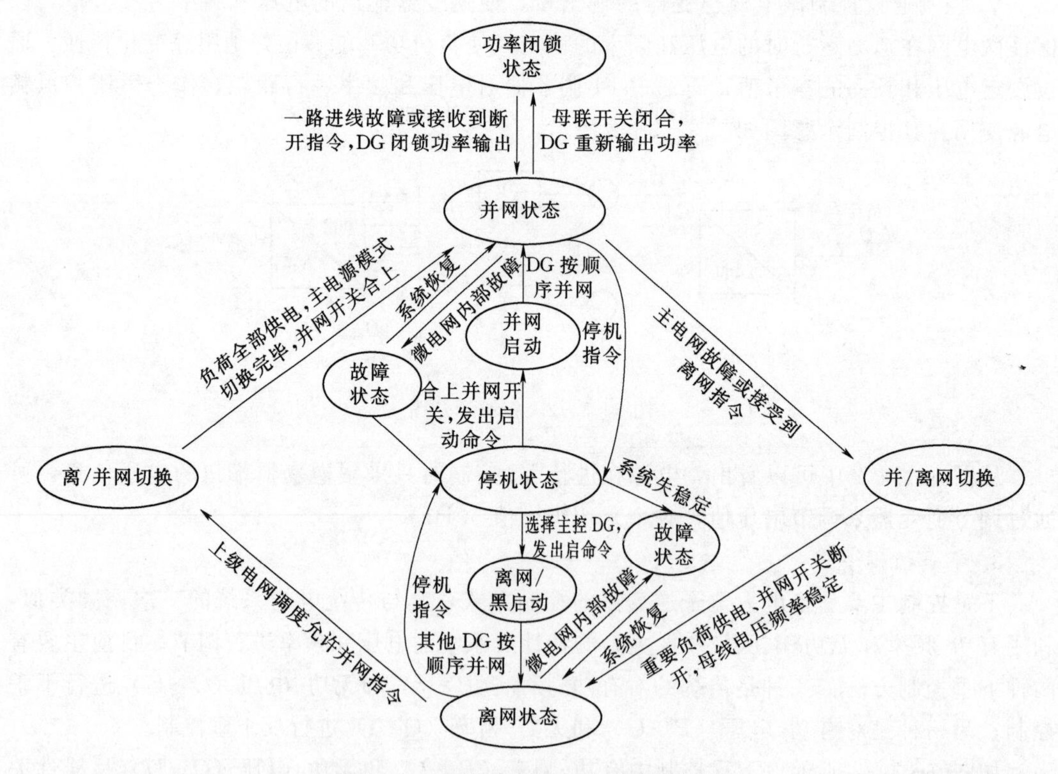

图 9-3-4　微电网运行控制策略架构

1. 并网运行控制策略

微电网在并网运行下的总体控制目标是：通过对微电网的能量优化协调控制，实现跟踪发电计划，最大限度地利用光伏、风电等发电资源，防止微电网向电网反送电，在快速平滑分布式发电波动的情况下实现储能设备运行在经济合理的区间。

图 9-3-5 为微电网在并网运行状态下的控制策略示意图（考虑到燃料电池只是在紧急情况下提出功率支撑，所以正常情况下燃料电池不工作），在并网运行状态下，应重点关注微电网的优化控制问题，围绕微电网运行控制的目标，提出相应的控制策略。

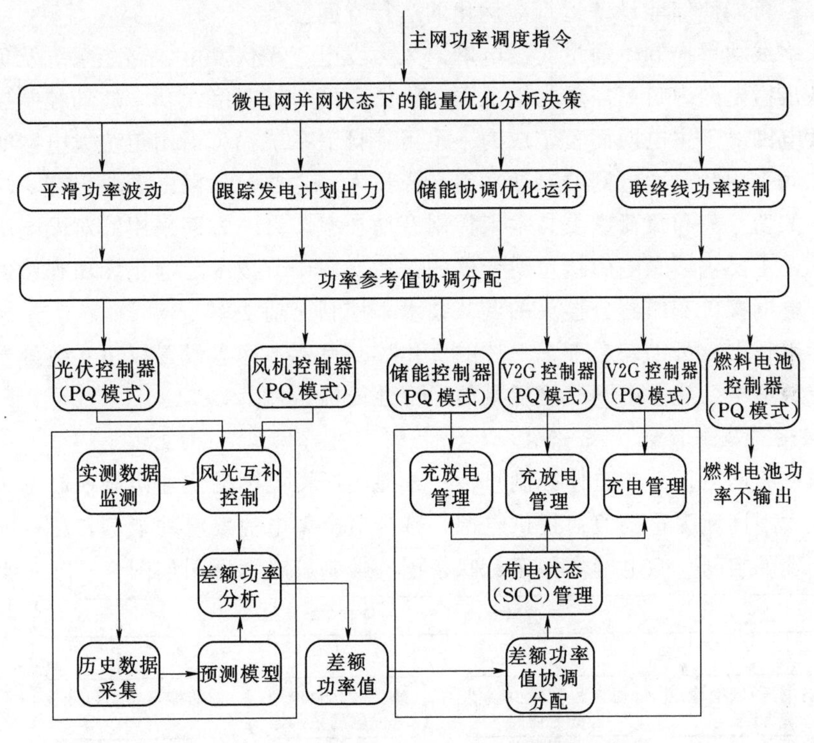

图 9-3-5　微电网并网运行状态下的控制策略

（1）平滑功率波动。以平滑功率波动为目标的控制策略，根据平滑指标，制定风光储协调的平滑策略。具体是在风光发电系统时空互补的基础上，利用系统储能装置（包括储能电池、燃料电池以及充放电桩）快速的功率吞吐能力来平抑分布式电源的功率波动，实现波动清纳和能量互补，优化系统功率输出。

在实际工程应用设计中，可根据光伏发电系统、风力发电系统的历史数据和实测数据制定相应的平滑指标，并制定有针对性的平滑控制策略，量化系统的功率平衡量，并协调分配到储能电池、燃料电池、充放电桩，以达到多时间尺度上复合储能的协同分配及控制，从而平滑微电网系统的出力波动。

（2）跟踪发电计划出力。基于风电、光伏发电系统发电的历史数据和实时监测数据，开展风光发电能力预测，充分利用风光发电资源在时空上的潜在错位，平抑风光发电出力波动，按照一定的控制策略实时调节微电网内储能装置的出力，使其实时补偿联合发电实际功率与风光储发电计划间的差值，减小微电网系统整体出力偏差，满足主网发电计划的调度要求，从而使微电网发电能够充分响应主网的调度要求，实现单一可控的目标。

（3）储能协调优化运行。为了保护储能电池，最大限度地提高储能电池的使用寿命，

应根据储能设备的充放电特性，对储能电池的荷电状态进行实时监测，制定相应的充放电阈值，防止其过充过放，优化电池的运行特性，从而有效保护储能电池，延长电池寿命。微电网中含有储能电池和V2G装置，与光伏、风电等能够形成良好的互补能力，根据当前的电池功率与电池剩余容量反馈值，确定储能系统的工作能力，在充分考虑平抑光伏、风电波动特性的基础上，结合储能系统的当前容许使用容量信息和当前可用最大充放电能力信息等，尽可能使储能设备运行在优化的运行空间。

（4）联络线功率控制。通过对微电网内风力发电、光伏发电、储能系统及负荷的统一调度，在满足微电网内负荷需求的情况下，将微电网对外联络线功率波动控制在允许范围之内，使微电网对于主电网而言，成为一个可控自治系统。可沿用传统大电网的功率控制技术，一方面采用针对微电网的有功功率平衡技术，主要包括微电源输出有功功率调节技术和用户侧的切负荷和负荷恢复技术来控制有功功率；另一方面采用针对微电网的无功功率平衡技术，主要包括微电源接口逆变器的无功功率调节技术、静止无功补偿器的应用和微电网与配电网接口变压器分接头的调节技术来控制无功功率。

在实际运行中，可以综合考虑上述的优化控制目标，通过设置权重系数等方式，优化比对各种控制策略，使微电网并网运行的经济性最优。

2. 离网运行控制策略

微电网在离网运行下的总体控制目标是：通过对微电网的快速协调控制，实现电压频率稳定，最大限度地为重要负荷提供电源，减少对燃料电池发电的依赖，尽可能使储能设备运行在合理的空间。微电网离网运行状态下的控制策略示意图如图9-3-6所示。

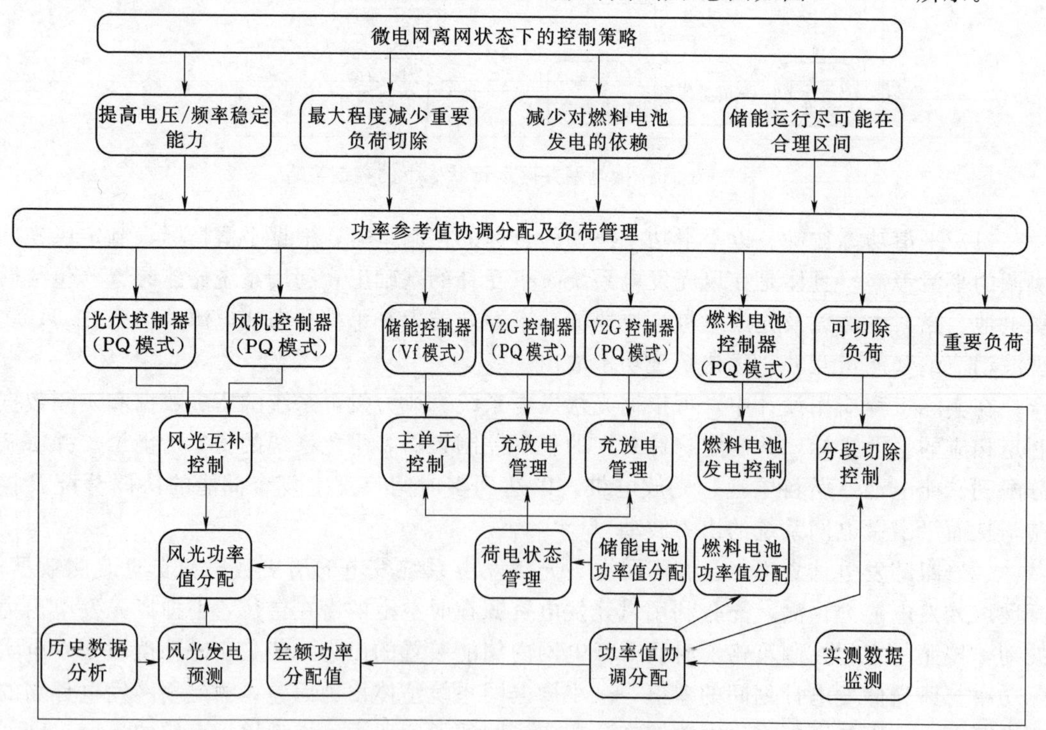

图9-3-6　微电网离网运行状态下的控制策略

在离网孤岛运行模式下，由于与外界电网断开，缺少了频率和电压参考值，微电网系统内分布式电源无法统一稳定工作。所以在离网孤岛运行模式下，采用基于 Vf 的主从控制模式，即以系统中存在的某一个控制器为主控制器，其余为从控制器，主、从控制器之间一般需要通信联系，且从控制器服从主控制器。当微电网在孤岛模式运行时，主从控制系统中的主控制单元需要维持系统的频率和电压。在孤岛运行时主单元采用 Vf 控制维持系统的电压和频率恒定。

选用储能系统作为微电网的主单元时，在离网运行模式下，燃料电池将投入运行，向重要负荷提供电能；分布式电源按照储能装置提供的电压、频率参考值正常运行；在离网运行方式下，采用车用电池供电成本较高，因此 V2G 不参加离网系统功率调节。

当微网系统中的储能装置的功率远低于其他分布式电源发电功率时，存在储能装置无法稳定微电网的电压和频率的风险。因此，在这种情况下，微电网的运行方式是：切除部分非重要负荷，限定分布式电源发电的出力，使之要低于储能装置的出力。

3. 并/离网切换控制策略

微电网在并/离网运行下的总体控制目标是：通过快速识别微电网的孤岛状态，快速建立微电网的动态平衡，减少重要负荷在切换过程中的停电时间，实现微电网系统的无缝切换。图 9-3-7 显示了微电网在并/离网切换状态下的控制策略，可以分为非计划孤岛和计划孤岛情况。

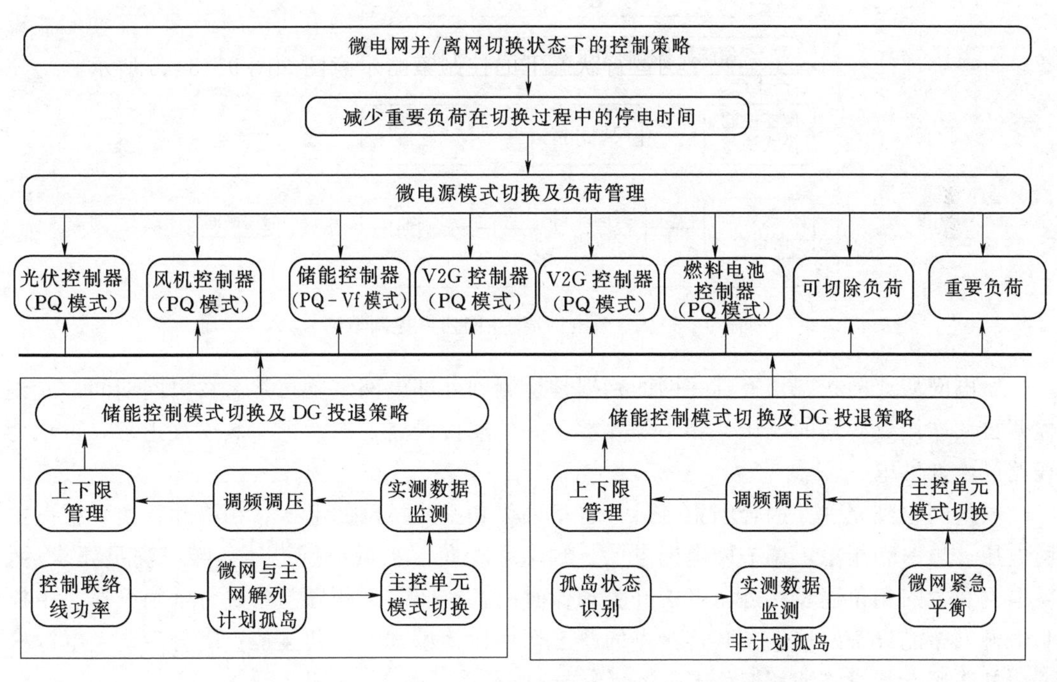

图 9-3-7　微电网并/离网切换状态下的控制策略

（1）非计划孤岛。受到外部电源不可预知的失电，公共连接点终端检测到微电网处于孤岛状态，微电网进行紧急功率平衡，最主要的手段是切除非重要负荷，将储能设备设置为 Vf 模式，建立起微电网系统的电压和频率参考值，然后进行 DG 输出调节、投切负荷，最终使电压、频率稳定在合理的范围内。

(2) 计划孤岛。当接收到计划孤岛指令时，微电网通过调节 DG 功率和切除负荷，控制联络线功率，使流过公共连接点的联络线功率基本为零，并且将储能设备设置为 Vf 模式，建立起微电网系统的电压和频率参考值，然后进行 DG 输出调节、投切负荷，最终使电压频率稳定在合理的范围内。

4. 离/并网切换控制策略

微电网在离/并网运行下的总体控制目标是：通过跟踪主网的电压、频率，逐步调整微电网的电压、频率，实现同期并网，减少对微电网的扰动冲击，实现微电网系统的无扰切换。微电网离/并网切换控制策略如图 9-3-8 所示。

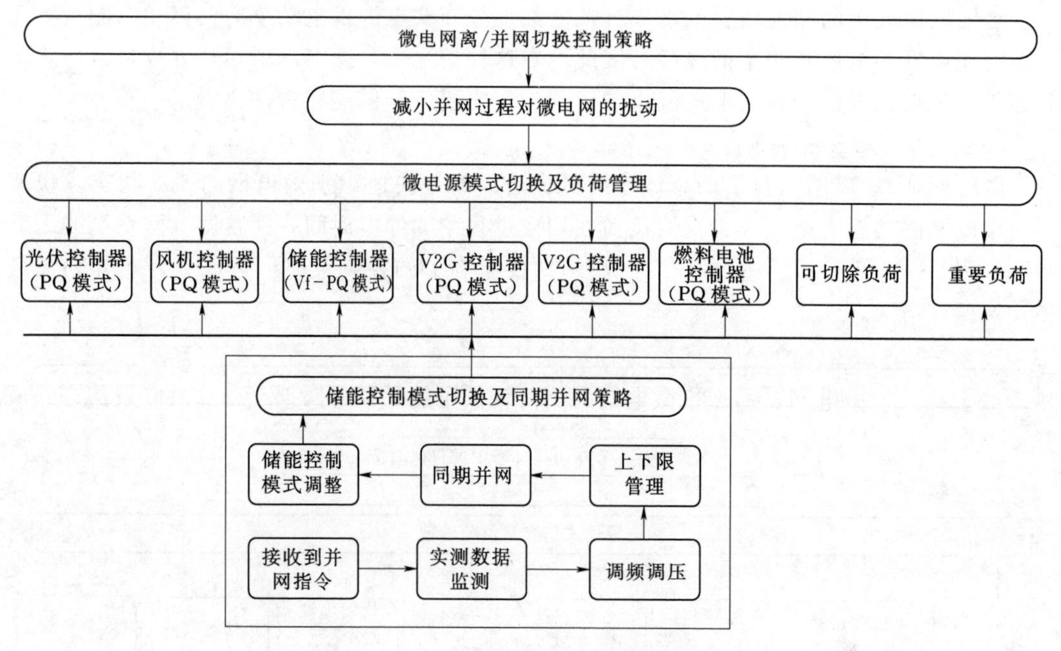

图 9-3-8　微电网离/并网切换控制策略

微电网从离网状态切换到并网的判据是检测到外部电网恢复正常。在离网期间，时刻检测公共连接点线路的电压、频率等参数，一旦连接线路上的运行参数恢复正常，可认为线路已恢复供电。

微电网收到允许并网合闸指令后，自动采集和跟踪主网的电压、频率和相角，根据主网电压、频率和相角，调节微电网电压、频率和相角。当微电网电压、频率满足要求后，微电网和主网相角逐步接近，考虑开关动作时间，按照一定的导前角进行合闸操作。主控制电源（储能设备）根据公共连接点的状态切换运行模式，公共连接点闭合后，主电源根据公共连接点状态立即切换为 PQ 运行方式。

5. 功率闭锁输出控制策略

微电网在功率闭锁输出运行下的总体控制目标是通过短时间闭锁微电源的功率输出，实现一路进线失压情况下的负荷快速转供，负荷成功转供后，再逐步让 DG 输出，实现 DG 不停电情况下的负荷无缝转供。微电网功率闭锁输出状态下的负荷转供策略如图 9-3-9 所示。

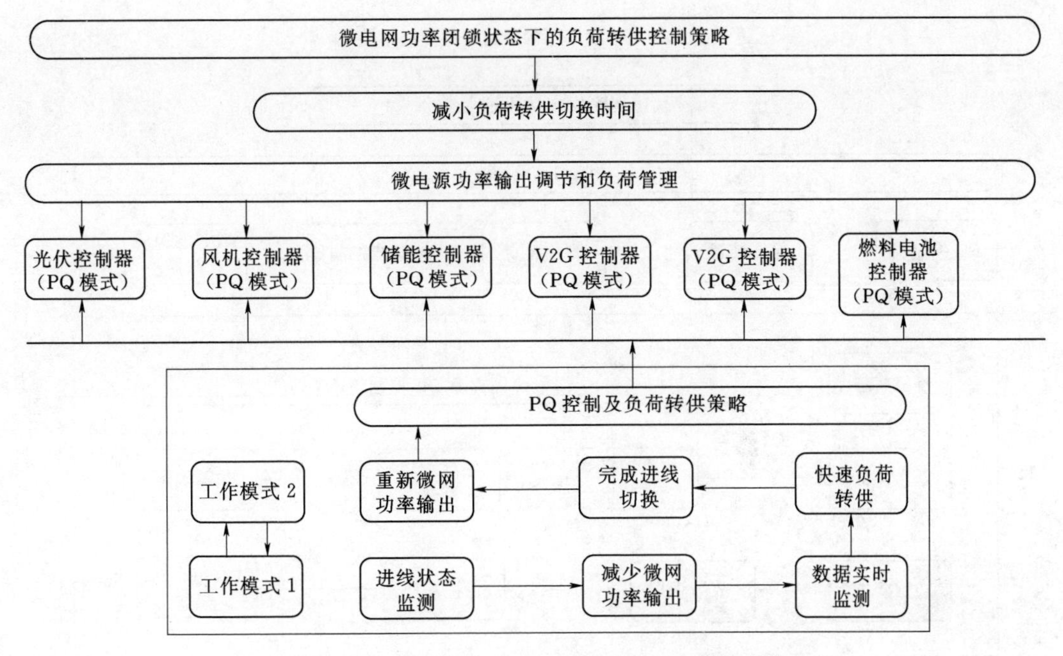

图 9-3-9　微电网功率闭锁输出状态的负荷转供策略

当系统发生一路进线故障或失压后，要求将所有的负荷转移到另外一路进线。如果失压母线上接入了微电网，那么带微电网的负荷转供可能导致非同期合闸。最有效的方式就是调节微电网的功率输出至零，闭锁微电网 DG 的功率输出，待负荷切换完成后，重新让微电网 DG 输出功率，这样可以最大限度地减少系统在切换过程中的发电损失。

6. 故障状态控制策略

微电网在功率闭锁输出运行下的总体控制目标是：要求微电网中大容量的 DG 提供低电压穿越能力，在轻微故障情况下，微电网能够抵御小范围的系统扰动，待故障切除后，恢复正常供电。其相应的控制策略如图 9-3-10 所示。

微电网发生故障后，保护测控装置迅速动作，切除故障线路区域，实现故障隔离。在从故障发生到切除的暂态过程中，微电网中的大容量 DG 应具备低电压穿越能力，并且有源滤波器（APF）能够提供一定的紧急无功支撑。

微电网故障切换后，如果系统尚未失稳，系统通过连续多次地调节，逐步使电压和频率趋于稳定；如果系统出现失稳，则发布紧急停机指令，所有 DG 停机，保护逆变器。对于微电网故障来讲，离网状态下的故障控制难度要远远高于并网状态下的故障控制，因为离网状态下的微电网系统转动惯量很小，一定的扰动就会导致系统失稳。

7. 停机状态控制策略

微电网在停机状态下的总体控制目标是：通过识别微电网的并、离网状态，设置合理的工作模式，有序投入 DG，实现无扰动转入并网发电状态或离网发电状态。微电网停机状态下的控制策略如图 9-3-11 所示。

并网状态下的启动相对简单，即闭合 DG 并网开关，发出 DG 开机指令，设置 DG 为 PQ 工作模式，依次投入 DG，完成并网启动。

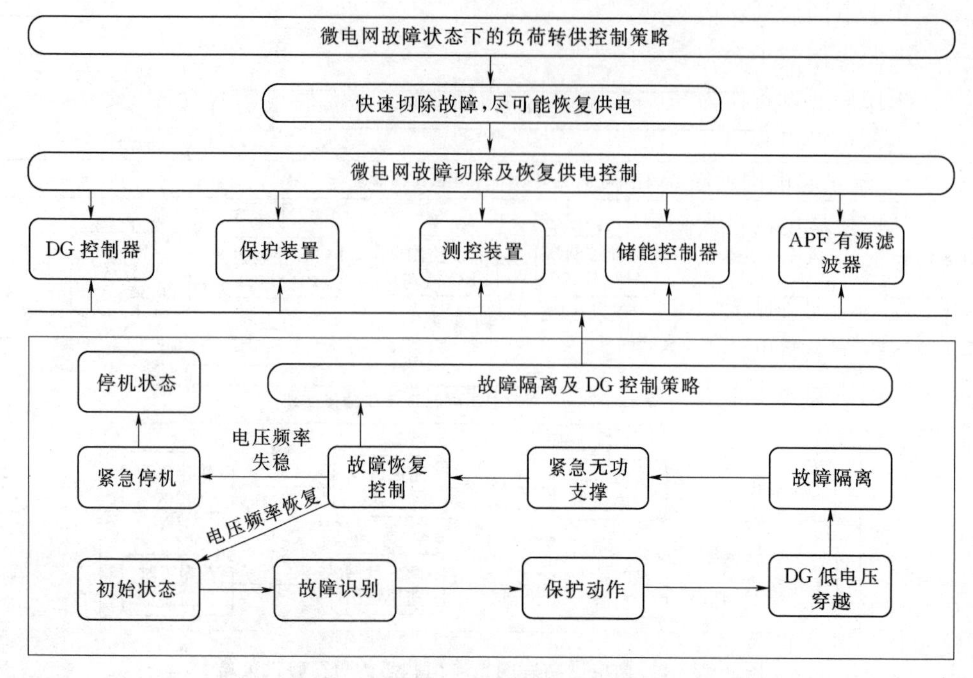

图 9－3－10　微电网故障状态下的负荷转供控制策略

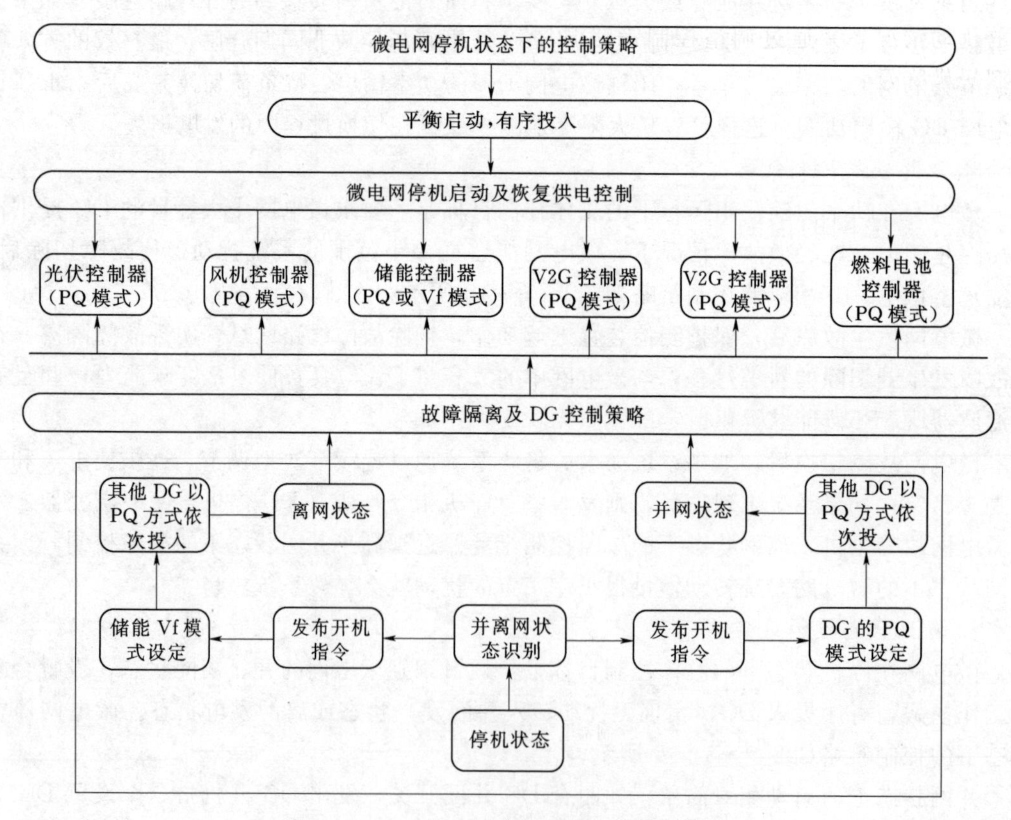

图 9－3－11　微电网停机状态下的控制策略

离网状态下的启动，俗称黑启动，相对复杂，其关键是电源点的启动。通常具备自启动能力的电源是储能子系统和燃料电池。

(1) 采用储能设备作为黑启动电源。采用储能作为黑启动电源的前提条件是储能系统放电程度不深，可以利用。采用储能作为的启动电源的黑启动策略为切换储能系统的运行方式为Vf，建立起电网的频率和电压。其他电源在监测到微网恢复正常运行后，相继投入运行，从而使微电网进入离网运行状态。

(2) 采用燃料电池作为黑启动源。储能系统如果放电太深，则不能作为启动电源。由于燃料电池本身配备储能系统，并且燃料电池可自启动发电，所以燃料电池可以为黑启动提供电源。由于燃料电池的输出功率太低，当大容量的光伏或风电机组投入系统后，难以维持电网的电压和频率稳定，燃料电池不能长时间作为微电网的主电源运行，但可以利用燃料电池给储能系统充电，待储能系统的电能充到可以带负荷运行时，最终将储能电池作为微电网主电源。

8. 控制策略仿真

微电网确定了各种控制策略后，需要对微电网各种运行工况下的控制策略进行仿真。首先需要对微电网相关元素进行建模，包括微电源的建模和开关设备的建模，逆变器控制过程的建模及微电网控制时序的建模；其次需要确定仿真过程中的相关约束条件，包括电压潮流约束、分布式电源的最大输出功率约束、新能源利用效率等约束条件；最终通过对各种控制策略进行仿真，验证在微电网切换控制等过程中电压、频率的扰动情况，并通过调整控制策略时序，逐步满足微电网控制要求，为开关设备的选型提供指导。

通过微电网控制策略仿真，可以为将来的调试提供理论依据，在微电网实际调试过程中将更具针对性，提高微电网调试效率。

五、微电网的控制

1. 主从控制模式

所谓主从控制模式，是指在微电网处于孤岛运行模式时，其中一个DG（或储能装置）采取定电压和定频率控制（Vf控制），用于向微电网中的其他DG提供电压和频率参考，而其他DG则可采用定功率控制（PQ控制），如图9-3-12所示。采用Vf控制的

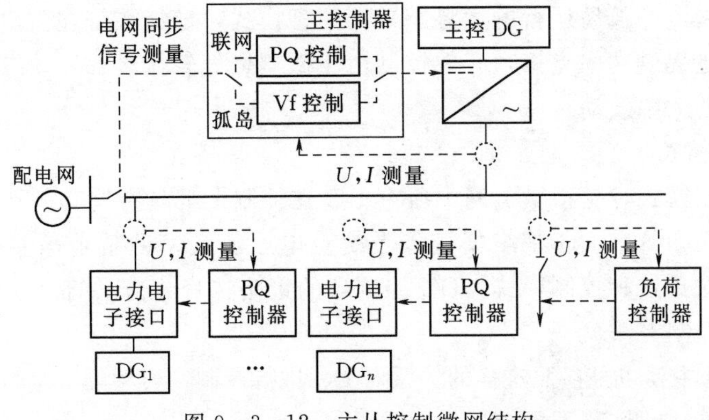

图9-3-12　主从控制微网结构

DG（或储能装置）控制器称为主控制器，而其他DG的控制器则称为从控制器，各从控制器将根据主控制器来决定自己的运行方式。

适于采用主控制器控制的DG需要满足一定的条件。在微电网处于孤岛运行模式时，作为从控制单元的DG一般为PQ控制，负荷变化主要由作为主控制单元的DG来跟随，因此要求其功率输出应能够在一定范围内可控，且能够足够快地跟随负荷的波动。在采用主从控制的微电网中，当微电网处于并网运行状态时，所有DG一般都采用PQ控制，而一旦转入孤岛模式，则需要作为主控制单元的DG快速由PQ控制模式转换为Vf控制模式，这就要求主控制器能够在两种控制模式间快速切换。常见的主控制单元选择包括以下几种：

（1）储能装置作为主控制单元。以储能装置作为主控制单元，在孤岛运行模式时，因失去了外部电网的支撑作用，DG输出功率以及负荷波动将会影响系统的电压和频率。由于该类型微电网中的DG多采用不可调度单元，为维持微电网的频率和电压，储能装置需通过充放电控制来跟踪DG输出功率和负荷的波动。由于储能装置的能量存储量有限，如果系统中负荷较大，使得储能系统一直处于放电状态，则其支撑系统频率和电压的时间不可能很长，放电到一定时间就可能造成微电网系统电压和频率崩溃；反之，如果系统的负荷较轻，储能系统也不可能长期处于充电状态。因此，将储能系统作为主控制单元，微电网处于孤岛运行模式的时间一般不会太长。

（2）DG为主控制单元。这类典型示范工程包括葡萄牙EDP微网等。当微电网中存在像微型燃气轮机这样输出稳定且易于控制的DG时，由于这类DG的输出功率可以在一定范围内灵活调节，输出稳定且易于控制，将其作为主控单元可以维持微电网在较长时间内稳定运行。如果微电网中存在多个这类DG，可选择容量较大的DG作为主控制单元，这样的选择有助于微电网在孤岛运行模式下长期稳定运行。

（3）DG加储能装置为主控制单元。这类典型示范工程包括德国MVV微电网等。当采用微型燃气轮机等DG作为主控制单元时，在微电网从并网模式向孤网模式过渡过程中，由于系统响应速度以及控制模式切换等方面的制约，很难实现无缝切换，有可能造成系统的频率波动较大，部分DG有可能在低频或低压保护动作下退出运行，不利于一些重要负荷的可靠供电。在对电能质量要求非常高的情况下，可以将储能系统与DG组合起来作为主控制单元，充分利用储能系统的快速充放电功能和微型燃气轮机这类DG所具有的可较长时间维持微电网孤岛运行的优势。采用这种模式，储能系统在微电网转为孤岛运行时可以快速为系统提供功率支撑，有效控制由于微型燃气轮机等DG动态响应速度慢所引起的电压和频率的大幅波动。

2. 对等控制模式

所谓对等控制模式，是指微电网中所有DG在控制上都具有同等的地位，各控制器间不存在主从的关系，每个DG都根据接入系统点电压和频率的就地信息进行控制，如图9-3-13所示。对于这种控制模式，DG控制器的策略选择十分关键，一种目前备受关注的方法就是下垂控制方法。

下垂控制方法主要也是参照这样的关系对DG进行控制，典型的下垂特性如图9-3-14所示。这类控制方法的细节不再赘述。

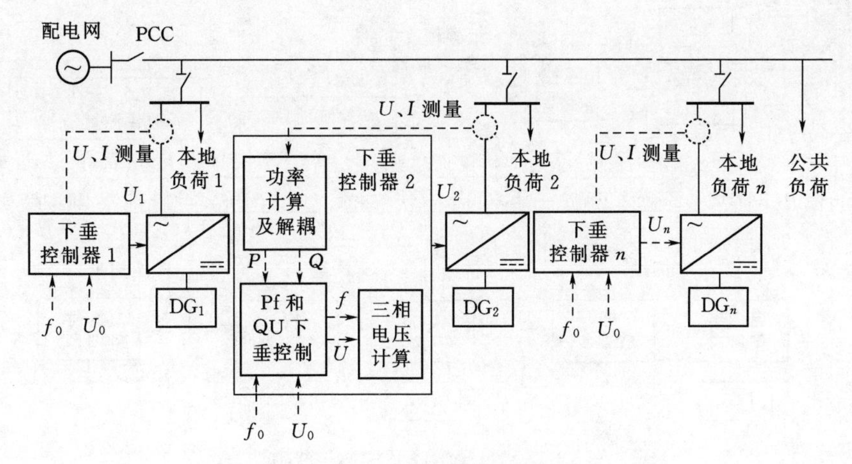

图 9-3-13　对等控制微电网结构

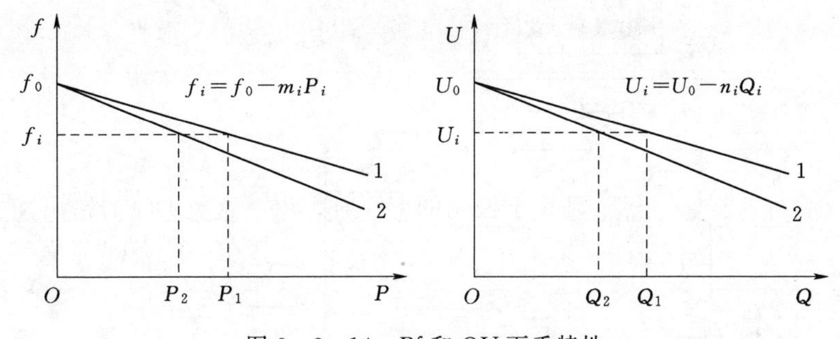

图 9-3-14　Pf 和 QU 下垂特性

在对等控制模式下，当微电网运行在孤岛模式时，微电网中每个采用下垂控制策略的DG都参与微电网电压和频率的调节。在负荷变化的情况下，自动依据下垂系数分担负荷的变化量，亦即各DG通过调整各自输出电压的频率和幅值，使微电网达到一个新的稳态工作点，最终实现输出功率的合理分配。显然，采用下垂控制可以实现负载功率变化在DG之间的自动分配，但负载变化前后，系统的稳态电压和频率也会有所变化，对系统电压和频率有一定的影响。

在上述分层控制方案中，各DG和上层控制器间需有通信线路，一旦通信失败，微电网将无法正常工作。一种中心控制器和底层DG采用弱通信联系的两层控制方案如图9-3-15所示。在这一控制方案中，微电网的暂态供需平衡依靠底层DG控制器来实现，上层中心控制器根据DG输出功率和微电网内的负荷需求变化调节底层DG的稳态设置点并进行负荷管理，即使短时通信失败，微电网仍能正常运行。

在欧盟多微电网项目“多微电网结构与控制”中，提供了三层控制方案，如图9-3-16所示。其中：电网层的配电网操作管理系统主要负责根据市场和调度需求来管理和调度系统中的多个微电网；管理层的微电网中心控制器（MGCC）负责最大化微电网价值的实现和优化微电网操作；实施层控制器主要包括DG控制器和负荷控制器，负责微电网的暂态

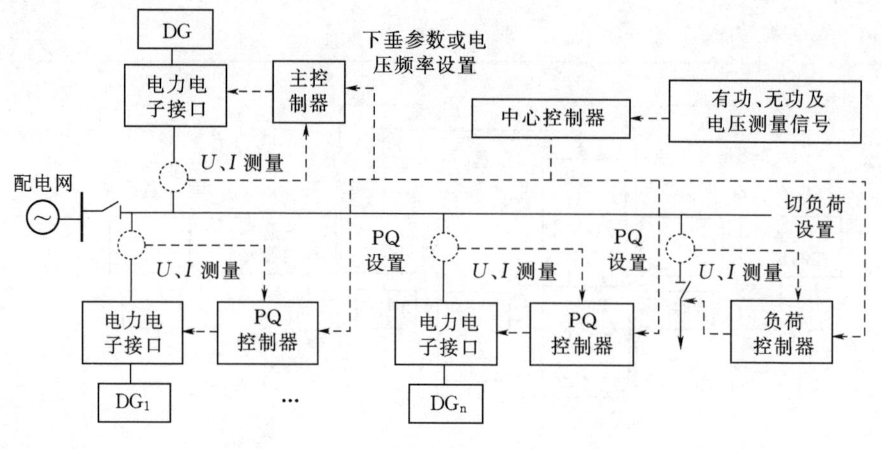

图 9-3-15　弱通信联系的两层控制方案

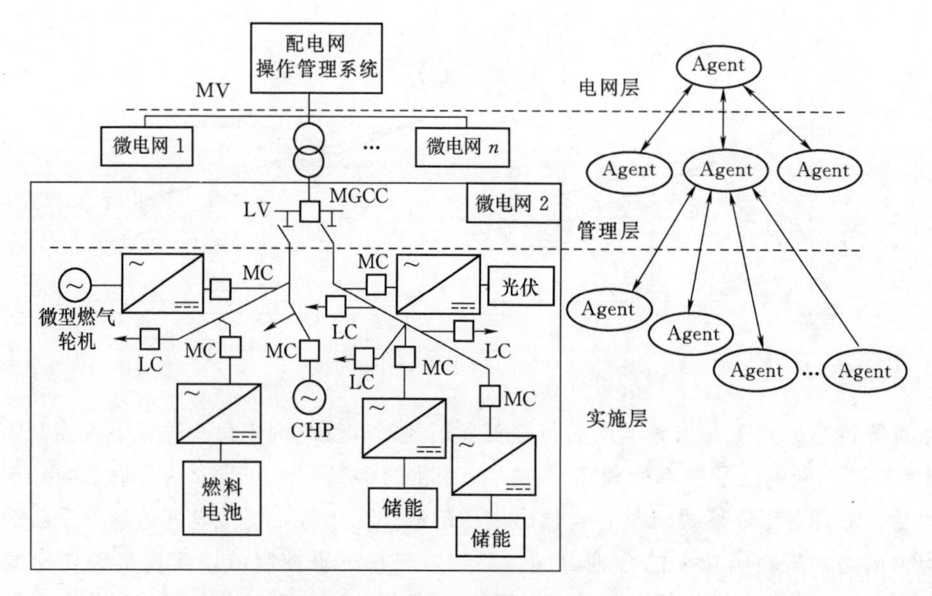

图 9-3-16　三层控制系统框图

MV—中压；LV—低压；MC—微电网 DG 的控制器；LC—负荷控制器；CHP 热电联产

功率平衡和切负荷管理。三层控制均采用多代理（Agent）技术实现。

3. 分层控制模式

分层控制模式一般都设有中央控制器，用于向微电网中的 DG 发出控制信息。

日本微电网展示项目包括 Archi 微电网、Kyoto 微电网、Hachinohe 微电网等，提供了一种微电网的两层控制结构，如图 9-3-17 所示。中心控制器首先对 DG 发电功率和负荷需求量进行预测，然后制定相应的运行计划，并根据采集的电压、电流、功率等状态信息，对运行计划进行实时调整，控制各 DG、负荷和储能装置的启停，保证微电网电压和频率的稳定，并为系统提供相关保护功能。

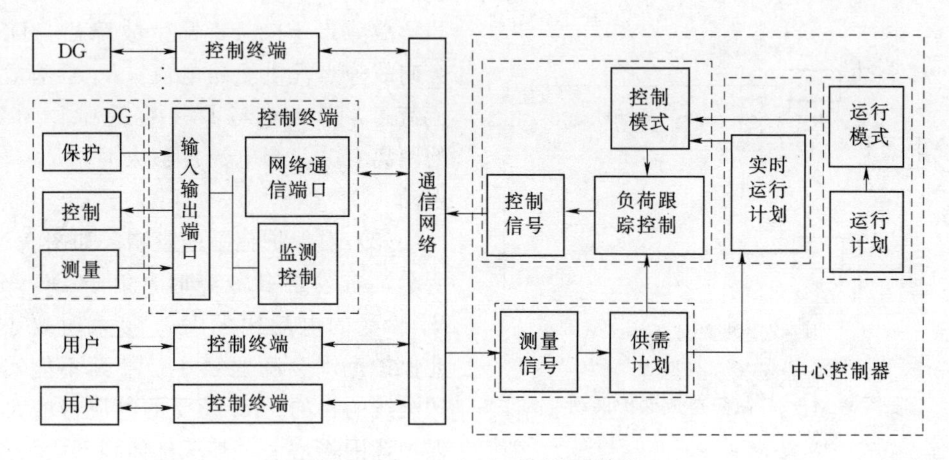

图 9-3-17　日本两层控制结构

第四节　微电网继电保护

分布式电源直接接入配电网会使原来由变电站到用户的辐射型输电方式发生改变，对配电网继电保护带来了新问题，对非故障线路可能误动，同时也降低了保护的灵敏度。当开关配有重合闸时，可能会造成重合闸失败。

微电网中分布式能源越多，分布式电源控制方式越复杂，故障时引起的暂态响应未知的可靠性就越大。同时微电网中大量的电力电子装置，除了自身保护的作用，将最大输出电流限制在一定范围内，还因其频繁开断带来谐波，影响对信号的分析。

微电网保护不但要在并网运行时正确检测故障，还必须保证孤网运行下也能正确动作。

一、分布式电源对微电网保护的影响

1. 即插即用分布工电源对微电网保护的影响

（1）即插即用电源接入会降低保护的灵敏度。发图 9-4-1 所示，当发生故障 F1 时，DG_1 接入对于继电保护装置 R_1 检测的电流无影响。当故障 F2 发生时，将导致线路电流增大，DG_1 的分流作用使流经保护点的电流小于故障点电流，可能引起保护拒动。

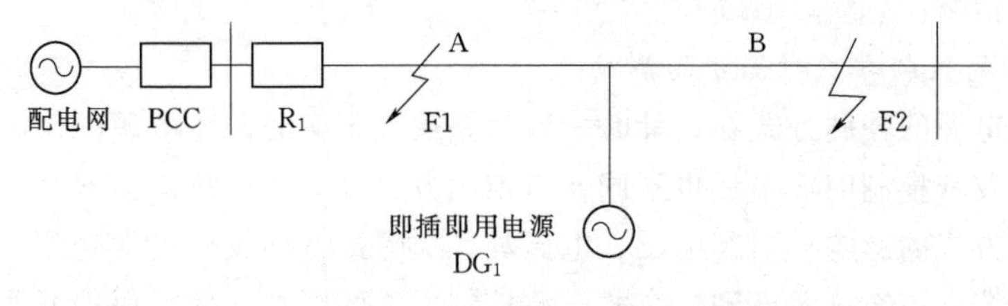

图 9-4-1　故障降低保护灵敏度

（2）引起保护误动。如图 9-4-2 所示，分布式电源接入后，引起潮流发生变化，使某些区域从单侧供电变为双侧供电。

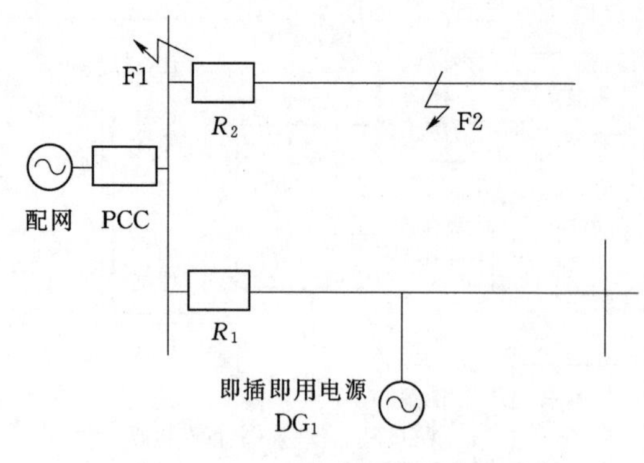

图 9-4-2　故障造成保护误动

故障点 F1、F2 发生故障后，DG_1 均会向故障点提供短路电流，R_1 会有故障电流流过，其大小与 DG_1 容量和 DG_1 到 R_1 的距离有关。当电流足够大时，R_1 将发生误动。

（3）对保护范围的影响。如图 9-4-3 所示，当线路 B 故障时，由于 DG_1 分流，R_1 感受的电流比无 DG_1 接入时要小，因此保护范围会随之变小，甚至不能实现保护全线的目的；R_2 感受的电流将增大，R_2 保护范围将增大，甚至延伸到下段线路。

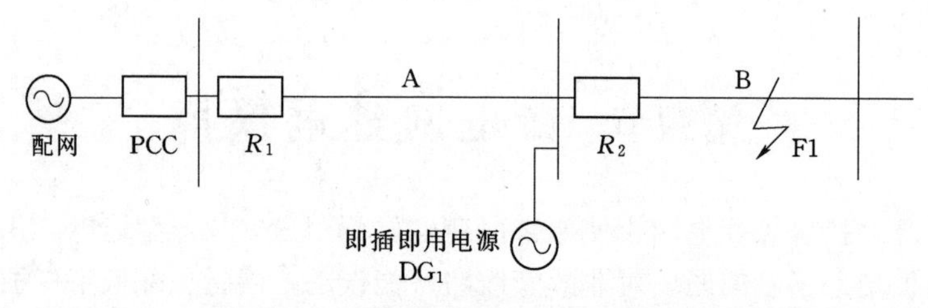

图 9-4-3　分布式电源对保护范围的影响

解决方案：①对于较大容量的分布式电源，微电网设计规划时应对其接入点位置做好规划且配置专用的保护，确保系统安全；②对于小容量的分布式电源或无专门配置保护的电源，保护方法应进一步改进，使满足电源接入/退出时保护均正确工作。

2. 微电网的运行方式对保护的影响

微电网可以并网运行也可以孤网运行，当其并网运行时，配电网系统可提供足够大的故障电流，传统的保护装置也可以正常动作；当其孤网运行时，过低的故障电流无法令保护装置动作，除非有独特的设计，可以提供大的故障电流（一般来说，基于逆变器的电源能够提供的最大电流约为额定电流的 2 倍）。

微电网不同的运行方式具有不同的短路电流水平，继电保护应对这个特点的方法一般有两种：一是设置限制条件使保护可以针对不同的运行方式；二是设计可以适用于两种运行方式的保护策略。

3. 微电网的控制方式对保护的影响

微电网中电源的控制方式在设计时一般根据输入来实时调整电源的输出。不同的控制方式的输入量及其控制的输出量也不同。当控制方式没有考虑故障因素时，电源输出依然受到原有控制方式的影响，引起电压、电流等在故障过程中发生失常变化。

微电网系统应该充分考虑到分布式电源控制方式的影响，使得保护方式可以正常应用于与其对应的电源控制方式，或者使保护方式有足够的兼容性，在任何控制方式下都能正常行使保护功能。比如，采取下垂控制方式的时候，须有合理的数值限幅模块，即使在故障情况下输出功率很低时，逆变器电源输出的电压频率也不至于发生影响整个微电网系统稳定运行的异常。当采用谐波畸变率的方式对微电网进行保护时，须考虑到电源的控制方式，由于不同的控制方式输出电压的谐波也不同，采用该方式须保证电源电压满足保护的需求。

4. 接地配置对保护的影响

在接地故障情况下，系统接地的配置状况影响着故障回路阻抗。故障回路阻抗不同则故障电流也不相同，尤其是当微电网以孤网方式运行时，小功率的分布式电源提供的故障电流水平受故障回路阻抗的影响更大。接地配置对故障回路阻抗的影响主要考虑以下方面：

（1）系统接地方式。现行的国家标准 GB 50054—2011《低压配电设计规范》将低压配电系统接地形式分为三种，即 TT、IT、TN 三种形式。TT 系统的电源中性点直接接地，并引出工作零线，属于三相四线制系统，设备的外露可导电部分经与系统地点无关的各自的接地装置单独接地，通常适用于农村公用低压电力网；IT 系统的电源中性点不接地或经高阻抗接地，通常不引出工作零线，属于三相三线制系统，设备的外露可导电部分均通过各自的接地装置单独接地，通常用于对连续供电要求较高及易燃易爆的场所，特别是矿山、井下等；TN 电力系统的电源变压器的中性点接地，根据电气设备外露导电部分与系统连接的不同方式又可分为 TN－C 系统（保护零线与工作零线共用）、TN－S 系统（工作零线与保护零线完全分开）、TN－C－S 系统（由两个接地系统组成，第一部分是 TN－C 系统，第二部分是 TN－S 系统，分界面在工作零线与保护零线的连接点）三类，主要用于城镇公用低压电力网和厂矿企业等电力客户的专用低压电力网。当前我国现行的低压公用配电网通常采用的是 TT 或 TN－C 系统，微电网接地配置的时候应该尽量做到与配电网的协调一致。

（2）分布式电源接地方式。单纯讨论分布式电源的控制方式的时候，一般不去考虑其接地的方式，但是当把分布式电源接入系统时，则需要慎重考虑其接地方式。分布式电源接入三相四线制系统一般有三种方法：①通过 D/Y 中性点接地变压器；②利用分裂直流链电容器并将其中点与中性线相连［图 9－4－4（a）］；③逆变器采用四线制的拓扑结构且把第四条线中点与中性线相连［图 9－4－4（b）］。第①种方法一般用于电压等级需要通过变压器来变换的情况，但是变压器的接入也造成投资的增加。第②种方法未能充分发挥直流链电容器提供电压的能力，并且在不平衡电流较大时，必须保持较大的电流才能使其流过。

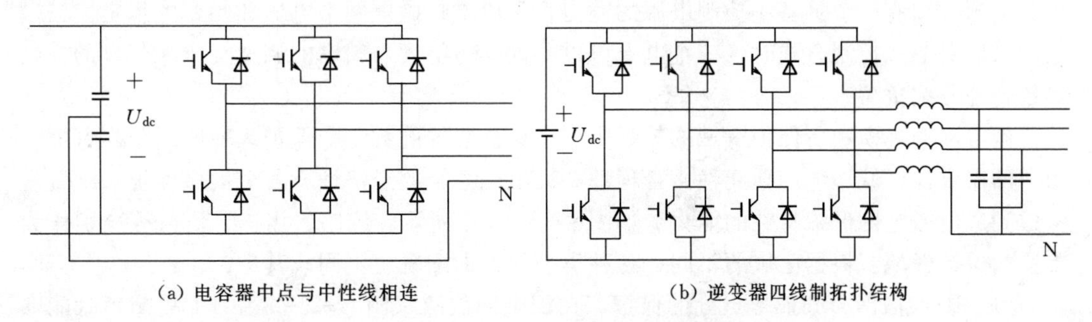

(a) 电容器中点与中性线相连　　(b) 逆变器四线制拓扑结构

图 9－4－4　分布式电源接地方式

微电网在不同的接地方式及不同运行状态下，故障回路阻抗并不相同，甚至差别很大，故障电流的差别也比较大。例如，相对于TT系统而言，TN系统具有较小的接地故障回路阻抗，故障电流要大得多。在微电网孤岛运行情况下，以储能装置维持微电网故障电流时，不同接地方式下电流对比更加明显，微电网保护需考虑接地的配置，使保护装置能适应各段工况。

5. 故障切除时间

微电网中分布式电源缺少惯性，响应速度快。微电网特别是孤网运行时，故障发生都伴随着负荷的幅度变化，电力电子器件对此响应极快，以下垂控制为例，有功、无功的变化伴随着电压幅值和频率变化，增大微电网失稳的可能，为此微电网无论在并网和离网运行时都能在切除故障后保持稳定运行，必须快速切除故障。

故障切除时间还应考虑负荷的敏感程度。负荷类型不同以及故障点位置不同对于故障的切除时间要求也不同。例如电动机负荷占比越大，临界故障切除时间越短；三相短路故障点离感应电机负荷点越近，故障切除时间越短。

二、微电网保护配置

微电网保护需与各个智能模块相兼容与协调，能与智能管理系统形成良好的互动，能对即插即用电源完全兼容，能在一切智能条件下保证微电网的稳定运行。

微电网内部发生故障时，通常不希望直接切掉电源，而是通过保护装置的选择性将故障部分切除，保证微电网系统的稳定及正常部分的供电。因为，微电网系统内的某些电源除提供电力负荷外，还接有比如热负荷等其他形式的负荷，不能轻易切除这些电源。

借助于智能微电网管理系统的通信装置，可配置基于通信的微电网保护系统。电源、负荷、开关等多个点的信息实时地传送到中央处理器，中央处理器对数据进行分析并且发送控制命令。由于是借助于高速、可靠的通信标准（例如：IEC 61850）和先进的数字保护技术，这种方式可以对各段保护进行有机协调，避免误动的发生。同时这种保护方式可适用于任何结构的微电网，对于为了增强供电可靠性而采取环形网络的微电网也是适用的。

虽然不同微电网的结构会有所不同，但是构造基本都包括电源、馈线以及用户等。以图9-4-5所示微电网为例，该微电网含有两条馈线、三个分布式电源，可通过公共连接点与配电网并联运行，当微电网孤网方式运行时，若采取的是主从式微电网控制，三个分布式电源必须有一个具备主控制电源的能力，可以维持微电网中电压和频率的稳定。当微电网采取对等式控制方式时，三个电源可以共同参与电压与频率的调整，依靠各自的控制参数合理分配负荷。

微电网的规模和所保护区域的数量决定了保护装置的数量。保护区域的划分需考虑到用户的需求，区域功能的独立性、合理性和微电网系统的经济性，各个区域保护的配置需考虑到适应微电网保护特性的能力。如图9-4-5中所示，线路、用户、负荷等分别作为单独的保护区域。根据区域的不同，各种类型保护的配置也不同，其中：

(1) B1：微网公共连接点处的保护。在配电网故障（图9-4-5中F1故障）时能够可靠地将微电网从并网状态切换为孤网状态，当微电网内部故障无法切除时能可靠地起到

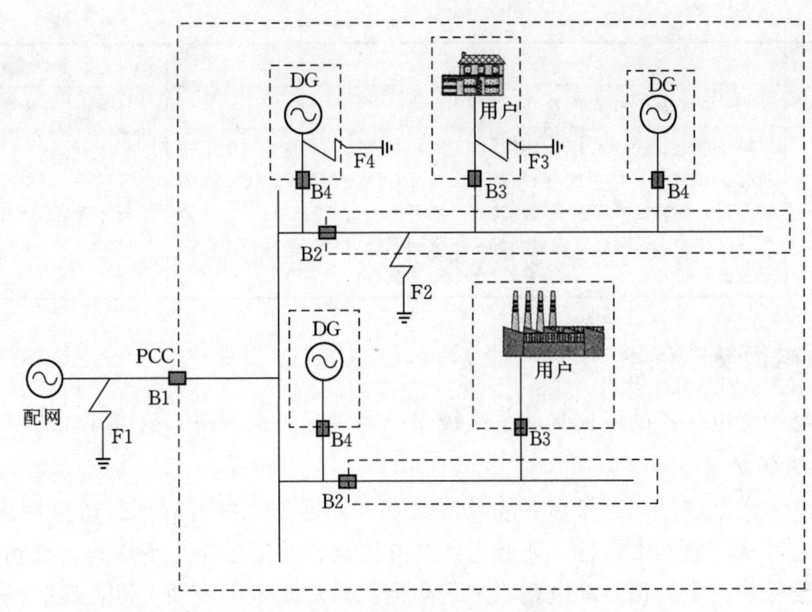

图 9－4－5　微电网中保护配置

后备保护的作用，使配电网不会受到微电网故障的影响。

（2）B2：微电网线路故障。对微电网线路（图 9－4－5 中 F2 故障）进行保护，能对即插即用电源的接入有一定的适应能力，同时对下游的用户和分布式电源起到后备保护的作用。

（3）B3：用户的保护。用户中电力负荷发生故障（图 9－4－5 中 F3 故障）时，保护能及时动作，保证人身安全且不对微电网稳定产生不利影响。

（4）B4：分布式电源的保护。由电源出口保护承担，主要负责电源本身的安全（图中 9－4－5 中 F4 故障）。电源发生故障时能及时将电源从微电网切除，当微电网处于不稳定状态时可以将电源切除以维持系统的安全。

鉴于微电网保护与传统保护的差异以及内部电源不同，微电网保护研究要针对具体微电网模型，保护配置见表 9－4－1。

表 9－4－1　　　　保 护 配 置 表

项　目	并　网　运　行		孤网运行
	基于测量值	基于通信	基于测量值
公共连接点保护配置	电压继电器（配网故障迅速动作）； 频率继电器（时间延迟后动作）	与其他保护相配合动作	配置同步检测装置，微网并网时执行电压向量及频率差值的检测
馈线保护配置	方向过电流继电器。通过时间延迟或者通信躲开区外故障	区内故障动作后：①向分共连接点保护发送闭锁信号；②向相关电源发送断开信号	①基于电压和方向过流等的多重故障判断；②发送闭锁信号和断开信号
用户保护配置	过电流保护	保护方面无须通信	过电流保护

续表

项 目	并 网 运 行		孤网运行
	基于测量值	基于通信	基于测量值
分布式电源保护配置	电压继电器（时间上与公共连接点保护和馈线保护相配合）；频率继电器；旋转电机需配备同步检测装置（并网、孤网或者黑启动都必须保证同步）	接受馈线保护发送来的断开信号；接受 MMS 系统发送的断开信号；并网运行下，若微电网保护失灵还必须与配电网保护配合	与并网运行配置相同

三、微电网继电保护

目前微电网继电保护的研究多从系统级保护和单元级保护两方面展开。

1. 系统级保护

研究对象为微电网整体，考虑在故障情况下，无论配电网故障还是微电网内部故障，都将相关微电网从配电网中切除，使微电网从并网运行状态安全、平滑地过渡到孤网运行状态。系统级保护担负着保持配电网稳定、降低故障对配电网的冲击以及保证微电网运行状态之间顺利过渡的任务。

系统级保护须合理配置公共连接点处的保护功能。故障情况下微电网对于配电网的影响主要取决于注入配电网的电流大小和持续时间。配电网发生故障或者电能质量参数不符合相关的状态要求时，公共连接点应该能准确地检测到这种异常并且可靠地将微电网从配电网切除使得配电网故障不至于影响微电网内负荷的供电和运行。当微电网内部发生故障时，公共连接点也应该能检测到故障的发生且将微电网切除，使得微电网内部故障对于配电网的影响降到最低。因此，公共连接点应能准确判断各种故障情况并能迅速响应，实现微电网运行状态的转换。公共连接点处的开断功能可以通过检测相关电气量实现，例如两侧电压、电流及频率、从而实现微电网故障、配电网故障、不同步、电能质量下降等情况下的开断。

公共连接点开关速度越快，故障电流对配电网造成的影响也就越小。某种电力电子元件开关可通过晶闸管控制开断，当检测到跳闸停号时，该开关可以在极短的时间内（0.5～2 个周波）动作，从而实现微电网运行状态的转变。另有研究者设计了背靠背式逆变器，通过离散控制实现了公共连接点处潮流控制的功能，使得潮流为单相流动，即只从配电网流向微电网而不会发生反向流动，避免了微电网电流对于配电网的影响。

“功率保护”通过智能分区的方法来对微电网进行保护。某节点的功率平衡度表征该节点下层电气孤岛的功率平衡程度。若电气孤岛中 DG 的总容量与负荷消耗基本平衡，则该微电网可以实现稳定运行。若孤岛中 DG 总容量大于负荷消耗，则必须调整 DG 出力甚至切除 DG，或者通过加入新负荷的方法保护微电网的运行。若电气孤岛中 DG 总容量小于负荷消耗，说明微电网无法维持稳定运行，则通过决策树搜索算法搜索最优的分区方法，实现更小的微电网单元的分区运行，最大限度地为微电网中的负荷提供电能。

“微电网区域保护”是将微电网分成几部分来对其进行保护的方法，其实也是一种系统级保护。首先根据微电网的结构将微电网划分为几个区域，每个区域都包含对应的 DG

和负荷，也就是将原微电网划分成了几个更小的微电网。保护采用了分区入口处 I_d($I_d=\sum_{k=a,b,c,n}|I_k|$) 作为单相对地故障的判据：当区域内部有故障发生时，$I_d\neq0$；当相邻区域故障时，$I_d=0$，因为此时同样需要跳开本区开关以保护本区，故须与零序电流相配合。为保证上下区域之间保护的正确动作，相邻区域之间的动作时间应该相互配合，逐级采取时间延迟。对于相间故障，采用了负序电流作为判据。该保护方法在故障时只需将相应区域切除即可，一定程度上减少了故障对于正常区域的影响。但是该保护方法比较复杂，有些电气量也不容易获得，而且将微电网划分为更小的微电网区域的方法也不利于最大限度利用 DG，降低了部分用户的供电可靠性。

2. 单元级保护

当配电网中有故障发生或者电能质量不满足要求，例如电压偏高或偏低、震荡等情况发生时，为充分保护微电网内部负荷的供电，需要及时将微电网与配电网断开，微电网从并网运行状态转为孤网运行状态。

微电网具体结构、内部分布式电源类型不同，通常需要配置的保护也不相同。但是微电网继电保护须遵循最基本的原则，即无论微电网在并网运行或者孤网运行状态下，即插即用型电源接入或者断开，保护都应当可靠有效。保护还应当考虑到分布式电源控制器中的电力电子器件所带来的影响。

四、负荷保护

在微电网系统中，由于故障电流水平较低，传统的熔断器等负荷保护装置无法正常动作。

基于各相电流矢量和的负荷保护原理为：大多数情况下，负荷侧的故障为接地不对称类型故障，这类故障发生时，存在由故障点流向大地的故障电流，因此可以将接到负荷的各相线路都引入保护中，检测是否有漏电流的发生。以星形中性点不接地和接地两种负荷接线方式为例，对于前者，可取各相电流矢量和 $i_d=\sum_{k=a,b,c}i_k$ 作为故障判据［图 9-4-6 (a)］。后者，通过合理调整线路［图 9-4-6 (b)］，亦可以取得各相电流矢量和 $i_d=\sum_{k=a,b,c,n}i_k$。未发生故障情况下，$i_d=0$；当保护区域内发生不对称接地故障时，$i_d\neq0$，设定动作值即可实现故障下的正确支作。该保护方法只反映保护区域内部的不对称接地故障，不会受到逆变器控制方式及限流的影响且动作迅速。由于微电网规模不会太大，内部负荷线路的调整也不会造成太大的额外投资，同时也节省了保护设备之间的联络线路。考虑到设备及实现方法尽量简化时，该保护同样可以只选择电流方向进行比较。

负荷保护能够正确反映微电网孤岛运行方式下不同接线负荷的故障波形，具体如下：

(1) 星形接线中性点不接地负荷。微电网孤岛方式运行，0.2s 时保护出口处发生故障，故障持续时间 0.2s。

在发生单相接地和两相短路接地两类故障的情况上，i_d 波形有明显变化。

当三相负荷中性点、附近发生故障时，存在死区，判据数值较小，若采用减小整定值的方法，容易造成保护的误动。但是该情况对于系统及负荷稳定性的影响比较小，在某些

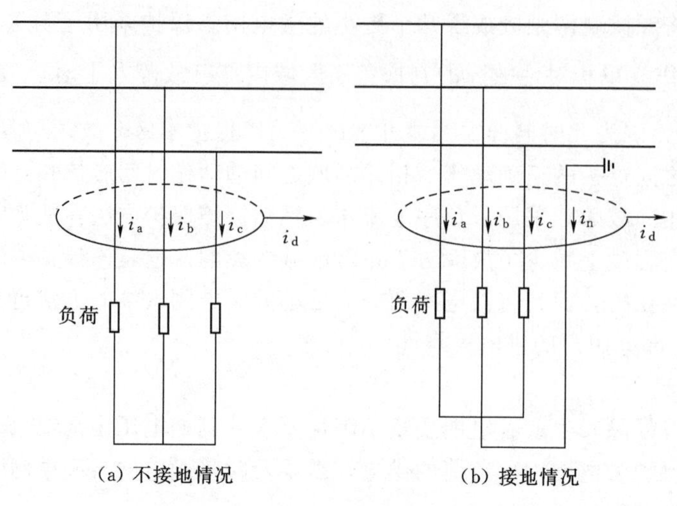

图 9-4-6　负荷故障保护

时候甚至允许一定时延。

(2) 星形接线中性点接地负荷。故障位置时间设置同 (1)，该类型负荷判据中加入了中性线的电流，相对于正常情况，故障上判据数值较大。同样可合理设置动作值使保护装置动作。

(3) 不对称运行。故障判据包括了各相电流，在负荷中性点接地情况下将地线也包括在内，因此不会受到负荷不对称的影响。需要注意的是负荷不对称时，负荷中性点会发生偏移，死区位置会发生变化。

(4) 单相负荷。以上保护方法无法检测三相接地故障以及相间故障，若某些负荷对于保护要求较高需对每相单独进行保护。

五、基于分布式区域纵联保护

近年来含有分布式电源的智能配电网不断发展和应用，分布式发电技术的发展极大地改变了传统配电网的结构和工作方式。正常运行时，网络中的潮流分布及故障短路电流的大小、流向和分布都会发生变化。传统的配电网自动化系统无法满足故障检测和隔离的要求，保护难以进行协调配合，甚至失去保护作用。基于交换线路两侧信息的纵联保护能够快速、可靠地区分区内外故障，不需要与其他保护装置进行定值和时限上的配合，具备良好的选择性，在高压输电线路中应用广泛。鉴于纵联保护的诸多优点，可以将其应用到智能配电网中，满足智能配电网对保护系统的要求。

智能配电网分支多，网络拓扑结构和运行方式多变，保护配置以及故障隔离方式与高压输电线路差别较大。在智能配电网中，纵联保护需要借助通信系统获取多点故障信息，才能对故障位置做出快速、可靠地判断。根据故障信息的获取途径和利用方式不同，用于智能配电网中的纵联保护可分为主从式和分布式两种结构。主从式结构的优点是信息资源集中，便于管理；缺点是对保护主机和通信系统依赖程度高，主机节点信息流拥挤，容易受到干扰而出现单点或多点失效，不适合用于网络规模较大、从机数量较多的场合。

基于分布式区域纵联保护系统，分散安装在各开关处的智能配电终端（Smart Distribution Terminal Unit，SDTU）借助网络获取其他 SDTU 的信息，自行完成故障的检测和隔离。对分布式区域纵联保护系统而言，每个 SDTU 获取哪些其他 SDTU 的信息、保护哪些范围是至关重要的。

1. 区域纵联保护结构

如图 9－4－7 所示，系统由管理主机、通信网络和安装在各处的 SDTU 三个主要部分组成。

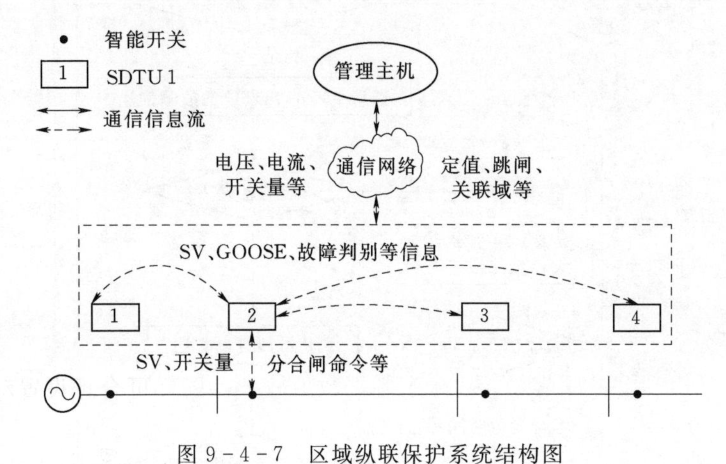

图 9－4－7 区域纵联保护系统结构图

管理主机位于调控中心，主要作用是管理智能配电网的网络拓扑结构，根据当前网络结构为区域纵联保护系统确定保护范围及关联 SDTU，并将确定的信息下发至对应的 SDTU。

通信网络为区域纵联保护系统提供主从式通信和对等通信功能。主从式通信用于管理主机和 SDTU 之间，交互开关位置状态信息、网络拓扑结构信息、保护区域及其 SDTU 关联域信息等；对等通信用于各 SDTU 之间，主要是故障发生后交互各种故障判断信息，快速、可靠地检测并隔离故障。

SDTU 分散安装在智能开关处，采集并处理安装位置处的电气量与开关量，与管理主机通信，交互网络拓扑结构信息，获取来自主机的区域纵联保护关联域信息。故障发生后与关联域内的其他 SDTU 交互故障判断信息，快速、可靠地进行故障检测。

需要指出的是，分布式区域纵联保护系统虽然包含管理主机，但该主机的作用只是对网络拓扑结构进行管理。从故障的检测和隔离功能角度看，是以 SDTU 为主导、采用分布式结构完成的。

通信规约借用 IEC 61850－9－2 标准。

2. 保护原理

（1）区域纵联保护工作流程如图 9－4－8 所示。

1）管理主机根据系统当前拓扑结构和运行方式，为每一个 SDTU 确定保护范围及关联域并将该信息下发至对应的 SDTU。

2）各 SDTU 测量安装处的电气量信息，判断故障是否发生，若无故障发生转向第 3）

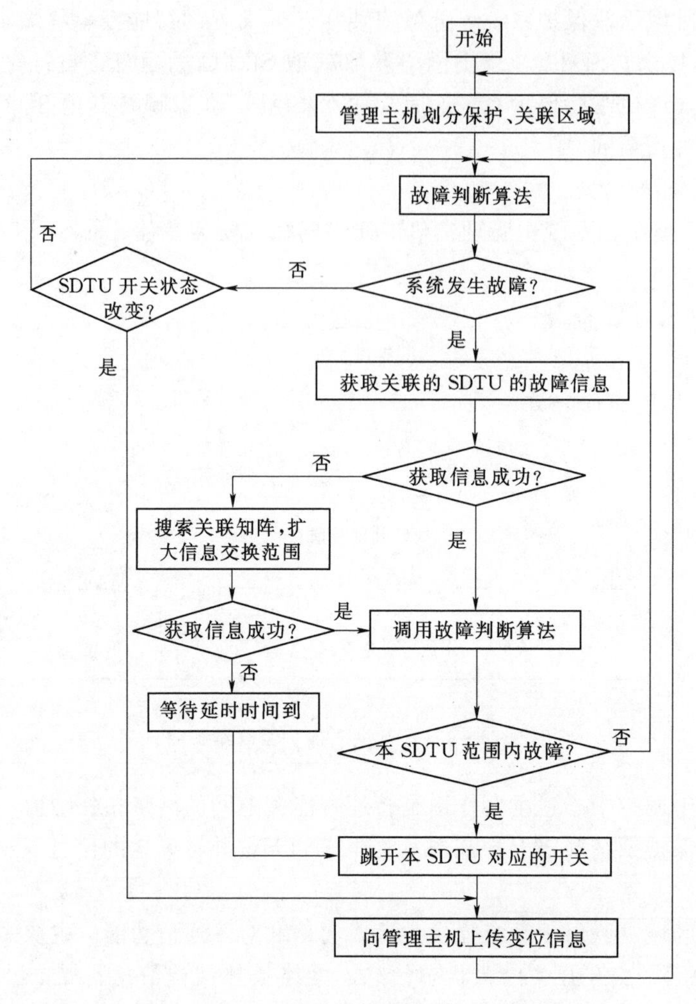

图 9-4-8　区域纵联保护系统工作流程图

步，否则转向第 4）步。

3）SDTU 实时检测开关状态是否发生变化，若检测到开关变位则转向第 1）步，否则转向第 2）步。

4）故障发生后，SDTU 一方面根据本地信息计算故障信息（故障电流和故障方向信息）；另一方面与关联域内的其他 SDTU 交互故障计算信息。

5）若成功获取关联域内其他 SDTU 信息，转向第 6）步，否则根据后备保护范围及关联域进一步扩大信息交互范围，获取信息成功后同样转入第 6）步，否则在一定的延时后直接跳开开关。

6）SDTU 根据本地故障信息和关联域内其他 SDTU 的故障信息，基于纵联保护方向比较原理对故障进行检测和隔离。

7）故障隔离后 SDTU 将对应的开关变位信息上传至管理主机，回到主循环入口。

与输电网每条线路两侧都有断路器的结构不同，配电线路一般只在首端配备断路器，同时配备分段开关将线路分为多个区段。智能配电网的保护对象和保护范围的确定原则与

输电系统有很大不同。

由于配电网包含的分支较多，基于纵联方向比较原理检测故障时需要获取多端信息。故对于区域纵联保护而言，在确定好保护范围的基础上，必须知道对某个特定的 SDTU 而言，与哪些 SDTU 的故障信息进行比较才能准确检测出故障，并且一旦某个或者某几个 SDTU 故障时，如何应对以确保故障精确监测及定位。SDTU 的保护范围可划分为主保护区域和后备保护区域，划分原则分别如下：

1）主保护范围。对 SDTU 而言，发生故障时必须快速跳闸才能隔离故障的范围即为主保护范围，即与 SDTU 直接相连的区域。

正方向定义为系统电源指向负荷或分布式电源的方向，这样定义正方向可以确保故障方向检测的灵敏性和可靠性。参考正方向的定义，主保护范围可以分为正向主保护范围和反向主保护范围。

以图 9-4-9 中 S8 处的 SDTU 为例，其主保护范围包括正向主保护范围 L8 和反向主保护范围 L7，如图中长虚线椭圆所示。L8 发生故障时，S8 需要和 S9、S10 交互信息，故 S9 和 S10 是 S8 的正向关联域；L7 发生故障时，S8 需要和 S7 交互信息，故 S7 是 S8 的反向关联域。

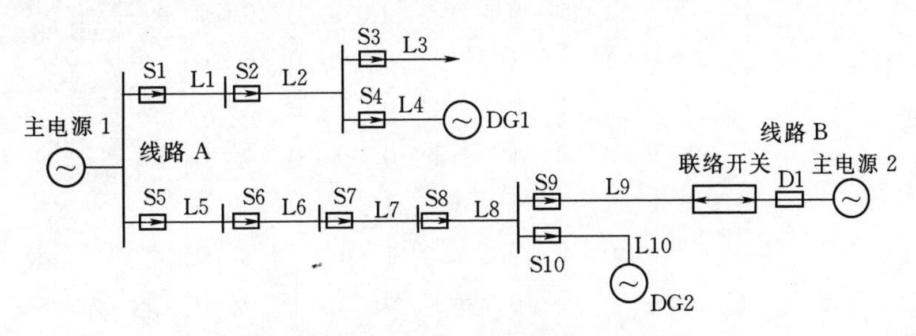

图 9-4-9　典型配电网结构图

2）后备保护范围。后备保护范围是依据继电保护中远后备保护范围的确定原则来确定的，即主保护范围相邻的下一级线路末端。例如图 9-4-10 中的 S8 其正向后备保护范围是 L9 和 L10，反向后备保护范围是 L6；反向后备保护关联域为 S6，正向后备保护无关联域。

（2）区域纵联保护关联域的在线确定方法。由于配电网拓扑结构和运行方式经常改变，导致区域纵联保护范围及 SDTU 关联域不再固定。例如图 9-4-10 中 S4 断开后，S2 的后备保护范围发生变化，同时 S2 的正向关联域也发生变化。故保护范围和 SDTU 关联域必须随着网络拓扑结构的改变而改变。关联域的确定是通过矩阵运算的方式实现的，所采用的矩阵包括节点-支路关联矩阵 $\boldsymbol{L}$、支路节点变换矩阵 $\boldsymbol{C}$ 和节点邻接矩阵 $\boldsymbol{J}$。

以配电网各测量点作为网络拓扑中的节点，两测量点之间的所有线路作为网络拓扑中的支路。节点-支路关联矩阵 $\boldsymbol{L}$ 表示节点与支路的关系，为有向图，其中的元素定义为

$$\boldsymbol{L}_{ij}=\begin{cases}1, & \text{节点 } i \text{ 与支路 } j \text{ 直接相邻且支路 } j \text{ 位于节点 } i \text{ 的正方向} \\ -1, & \text{节点 } i \text{ 与支路 } j \text{ 直接相邻且支路 } j \text{ 位于节点 } i \text{ 的反方向} \\ 0, & \text{节点 } i \text{ 不与支路 } j \text{ 直接相邻}\end{cases}$$

图 9-4-10 中线路 A 的节点-支路关联矩阵 $\boldsymbol{L}$ 如下，其中行表示节点，列表示支路：

$$
\boldsymbol{L}=\begin{bmatrix}
1 & 0 & 0 & 0 & 0 & 0 & 0 & 0 & 0 & 0\\
-1 & 1 & 0 & 0 & 0 & 0 & 0 & 0 & 0 & 0\\
0 & -1 & 1 & 0 & 0 & 0 & 0 & 0 & 0 & 0\\
0 & -1 & 0 & 1 & 0 & 0 & 0 & 0 & 0 & 0\\
0 & 0 & 0 & 0 & 1 & 0 & 0 & 0 & 0 & 0\\
0 & 0 & 0 & 0 & -1 & 1 & 0 & 0 & 0 & 0\\
0 & 0 & 0 & 0 & 0 & -1 & 1 & 0 & 0 & 0\\
0 & 0 & 0 & 0 & 0 & 0 & -1 & 1 & 0 & 0\\
0 & 0 & 0 & 0 & 0 & 0 & 0 & -1 & 1 & 0\\
0 & 0 & 0 & 0 & 0 & 0 & 0 & -1 & 0 & 1
\end{bmatrix} \tag{9-4-1}
$$

支路节点变换矩阵 $\boldsymbol{C}$ 描述拓扑图中支路和节点的连接关系，属于无向图。其中元素按以下原则定义：与主电源直接相连的节点 S 所在列中对应点的元素为 0，其余元素为 -1；其余列的元素当支路 i 和节点 j 直接相连且节点 j 开关闭合时 $C_{ij}=1$；否则 $C_{ij}=0$。

图 9-4-10 中线路 A 的变换矩阵 $\boldsymbol{C}$ 如下，其中行表示支路，列表示节点：

$$
\boldsymbol{C}=\begin{bmatrix}
0 & 1 & 0 & 0 & -1 & 0 & 0 & 0 & 0 & 0\\
-1 & 1 & 1 & 1 & -1 & 0 & 0 & 0 & 0 & 0\\
-1 & 0 & 1 & 0 & -1 & 0 & 0 & 0 & 0 & 0\\
-1 & 0 & 0 & 1 & -1 & 0 & 0 & 0 & 0 & 0\\
-1 & 0 & 0 & 0 & 0 & 1 & 0 & 0 & 0 & 0\\
-1 & 0 & 0 & 0 & -1 & 1 & 1 & 0 & 0 & 0\\
-1 & 0 & 0 & 0 & -1 & 0 & 1 & 1 & 0 & 0\\
-1 & 0 & 0 & 0 & -1 & 0 & 0 & 1 & 1 & 1\\
-1 & 0 & 0 & 0 & -1 & 0 & 0 & 0 & 1 & 0\\
-1 & 0 & 0 & 0 & -1 & 0 & 0 & 0 & 0 & 1
\end{bmatrix} \tag{9-4-2}
$$

节点-支路矩阵 $\boldsymbol{L}$ 和变换矩阵 $\boldsymbol{C}$ 相乘就可以得到节点邻接矩阵 $\boldsymbol{J}$，即 $\boldsymbol{J}=\boldsymbol{LC}$。由式（9-4-1）和式（9-4-2）相乘可以得到邻接矩阵 $\boldsymbol{J}$，行列均代表节点，即

$$
\boldsymbol{J}=\begin{bmatrix}
0 & 1 & 0 & 0 & -1 & 0 & 0 & 0 & 0 & 0\\
-1 & 0 & 1 & 1 & 0 & 0 & 0 & 0 & 0 & 0\\
0 & -1 & 0 & -1 & 0 & 0 & 0 & 0 & 0 & 0\\
0 & -1 & -1 & 0 & 0 & 0 & 0 & 0 & 0 & 0\\
-1 & 0 & 0 & 0 & 0 & 1 & 0 & 0 & 0 & 0\\
0 & 0 & 0 & 0 & -1 & 0 & 1 & 0 & 0 & 0\\
0 & 0 & 0 & 0 & 0 & -1 & 0 & 1 & 0 & 0\\
0 & 0 & 0 & 0 & 0 & 0 & -1 & 0 & 1 & 1\\
0 & 0 & 0 & 0 & 0 & 0 & 0 & -1 & 0 & -1\\
0 & 0 & 0 & 0 & 0 & 0 & 0 & -1 & -1 & 0
\end{bmatrix} \tag{9-4-3}
$$

节点-邻接矩阵 $\boldsymbol{J}$ 中的每一行中值为1的元素对应节点为此SDTU主关联域中的正向关联元素，两点之间的区域即为SDTU的正向主保护区域；值为−1的元素对应节点为此SDTU主关联域中的反向关联元素，两点之间的区域即为SDTU的反向主保护区域。依据上述方法可得到某一SDTU的主保护关联域内所有元素，之后主保护中的各元素按上述原则寻找其主保护关联域，就可以得到此SDTU的后备保护关联域。因而由矩阵 $\boldsymbol{J}$ 可以得到各SDTU的保护范围的主关联域和后备保护关联域信息。

第五节　分布式电源接入及保护配置

一、分布式电源接入系统的典型接线

分布式电源经专线接入10（6）～35kV系统典型接线如图9-5-1所示。

分布式电源“T接”接入10（6）～35kV系统典型接线如图9-5-2所示。

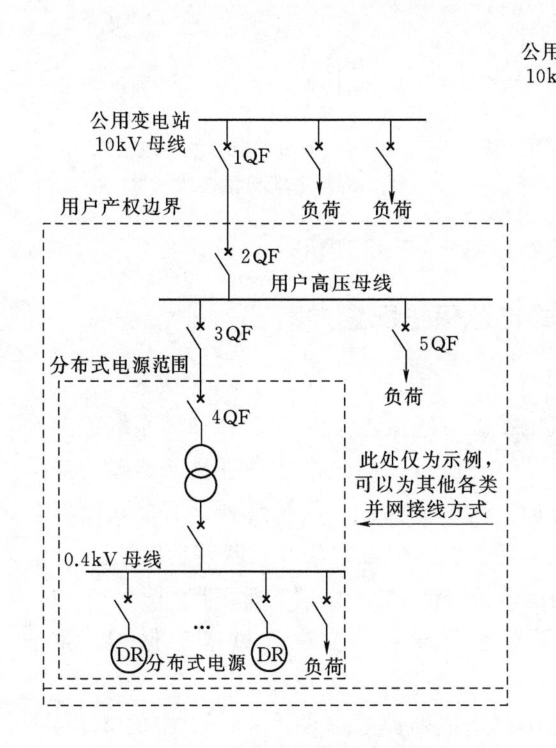

图9-5-1　分布式电源经专线接入10（6）～35kV系统典型接线

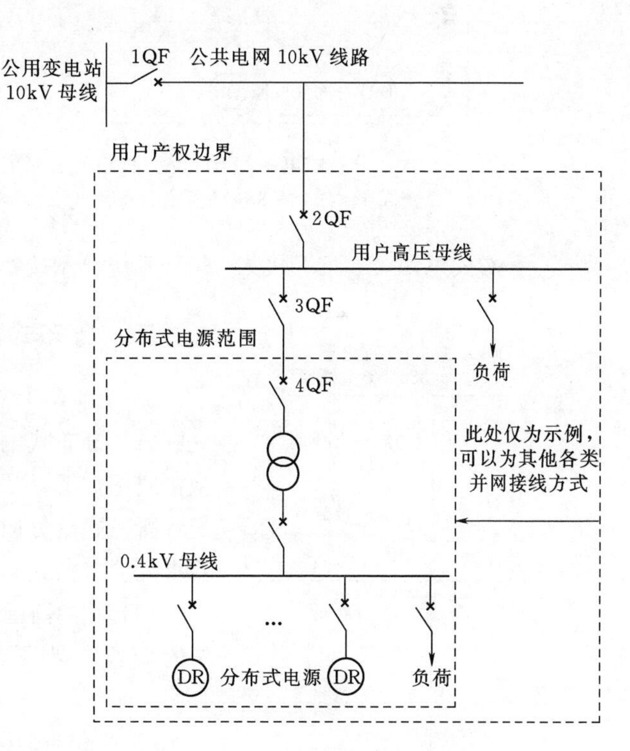

图9-5-2　分布式电源“T接”接入10（6）～35kV系统典型接线

分布式电源经开关站（配电室、箱变）接入10（6）～35kV系统典型接线如图9-5-3所示。

分布式电源经专线接入380V系统典型接线如图9-5-4所示。

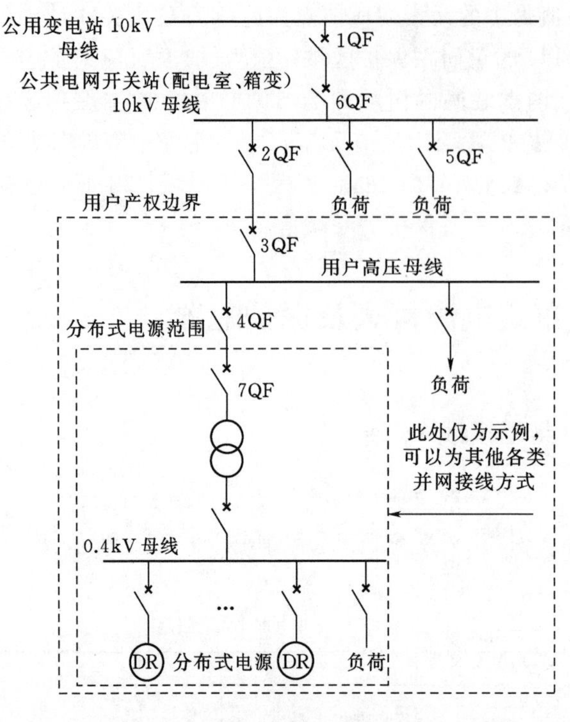

图 9-5-3　分布式电源经开关站（配电室、箱变）接入 10（6）～35kV 系统典型接线

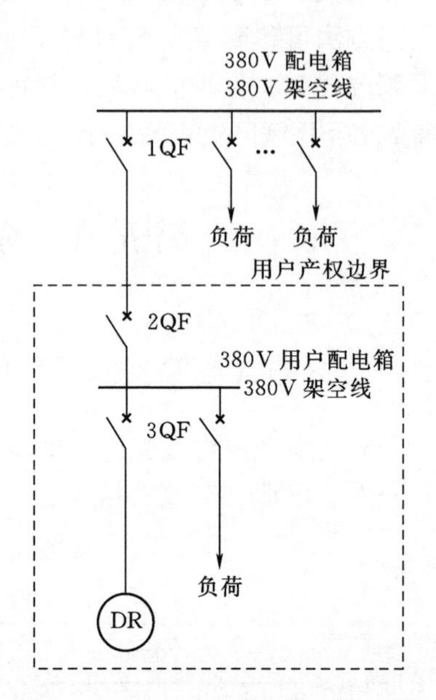

图 9-5-4　分布式电源经专线接入 380V 系统典型接线

分布式电源“T 接”接入 380V 系统典型接线如图 9-5-5 所示。

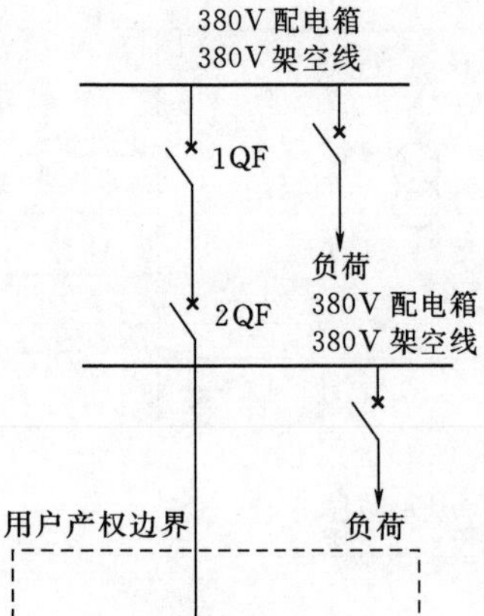

380V 配电箱
380V 架空线
1QF
负荷
2QF
380V 配电箱
380V 架空线
用户产权边界
负荷
3QF
DR

图 9-5-5　分布式电源“T 接”接入 380V 系统典型接线

二、分布式电源保护配置方案

1. 分布式电源经专线接入 10（6）～35kV 系统

（1）分布式电源经专线接入 10（6）～35kV 系统的典型接线图如图 9-5-1 所示，用户高压总进线断路器处应配置阶段式（方向）过电流保护、故障解列，若接入电网要求配置全线速动保护时，应配置光纤纵联差动保护。

（2）用户高压母线的分布式电源馈线断路器（图 9-5-1 中的 3QF）处可配置阶段式（方向）过电流保护、重合闸。

（3）用户高压总进线断路器（图 9-5-1 中的 2QF）处配置的保护动作于跳图 9-5-1 中的 3QF 或 2QF 断路器，用户高压母线的分布式电源馈线断路器（图 9-5-1 中的 3QF）处配置的保护动作于跳图 9-5-1 中的 3QF 断路器；为在故障发生时切除所有电源点，当有多条分布式电源线路时，用户高压总进线断路器（图 9-5-1 中的 2QF）处配置的保护可同时跳各个分布式电源馈线开关。

注意：在低阻接地系统，过电流保护含无方向零序过流。

（4）用户高压总进线断路器（图9-5-1中的2QF）处配置的保护应符合以下要求：

1）当用户用电负荷大于分布式电源装机容量时，电流保护应经方向闭锁，保护动作正方向指向线路。变流器型分布式电源电流定值可按110%～120%分布式电源额定电流整定；旋转电机类型分布式电源电流定值按DL/T 584—2017《3kV～110kV电网继电保护装置运行整定规程》整定。

2）故障解列应满足以下要求：

a. 故障解列包括低/过电压保护、低/过频率保护等。

b. 动作时间宜小于公用变电站故障解列动作时间，且有一定级差。

c. 动作时间应躲过系统及用户母线上其他间隔故障切除时间，同时考虑符合系统重合闸时间配合要求。

d. 低/过电压定值、低/过频率定值按DL/T 584—2017《3kV～110kV电网继电保护装置运行整定规程》要求整定。

（5）用户高压母线的分布式电源馈线断路器（图9-5-1中的3QF）处配置的保护应满足以下要求：

1）电流保护应符合公共变电站馈线断路器（图9-5-1中的1QF）处保护的配合要求，按指向分布式电源整定，必要时可经方向闭锁。

2）用户高压母线的分布式电源馈线断路器（图9-5-1中的3QF）跳闸后是否重合可根据用户需求确定。若采用重合闸，可检无压或检同期重合，其延时应与公共变电站馈线断路器（图9-5-1中的1QF）处重合闸配合，并宜具备后加速功能。

2. 分布式电源“T接”接入10（6）～35kV系统

（1）分布式电源“T接”接入10（6）～35kV系统的典型接线图如图9-5-2所示，用户高压总进线开关（图9-5-2中的2DL）处应配置阶段式（方向）过电流保护、故障解列。

（2）用户高压母线的分布式电源馈线断路器（图9-5-2中的3QF）处可配置阶段式（方向）过电流保护、重合闸。

（3）用户高压总进线断路器（图9-5-2中的2QF）处配置的过电流保护正方向指向用户高压母线时，则动作于跳2QF断路器。如采用正方向指向线路，可根据用户选择动作于跳分布式电源馈线断路器（图9-5-2中的3QF或2QF）；有多条分布式电源线路时，同时跳各个分布式电源馈线断路器。

（4）用户高压母线的分布式电源馈线断路器（图9-5-2中的3QF）处配置的保护动作于跳本断路器。

（5）用户高压总进线断路器（图9-5-2中的2QF）处配置的继电保护和安全自动装置应符合以下要求：

1）当分布式电源额定电流大于公用变电站馈线断路器（图9-5-2中的1QF）处装设的保护装置末段电流保护整定值时，用户高压总进线断路器（图9-5-2中的2QF）处配置的电流保护按方向指向用户母线整定，与公用变电站馈线断路器（图9-5-2中的1QF）处配置的保护配合。为提高2QF切除线路故障的可靠性，也可设置一段方向指向线路的过流保护。

2）故障解列应满足以下要求：

a. 动作时间宜小于公用变电站故障解列动作时间，且有一定级差。

b. 动作时间定值应躲过系统及用户母线上其他间隔故障切除时间，同时考虑符合系统重合闸的配合要求。

c. 过电压定值、低/过频率定值按DL/T 584—2017《3kV～110kV电网继电保护装置运行整定规程》要求整定。

3）应停用重合闸功能。

（6）用户高压母线的分布式电源馈线断路器（图9-5-2中的3DL）处配置的保护应满足以下要求：电流保护应符合用户高压总进线断路器（图9-5-2中的2QF）处配置保护的配合要求，3QF断路器跳闸后是否重合可根据用户需求确定，若采用重合闸，可检无压或检同期重合，其延时应与公共变电站馈线断路器（图9-5-1中的1QF）处重合闸配合，并宜具备后加速功能。

3. 分布式电源经开关站（配电室、箱变）接入10（6）～35kV系统

（1）分布式电源经开关站（配电室、箱变）接入10（6）～35kV系统的典型接线图参见图9-5-3，用户高压总进线开关（图9-5-3中的3QF）处应配置阶段式（方向）过电流保护、故障解列。

（2）用户高压母线的分布式电源馈线断路器（图9-5-3中的4QF）可配置阶段式（方向）过电流保护、重合闸。

（3）用户高压总进线断路器（图9-5-3中的3QF）处配置的过电流保护正方向指向线路时，根据用户选择可动作于跳用户高压母线的分布式电源馈线断路器（图9-5-3中的4QF或3QF）；当正方向指向用户高压母线时，则动作于跳3QF断路器。

（4）用户高压总进线断路器（图9-5-3中的3QF）处配置的故障解列动作于跳用户高压母线的分布式电源馈线断路器（图9-5-3中的4QF）。

（5）用户高压母线的分布式电源馈线断路器（图9-5-3中的4QF）处配置的保护均动作于跳本断路器。

（6）用户高压总进线断路器（图9-5-3中的3QF）处配置的保护应符合以下要求：

1）电流保护方向指向线路时，除按常规原则整定外，须保证公用变电站10kV母线故障有足够灵敏度。其中，逆变器类型分布式电源可按110%～120%分布式电源额定电流整定。电流保护方向指向用户母线时，优先按开关站分布式电源馈线断路器（图9-5-3中的2QF）处配置保护的配合要求整定，无法配合或配合后导致4QF断路器或用户内部负荷开关处保护整定困难时，可按直接与公共变电站馈线断路器（图9-5-3中的1QF）处配置保护的配合要求整定。

2）故障解列应满足的要求：

a. 动作时间宜小于公用变电站故障解列动作时间，且有一定时间级差。

b. 动作时间定值应躲过系统及用户母线上其他间隔故障切除时间，同时考虑与系统重合闸配合。

c. 过电压定值、低/过频率定值按DL/T 584—2017《3kV～110kV电网继电保护装置

置运行整定规程》要求整定。

（7）用户高压母线的分布式电源馈线断路器（图9-5-3中的4QF）处配置的保护应满足以下要求：

1）电流保护应符合用户高压总进线断路器（图9-5-3中的3QF）处配置保护的配合要求，按指向分布式电源整定，必要时可经方向闭锁。

2）4QF断路器跳闸后是否重合可根据用户需求确定。若采用重合闸，可检无压或检同期重合，优先按开关站分布式电源馈线断路器（图9-5-3中的2QF）处配置重合闸的配合要求整定，无法配合时，可按直接与公共变电站馈线断路器（图9-5-3中的1QF）处配置重合闸的配合要求整定，并宜具备后加速功能。

4. 分布式电源接入380V系统

（1）分布式电源经专线或“T接”接入380V系统的典型接线图如图9-5-4和图9-5-5所示，用户侧低压进线开关（图9-5-4和图9-5-5中的2QF）及分布式电源出口处开关（图9-5-4和图9-5-5中的3QF）应具备短路瞬时、长延时保护功能和分励脱扣、欠压脱扣功能。

（2）用户侧低压进线开关（图9-5-4和图9-5-5中的2QF）及分布式电源出口处开关（图9-5-4和图9-5-5中的3QF）处配置的保护应符合以下要求：

1）保护定值中涉及的电流、电压、时间等定值应符合GB 50054—2011《低压配电设计规范》的要求。

2）必要时，2QF或3QF处配置的相关保护应符合配网侧的配电低压总开关（图9-5-4和图9-5-5中的1QF）处配置保护的配合要求，且应与用户内部系统配合。

第六节 智能微电网系统

一、概述

1. 微电网系统

在智能微电网领域的产品和服务要全面覆盖微电网的规划、监控、保护、运行控制等技术领域，涵盖从前期规划、方案制定、设备供应、工程实施、运维指导到试验支持的全方位技术服务。

智能微电网NMC系列产品和整体解决方案包括：

（1）微电网能源管理系统。

（2）微电网运行控制系统。

（3）微电网保护控制系统装置。

（4）分布式能源供给综合管理系统。

（5）微电网站域稳定控制系统。

（6）多样性负荷管控系统。

（7）微电网并网接口装置。

（8）直流微电网运行控制系统。

2. 微电网应用

微电网应用如图 9-6-1 所示，具体包括：

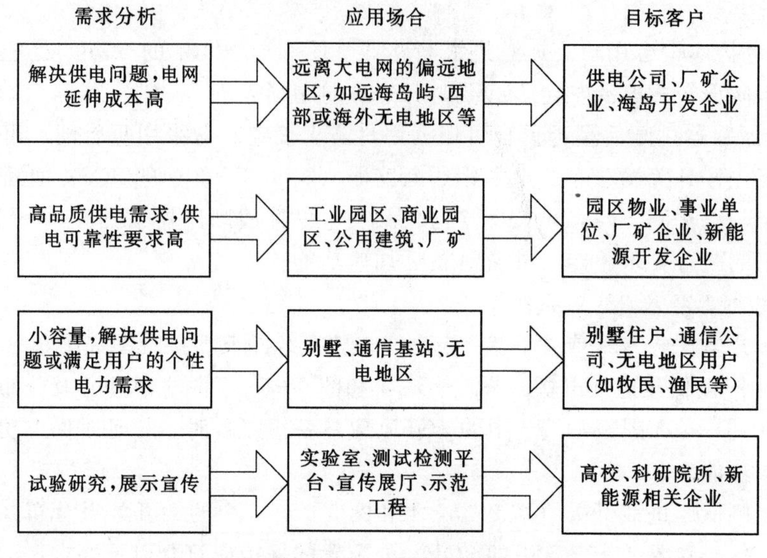

图 9-6-1　微电网应用

（1）海岛。

（2）无电地区独立电网。

（3）远离电网的厂矿。

（4）冷热电三联供微网。

（5）实验平台、宣传展示。

（6）户用微电网（别墅、通信基站、渔牧民等）。

3. 技术特点

（1）全套二次设备。

1）微电网能量管理系统和运行控制系统：可对微电网进行全方位立体式监测和运行控制。

2）微网区域保护和并网接口装置：能提供微电网整体保护解决方案。

3）微网站域稳定控制和负荷管控装置：可实现各种状态下的无缝切换。

（2）微网容量范围广。从户用的几千瓦，到海岛和偏远地区的几十兆瓦。

（3）支持全类型微网，包括并网型/独立型、交流/直流/交直流混合、单母线/多级等。

（4）工程经验丰富。

二、分布式电源

1. 系统简介

分布式电源运行控制系统涵盖分布式电源调度管理、并网接入、发电设备等全领域的分布式电源整体解决方案。该系统主要包含分布式电源调度管理系统、分布式电源运行控制系统、分布式电源并网接入装置、分布式电源并网一体化装置及低压反孤岛装置、户用

新能源发电系统、分布式能源供给综合管理系统等。

2. 应用框架

分布式电源应用框架如图 9－6－2 所示。

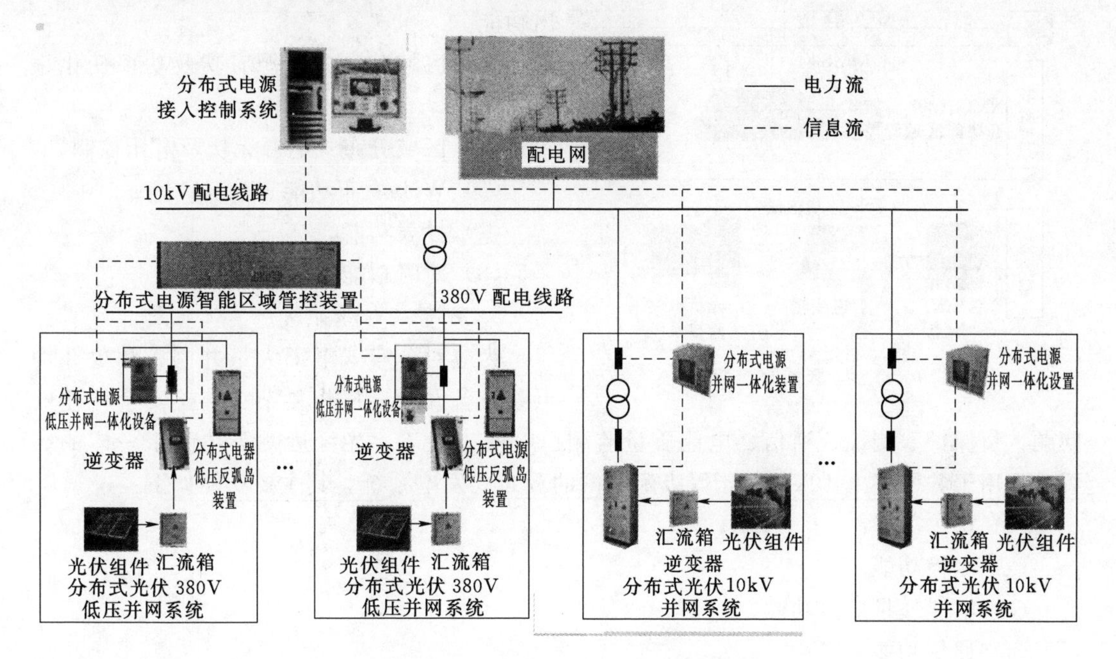

图 9－6－2　分布式电源应用框架

3. 分布式电源接入控制系统

分布式电源接入控制系统主要功能如下：

（1）运行状态监视。并网监测、电能质量监测、电气监测、环境监测、安全事件监测。

（2）群组、协调控制及群控。时间尺度滚动计划系统、调度计划修正系统、协同调度子站与分布式资源模拟系统、多种类指令下发操作、多设备顺控、群控。

（3）数据挖掘及统计分析。以并网点、光伏项目、光伏项目群为单位自动、定期归集汇总统计信息，生成独立的统计报表、自动完成数据处理、极值逻辑判别功能。

（4）出力调节及控制方式。通过输出控制执行命令，调节无功功率，使得电压以及无功功率在合格范围之内。

（5）分布式电源的发电及相关区域负荷预测。根据负荷、社会、经济、气象、行业特征、消费习惯等历史数据，对未来的负荷进行科学预测。

（6）综合评价报告。生成电能质量（稳态）、调度指令执行率、无功贡献率或功率因数等评价报告。

4. 分布式电源智能区域管控装置

分布式电源智能区域管控装置是多个分布式电站的信息中心和控制中心，完成信息收集和处理，上传至接入控制主站，同时，接受接入控制主站发送的各种调度指令，如图 9－6－3所示。其主要功能如下：

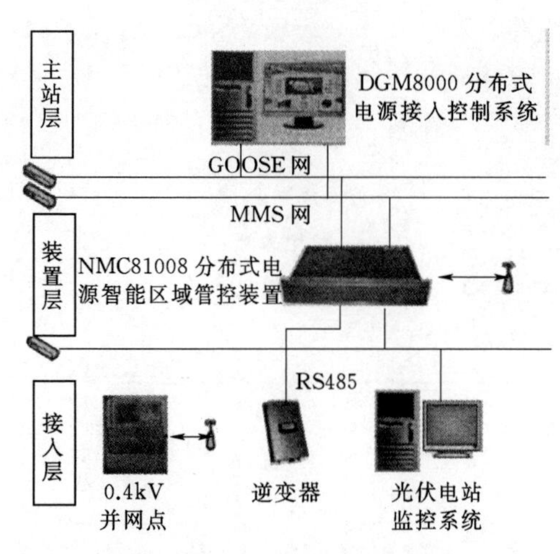

图 9-6-3 区域管控装置

（1）远动管理。

（2）实时数据库管理。

（3）61850 数据自动接入与自动模型导出功能。

（4）区域分布式电源有功及功率变化率控制。

（5）区域分布式电源无功及电压控制。

（6）Web 发布功能。

（7）抄表功能。

（8）对时功能。

5. 分布式电源并网一体化装置

为应对分布式电源大量并网，解决并网点处设备冗余、操作复杂、维护安全性差的问题，集保护、测控、通信、电能质量监测、电能表抄表、光纤远跳等功能于一体的装置。适用于并网接入 10kV 电压等级配电网的分布式发电系统。其主要功能如下：

（1）保护功能。

（2）测控功能。

（3）电能质量监测功能。

（4）通信功能。

（5）抄表功能。

（6）数据存储功能。

（7）分布式电源管理。

（8）对时功能。

6. 分布式电源低压并网一体化设备

集信息采集、通信、抄表、安全防护等功能于一体的安装于以 380V 电压等级并网的分布式电源并网点处。

（1）技术特点。

1）结构小巧、低功耗、低成本。

2）采用挂壁式安装方式，宜安装。

3）低压开断飞弧短、抗振动。

（2）主要功能。

1）信息采集功能。

2）信息安全防护功能。

3）计量功能。

（3）通信功能。无线 GPRS 通信、RS485/RS232 通信、载波通信、以太网通信等

7. 分布式电源低压反孤岛装置

分布式电源低压反孤岛装置由操作开关和扰动负载组成，用于破坏分布式光伏发电的非计划孤岛运行。其主要功能如下：

（1）专用开关。根据逆变器及反孤岛装置特性设计了专用操作断路器。

（2）互锁功能。进线总开关与低压反孤岛装置操作开关间的联锁采取电气闭锁。

（3）延时保护。配置1s延时跳闸继电器，在失效或误操作时，及时跳开，保护扰动负载。

（4）防凝露功能。配置湿温度控制器，进行温度和湿度的有效控制，实现防凝露功能。

三、户用新能源发电系统

户用新能源供电/供能系统，利用当地自然资源发电，与储能系统协调运行，形成小型独立系统，分为风光储互补系统和光储互补系统。户用新能源供电/供能系统可应用于偏远山区、海岛等无电地区，解决供电问题，也可用于农网、别墅用户，提高用户的供电可靠性。

户用新能源供电/供能系统包括户用新能源离网发电系统、户用新能源并/离网发电系统、户用新能源联合供能系统，如图9-6-4所示。

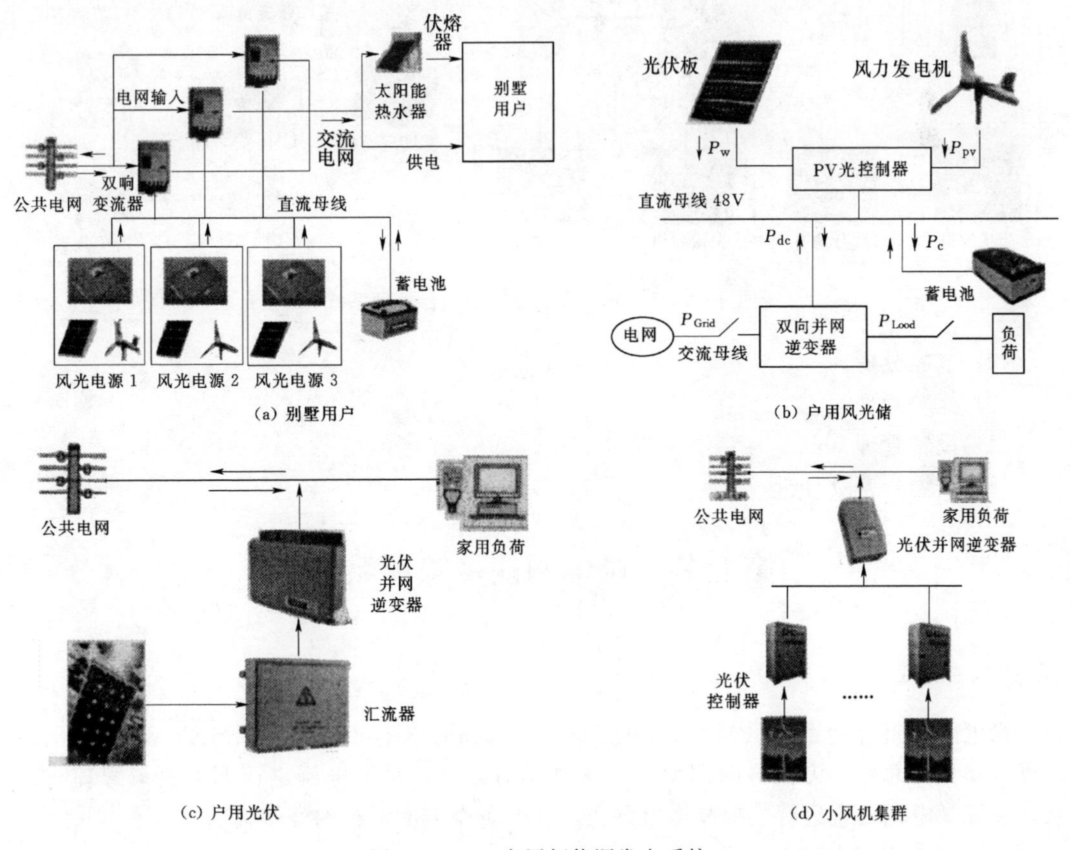

图9-6-4　户用新能源发电系统

1. 典型应用

户用新能源发电系统如图9-6-4所示。

2. 分布式能源供给综合管理系统如图9-6-5所示。

涵盖冷热电三联供、余热利用等。主要功能包括：

（1）综合监控。

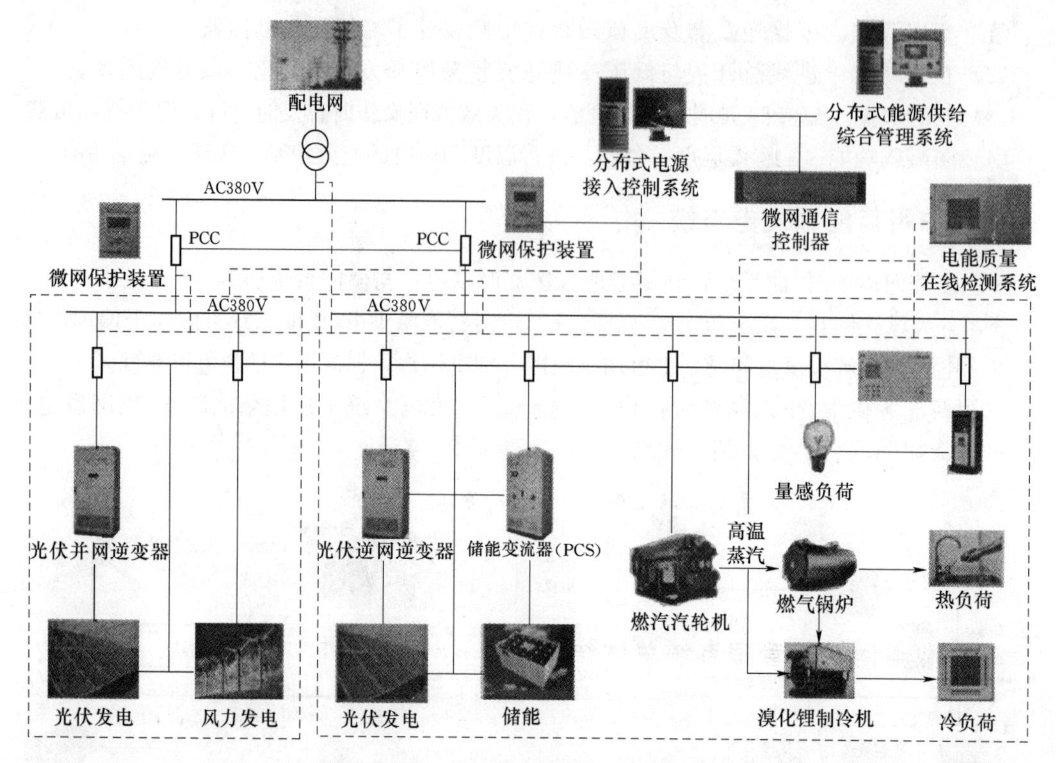

图 9-6-5　分布式能源供给综合管理系统

（2）节能分析。

（3）能效管理。

（4）设备管理。

（5）故障告警及分析。

第七节　微电网能量管理系统

一、概述

微电网能量管理系统（Microgrid Energy Manangement System，MENS）是微电网调度自动化的总称。为微电网调度提供各种实时信息，对微电网进行调度决策管理与控制，保证微电网安全运行，提高微电网质量和改善微电网运行的经济性。

1. 微电网能量管理的对象

（1）可再生能源发电、用电负荷的功率预测与管理。

（2）储能设备的充、放电管理。

（3）柴油机、燃气轮机等可调度机组的一次能源利用效率与启停机管理。

（4）可调度负荷的切负荷管理。

2. 微电网能量管理的特点

（1）管理范围小。

（2）电源种类多：风电、光伏、燃料电池、储能设备等。
（3）管理场景多：并网运行、孤网运行以及过渡过程。
（4）稳定性要求高：电压稳定、频率稳定。

3. 微网能量管理的场景

（1）微电网并网运行经济性管理。
（2）微电网孤网运行的稳定性与经济性管理。
（3）微电网并网与解列的过渡过程管理。
（4）微电网的黑启动管理。

4. 微电网能量管理的目标

（1）环境污染小。
（2）运行费用低。
（3）能源利用率高。
（4）系统网损小。
（5）切负荷量少。

二、微电网能量管理系统总体结构

（1）微电网能量管理系统结构如图9－7－1所示，包括：

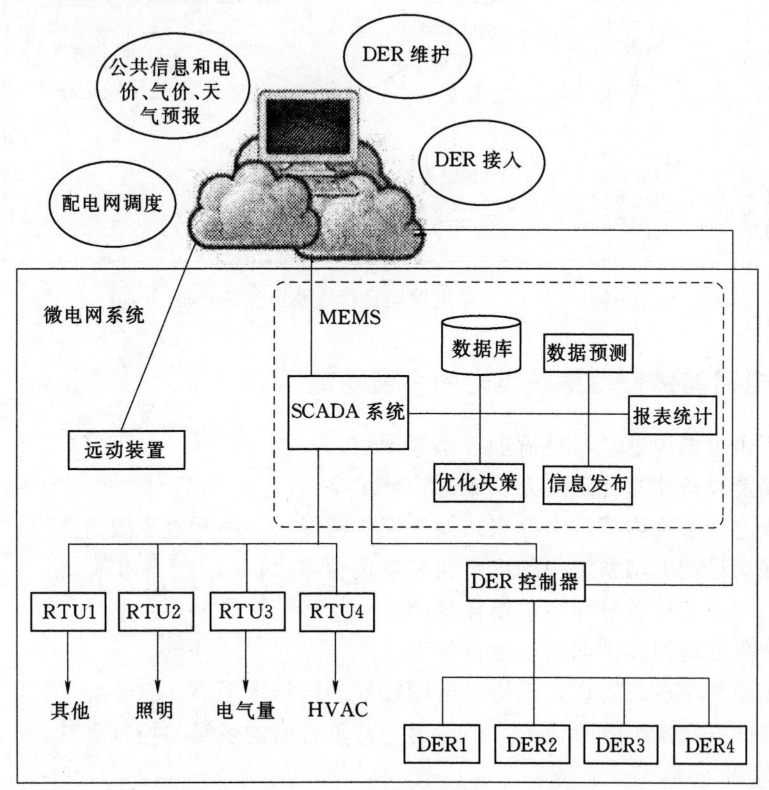

图9－7－1　微电网能量管理系统结构

1）数据采集系统（RTU）。

2）数据预测子系统。

3）历史存储子系统（数据库）。

4）报表统计子系统。

5）优化决策子系统。

6）信息发布子系统。

（2）通信及信息接口。

1）微电网综合监控与能量系统的通信协议包括IEC61850、MODBUS和CAN。

2）微电网与外部的信息接口包括配网调度员、分布式能源集成商、分布式能源设备维护商和分布式能源操作员。

（3）系统分层分布功能如图9-7-2所示。

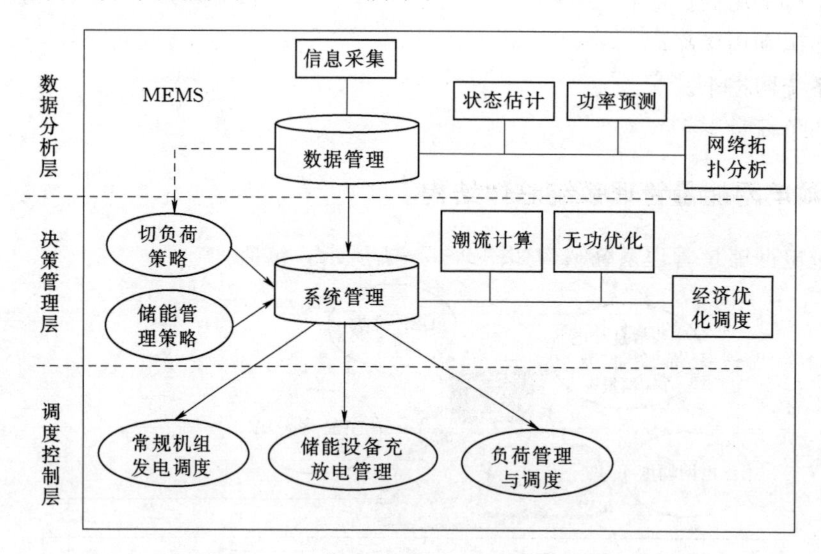

图9-7-2　微电网能量管理系统分层分布

三、微电网能量管理系统实现的主要功能

（1）对可再生能源发电与负荷进行功率预测。

（2）为储能设备建立合理的充、放电管理策略。

（3）为微电网系统内部每个分布式能源控制器提供功率和电压设定点。

（4）确保满足微电网系统中的热负荷和电负荷需求。

（5）尽可能地使排放量和系统损耗最小。

（6）最大限度地提高微电源的运行效率。

（7）对无功功率进行管理，维持微电网较好的电压水平。

（8）提供微电网系统故障情况下孤岛运行与重合闸的逻辑与控制方法。

1. 功率预测

功率预测包括负荷预测、可再生能源发电量预测，预测时间尺度包括小时级和分钟级。

在微电网中，负荷预测以及风电、光伏出力的预测对微电网的运行重要指导意义，包括安排微电源的启停、制定经济的运行策略、指导储能设备的充放电管理等。

微电网一般建立在居民区附近，使得风速和光照条件受地理因素影响较大；负荷则以居民用电和商用电为主，用电量随机性较大，微电网中的风光出力及负荷预测将变得更加复杂。

（1）负荷预测包括：

1）由数据外推的方法可能带来较大误差。

2）设想根据主要用户的用电特性进行精细化建模。

3）主要用户用电信息与MEMS系统的交互。

4）注意重要负荷的独立预测。

（2）新能源预测包括：

1）基于发电单元的微观建模。

2）自然资源数据（风、光等）和发电数据的挖掘。

3）由自然资源转换为发电时要采用精细的转换公式。

2. 微电网需求侧管理

微电网需求侧管理可根据负荷的优先级，提供孤网运行时的切负荷策略，使并网运行时，微电网有能力成为可调度负荷。

微电网的重要优势之一，就是在主网故障和检修期间，可以孤网运行，继续为内部重要负荷提供持续电能。

由于微电网自身电源容量的限制，在电力不足时需要进行主动切负荷管理，因此，首先需要对负荷按重要程度进行优先级排序，然后根据电力不足情况确定切负荷策略。

3. 微电网储能管理

微电网储能管理用于制定储能的并网控制策略，制定储能的孤网控制策略，优化储能的充放电安排，延长其使用寿命。

储能设备是微电网中重要的供电电源，因此，储能设备控制策略的优劣直接影响到微电网运行的经济性、稳定性。同时，储能设备成本较高，合理的充、放电管理，能有效延长其使用寿命，降低成本。

（1）微电网并网时蓄电池的控制策略。

1）作为备用电源，在其他电源不能满足微电网中重要负荷的需求时才放电。

2）作为调峰电源，谷荷时充电，峰荷时放电。

3）交替充放电，配合新能源发电使用，缓解其波动性对配电网的影响。

4）蓄电池的优化控制，采用控制理论对其充放电进行管理。

（2）微电网孤网时蓄电池的控制策略：作为主控电源，为微电网的孤网运行提供频率和电压支撑。

4. 微电网潮流计算

（1）微电网潮流计算的特点。

1）潮流计算主要针对多节点（多级）微电网系统。

2）电压等级较低，线路阻抗比较高；三相负荷存在不对称问题，最好进行三相潮流计算。

3）微电网接入点的潮流计算模型可能与传统发电机组模型（PQ 节点、PV 节点或平衡节点）不同，而微电网节点类型取决于其运行方式和控制特性。

4）分布式电源的接入改变了电网功率单向流动的特点，增加了微电网潮流计算的复杂度。

（2）微电网潮流的计算方法。

1）牛顿拉夫逊法。

2）Z Bus/Y Bus 方法。

3）前推回代法。

5. 微电网无功优化

（1）微电网接入对配网的影响。

1）微电网的接入改变了配电网功率单相流动的特点。

2）引入新能源发电形式后，输出功率的波动性，对配电网电压影响较大。

（2）微电网的并网运行无功优化。

1）优化目标：减小网损与运行成本、保证较好电压水平。

2）实现方法：通过逆变器控制策略维持电压水平；基于规则的调整方法。

（3）微电网的孤网运行无功优化。以稳定电压为主要目标，确定微电源的协调控制策略，维持母线较好的电压水平。

6. 微电网经济运行优化

（1）满足系统稳定运行的基础上，实现微电网运行费用最小的目标。

（2）优化功率分配，体现经济性。

（3）制定可控机组的开停机计划、出力安排、负荷管理，以及与主网功率交换计划。

四、微电网能量管理系统（EMS）难点

（1）新能源出力不确定性的影响。微电网中的负荷和新能源的可预测性差，且功率变化范围较大，预测误差较大，造成调度困难。

（2）优化算法合理选取。微电网能量管理中很多问题是复杂的系统优化问题，基于规则的启发方法和数学优化算法各有特色，如何兼顾算法最优性和可靠性需要深入研究。

（3）储能系统的管理。储能系统在微电网起到重要的维持稳定的作用，各种储能技术各具优缺点，单一的储能技术很难在技术性和经济性上适应需求。储能技术的优化配合以及多储系统的联合调度是一个难点。

（4）冷热电的联合管理。多能量形式输出作为微电网的重要特征之一，使得冷、热、电联合管理将给微电网 EMS 的研究带来更大的挑战。

五、EMS 新的挑战

（1）能量利用的多元化需要更为主动的网络化管理，以实现多能源供应、多能源互补以及最大化能源利用，从而降低系统运行成本。

（2）由于可再生能源的波动性、调度策略以及调度计划不能像常规电网那样预先

安排。

（3）发电技术的多样性不仅给系统的信息管理带来了额外的负担，同时在规划与设计微电网EMS时还需要新的方法用来开发灵活的EMS和系统调度策略，从而安排合适的发电计划，保证高质量的能源供应。

微电网EMS的开发可以借鉴IEC 61970—301标准在电力系统中的成功应用经验。通过定义开放的信息模型和公共信息接口组件接口规范（CIS），IEC 61970—301标准使来自不同制造商的不同EMS或不同应用程序的集成以及电力系统不同调度中心的互操作成为可能。从EMS的发展趋势来看，微电网EMS设计应遵从IEC 61970—301标准以实现对微电网更为积极的网络化管理。IEC 61970标准由国际电工委员会（IEC）制定，定义了EMS的应用程序接口（EMS-API）。其目的是实现EMS的应用软件无缝集成，提高电网调度自动化水平，其中CIM和组件接口规范（CIS）是整个EMS-API框架的主体部分。

第八节　分布式光伏发电及充电桩接入对配电网的影响

一、充电桩与配电网

1. 电动汽车的发展对电网的影响

电动汽车的发展对电网的影响涉及电动汽车、充电桩及配电网不同因素之间的关系。电动汽车的种类、规模大小、充电设施的种类，以及进行充电的时间和地点等因素十分关键。

2. 电动汽车的种类

（1）公交车。

（2）其他大中型载客车。

（3）环卫车。

（4）其他大中型载货车。

（5）出租车。

（6）网约车。

（7）其他轻小型客车。

（8）其他小型货车。

3. 充电桩的种类

（1）集中式专用充电站。

（2）城际快充站。

（3）城市公共充电设施。

（4）分散式专用充电桩。

4. 充电网络分类

（1）本地配电网。

（2）大电网。

5. 电动汽车充换电多场景

(1) 电动汽车充电塔——直流快充。

(2) 住宅小区停车位交流慢充。

(3) 汽车运营公司停车场充电站/换电站。

(4) 离散公共停车位（交流慢充＋直流快充)。

(5) 集中公共停车场。

(6) 充电站。

(7) 换电站。

(8) 单位内部停车位。

(9) 高速公路城际互联。

6. 各种电动汽车对充电桩的要求

表 9-8-1 给出各种电动汽车对充电桩的要求，其中是否具备固定车库条件是用户对不同充电设施需求的关键。

表 9-8-1　　电动汽车对充电桩的要求

"需求侧"特征	公交车	其他大中型载客车	环卫车	其他大中型载货车	出租车	网约车	其他轻小型客车	轻小型货车
专用充电	强	较强	强	较强	弱	弱	强（无固定停车条件除外）	较强
城际公共快充	弱	较强	弱	较强	弱	弱	较强	较强
室内公共充电	弱	弱	弱	弱	强	强	较强（无固定停车用户强）	弱
智能用电服务	强	较强	强	较强	弱	弱	强	弱
充电信息服务	弱	弱	弱	较强	强	强	强	较强

充电设施不仅需要考虑设施本身的用电特征，还需考虑用户行为特征，见表 9-8-2。

表 9-8-2　　用户行为特性及设施用电特征

设施类型	用户行为特性	设施用电特性				
	时间分布	速率要求	可引导性	容量需求	电压等级	负荷特性
集中式专用充电站	根据车辆运行集中时段充电	3～5h	较强	数百 kVA 至上万 kVA/站	10kV	一般在用电低谷时段
城际快充站	分布较均匀，白天多于晚间	10min～1h	弱	630kVA/站	10kV	冲击型负荷，时间分布较均匀，白天大于夜间
城市公共充电基础设施	快充：分布较均匀；慢充：白天为主	快充：10～30min；慢充：数小时	弱	快充：70kVA/桩；慢充：8kVA/桩	0.4kV	快充：时间分布较均匀，白天大于夜间；慢充：白天与前半夜为主，一般与周围商业用电负荷高峰叠加

续表

设施类型	用户行为特性	设施用电特性				
	时间分布	速率要求	可引导性	容量需求	电压等级	负荷特性
分散式专用充电桩	集中在白天（办公区）或夜间（居民区）	数小时	强	4～8kVA/桩	0.4kV	办公区以白天为主，与早高峰负荷叠加；居民区以夜间为主，与晚高峰用电负荷叠加

7. 充电基础设施对电网的影响

（1）对整体电网的影响。主要表现在无序充电对负荷的预测。表9-8-3为国网公司负荷预测，可从中得出未来充电桩发展。

表9-8-3 国网公司负荷预测

项目		2020年	2030年
国网公司经营区域峰值负荷增加		1361万kW	1.53亿kW
相当于当年区域峰值负荷的占比		1.6%	13.1%
其中	加快发展地区占比	62%	58%
	分散式专用充电桩占比	68%	75%

（2）对配电网的影响。

1）对供电服务的影响。

a. 局部配电网增容改造。

b. 根据不同用户和电网的产权界面，带来的影响也有所不同。

2）对配电网电能质量和安全管理的影响。

a. 谐波污染。

b. 降低功率因数。

c. 系统电压波动。

d. 电能质量监测和治理较难。

e. 各级配电网保护动作跳闸风险。

3）对供电服务有一定影响。

二、分布式光伏接入对配电网影响

大量分散、间歇性、随机性的分布式电源接入电网，极大地增加了电网复杂性和管控难度，对电网的安全、可靠、经济运行产生重大影响，对电网的规划、装备、调控等带来巨大挑战。

分布式光伏接入配电网系统将对功率平衡、电能质量、继电保护、供电可靠性等产生较大影响。

如何保障分布式发电能够规模有序、安全可靠、经济高效地接入电网，实现可再生能源与电网友好协调及高效消纳，成为能源与电网领域的重大科学命题与迫切需求。

1. 光伏并网对配电网功率平衡的影响

由于电网结构薄弱，光伏消纳存在瓶颈，发电反送成为常态；光伏出力不稳定、不可调度、波动性大，后期运维、检修将是一个挑战。

(1) 效率。分布式光伏的随机性将增加台区负荷峰谷差，降低设备的使用效率。

(2) 损耗。分布式光伏大量分散接入，将改变配电网潮流原有方向，可能增加系统网损。

(3) 平衡。大规模分布式间歇性光伏并网运行，将增大配电网功率实时平衡的难度。

2. 继电保护问题

(1) 分布式光伏接入配电系统后，配电网变成双电源或多电源供电结构，其故障电流的大小、持续时间及方向都将发生改变，容易导致过流保护配合失误。

(2) 故障线路上故障点上游分布式电源提供的短路电流会抬高并网点电压，造成系统流入故障线路的电流减小，降低了变电站出线保护灵敏度，甚至造成拒动。

(3) 在其他线路上发生故障时，本线路上分布式电源向故障点提供反向短路电流，可能造成出线保护误动。

3. 电能质量问题

(1) 谐波。分布式光伏采用的电力电子接口并网易造成谐波污染，当分布式光伏贡献的谐波电流足够大时，公共电网的电压或者电流畸变会超过 IEEE 标准。

(2) 三相不平衡。配电网系统本身不是完全的三相对称系统，如果加上单相光伏电源大量接入系统，且三相接入容量不同时，可能会加重电压三相不平衡度从而使该指标超出规定限值。

(3) 电压波动与闪变。受光照强度、温度等影响，光伏发电输出功率具有随机性，易造成电网电压波动和闪变。

一定规模分布式光伏接入配电系统后，其输出的间歇性可能会造成系统电压或用户侧母线电压骤升、骤降，将引起系统内敏感负荷无法正常工作，降低系统的供电可靠性。

标准中规定的有关指标如下：

1) IEEE《配电网可靠性指标导则》：系统平均停电频率 I_{SAIFI}、用户平均停电频率 I_{CAIFI}。

2) GB/T 30137—2013《电压暂降与短时中断》：电力系统中某点工频电压均方根值突然降至 0.1～0.9p.u.，并在短暂持续 10ms～1min 后恢复正常的现象。

4. 并网对配电网解决方案的影响

针对大规模分布式光伏发电接入配电网带来的诸多问题，在众多解决方案中，以微电网/微网群的形式进行统一管控，是保证大量光伏有序接入、有序消纳的有效途径。目前已有很多用微电网来解决分布式电源无序接入中低压配电网带来负面影响的案例。

第九节　1500V 直流光伏系统

一、1500V 直流光伏系统的背景

从 2015 年下半年开始，1500V 直流光伏系统（以下简称“1500V 系统”）被光伏业

界人士频繁提及，部分企业甚至抢先推出了1500V产品。究其背后原因，在于1500V系统对于降本增效的领跑作用，能有效缓冲补贴下降的冲击，开启光伏平价上网新引擎。

光伏系统从600V升级到1000V带来了成本下降和发电量提升，同样当1000V升级到1500V的时候，也会带来光伏系统效率的大幅提升。

尤其在我国光伏发电补贴将逐年下调已成定局，而1000V直流光伏系统整体降本空间有限的大背景下，向1500V升级将是一个变革。兼具降本增效功能的1500V系统，可能成为降低电度成本的一个解决方案。

国内首个1500V系统示范项目为2016年1月正式并网发电的格尔木阳光启恒新能源格尔木市30MW光伏并网发电项目。

美国GE公司从系统成本、发电量、LCOE方面进行研究分析成果，认为1500V直流电压为最佳光伏电站应用电压。

1500V系统的特点见表9-9-1。

表9-9-1　　1500V系统的特点

序号	项　目	1500V系统的特点
1	逆变单元	1500V系统逆变器出口电压增高，逆变单元一般以2.0MW或2.5MW为1个逆变单元
2	直流电缆	串联组件数量增多，线缆减少，电压升高，损耗降低
3	汇流箱、逆变器数量	串联组件数增多，相对减少汇流箱和逆变器数量
4	箱变	箱变数量较1000V直流光伏系统少，箱变成本降低
5	并网点	对于相同容量电站并网点少，减少高压线缆用量
6	线路损耗	系统损耗降低，效率提升
7	维护	安装维护工作量减少，降低运维成本

目前，1500V系统已逐步推广运用，尤其在双面组件及组串式逆变器搭配运用的方案中。平价中运用1500V系统是有利于降低系统造价。但关键在于组件、逆变器以及汇流箱等方面的造价。1500V系统不仅可减少造价，在减少线损方面有一定的作用。1500V系统与新一代组串式逆变器相结合的方案目前也逐渐进入平价上网的应用中。

二、1500V系统的构成及特点

1. 1500V系统的构成

1500V系统的构成如图9-9-1所示。

2. 1500V系统对安全性能的要求

光伏电站全寿命周期的安全性是电站设计首要考虑的问题，不仅包括工程建设阶段的各种施工防护措施，也包括电站运维阶段对人身、财产安全性的要求。

（1）1500V系统风险因素。1500V系统风险因素评估涉及过电压、技术性故障、台风、人为破坏、动物因素、盗窃、雪压、玻璃破裂、火灾、冰雹、人为误操作及其他因素。

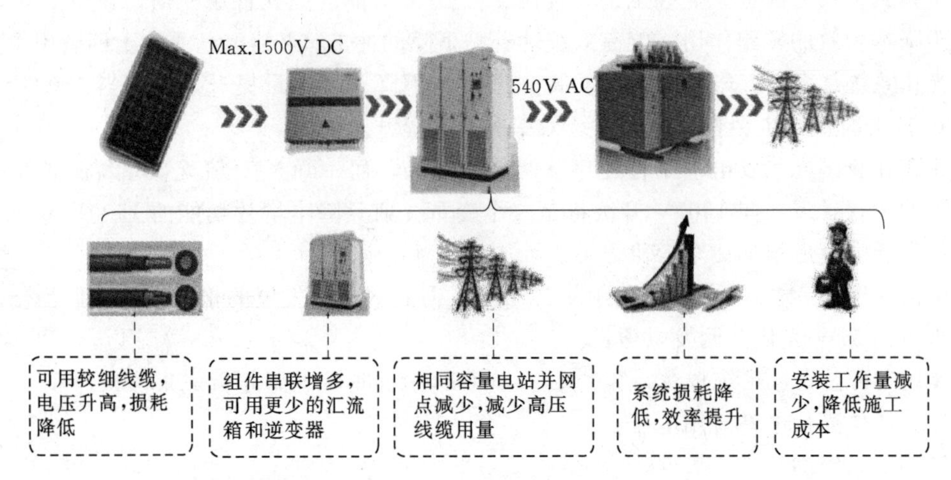

图 9-9-1　1500V 系统的构成

直流电和交流电不同，没有过零点，一旦出现漏电，将会造成大的事故，质量可靠的1500V 直流断路器就显得异常重要。另外 1500V 系统电压会降低电气的可靠性，同时增大光伏组件 PID 等风险。

1）过电压风险。系统电压由 1000V 提高到 1500V 会引起直流拉弧效应显著提升，虽然拉弧距离与当期环境（如温度、海拔等）有关联，导致具体拉弧不宜模拟，但直流电压的升高必然会提高直流拉弧效应。

2）技术性故障风险。由于目前 1500V 系统正处于发展初期试验阶段，各种标准规范不完整，各设备检测认证及测试不够完善，因此会导致整个系统技术性故障风险，如串并联失配、PID 效应等问题显现。

（2）光伏系统容量适用性。

1）容量较小的民用分布式发电。

a. 大部分为 230V 输出并网，折合成直流侧的电压略高于 300V，用 1500V 系统变相增加了成本。

b. 户用型的屋顶面积有限，装机容量有限，直流侧也不存在汇流问题，所以 1500V 对居民屋顶几乎没有什么市场。

c. 对于户用型来说，微型逆变器的安全性、发电量，以及组串型的经济性，这两种类型的逆变器将会是户用型电站的主流产品。

2）大型地面电站。

a. 地面电站为纯并网型逆变器，主要用的逆变器为集中式、集散式及大功率型组串逆变器，运用 1500V 系统时，直流线损会下降，逆变器效率也会有所提升，整个系统的效率预期可以提升 1.5%～2%。

b. 在逆变器的输出侧会有升压变压器集中升压，把电量传送至电网而且无需对系统方案做大的更改。

3）1500V 系统适合大型地面电站或大容量厂房分布式电站。

三、1500V 系统主要设备选型

1. 1500V 光伏组件

(1) 1500V 光伏组件的特点。

1) 1500V 光伏组件系统中每串可连接更多的组件，可增加 50%的组串长度。

2) 直流线缆使用量减少，汇流箱的数量也可相应减小，同时汇流箱、逆变器、箱变等电气设备的功率密度提升，体积减小，运输、维护等方面工作量也减少，有利于光伏系统成本的降低。

3) 1500V 系统电压会降低电气的安全性和可靠性，同时增加 PID 等风险，1500V 光伏组件要考虑背板局放、电连接器和电绝缘等影响组件可靠性和安全性的因素。

4) 1500V 系统对光伏组件的一致性要求更高。

5) 对系统的安全性能要求也更高，一旦漏电将会造成重大的事故。

(2) 1500V 光伏组件选型注意事项。

1) 产品结构：需求更高的电气安全距离，如空气间隙、爬电距离等。

2) 零部件、材料的选型需要特殊考虑，如背板、接线盒和连接器等。

3) 产品形式：高电压组件有常规单玻组件和双玻组件两种形式。双玻组件由于其本身的特性，可优选采用。

4) 考虑背板局放、电连接器和电绝缘等影响可靠性和安全性的因素。

2. 1500V 逆变器

逆变器作为光伏发电的核心环节，其本身设备的性能尤其受到重视。

通过提高逆变器的技术先进性可以进一步降低系统投资成本、提高电站系统转换效率；整机高效可靠可降低电站寿命周期内的运维成本。

1500V 系统电压对逆变器要求更高，主要考虑绝缘、电气间隙及电压升高可能带来击穿放电等问题。

逆变器需要采用更复杂的拓扑结构和更高电压等级的功率器件以及直流开关设备。

1500V 逆变器参数见表 9-9-2。

表 9-9-2　　1500V 逆变器参数

参　数	1000V，1MW	1000V，2.5MW	1500V，2.5MW
最大效率/%	99	99	99
欧洲效率/%	98.7	98.7	98.7
最大输入直流功率/kW	1120	2820	2800
启动电压/V	500	540	840
最大输入电压/V	1000	1000	1500
MPPT 电压范围/V	460～850	520～850	800～1300
最低工作电压/V	460	520	800
最大输入电流/A	2×1220	4×1356	2×1754
最大输出电流/A	2016	4444	2886
MPPT 数量	2	4	4
额定输出功率/kW	1000	2520	2500

1500V逆变器可分为组串式逆变器、集中式逆变器和集散式逆变器。

(1) 组串式逆变器。

1) 体积小，减少占地，组件配置更灵活。

2) 自耗电低、故障影响小。

3) 数量多，总故障率升高，系统监控难度大。

4) 适用于地面复杂、屋顶等区域一致性较差的地区、系统（跟踪）以及风沙大，偏远区域。

(2) 集中式逆变器。

1) 逆变器数量少，便于管理。

2) 元器件数量少，可靠性高。

3) 机房安装部署困难、需要专用的机房和设备。

4) 适用于地面平整或区域一致性较好的情况。

(3) 集散式逆变器。

1) 介于集中式逆变器和组串式逆变器之间。

2) 用于多路MPPT，提升系统发电量。

3) 更高的交直流传输电压，更大功率等级单机逆变器，降低了系统成本。

4) 前景广阔，但应用案例相对少，尚需运行时间检验。

5) 可以应用在山地地形、平地地形及屋顶光伏等。

3.1500V直流汇流箱

(1) 1500V系统中的直流汇流箱必须具备耐压等级1500V，且需具备安全灭弧、额定带载切断功率、高功率切断等要求，并能防止产生过热、漏电和火花的直流开关。

(2) 为了提高系统的可靠性和实用性，直流汇流箱需配置光伏专用直流防雷模块、进出线直流断路器等。

(3) 直流汇流箱型号为4进1出、8进1出和16进1出，具体选择按照单元组件配置情况确定。

4.1500V系统发电单元容量

结合光伏组件的系统电压，共分为1000V电压等级系统和1500V电压等级系统。

(1) 1000V电压等级系统逆变器类型：逆变器选用50kW组串式、630kW集中式500kW集中式三种。

(2) 1500V电压等级系统逆变器类型：60kW组串式、1250kW集中式、500kW集中式三种。

针对采用1500V系统的不同典型方阵进行分析对比，分析1500V的容量配置。光伏方阵容量分别为1.25MW、1.6MW、2MW和2.5MW，几种方案比较见表9-9-3。

针对1500V和1000V电压等价系统下，应根据现阶段大型地面光伏电站工程中各种主流配置，对今后光伏电站的设计方案提供一系列数据支撑。

5.1500V系统发电单元损耗

(1) 并网逆变器。

1) 逆变器的负载损耗对光伏电站发电效率影响包括：①负载损耗与逆变器转换效率

表9-9-3　　几种方案比较

	安装容量	电压等级	组件形式
方案一	集中式2.5MW	1000V	290Wp
方案二	集中式2.5MW	1000V	340Wp
方案三	集中式2.5MW	1500V	290Wp
方案四	集中式2.5MW	1500V	340Wp
方案五	集中式1.0MW	1000V	290Wp
方案六	集中式1.0MW	1000V	340Wp
方案七	集中式1.0MW	1500V	290Wp
方案八	集中式1.0MW	1500V	340Wp
方案九	组串式1.0MW	1500V	290Wp
方案十	组串式1.25MW	1500V	290Wp
方案十一	组串式1.6MW	1500V	290Wp
方案十二	组串式2.0MW	1500V	290Wp

息息相关；②转换效率是考核逆变器性能水平的关键参数。

2）逆变器的空载损耗对光伏电站发电效率的影响包括：①空载损耗，即夜间自耗电，见表9-9-4；②主要负荷为夜间逆变器内数据采集、逆变器对外数据通信。

表9-9-4　　各种逆变器的夜间耗电

类　型	夜间自耗电/W	类　型	夜间自耗电/W
50kW组串式1000V	<1	2.5MW集中式1500V	<400
60kW组串式1500V	<1	1MW集中式1000V	<100
2.5MW集中式1000V	<400	1MW集中式1000V	<100

各种逆变器损耗见表9-9-5。

表9-9-5　　各种逆变器损耗

方案	配　置	数量/台	单元阵列损耗/(kW·h)
方案一	集中式逆变器2.5MW 100V	1	32.5
方案二	集中式逆变器2.5MW 1000V	1	32.5
方案三	集中式逆变器2.5MW 1500V	1	32.5
方案四	集中式逆变器2.5MW 1500V	1	32.5
方案五	集中式逆变器1.0MW 1000V	1	13
方案六	集中式逆变器1.0MW 1000V	1	13
方案七	集中式逆变器1.0MW 1500V	1	13
方案八	集中式逆变器1.0MW 1500V	1	13
方案九	组串式逆变器60W 1500V	20	15
方案十	组串式逆变器60kW 1500V	24	18.75
方案十一	组串式逆变器60kW 1500V	31	24
方案十二	组串式逆变器60kW 1500V	39	30
方案十三	组串式逆变器60kW 1500V	49	37.5

（2）升压变压器。包括有功损耗和无功损耗两部分，其中：①有功损耗里包含空载损耗和负载损耗；②空载损耗主要是包括铁芯的磁滞损耗、涡流损耗以及铁芯附加损耗；③负载损耗主要包括基本损耗和附加损耗；④无功损耗计算值相对较小，故在此环节忽略不计。

某光伏电站某天后台统计损耗情况见表 9-9-6。

表 9-9-6　　某光伏电站某天后台统计损耗情况　　单位：kVA

时　间	1000kVA	1250kVA	1600kVA	2000kVA	2500kVA
20：00—8：00	18.72	22.89	27.57	35.37	41.60
8：00—9：00	2.60	3.16	3.79	4.57	5.17
9：00—10：00	5.72	6.92	8.30	9.53	10.49
10：00—11：00	9.33	11.29	13.52	15.29	16.64
11：00—12：00	12.32	14.89	17.83	20.04	21.73
12：00—13：00	13.00	15.71	18.81	21.13	22.89
13：00—14：00	13.85	16.75	20.05	22.49	24.35
14：00—15：00	12.65	15.29	18.31	20.57	22.30
15：00—16：00	9.92	12.00	14.37	16.23	17.65
16：00—17：00	5.44	6.59	7.90	9.09	10.02
17：00—18：00	2.95	3.59	4.31	5.13	5.78
18：00—19：00	1.46	1.79	2.15	2.76	3.24

注　负载率数据以青海某光伏电站 3 月 8 日全天后台信息为数据，采样间隔为 1h。

6. 电缆

光伏发电系统中电缆可分为直流电缆和交流电缆，具体如下：

（1）光伏组件至直流汇流箱或组串式逆变器之间的光伏专用电缆 PVI-F $1\times4mm^2$。

（2）直流汇流箱至集中式逆变器之间的直流电缆 YJV22-0.6/1.5-$2\times50mm^2$。

（3）组串式逆变器至交流汇流箱之间的交流电缆 YJV22-0.6/1.5-$3\times25mm^2$。

（4）交流汇流箱至升压变压器之间的交流电缆 YJV22-0.6/1.5-$3\times85mm^2$。

（5）升压变压器至站内开关柜的交流电缆 YJV22-26/35-$3\times50mm^2$。

对于电缆，主要分析光伏场内各环节电缆的电能损耗。电缆的损耗大致可分为：导体损耗、金属屏蔽层涡流损耗和环流损耗、绝缘介质损耗。

7. 光伏系统造价

测算范围包括组件、光伏专用电缆、直流汇流箱、逆变器、升压变压器、直流电缆等设备材料、箱逆变土建基础及施工费用。

假定：高压电气设备、支架+桩基投资、土地费用、施工费用（组件、支架、桩基安装等）和项目其他费用不变，针对 1000V/1500V 系统单个容量单元进行对比，等效至相同单元造价。

线损电量损失按某地Ⅰ类地区年利用小时计算，价格按脱硫标杆电价 0.3247 元/Wp 计，见表 9-9-7。

表 9-9-7　　光伏系统造价

部　件	型号	单位	1000V 系统集中式单价	1500V 系统集中式单价	1500V 系统组串式单价
组件	290Wp	元/Wp	2	2.03	2.03
光伏专用电缆	PV1-F $1\times4mm^2$	万元/km	0.45	0.45	0.45
直流汇流箱	8 进 1 出	万元/台	0.3	0.32	—
	16 进 1 出	万元/台	0.4	0.45	—
交流汇流箱	4 进 1 出	万元/台	—	—	0.3
集中式逆变器	2.5MW	万元/台	38	38	—
组串式逆变器	60kW	万元/台	—	—	1.3
升压变压器	2500kVA	万元/台	30	30	30
直流电缆	$2\times50mm^2$	元/m	30	55	—
1kV 交流电缆	$3\times25mm^2$	元/m	—	—	100
1kV 交流电缆	$3\times185mm^2$	元/m	—	—	200

第十节　海　上　风　电

一、海上风电的发展

1. 国外海上风电发展

全球海上风电保持高速发展，仍以英国、德国等欧洲国家为主力。

其发展趋势是近海风电资源开发逐渐饱和，向离岸更远、水深更深区域发展。

图 9-10-1 给出了 2016—2017 年全球海上风累计装机容量统计，2017 年，全球累计装机容量达 18.81GW，欧洲占 84.9%。

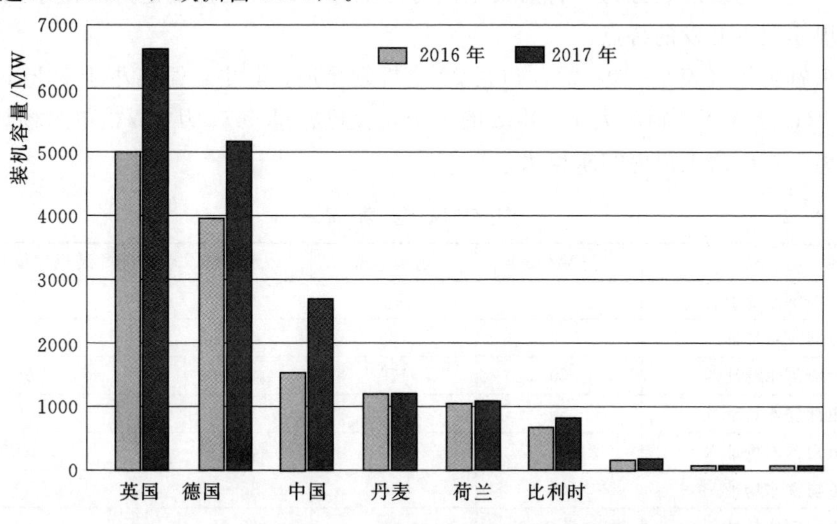

图 9-10-1　2016—2017 年全球海上风电累计装机容量统计

2. 国内海上风发展

国内海上风电发展势头强劲（图 9-10-2），江苏、福建、广东、上海等省（直辖市）走在前列。

各省积极开展海上风电规划工作，表 9-10-1 给出了 2017 年全国主要省份海上风场装机容量统计。

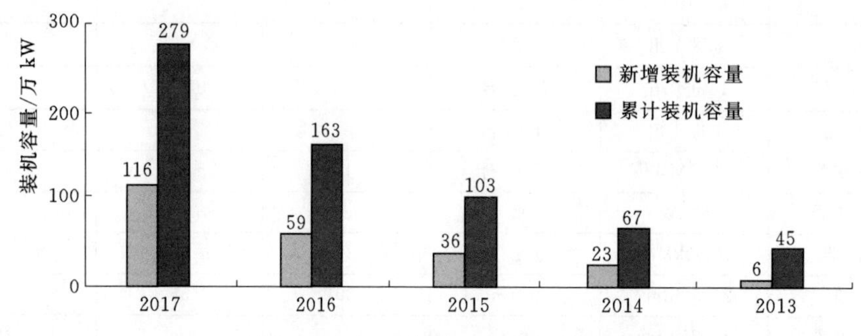

图 9-10-2　我国海上风电发展情况

表 9-10-1　2017 年全国主要省份海上风电装机容量统计

省份	风电基地	规划海域面积/km^2	规划容量/万 kW	目标（2020 年）/万 kW
广东	风电场址 23 个	10696	6685	1200
江苏	连云港及盐城北部、盐城南部、南通基地	4181	1446	350
浙江	杭州湾海域基地、舟山东部海域基地、宁波象山海域基地、台州海域基地、温州海域基地	1683	647	302
福建	风电场址 13 个	950	590	200
	储备场址 9 个	967	470	
海南	东方、乐东、临高、儋州、文昌风电基地	917	395	35

国内海上风电发展趋势为：目前集中浅海海域，呈现由近海到远海、浅水到深水、由规模到大规模集中开发的特点。

以广东省为例（表 9-10-2），包括 23 个规划场址，其中：距离小于 50km 的 16 个，装机容量 1215 万 kW；距离大于 50km 的 7 个，装机容量 5470 万 kW，单个场址容量大，今后远距离大规模海上风电需求巨大。

表 9-10-2　广东风电情况

风电场	近端/km	远端/km	水深/m	装机容量/万 kW
粤东近海深水场址二	48	85	40～50	1420
粤东近海深水场址三	60	120	40～50	750
粤东近海深水场址四	60	150	40～50	540
粤东近海深水场址五	60	160	40～50	660
粤东近海深水场址六	62	170	40～50	1400
阳江近海深水场址一	45	82	35～50	500
阳江近海深水场址二	55	82	40～50	200

二、海上风电送出方式

1. 高压交流送出方式

海上风电高压交流送出方式（HVAC）风电机组侧35kV汇集到海上变电站35kV/110kV或220kV经海底电缆送到陆上变电站。其优势为技术成熟、结构简单、体积、重量相对较小，工程造价低。其劣势包括：①静态及动态无功补偿装置需求；②存在谐振的可能；③线缆损耗较直流大。

2. 高压柔性直流送出方式

海上风电高压柔性直流送出方式（VSC-HVDC）由风电机组侧交流汇集至升压站，经过海上换流站（AC-DC）经海底直流电缆送至陆上换流站（DC-AC）。其优势包括：①输送距离不受限制、控制更加灵活、可工作在无源逆变状态、自身具备STATCOM的作用、易于拓展为多端直流输电系统；②特别适用于可再生能源并网、城市配电网供电、孤岛/钻井平台供电、电网互联/电力市场交易等场景应用。其劣势包括：换流器造价较高，体积与重量较大，对海上平台载荷需求较大。

3. 两种方式比较

图9-10-3给出两种送出方式输电距离与成本的关系，其中：HVAC送出方式升压站成本低、输送距离受限、需配置静态及较高的动态无功补偿、风电场与交流电网耦合强。VSC-HVDC送出方式换流站成本高、输送距离不受限、不存在无功问题、风电场与交流电网解耦、电能质量提高（谐波小）。

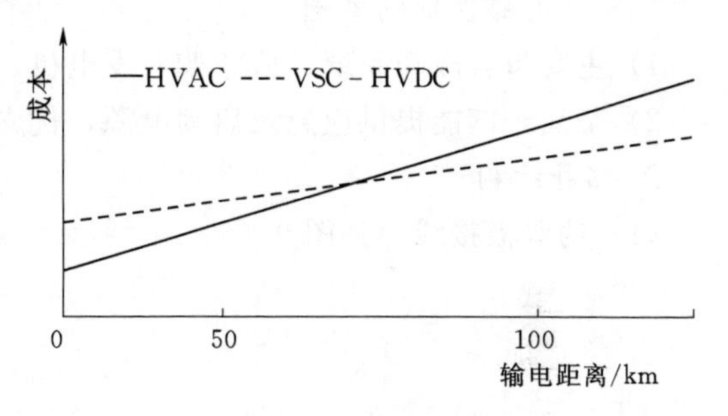

图9-10-3　两种送出方式输电距离与成本的关系

显而易见，在大规模远海岸风电送出中，应用VSC-HVDC送出方式较HVAC送出方式更具应用前景。

三、海上变电站

海上变电站包括站用电设备、高压GIS配电装置、中压成套配电装置、低压成套配电装置、主变压器、无功补偿设备等。其关键技术包括：

（1）海上升压站的设计、故障可靠性分析及设备选型。

1）整体电气方案。

2）设备布置和结构。

3）设备的选型。

4）远距离监控和监视。

5）通风散热、消防等安防设施。

6）施工组装。

（2）海上风电场无功补偿。

1）海上风电场系统的潮流计算和动态分析。

2）海上风电场无功补偿方式及参数设置。

3）电网对风电场电能稳态及动态性能的要求。

4）无功补偿装置控制算法。

四、海上换流站

1. 关键设备

(1) 换流阀。模块化多电平结构，子模块数量多紧凑化设计。

(2) 联接变压器。

1）提供中性接地点。

2）具有耐腐蚀、高可靠、免维护特性，采用多绕组、多台变压器的冗余设计方案。

(3) 桥臂电抗器。

1）户内布置。

2）需严格评估防磁范围和防磁设计。

(4) 控制保护系统。

1）参考海上升压站二次设备设计原则。

2）功能集成、设备布置等方面紧凑化设计。

(5) 高可靠性辅助系统。

1）主要包含冷却系统、应急柴油发电机、储能装备等辅助系统。

2）柴油+储能提供应急及启动电源，优先选择使用寿命长、高可靠性设备。

2. 拓扑结构

(1) 伪双极接线，如图 9-10-4 所示。

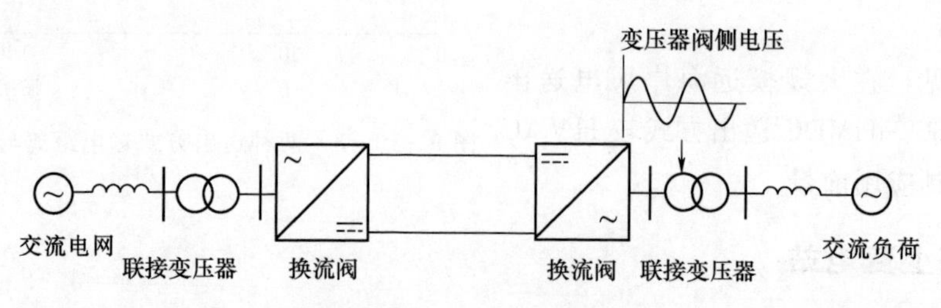

图 9-10-4　伪双极接线

其优点包括：

1）设备少，占地面积小。

2）阀侧设备不需要耐受直流。

其缺点包括：

1）阀交直流侧电压水平高。

2）单极运行。

(2) 对称双极接线，如图 9-10-5 所示。

其优点包括：

1）阀交直流侧电压水平较低。

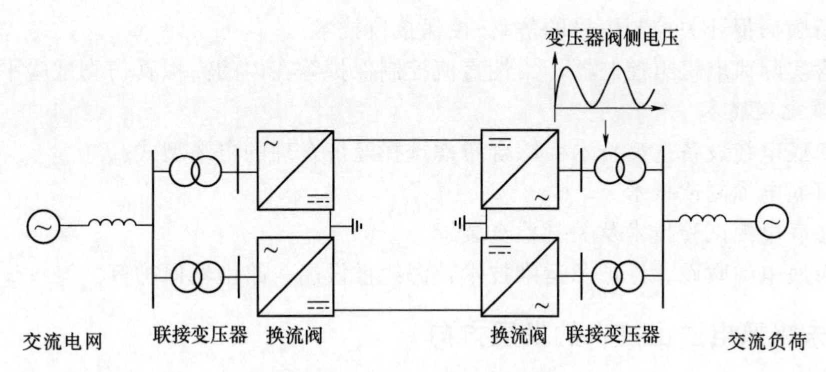

图 9-10-5　对称双极接线

2）双极/单极运行。

其缺点包括：

1）设备较多，占地面积大。

2）阀侧设备耐受直流电压。

五、海上风电送出的关键技术

1. 直流送出方式设计

直流送出方式设计即根据装机规模、输电距离、设备制造能力，给出合理的直流接入方式，包括：

（1）海上风电直流送出的技术经济分析方法。

（2）多类型直流送出的选择原则及合理适用的直流拓扑结构。

（3）直流汇集容量、电压等级等关键参数计算方法。

2. 换流站设计、安装及运输

（1）换流站设计需结合重量、体积、环境等要求开展，包括换流站电气主接线、主回路参数设计、紧凑化电气设备布置方案、高盐雾特点的换流站绝缘配合设计、紧凑化换流站主设备选型原则设计等。

（2）换流站安装过程包括海上平台岸上一次组装、海上运输及安装，整体实施难度大。

3. 控制保护技术

控制保护技术需满足海上无人值守、布局紧凑等要求，确保系统安全稳定运行。

（1）紧凑化设计。

（2）解决海上风电直流送出系统的充电方法、高精度电压调节、快速功率控制、故障穿越、直流控制保护系统与风电机组控制保护系统协调配合等问题。

4. 仿真技术

海上风电送出系统包含大量电力电子器件（开关频率 10～50kHz），对模型准确性要求高，包括：

（1）具有微秒级仿真步长的柔性直流、海上风电机组的高效、精确、实时仿真模型。

（2）多时间尺度混合实时仿真技术。

(3) 精确捕捉开关控制信号的仿真-控保接口技术。

(4) 含实际风电机组控制器、柔性直流控制保护等在内的高拟真仿真试验平台。

5. 海底电缆技术

(1) 海底电缆设备选型技术：综合考虑选择经济合理的电缆型式。

(2) 海底电缆制造技术。

(3) 海底电缆试验技术及关键检查装置。

(4) 海底电缆敷设、保护及运维技术：海缆敷设船、路由器保护等。

六、未来风电送出技术的发展方向

1. 柔性直流输电发展方向

(1) 面临送出规模增加，平台重量及体积增加，设计、安装、运输等难度增加的问题。

(2) 解决方向包括直流送出新拓扑结构研究、紧凑化关键设备研究等问题。

2. 储能技术的应用

因地制宜地采用电池储能、飞轮储能、抽水蓄能等方式。应用储能技术的作用如下：

(1) 减小风电随机性、波动性对电网带来的冲击，平滑出力，友好并网。

(2) 减小弃风情况。

(3) 提高电能质量，参与一次调频。

(4) 优化运行调度。

3. 天然酯绝缘（植物绝缘油）变压器

天然酯绝缘变压器具有以下优点：

(1) 环境友好。

(2) 提升防护安全性。

(3) 良好的耐热性能，提高设备过载能力及延长设备寿命。

(4) 优秀的耐潮能力。

4. 运维技术发展方向——机器人、人工智能、无人机等新技术的应用

海上风电送出系统存在海上平台环境复杂、出海检查不易、故障后对问题处理及时性无法保证等问题，采用机器人、人工智能、无人机等新技术后将带来极大益处。

(1) 可实现海上风电场的远程检查、资产管理以及和陆地的通信。

(2) 降低海上风电场的运维成本和工作量。

第十一节　面向配变低压台区的微电网系统

以配变台区供电区域内的各类传统负荷、新型负荷、分布式光伏为基础，配置一定容量的储能设备，构成面向配变台区的微电网，实现自我保护控制和能量管理，实现对分布式光伏的就地高效消纳。

一、面向配变低压、台区的微电网

配变低压台区的微电网结构如图 9-11-1 所示。

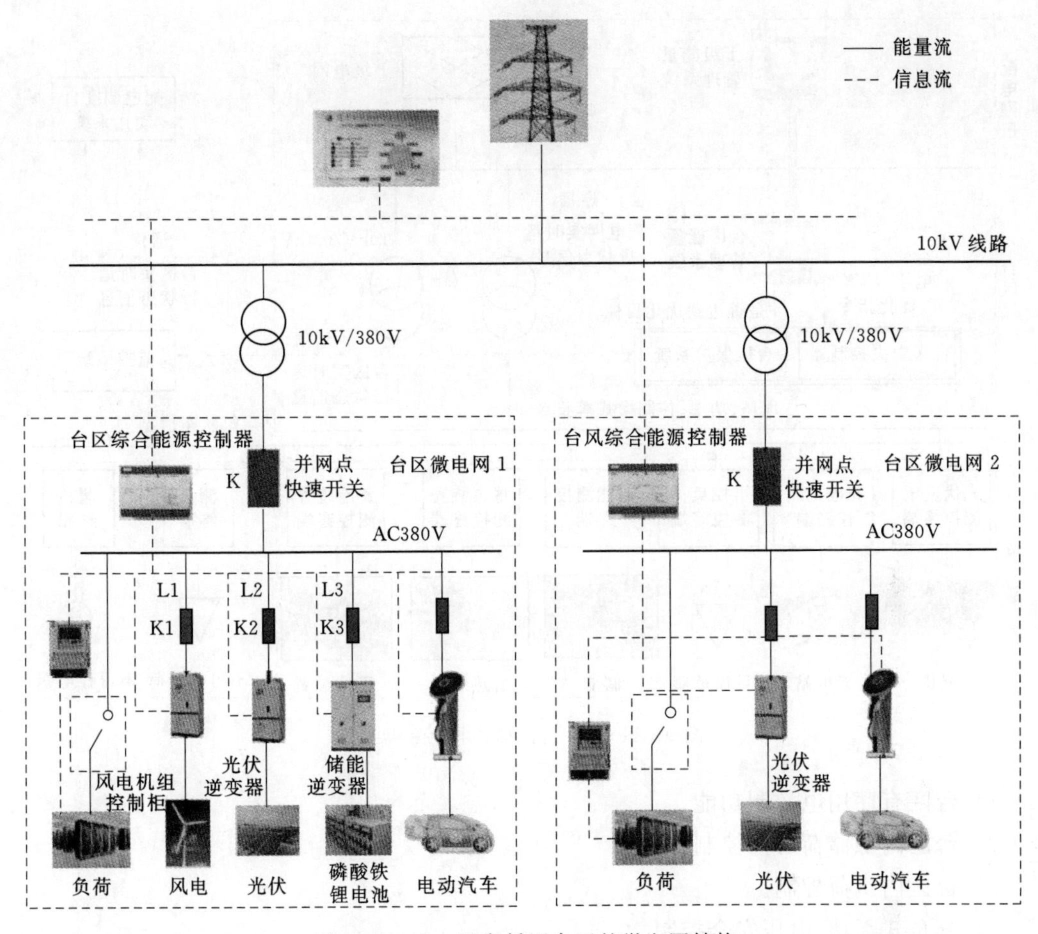

图 9-11-1　配变低压台区的微电网结构

台区内自治、台区间协同、与主网交互的三层控制架构构成了台区微电网/微网群控制方案。

1. 协同与主网交互

通过台区-主网两级联合调度，实现“源-网-荷-储”协同，提升消纳能力，实现系统多目标优化，实现电源外送。

2. 高效台区间协同

通过台区间协调互济，进一步消纳大规模分布式光伏的接入，实现就近消纳。

3. 敏捷台区内自治

利用储能、蓄冷、蓄热、电动汽车等可控单元，通过协调控制，最大程度保证台区内功率实时平衡，实现本地平抑，达到自治控制。

二、台区微电网控制架构

(1) 采用分层分布式控制架构，如图 9-11-2 所示。

(2) 台区微电网控制系统功能，具体包括：

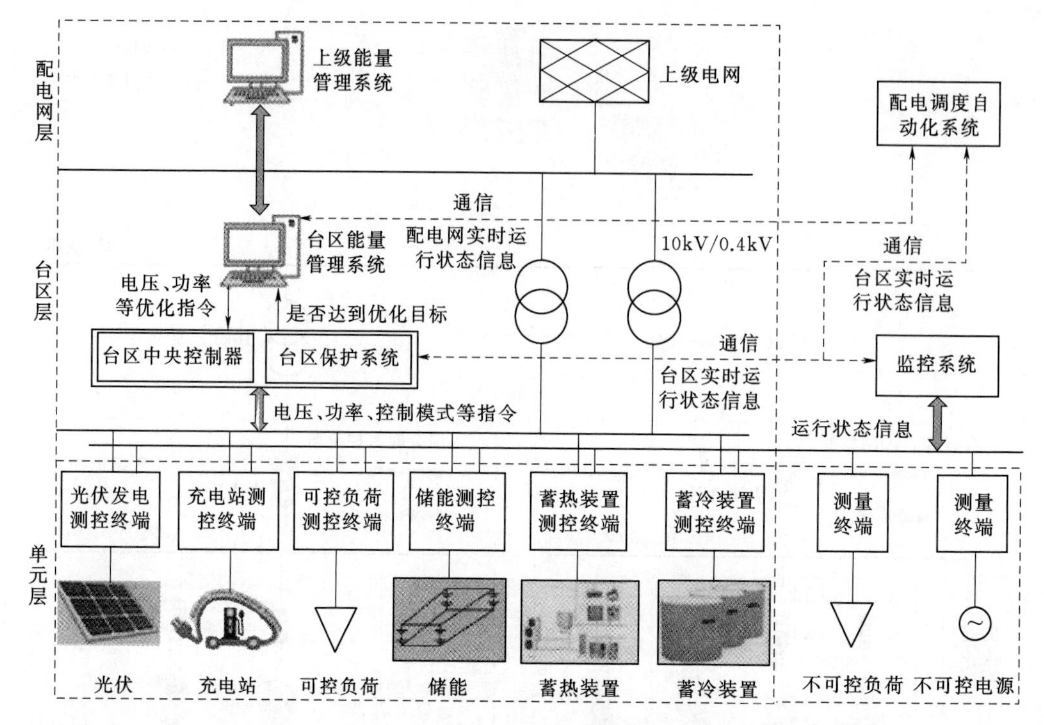

图 9-11-2　台区微电网控制架构

1）台区有序用电控制功能。

2）台区内源储荷协同控制。

3）台区内负荷控制。

4）分布式无功-电压安全控制。

5）分布式电源监控功能。

6）配电变压器电气量监测。

7）台区状态监测。

8）双向信息流即插即用功能。

9）存储密钥及加解密运算功能。

台区微电网控制功能如图 9-11-3 所示。

(3) 台区内自治消纳控制，提高台区内分布式光伏的消纳能力。台区内通过配置储能或混合储能系统，基于时域或频域的平抑算法，可最大程度平滑规模分布式光伏并网输出功率的波动性，减小台区微电网与主网交换功率的大小和波动性，最大程度实现台区内规模分布式光伏的最大化消纳，实现台区内功率自治控制。

微电网技术最大程度实现了台区内自治平衡，自治平衡程度一方面取决于微电网内各单元的配比，另一方面取决于中央控制器制定的策略。

(4) 台区间功率协调控制，进一步提高大规模分布式光伏消纳能力。

1）台区间通过广域对等互联和自治消纳控制，对内可最大程度适应大规模光伏接入配变系统的动态特性；对外可实现更多辅助服务功能，以群的方式参与系统优化。

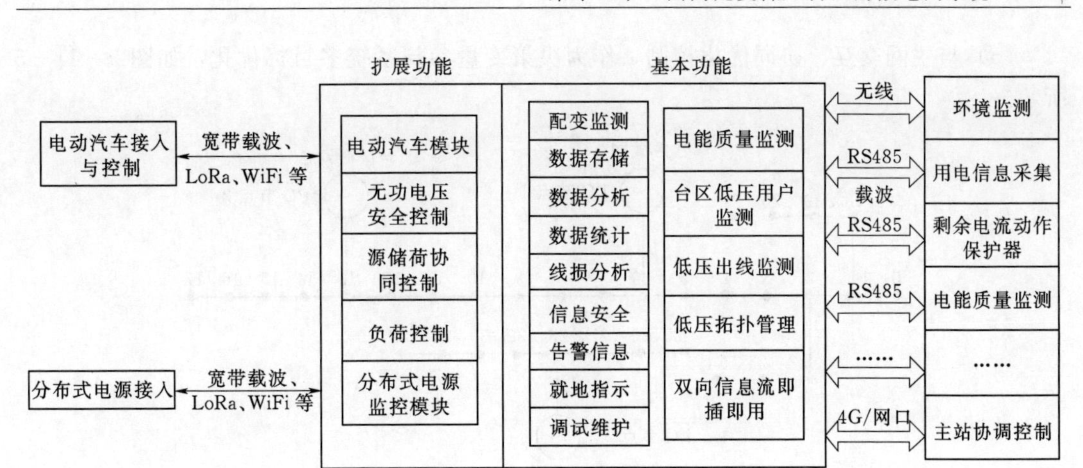

图 9-11-3　台区微电网控制功能

2）台区可独立运行，也可参与台区间集群调控。

3）台区间集群调控系统作为台区调控系统的延伸，即在原有控制架构上叠加一层台区集群调控层。

台区间功率协调控制如图 9-11-4 所示。

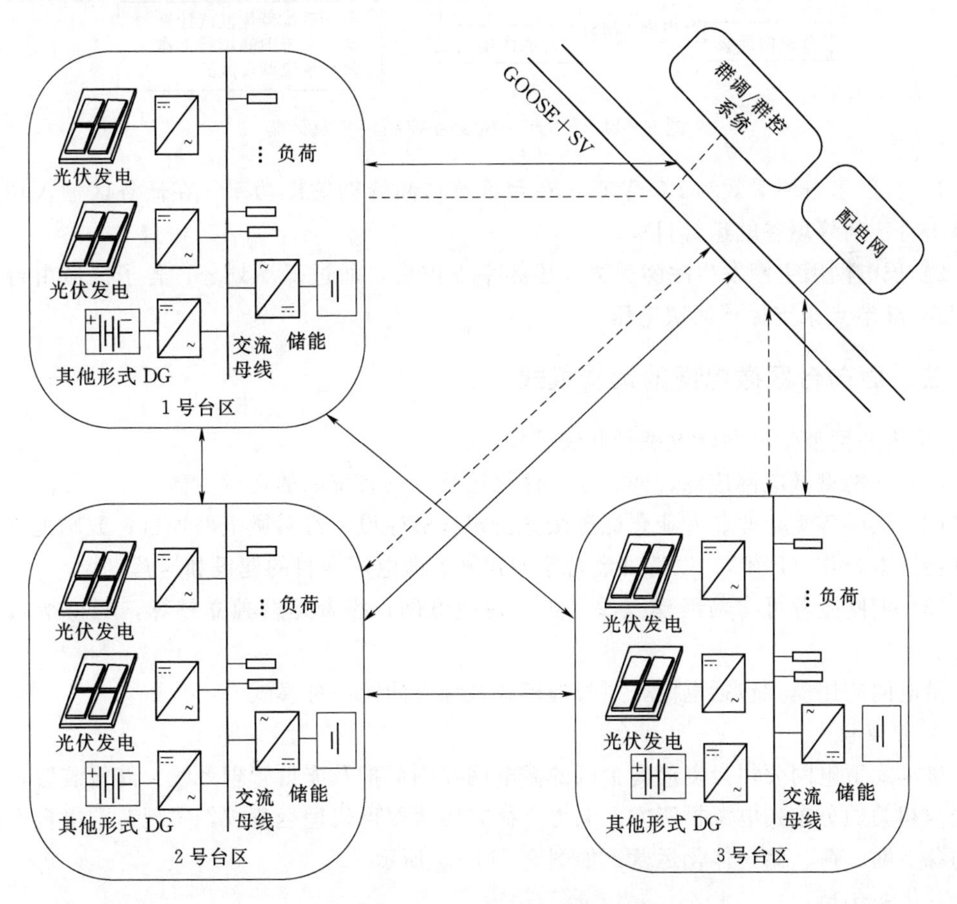

图 9-11-4　台区间功率协调控制

(5) 与主网交互、协同优化控制，作为决策变量参与系统多目标优化，如图 9-11-5 所示。

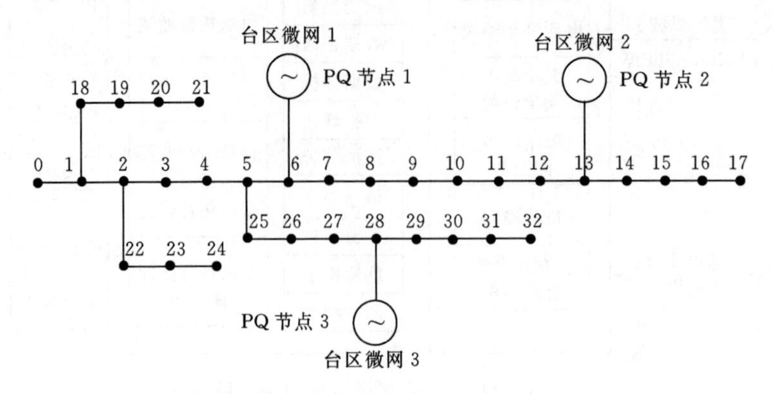

图 9-11-5　台区与主网交互

台区微电网等效为 PQ 节点，作为决策变量参与系统最优潮流计算，达到网损最小、母线电压总偏差最小等优化目标。

(6) 与主网交互控制模式及控制策略，如图 9-11-6 所示。

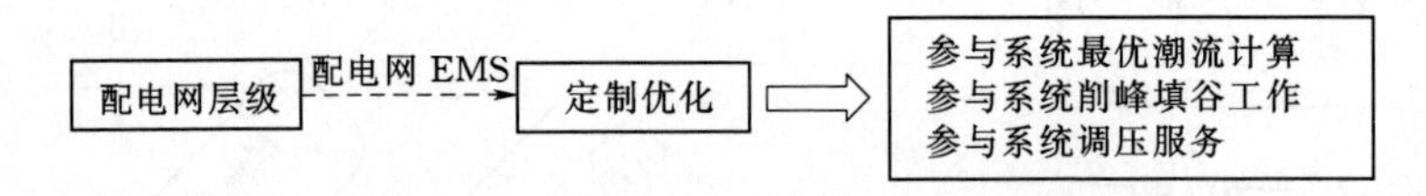

图 9-11-6　与主网交互控制模式及策略

1) 台区微电网等效为 PQ 节点，在台区负荷高峰期输出功率、在低谷区输入功率达到整个台区削峰填谷的运行目标。

2) 配电网因主网发生故障失去电压频率支撑后，通过孤岛划分，各子区域由台区微电网作 Vf 节点来支撑子区域电压。

三、面向台区微电网的运营模式

《推进并网型微电网建设试行办法》规定：

(1) 并网型微电网应源、网、荷一体化运营，具有统一的运营主体。

(2) 鼓励各类企业、专业化能源服务公司投资建设、经营微电网项目；鼓励地方政府和社会资本合作 (PPP)，以特许经营等方式开展微电网项目的建设和运营。

(3) 电网企业可参与新建及改 (扩) 建微电网，投资运营独立核算，不得纳入准许成本。

微电网应用模式包括电网公司管理模式及综合能源服务模式。

1. 管理模式

该模式下电网公司投资面向台区的微电网控制保护及能量管理系统、储能装置，并与台区内相关的分布式电源投资方、电力负荷方协商取得代理运营权，实现对配电台区微电网的源、网、荷、储一体化运营，如图 9-11-7 所示。

其优势包括：

(1) 替代或延缓了费用高昂的配电网系统升级改造。

(2) 解决了电网调度运营的瓶颈。

(3) 一体化运营管理降低了对配电网的冲击。

2. 综合能源服务模式

该模式下电网公司投资建设分布式光伏、储能装置、电动汽车充电设施、基于电能的冷热供应系统，满足终端用户对电、热、冷等多种能源的需求，以台区为单位构建以电为中心的微电网集成供能系统，如图 9-11-8 所示。

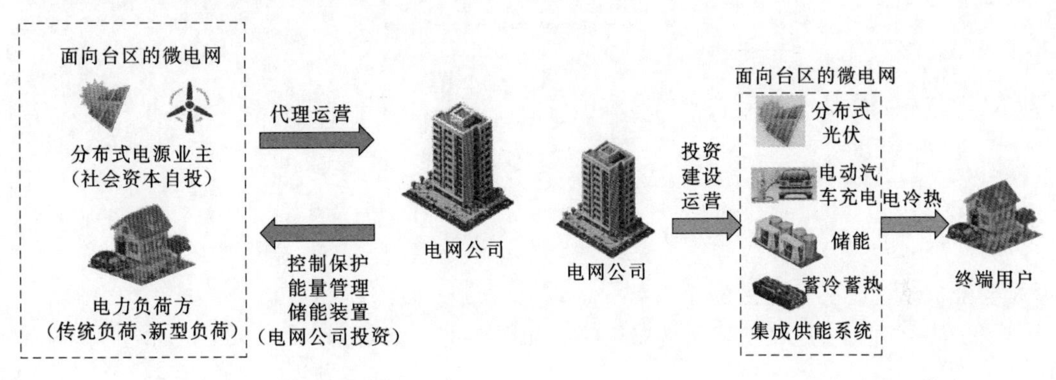

图 9-11-7　管理模式　　　　图 9-11-8　综合能源管理模式

其优势包括：

(1) 替代或延缓了费用高昂的配电网系统升级改造。

(2) 降低了对配电网的冲击。

(3) 为进一步推进“互联网+”能源服务，建立客户侧智能化能源互联网，开发以储能、能源大数据为核心的能源服务新产品提供了基础。

四、台区微电网发展思考

(1) 台区微电网包含多种能源的稳定机理研究。

必要性：控制机理是系统稳定控制的前提，指导关键参数的选取。

难点：多能流间惯性及阻尼差异较大，传统建模方法不再适用。

拟解决方案：系统动态等值、线性化与非线性化建模方法相结合。

(2) 台区微电网内分散自律控制研究。

必要性：分散自律控制利于实现设备层即插即用，与上层系统弱关联。

难点：设备层的并联敏捷控制与系统鲁棒性相互钳制。

拟解决方案：将上层决策系统部分功能下放到设备层，设备层进行一次快速调节、上层决策系统进行二次有差调节，兼顾敏捷性与鲁棒性。

(3) 台区间基于部分可观测信息的分布式协同优化研究。

必要性：减小了因大规模分布式电源接入后信息监测及优化决策的难度。

难点：分布式协同优化的求解算法。

拟解决方案：将优化模型转换为便于求解模型，求取次优解。